U0223771

国家出版基金资助项目
"十三五"国家重点图书
材料研究与应用著作

包晶合金定向凝固

DIRECTIONAL SOLIDIFICATION OF PERITECTIC ALLOYS

苏彦庆　骆良顺　著

傅恒志　主审

哈尔滨工业大学出版社
HARBIN INSTITUTE OF TECHNOLOGY PRESS

内 容 简 介

本书汇集了哈尔滨工业大学金属精密热加工国家级重点实验室在包晶合金凝固行为方面的最新研究成果。全书内容共分为 6 章,第 1 章介绍包晶合金的组织结构及工程应用;第 2 章系统介绍包晶合金凝固特性及凝固过程中形成的异彩缤纷的组织形态;第 3 章以 Ti－Al 和 Fe－Ni 包晶合金为例,系统介绍非小平面包晶合金定向凝固过程中的组织演化;第 4 章以 Al－Ni 合金为例系统介绍小平面包晶合金定向凝固过程中的组织演化;第 5 章介绍包晶合金形态演化规律及相场法模拟在包晶合金凝固组织研究中的应用;第 6 章主要介绍采用新型定向凝固技术对 Ti－Al 合金进行系统定向凝固得到的重要结果及进展。

本书可供材料科学与工程、凝聚态物理领域的师生作为参考书,也可供从事相关研究和开发的科研人员和相关企业的工程技术人员参考。

图书在版编目(CIP)数据

包晶合金定向凝固/苏彦庆,骆良顺著. —哈尔滨:哈尔滨
工业大学出版社,2017.6
ISBN 978－7－5603－6215－1

Ⅰ.①包⋯　Ⅱ.①苏⋯ ②骆⋯　Ⅲ.①合金-定向凝固
Ⅳ.①TG13

中国版本图书馆 CIP 数据核字(2016)第 231843 号

材料科学与工程
图书工作室

策划编辑	许雅莹　杨　桦
责任编辑	何波玲　刘　瑶　杨明蕾
封面设计	卞秉利
出版发行	哈尔滨工业大学出版社
社　　址	哈尔滨市南岗区复华四道街 10 号　邮编 150006
传　　真	0451－86414749
网　　址	http://hitpress.hit.edu.cn
印　　刷	哈尔滨市石桥印务有限公司
开　　本	660mm×980mm　1/16　印张 29　字数 500 千字
版　　次	2017 年 6 月第 1 版　2017 年 6 月第 1 次印刷
书　　号	ISBN 978－7－5603－6215－1
定　　价	138.00 元

(如因印装质量问题影响阅读,我社负责调换)

《材料研究与应用著作》

编 写 委 员 会

（按姓氏音序排列）

前　　言

　　包晶合金是一类应用非常广泛的工程合金,随着具有重要工程应用前景的高温金属间化合物结构材料 Ti－Al,Fe－Al,Ni－Al 合金,稀土永磁材料 Nd－Fe－B 和 Co－Sm－Al 合金,以及高温氧化物超导材料 Y/Nd－Ba－Cu－O 等新型包晶系材料的开发,包晶合金的凝固过程近年来受到人们的极大关注。一方面,凝固过程是制备包晶系材料一个重要的工艺过程,对材料的最终组织和性能必然产生重要影响;另一方面,近年来在包晶系材料凝固过程中发现了大量新颖的组织,这些组织的出现极大地丰富了现有的包晶凝固理论,同时也反映出人们目前对包晶凝固过程认识的局限性。因此,工程应用和凝固理论的研究都迫切需要人们对包晶凝固过程进行深入的研究以便更好地控制合金组织。本书系统介绍了金属凝固领域研究者,尤其是哈尔滨工业大学对包晶合金凝固行为的最新研究成果,这些研究成果对丰富金属凝固行为的认识、包晶系材料的开发和制备具有重要的理论和实际意义。

　　本书共 6 章,第 1 章为包晶合金组织结构与应用,介绍包晶合金的组织结构及工程应用;第 2 章为包晶合金凝固特性,系统介绍包晶合金凝固特性及凝固过程中形成的异彩缤纷的组织形态;第 3 章为非小平面包晶合金定向凝固,以 Ti－Al 和 Fe－Ni 包晶合金为例,系统介绍非小平面包晶合金定向凝固过程中的组织演化;第 4 章为小平面包晶合金定向凝固,以 Al－Ni 合金为例系统介绍小平面包晶合金定向凝固过程中的组织演化;第 5 章为包晶合金形态演化规律与组织形成模拟,介绍包晶合金形态演化规律及相场法模拟在包晶合金凝固组织研究中的应用。第 6 章为包晶合金电磁冷坩埚定向凝固与组织控制,主要介绍采用新型定向凝固技术对Ti－Al合金进行系统定向凝固得到的重要结果及进展。苏彦庆教授撰写第1章、第4～6章,骆良顺副研究员撰写第2章、第3章。全书由苏彦庆统稿、定稿。

本书撰写过程中得到多位老师和研究生的帮助,书稿形成过程中,傅恒志院士、郭景杰教授、丁宏升教授、陈瑞润教授、李新中副教授、王亮副教授,刘畅博士、刘冬梅博士、杨劼人博士等参与了部分章节内容的选撰和讨论,书中很多研究成果和数据来源于众多研究生的学位论文,书稿经傅恒志院士审阅并提出了很多宝贵意见,在此一并向他们表示衷心的感谢。书中大分部内容取自作者们承担的两项国家重点基础研究发展计划(973)项目 2011CB610406 和 2011CB605504、五项国家自然科学基金项目以及总装备部和国防科工委的科研项目 51425402、50391012、50901025、513300167 和 51071062,这些项目为进行相应的研究工作提供了宝贵的经费支持和需求牵引。

由于时间紧张和水平所限,书中难免有疏漏与不妥之处,敬请同行和读者批评指正,不吝赐教,在此表示衷心感谢。

作者

2016 年 7 月

目　　录

1

第1章　包晶合金组织结构与应用

1.1　包晶合金的工程应用

包晶合金是应用非常广泛的工程合金,如 Fe - Ni, Ti - Al 等,更多的三元或多元工程材料如 Fe - C - X, Fe - Ni - Cr, Nd - Fe - B 和 Co - Sm - Cu等结构和磁性材料及 Y - B - Cu - O 等超导材料也往往具有包晶反应,因此包晶合金的凝固引起了人们的极大关注。

无论二元或多元包晶合金在冷却凝固时都会出现典型的包晶反应,即液相＋初生相→包晶相,如人们所熟悉的 Fe - C 合金系中的包晶反应就是在 1 495 ℃出现液相与 δ - Fe 和 γ - Fe 的平衡并转变为奥氏体。在 Fe - Ni - Cr合金中类似的包晶反应也非常重要,它不仅直接决定了所得到的凝固组织,影响了铁素体最终的体积分数,而且还影响了材料的热裂倾向及性能。

在某些材料系中可能出现连续的包晶反应,如 TiAl, Cu - Sn, Cu - Zn 和某些工具钢,所形成的包晶相通常是金属间化合物,如 γ - TiAl, Cu_3Sn 等。由于它们具有较高的高温强度,因此这些金属间化合物合金引起人们的广泛关注。

第三代永磁材料 NdFeB 中的磁性相 $NdFe_{14}B$ 是在凝固过程中通过包晶反应形成的包晶相,它在定向凝固过程中的晶体学择优生长方向决定了该材料的磁性能,而氧化物超导材料中的超导相 $YBa_2Cu_3O_y$,在定向凝固过程中的组织形态与取向也决定了该材料的超导性能。

虽然这些包晶材料具有重要的结构和功能特性,但迄今人们对它们在凝固过程中的相变及组织演化特性了解得还很不深入。

包晶合金的凝固是目前凝固领域研究的热点之一,包晶合金凝固研究无论在凝固理论还是实际应用方面都有十分重要的意义。在对这些材料的研究过程中,人们发现通过包晶凝固形成的微观组织结构并非如以往描述的那样单一,而是多种多样的,如初生相枝晶外包覆包晶相、稳定或亚稳相的单相枝晶、包晶相在初生相基体中弥散分布、垂直于生长方向的带状组织以及类似共生生长的组织。包晶合金在定向生长过程中呈现出的多种凝固组织,反映了包晶合金在定向凝固过程中组成相与显微组织之间竞争与选择的多样性。然而,人们对包晶合金凝固过程的认识还远远不足,有待于更深入的研究。

定向凝固中的初生相和包晶相的竞争生长是一个动态演化的过程,受合金成分和生长速度等条件的影响,两相之间的竞争生长、界面形态的选择、组织形态的演变以及它们之间的相互转化成为组织形态控制的根本问题,这些竞争选择的物理过程迄今都不太清楚,有待于进一步的研究。

1.2　TiAl 包晶合金的组织及应用

1.2.1　TiAl 包晶合金应用领域及应用研究现状

TiAl 基合金具有耐高温、抗氧化、优异的弹性模量及抗蠕变性能,被认为是温度为 $850\sim1\,050\ ℃$ 最值得关注的结构材料。TiAl 基合金在许多领域表现出潜在的应用前景,其中以单轴应力状态应用的 TiAl 合金发动机叶片是今后重要发展方向之一,其原因在于具有定向片层组织的 TiAl 合金具有优异的单轴力学性能。由于其性能与 Ni 基高温合金相当,但其密度还不到 Ni 基合金的一半,因此是一种在航空航天及地面燃气轮机上应用得比较理想的材料。γ – TiAl 合金在一定温度下的比模量和比强度与其他合金系对比存在明显的优势,如图 1.1 所示。

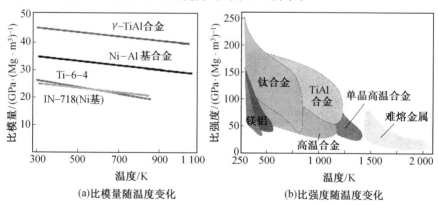

图 1.1　γ – TiAl 合金在一定温度下的比模量和比强度与其他合金性能比较

按照美国综合高性能涡轮技术计划(IHPTET)和高速民航计划(HSCT)及未来可重复使用的航天飞机需求,γ – TiAl 可使燃烧室及高温蒙皮结构的工作温度大增而无须用 Ni 基高温合金,它还可使喷气发动机推重比提高 50% 以上。由于 TiAl 合金的优势,它在航空航天未来发动机用材中受到了高度重视。据美国航空航天局预测,TiAl 金属间化合物在2020 年约占发动机全部用材量的 1/5。目前,许多学者试图通过定向凝固控制 TiAl 合金片层方向以提高 TiAl 合金性能。然而,这些研究只着重于改变合金成分和提高定向凝固技术等方面的研究,而忽视了 TiAl 合金作为包晶合金的自身凝固特点对凝固组织的影响。

TiAl 二元合金是一种典型的包晶系合金,等原子附近存在两个连续包晶反应,在凝固过程中随着成分的改变会经历不同形式的包晶反应,使它的宏观、微观组织呈现多种形态的变化。为能比较准确地揭示不同凝固参数下 TiAl 包晶合金的微观组织形态和特征,必须对定向凝固过程中初生相和包晶相的选择竞争规律以及对其组织的影响进行深入的分析。

1. 异形件的应用研究

TiAl 合金作为高温结构材料,其铸造组织具有明显的优势,突出表现在抗蠕变和断裂韧性方面。近年来,对 TiAl 合金的研究重点在这方面有所体现,在未来以低压涡轮叶片为主要应用对象时整体铸造占有重要地位,如图 1.2 所示。相应地,近期关于 TiAl 合金铸造技术的研究非常活跃。

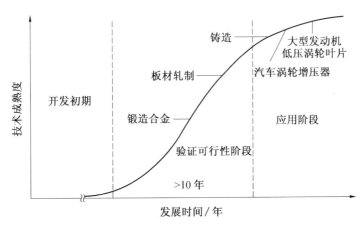

图 1.2　TiAl 合金各种工艺发展演化

日本 Daido 钢公司采用了 CLV(counter-gravity low-pressure casting of vacuum-melted alloys)方法铸造出 TiAl 合金涡轮。其中与 IN713C 涡轮同样尺寸(直径 47 mm)的 TiAl 涡轮(铸态)与合金钢轴焊在一起,以煤油燃气驱动进行了模拟实验,从 34 000 r/min 分别加速到 100 000 r/min

和 170 000 r/min,与 IN713C 涡轮相比分别节约了 16％ 和 26％ 的时间。最大转速达到 180 000 r/min,比 IN713C 涡轮增加了 10 000 r/min,Burst Test 转速达到 210 000 r/min。3.5 L 12 阀门 DOHC 发动机,受原始排气阀材料的跳动限制,该发动机的原始设计转速极限为 13 000 r/min,当采用 TiAl 排气阀后最大转速达到 14 000 r/min。日本三菱重工也开展了类似的工作,经过测试后的 TiAl 涡轮外观如图 1.3 所示。美国 Edison 材料技术中心联合 GM,Ford,TRW,DelWest,USAF Labs,GEAE,Cincinnati Milacron,Duriron,RMI,UD,WSU 等单位采用铸造方法共同研制了 TiAl 合金汽车排气阀门,通过在两台 Chevrolet Corvettes 上测试,运行 2.5 万 km 后,平均节油 2％,排气阀没有损伤,又有资料报道采用 TiAl 合金排气阀可以节约燃油 8％。可见,这一新材料的使用将显著提高整车的性能,在节约能源方面将带来巨大的效益,不仅如此,随之而来的噪声和尾气污染也将大幅度降低。

涡轮发动机是航空器的主要动力形式,发动机性能的改进和提高在很大程度上依赖于压气机级压比的提高,相应地,要求压气机叶片的转速及工作温度大幅度提高,使叶片的工作应力、工作环境恶化。TiAl 合金的高比强度、高的抗氧化及抗蠕变温度使其成为压气机叶片的首选材料。自 1998 年,美国空军就开始在 F119 发动机上着手测试 TiAl 第 9 级压气机叶片的可靠性;GE 公司已生产出 TiAl 合金 CF6－80C2 航空发动机的第 5 级低压涡轮叶片,如图 1.4 所示,测试工作已获得成功。精密铸造 TiAl 低压涡轮叶片将在 GE90 发动机的第 5、6 级以及最新的 GENX 发动机上获得应用。叶片质量的降低将显著减小叶片作用到涡轮盘上的应力,从而减轻发动机的质量。另外,GE90 发动机的管道转向横梁也将采用 TiAl 合金铸件,该横梁长为 200 mm,宽为 60 mm。

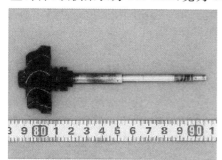

图 1.3　经过测试后的 TiAl 涡轮外观

图 1.4　铸造 TiAl 合金 CF6－80C2 发动机第 5 级低压涡轮叶片

　　国内对 TiAl 合金铸造技术的研究也已开展多年,并有铸造 TiAl 排气阀和叶轮的研究报道,TiAl 排气阀已通过台架测试,但 TiAl 叶轮目前还没有进行台架试验的报道。

　　虽然 TiAl 合金的塑性还较低,但关于该合金异形件塑性成形方面的研究也已取得很大进步。图 1.5 所示为 TiAl 合金叶片变形加工的基本流程,用该方法加工出的 TiAl 合金叶片如图 1.6 所示。通过粉末方法制备异形件的研究也已进行多年。

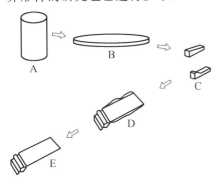

图 1.5　TiAl 合金叶片变形加工的基本流程　　图 1.6　变形加工获得的 TiAl 合金叶片

2. TiAl 合金板材的应用及制备方法

　　TiAl 合金在航空航天器及其发动机上的一个重要应用形式是板材。据预测在未来 20 年里,航空旅客将增加至每天 60 万人次。对飞行速度更高的飞机的需求是显然的。因此,正在运行的 HSCT(the high speed civil transport)计划,为了减少尾气及噪声的污染,计划采用各种形式的 TiAl 合金,图 1.7 是该计划中发动机尾喷管上将应用的 TiAl 板,既有铸造薄板,也有锻造薄板。

　　铸造 TiAl 板材面的研究工作主要是由日本钢铁公司开展的,其试验原理如图 1.8 所示,两个直径为 300 mm 的铜辊之间留有 1.5 mm 的缝隙,铜辊以 0.44 m/s 的线速度转动,使通过中间包流下来的 TiAl 合金熔体受到激冷并轧制成 1.5 mm 厚的 TiAl 板,随后进行热等静压和退火处理。目前,对 Ti - 47Al - 3Cr,Ti - 50Al,Ti - 50Al - 1TiB$_2$ 等合金进行了试验。用该方法制备的 TiAl 板与锻造法制得的板进行比较,高温强度明显提高,如图 1.9 所示。

　　锻造板材更容易获得薄的板材,从而成为生产 TiAl 合金板材的主要方法。通过锻造工序生产 TiAl 薄板的方法可概括为三种:铸锭-开坯-轧制法、预合金粉末冶金法及 Ti/Al 箔冷轧-热扩散合成法。

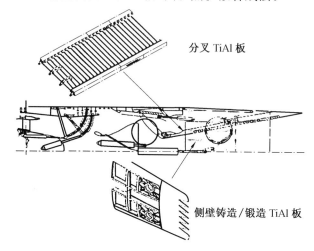

图 1.7　TiAl 板在 HSCT 计划中的应用

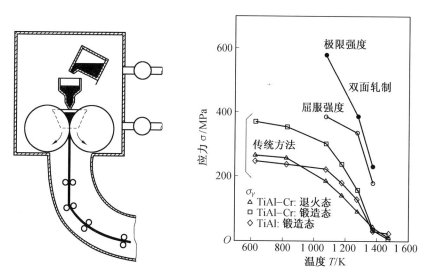

图 1.8　直接连铸 TiAl 板示意图　图 1.9　连铸 TiAl 板与锻造法制得的板的性能比较

　　①铸锭－开坯－轧制法。奥地利 PLANSEE 研究所在铸锭－轧板领域进行了大量的研究工作。其工艺过程如下：首先对铸锭进行包套锻成饼状，然后将其切成方块并封装，最后进行轧制成板，加以修正和表面精磨后得到规定厚度的板材。通过多年的研究，已摸索出适合于该工艺的合金成分 Ti－46.5Al－4(Cr－Nb－Ta)－0.1B。

压轧 TiAl 板或箔在超音速飞行器及新型发动机的应用在美国、日本的研发计划中占有重要地位。美国以铸锭-轧制技术为主,据报道利用近等温轧制已加工出 700 mm×400 mm 的薄板,但关于其性能的研究未报道。日本主要研究等温轧制技术,但由于轧制过程压缩率低、变形速率慢而需要很长时间,另外很难消除铸态组织缺陷,目前只能做出宽度不超过 150 mm 的板。

②预合金粉末压制薄板。奥地利 PLANSEE 研究所发展了粉末冶金方法生产 TiAl 板材,该技术采用预合金粉末(Ti - 46.5Al - 4(Cr - Nb - Ta)- 0.1B)。合金粉末是通过高压压气雾化金属液而成的球状颗粒。将合金粉末封装后进行轧制并烧结而成板。与铸锭-轧制法相比,铸锭-轧制法得到的板材性能好,但工艺成本高(必须采用多次轧制以及材料利用率低),预合金粉-轧制法成本低,但得到的板材组织内有缺陷(显微缩松),性能受到影响。

③Ti/Al 箔冷轧-热扩散合成薄板。粉末冶金法与铸锭冶金法相比,得到的组织细小、均匀,预合金粉末冶金法轧制过程较困难,间隙元素含量相对较低。近年来出现一种新的板材制备技术,即 TiAl 箔冷轧-热扩散合成法。

1994 年,瑞士 Jakob 报道了他们利用该方法合成 TiAl 合金的研究结果,该方法得到的二元 TiAl 材料的典型力学性能为:断裂强度为 400 MPa,屈服强度为 300 MPa,室温延伸率约为 1%。

1999 年,美国 Luo 等人报道了用该方法合成 TiAl 合金的研究结果。其工艺过程为:纯 Ti/Al 箔经表面清理(超声波)后交替叠摞在一起,之后进行室温辊轧,压缩量为 56%。接下来进行加热促进元素间的反应,这个过程在 Ar 气体保护下进行。

Jakob 和 Luo 的研究表明,用 Ti/Al 箔热扩散法是可以合成 TiAl 合金的。之后日本学者报道了用该方法制备 TiAl 板过程中内部偏扩散空洞及织构方向控制的研究结果,并找到了消除空洞的方法。

1.2.2 TiAl 基合金显微组织与力学性能

TiAl 基合金的力学性能与其显微组织密切相关,由于全片层组织具有远高于其他组织形态的断裂韧性,因此多趋向于选择全片层组织。全片层的高断裂韧性是由于该组织能够产生较大的裂纹尖端应变,从而增大了抗裂纹扩展的能力,同时,层片相界面两侧如果存在不同的晶体位向及晶体结构,也会造成对滑移带和解理裂纹跨越界面的阻碍。这就是人们设计

由 γ 及 α₂ 交替排列形成片层结构（γ/α₂）的基本思路。

  γ-TiAl 片层结构的力学性能有很强的方向性，在最近的十几年来通过对具有单一取向的全片层 PST（polysynthetically twinned）晶体的系统研究，揭示了片层取向与性能的关系，对 γ/α₂ 层片显微结构的基本性能有了广泛的了解，如显微特性、变形、断裂韧性和宏观流动性等。PST 晶体的强度与塑性表现出明显的各向异性，取决于承载方向与片层取向的角度 Φ 和 ψ，其中 ψ 的影响较小，Φ 则起决定性作用。图 1.10 给出载荷方向与 PST 晶体相对方位。图 1.11 为 PST 晶体屈服强度及塑性随片层与应力轴夹角的变化，在 $\Phi = 90°$ 时，PST 晶体表现出最高的抗拉强度，然而，塑性几乎最低。抗拉强度与塑性在 $\Phi = 0°$ 时得到很好的平衡。抗拉强度虽然没有 90° 时那么高，但拉伸塑性在室温时为 5%～10%，当 $\Phi = 30°～60°$ 时，屈服强度要更低于而塑性更高于 $\Phi = 0°$ 和 $\Phi = 90°$ 时，这种趋势几乎可以保持到 1 000 ℃。综合而言，外加载荷平行于片层界面可以获得最佳的强度与塑性的综合。这种明显的力学性能的各向异性是由于片层界面平行或垂直于外加应力时，γ 相沿 ⟨111⟩ 面的剪切形变与片层界面相截，剪切形变必须通过孪晶界、γ/α₂ 界面和 α₂ 片层，造成大的形变阻力。

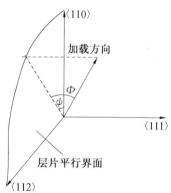

图 1.10　载荷方向与 PST 晶体相对方位

  目前研究者们正在探索用不同方法来控制 TiAl 合金组织中的片层取向。利用片层组织是通过 α 相形成的，而且 γ 相析出时遵循以下位相关系：{111}ᵧ//(0001)ₐ 和 ⟨110⟩ᵧ//⟨1120⟩ₐ，提出了 Ti/Al 相变合成 TiAl 薄板内部织构方向控制。当用 Ti 箔和 Al 箔合成 TiAl 合金时，Ti 箔中 α 相的织构（⟨0001⟩ 方向垂直于 Ti 箔的长度方向）会对反应后的组织产生影响。Fukutomi 等人在这方面开展了研究工作，对比了不同工艺条件下片层取向的分布规律。

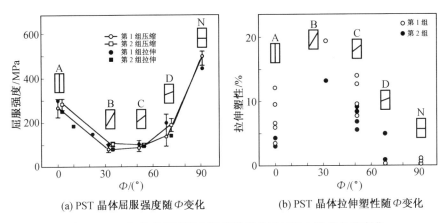

(a) PST 晶体屈服强度随Φ变化   (b) PST 晶体拉伸塑性随Φ变化

图 1.11　PST 晶体屈服强度及塑性随片层与应力轴夹角的变化

　　Ti/Al 箔冷压后经 550 ℃ 3.6 ks＋630 ℃ 162 ks＋1 350 ℃ 3.6 ks 热处理得到的组织中片层晶团尺寸达到 1 mm,远大于原始的 Ti 箔的厚度,而且片层方向与板的轧制方向的夹角分布如图 1.12(a)所示,10°时分布频率较高,而 40°～60°和 90°也较高。当采用 550 ℃ 3.6 ks＋630 ℃ 36 ks＋850 ℃ 144 ks＋1 350 ℃ 3.6 ks 热处理后,仍然可以得到片层组织,但晶团尺寸较小,而且片层方向大部分平行于板的轧制方向,如图 1.12(b)所示。

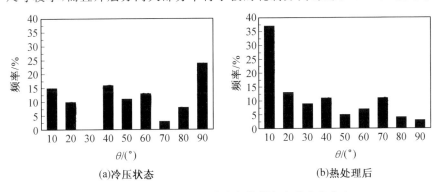

(a)冷压状态   (b)热处理后

图 1.12　TiAl 板中片层方向与轧制方向的夹角分布

　　造成这种差别的主要原因是,在加热过程中是否存在 Ti 的 α→β 的转变。在第一种加热方式中,升温较快,Ti 发生 α→β 的转变,而在冷却过程中发生 β→α→α₂＋γ 转变,形成的片层组织与板轧制方向成 40°～60°和90°。在第二种条件下,在达到 α→β 转变以前,在 850 ℃ 保温,促使 Al 在Ti 中的溶解量增多,以稳定 α 相、抑制 β 相的形成,因此所产生的片层组织接近平行于板的长度方向。

Tsujimoto 等人在研究 TiAl 粉末冶金合成过程中提出了晶粒定向长大(directional grain growth,DGG)的概念,其主要思想是合金成分的微观不均匀对变形后的热处理过程中相的析出会产生影响。其基本原理如下。

①假设微观成分不均匀的组织如图 1.13(a)所示,其中不同成分的区域为柱状分布。在各个区域存在的晶粒由方块网格分别表示为 C_1 区域和 C_1 晶粒。在图 1.13(d)中,T_1,T_2,T_3 分别对应成分为 C_1,C_2,C_3 的合金的双相区①+②→单相区①转变温度。

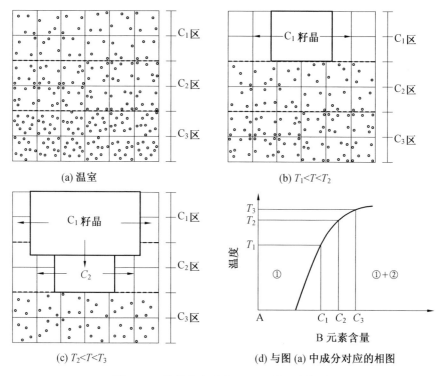

(a) 温室

(b) $T_1 < T < T_2$

(c) $T_2 < T < T_3$

(d) 与图 (a) 中成分对应的相图

图 1.13　晶粒定向长大(DGG)原理示意图

②当微观成分不均匀的合金处于 T_1 温度以下时,晶粒的长大难以进行,因为此时在双相区的每个晶粒相当于抑制剂。当温度升高至 T_1 和 T_2 之间的 T_P 温度时,C_1 成分的晶粒开始转为单相①,而且在 C_1 区域长大而形成大的 C_1 晶粒,如图 1.13(b)所示。温度保持在 T_P,C_1 晶粒只能在 C_1 区生长,因为相邻的 C_2 或 C_3 为双相区,对 C_1 晶粒的生长会有阻碍作用。也就是说,在这种条件下,长时间的保温使 C_1 区域长成柱状晶。

③当温度由室温直接升到 T_2 和 T_3 之间的 T_u 时,C_1 和 C_2 区域同时

开始长大,而且在生长速度方面也没有明显的差别。但如果将温度由 T_P (已保温一段时间)提高到 T_u,在 C_1 区域、T_P 温度形成的 C_1 晶粒会影响 C_2 区域、T_u 温度 C_2 晶粒的生长。即随着时间的推移,C_2 晶粒会附着在 C_1 晶粒上生长如图 1.13(c),理解为发生了 C_1 晶粒的侧向生长更为合理。

④温度升高引起了 C_1 晶粒的侧向生长,C_1 和 C_2 晶粒在长度方向上也在生长。

在这个过程中,T_P 的大小、保温时间及随后的 T_P 到 T_u 的升温速率会影响 C_1 晶粒的长宽比。高的升温速率将产生低长宽比的 C_1 晶粒。该方法在粉末反应烧结的 TiAl 合金上应用,图 1.14 为 Ti‐Al‐Mn 混合粉末挤压后形成的类似于图 1.13 的组织,该组织经过 DGG 处理后得到的组织如图 1.15 所示,形成了大尺寸的柱状晶,对其内部的片层方向的检测结果表明片层界面与柱状晶轴夹角在 $80° \sim 90°$ 的占 80%,如图 1.16 所示。

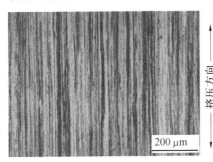

图 1.14　Ti‐Al‐Mn 混合粉末挤压后的组织

图 1.15　图 1.14 所示组织经 DGG 处理后得到的组织

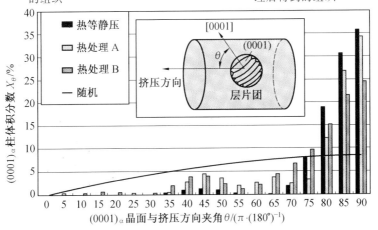

图 1.16　DGG 处理后 $(0001)_\alpha$ 晶面与挤压方向夹角分布

上面介绍的方法还无法在工程上应用,而定向凝固是控制组织方向有效的方法。

1.2.3 Ti-Al合金相图及固态相变组织

为了研究 TiAl 合金定向凝固过程,首先要对其相图有深刻的认识,由相图可知 TiAl 合金凝固过程中可能发生的包晶转变或固体相变等反应,以及合金熔化温度、凝固过程中的析出相等信息。此外,材料的性能也和相图有一定的关系,掌握了相图的有关知识,就可以通过相图预测材料的某些性能,总之,相图是材料科学研究必不可少的重要工具。TiAl 系相图的研究开始于 20 世纪 50 年代,Ti-Al 相图较复杂,存在许多单相区。随着学者们对 TiAl 合金研究的不断深入,其二元相图不断地完善。后期的研究发现,在 Ti-Al 二元合金中,并不存在 β+γ 两相区和 L+β→γ 包晶反应,而 α 单相和 α+γ 两相区一直延伸至包晶温度,存在两个新的包晶反应,即 L+β→α 和 L+α→γ。图 1.17 所示分别为早期的 Ti-Al 相图和目前所接受的 Ti-Al 二元相图。从目前所接受的相图看来,在 Ti-Al 成分的合金为 44%~60%Al,从液相冷却时将有三种完全不同的凝固路线,即 β 相凝固、α 相凝固和 γ 相凝固,其相应的凝固组织完全不同。精准的相图能正确地反映出合金组织中相的组成和形成条件,为 TiAl 合金定向凝固组织分析奠定了基础。

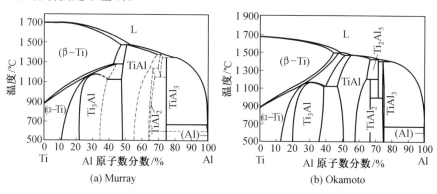

图 1.17 来自于不同学者的 Ti-Al 二元相图

当初生相为 α,α 枝晶的择优生长方向为[0001]方向,相应地由 γ/α₂ 构成的片层组织(111)γ∥(0001)α₂,因此,在一般铸造条件下所形成的片层方向垂直于枝晶生长方向。当初生相为 β 时,因为 β 相的择优取向⟨100⟩,而 α 相在 β 相上形成时,保持(110)β∥(0001)α 位向关系,因此片层取向平行于或与枝晶生长方向成 45°,这个演化过程如图 1.18 所示。因此,在控制片层取向方面存在相当大的难度。

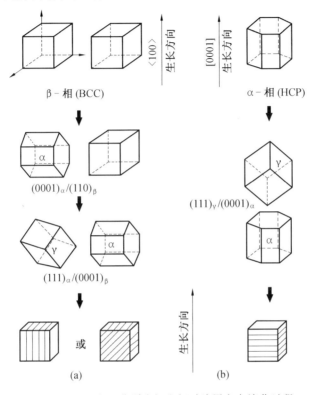

图 1.18 β 和 α 分别为初生相时片层方向演化过程

1.2.4 通过定向凝固控制片层取向

用 PST 晶体所做的试验表明,用定向凝固技术获得具有平行于生长方向的片层的柱晶材料具有很大的力学性能优势。例如 Ti - 46Al - 1.5Mo - 0.2C[①]的具有定向凝固片层组织的铸锭可以获得在 210 MPa,750 ℃下,经 200 h,蠕变变形仅为 0.15% 的稳态蠕变率,接近 $10^{-10}\,s^{-1}$ 的优异性能,其持久寿命也远高于 GE 公司获得的结果。ABB 和 Howmet 等公司开发出的并已进入使用状态的多种铸造 γ - TiAl 合金的水平。

---

① 本书类似"Ti - 46Al - 1.5Mo - 0.2C"的形式,若无特殊说明,数字均表示原子数分数,单位为 %。

1993 年美国 GE 公司已将普通铸造 Ti－47Al－2Cr－2Nb 合金制作低压压气机叶片装在 CF6－80C2 上做了 1 000 次模拟飞行周次考核,叶片完整无损,1996 年又制作了 GE－90 发动机 5 级和 6 级低压压气机叶片以取代 Rene77 镍基高温合金,取得了成功,仅此项质量就降低了 80 kg。如果将普通铸造 γ－TiAl 合金叶片发展为定向或单晶叶片,可以设想,将大大提高压气机的性能水平。

关于 TiAl 合金的定向凝固的研究已有十几年的历史,目前主要的研究手段是通过控制和调整定向凝固技术来控制其片层的取向,进而提高其性能,其主要通过以下四个方面进行。

1. 通过引晶控制片层显微组织

为了获得 γ 片层与凝固生长方向一致的显微组织,Yamaguchi 提出了改进的籽晶法来控制凝固取向。其基本思路是,控制合金成分使定向凝固中初生相为 α,生成与热流方向一致的 α 柱晶,切取 α 晶体并转动 90°作为供随后合金材料定向凝固的籽晶。这样,母锭中 α 柱晶择优生长的[0001]取向就与随后定向凝固的热流方向垂直,而新的和热流一致的择优生长方向就与 γ 片层的取向一致。图 1.19 是改进籽晶法的原理图。

|(a) 籽晶铸锭宏观组织|(b) 籽晶铸锭微观组织|(c) 籽晶引晶过程示意图|

图 1.19　改进籽晶法的原理图

为了改变 α 相的择优生长方向,可采取合适的引晶技术。引晶过程必须满足以下四点:①α 相是初生相;②当加热到共析反应 α→α₂＋γ 温度点以上,片层显微结构是稳定的,α₂ 仅对 α 相是无序的;③进一步加热,α 相的热力学稳定,通过 α 相的片层增厚,而不是通过新的 α 相的片层析出,使 α 相的体积分数提高,这样,高温 α 相与原始片层的 α₂ 相具有相同方向的片层;④在冷却过程中原始的片层方向被保留。

由上面的讨论可以看出,要想满足定向籽晶的要求,必须适当改变相图中某些临界点的位置,使所选合金在加热时既不要进入单相 γ 相区,在凝固时又不要有 β 相析出。然而,若合金凝固全部析出 α 相,对于二元合金其降温过程中必进入单相 γ 相区,即 γ 相区最低 Al 含量小于包晶反应点的 Al 含量。经过大量的探索性试验研究发现,选用 Ti-Al-Si 系的合金作为籽晶材料可以满足前述的要求。在加热和冷却时 γ+硅化物的两相区始终存在,片层组织一直到进入 α+硅化物的高温始终是稳定的。由于 α 相直到熔点均保持稳定,因此用单一取向的该材料作为籽晶在比较慢的生长速率近于平界面的凝固形态可以获得很好的定向试样。

研究发现作为籽晶材料,Al+Si 量的控制非常重要,如果超过 47%,可能有 γ 相从液相中形核析出,如果 Al+Si 量较低,又会有 β 初生相析出,最终设定为 Ti-43Al-3Si,其溶质浓度当量相当于二元系中稍大于 49%Al 的含量。母合金成分则为过包晶的 TiAl 合金。

2. TiAl 合金的引晶化与合金化

γ-TiAl 合金的工程化需要多种强韧化合金元素的加入,其中就包括有稳定 β 相的元素,如 Mo,Cr,Nb 等。为此还必须探索初生相为 β 并含有一定数量,且有工程应用价值的 γ-TiAl 合金,其晶体定向生长的可能性更大。适当地加入稳定 β 相元素对相变过程的影响首先表现在出现了 L+α+β 相区,这是与二元 Ti-Al 相图的重要差别,如图 1.20 所示。

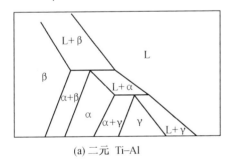
(a) 二元 Ti-Al

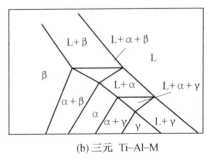
(b) 三元 Ti-Al-M

图 1.20　选定成分范围内的 Ti-Al 和 Ti-Al-M 系相图示意图

Ti-Al-M 三元合金(M 是 β 稳定元素,如 Mo)与 Ti-Al 二元合金最大的差别是:如果晶种内层片显微结构的原始方向在加热时保持不变,三元相区有可能实现 α 相的引晶。定向凝固时 β 枝晶作为初生相先形成并沿[001]晶向生长,随定向凝固的继续,由于有 α,β 与液相的共存,β 相前沿液体中逐渐富集溶质元素,促使 α 相也自液相中析出,如果此 α 相能够在籽晶 α 的基底上成核并生长,作为籽晶的 α 相的晶体取向将影响着由液相析出的 α 相的成核,使得从液相形成的 α 相也具有与作为籽晶的枝晶间的

α 同样的取向。显然,这里有两个必备的条件:一是应存在有 α,β 及 L 的共存区,α 相也可自液相直接析出;第二个条件应是液相与 α 籽晶接触,使由液相析出的新相 α 相能够在籽晶 α 上形核。值得注意的是,这种定向凝固的条件应有较高的生长速率,使初生相 β 的界面形态为枝晶,即试样中液固共存区的长度 L 应大于合金的结晶间隔与温度梯度的比值($L > \Delta T / G$),以使由液相析出或通过包晶反应($L + \beta \rightarrow \alpha$)生成的 α 相有可能与籽晶接触,并在其上形核。图 1.21 大体上描绘了 TiAl 合金系中有部分 β 相析出情况下定向生长的过程,α 相和 β 相同时在液相中生长的可能模式。

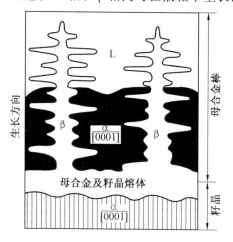

图 1.21　α 相和 β 相同时在液相中生长的可能模式

　　实用的 Ti‐Al 合金成分范围内 β 相的分数在 50% 左右,其余为 α 相。当加入微量硼时可以改变由液体形成的次生 α 相的形态,但对合金主要组成相的区域及数量无明显影响。因为随凝固进行,β 相首先析出并生长,导致枝晶间液体富硼,如图 1.22 所示:在成分①这一点,β 相优先形核,液相枝晶间将富集硼,一旦满足②即 $L \rightarrow TiB_2 + \beta$ 的单向反应条件,硼化物即形核,而 α 相不会形核,直到液相成分达到③即 $L + \beta \rightarrow \alpha + TiB_2$ 的恒定反应点析出 α 相。

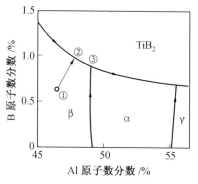

图 1.22　Ti‐Al‐B 液相面投影

重要的一点是,硼化物可以在枝晶间的液相中先于 α 相形核,对 α 相的形核起活化剂的作用。这里应注意的是,枝晶间液相中硼化物颗粒的形成先

于 α 相的凝固析出。这样,硼化物颗粒在凝固中就可能对 α 相的成核起到衬底的作用,并使等轴的 α 相有可能生长。图 1.23 描述了此生长形态。新析出的 α 相是在硼化物上成核并且可以连续进行,这样就形成许多小的不同取向的 α 晶粒,它们的继续生长就存在竞争。结果是平行于 ⟨10$\bar{1}$0⟩ 生长的 α 晶体在柱晶 β 枝晶之后就取得优势。这些 ⟨10$\bar{1}$0⟩ 取向的等轴 α 相将导致原来具有与从初始 [100] 取向的 β 枝晶上形成的按 Burgers 取向关系的等轴 α 也形核并取 ⟨10$\bar{1}$0⟩ 的方向。实际上这是通过硼的加入,在基本不改变合金主要成分及 β 与 α 相的相对含量的基础上使 α 相依靠 TiB$_2$ 获得使 ⟨10$\bar{1}$0⟩ 取向的晶粒择优生长,从而得到 ⟨001⟩ 取向的柱状 β 枝晶和 ⟨10$\bar{1}$0⟩ 取向的柱晶/等轴 α 晶的凝固组织。冷却之后得到部分与生长方向平行或成 45° 的由 β→α→γ+α$_2$ 片层及平行于生长方向的由 ⟨10$\bar{1}$0⟩α 相转变形成的 γ+α$_2$ 片层组成的混合定向组织。

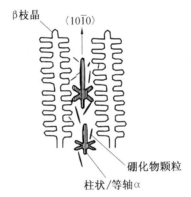

图 1.23　β 枝晶 ⟨001⟩ 方向与 α 晶粒 ⟨10$\bar{1}$0⟩ 竞争生长示意图

3. 多向柱晶的定向凝固

定向取向的全片层组织虽然具有较高的高温强度和断裂韧性组合,但通常呈现粗大的晶粒尺寸,这对塑性非常不利,而且用籽晶制备的 PST 晶体只由一个单向片层晶粒构成(图 1.24(a)),其片层组织在力学性能上的各向异性太强,承载方向对片层界面方向的某些偏离,即引起性能的明显下降。解决此问题的一个途径是通过非引晶法的定向凝固,即使所有片层平行于承载方向,同时,使每个柱晶晶粒沿锭纵轴转动,使其具有不同的在 X–Y 面上的侧向取向,改善偏轴(off-axis)的性能,如图 1.24(b)所示。

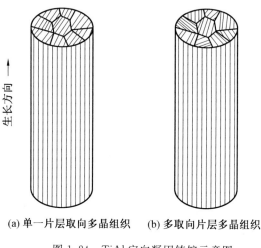

(a) 单一片层取向多晶组织　　(b) 多取向片层多晶组织

图 1.24　TiAl 定向凝固铸锭示意图

4. 凝固过程的调节与晶向控制

采用调节凝固参量,如生长速率和温度梯度,来控制 γ-TiAl 合金的晶体取向,一直是人们关注的问题。Kim 的一些试验结果表明,改变生长速率有可能影响晶体的取向。他们用加入了 β 相稳定化元素的三元合金,对 Ti-47.5Al-2.5Mo 合金进行定向凝固试验,从生长速率增加造成的非平衡效应对相图临界点的影响来看已经可以部分地解释晶体取向变化的原因。如图 1.25 所示,生长速率的增加使 L＋β→α 的相变线(β 相的液固相线)向左和向下偏移,使得更利于 α 相的形成。在不同速率下,组成相结构的测定也表明,90 mm/h 生长速率下形成的相是 β 相,而在 360 mm/h 则主要是 α 相,这是由于相图位置的改变还是相选择的作用尚不清楚。

综上所述,近年来关于 TiAl 合金的定向凝固的方面进行了不少研究和探索,取得了长足的进展,目前主要的研究手段是通过控制和调整定向凝固技术来控制其片层的取向,进而提高其性能。常用的方法有籽晶法和非籽晶法两种,其中非籽晶的方法还包括增加微量金属和调整凝固速度等方法来改变凝固路径。这些方法虽然在一定程度上可以控制片层的方向,却不能得到在整个试样完全平行于生长方向的凝固组织。此外,这些方法只注重了定向凝固工艺上的改进,忽视了 TiAl 合金作为包晶合金的自身凝固特点,片层取向不仅受固态相变的制约,而且与液固相变中的本质特点以及定向凝固过程中的各组成相显微组织的演化和它们各自之间的竞争选择等复杂因素有关,对于揭示相关的基本规律的研究还有很长的路。

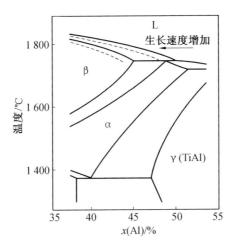

图 1.25　生长速度对二元相图的影响

1.3　Nd－Fe－B包晶合金组织及应用

第三代稀土永磁材料 Nd－Fe－B 具有高能量密度、高性价比等优点，现已广泛应用于计算机硬盘驱动器、电机及人体核磁共振成像仪等设备。图 1.26 为富铁端 Fe－$Nd_2Fe_{14}B$ 相图。对 Nd－Fe－B 合金，铸锭的显微组织对于烧结 Nd－Fe－B 磁体的磁性能有重要影响。包晶 $Nd_2Fe_{14}B(T_1)$ 相是 Nd－Fe－B 永磁材料的主相，也是唯一的铁磁性相，其体积分数决定了 Nd－Fe－B 永磁体的剩磁和最大磁能积。磁体的矫顽力场则与晶粒大小、分布及晶体取向度等因素有关。Nd－Fe－B 磁体中除 $Nd_2Fe_{14}B$ 磁性主相外，还存在其他相，这些相在磁体中的形态、含量以及分布等，将直接

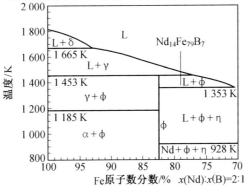

图 1.26　富铁端 Fe－$Nd_2Fe_{14}B$ 相图

影响到磁体的制作工艺和最终磁体的磁性能。为了控制好铸锭组织,需要了解 $Nd-Fe-B$ 包晶合金的凝固过程,而定向凝固具有工艺参数容易控制的特点,并且能够获得各向异性的磁体。

图 1.27 所示为 $Nd_{14}Fe_{79}B_7$ 合金定向凝固组织演化过程,显示在 $1\sim 200\ \mu m/s$ 速度区间内定向凝固时,合金主要由初生 $\alpha-Fe$ 和包晶 $Nd_2Fe_{14}B$ 相组成,随着抽拉速率的增加,包晶相含量先增加后减少,而在同一抽拉速率下,提高温度梯度可增加铁磁性 $Nd_2Fe_{14}B$ 相的含量。通过定向凝固试验制备 $Nd-Fe-B$ 合金,研究温度梯度和抽拉速率的变化对合金凝固组织及各相含量的影响,为生产良好的 $Nd-Fe-B$ 合金铸锭提供试验依据和优化的工艺参数。

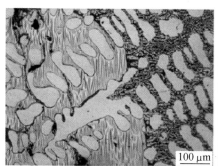

(a) V=1 $\mu m/s$,纵截面组织

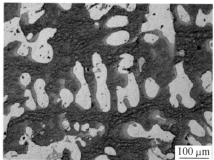

(b) V=1 $\mu m/s$,横截面组织

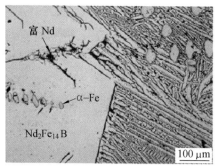

(c) V=5 $\mu m/s$,纵截面组织

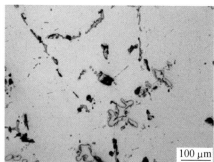

(d) V=5 $\mu m/s$,横截面组织

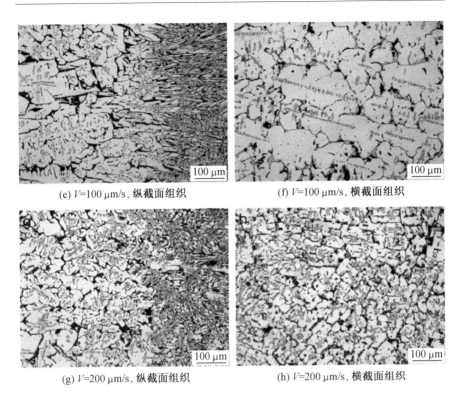

(e) V=100 μm/s, 纵截面组织　　　　　　　(f) V=100 μm/s, 横截面组织

(g) V=200 μm/s, 纵截面组织　　　　　　　(h) V=200 μm/s, 横截面组织

图 1.27　$Nd_{14}Fe_{79}B_7$ 合金不同生长速度的定向凝固组织

参考文献

[1] 傅恒志，魏炳波，郭景杰. 凝固科学技术与材料[J]. 中国工程科学，2003，5(8)：5-19.

[2] KERR H W，KURZ W. Solidification of peritectic alloys[J]. Int. Mater. Rev.，1996，41(4)：129-164.

[3] 傅恒志，郭景杰，苏彦庆，等. TiAl 金属间化合物的定向凝固和晶向控制[J]. 中国有色金属学报，2003，13(4)：6-19.

[4] 傅恒志，苏彦庆，郭景杰，等. 高温金属间化合物的定向凝固特性[J]. 金属学报，2002，38(11)：9-14.

[5] JOHNSON D R，INUI H，YAMAGUCHI M. Directional solidification and microstructural control of the TiAl/Ti₃Al lamellar microstructure in TiAl – Si alloys[J]. Acta. Mater.，1996，44(6)：2523-

2535.

[6] JOHNSON D R, INUI H, YAMAGUCHI M. Crystal growth of TiAl alloys[J]. Intermetallics,1998, 6(7-8): 647-652.

[7] 张永刚, 韩雅芳, 陈国良, 等. 金属间化合物结构材料[M]. 北京: 国防工业出版社, 2001.

[8] LEE J H, VERHOEVEN J D. Peritectic formation in the Ni – Al system[J]. J. Cryst. Growth,1994, 144(3-4): 353-366.

[9] DOGAN F. Continuous solidification of $YBa_2Cu_3O_{7-x}$ by isothermal undercooling[J]. J. Eur. Ceram. Soc. ,2005, 25(8): 1355-1358.

[10] VOLKMANN T, GAO J, STROHMENGER J. Direct crystallization of the peritectic $Nd_2Fe_{14}B$ phase by undercooling of the melt [J]. Mater. Sci. Eng. A, 2004, 375-377: 1153-1156.

[11] 贺谦, 刘林, 邹光荣, 等. Nd – Fe – B 包晶合金定向凝固组织的研究 [J]. 材料工程,2005, 21(6): 17-19.

[12] TRIVEDI R, SHIN J H. Modelling of microstructure evolution in peritectic systems[J]. Mater. Sci. Eng. A, 2005, 413-414: 288-295.

[13] KARMA A, PLAPP M. New insights into the morphological stability of eutectic and peritectic coupled growth[J]. JOM: 2004, 56 (4): 28-32.

[14] VANDYOUSSEFI M, KERR H W, KURZ W. Two-phase growth in peritectic Fe – Ni alloys[J]. Acta. Mater. , 2000, 48(9): 2297-2306.

[15] BUSSE P,MEISSEN F. Coupled growth of the properitectic α-and the peritectic γ – phases in binary titanium aluminides[J]. Scripta. Mater. ,1997, 36(6): 653-658.

[16] DOBLER S,LO T S, PLAPP M, et al. Peritectic coupled growth [J]. Acta. Mater. ,2004, 52(9): 2795-2808.

[17] LO T S,DOBLER S,PLAPP M, et al. Two-phase microstructure selection in peritectic solidification: from island banding to coupled growth[J]. Acta. Mater. ,2003, 51(3): 599-611.

[18] TRIVEDI R, PARK J S. Dynamics of microstructure formation in the two-phase region of peritectic systems[J]. J. Cryst. Growth, 2002, 235(1-4): 572-588.

[19] LO T S, KARMA A, PLAPP M. Phase-field modeling of microstructural pattern formation during directional solidification of peritectic alloys without morphological instability[J]. Phys. Rev. E, 2001, 6303(3): 031504.

[20] UMEDA T, OKANE T, KURZ W. Phase selection during solidification of peritectic alloys[J]. Acta. Mater. ,1996, 44(10): 4209-4216.

[21] 苏云鹏, 王猛, 林鑫, 等. 激光快速熔凝 Zn - 2%Cu 包晶合金的显微组织[J]. 金属学报, 2005, 41(1): 69-74.

[22] 刘畅, 苏彦庆, 李新中, 等. Ti -(44 - 50)Al 合金定向包晶凝固过程中的组织演化[J]. 金属学报, 2005, 41(3): 38-44.

[23] 黄卫东, 林鑫, 王猛, 等. 包晶凝固的形态与相选择[J]. 中国科学 (E 辑), 2002, 32(5): 3-9.

[24] BOETTINGER W J, CORIELL S R, GREER A L, et al. Solidification microstructures: recent developments, future directions[J]. Acta. Mater. , 2000, 48(1): 43-70.

[25] 钟宏, 李双明, 吕海燕, 等. Nd - Fe - B 包晶合金高梯度定向凝固试验研究[J]. 特种铸造及有色合金, 2008, 28(4): 251-254.

[26] ZHONG H, LI S M, LU H Y, et al. Microstructure evolution of peritectic $Nd_{14}Fe_{79}B_7$ alloy during directional solidification[J]. Journal of Crystal Growth, 2008, 310: 3366-3371.

[27] 刘畅. TiAl 二元包晶合金定向凝固组织形成规律研究[D]. 哈尔滨: 哈尔滨工业大学, 2007.

第2章　包晶合金凝固特性

2.1　包晶合金凝固组织复杂性

在对包晶合金进行定向凝固研究过程中,人们发现了一系列新奇组织:垂直于生长方向的两相交替周期性排列的带状组织、一相弥散分布在另一相基体中的岛状组织、包晶相包裹初生相的两相振荡树状组织和平行于生长方向的两相交替周期性排列的复合(共生)组织等,其示意图如图2.1所示。

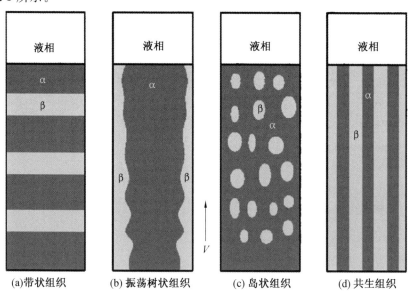

图 2.1　包晶合金定向凝固过程中得到的几种典型组织示意图

这些组织的出现进一步引起了材料工作者和凝聚态物理学家的关注,对这些组织进行深入研究,了解这些组织的形成机理,一方面可以丰富人们对凝固现象的认识,另一方面对包晶系材料的设计和制备具有重要意义。在这些组织中具有广泛的工程应用前景的是平行于生长方向的两相交替排列的复合组织。通过定向凝固制备的这种复合组织是一种典型的原位自生复合材料,这种材料具有显著的各向异性、界面之间结合力强、界面处于热力学平衡状态、界面稳定性高、制备工艺简单,所以这种材料在高温结构材料、电工材料、磁性材料和光学材料等领域都具有重要的应用。然而到目前为止,原位自生复合材料的制备都集中在共晶系材料中,在包晶系材料中尚未成功制备。

此外,形成复合组织的生长方式——共生生长,一直是凝固理论和凝聚态物理的重要研究对象。共生生长是一种相互协作(co-operative)的生长方式,这种协作关系体现在一相排出的溶质正好是另一相所需要的,这样两相就可以同时从熔体中析出,如图 2.1(d)所示。在共生生长过程中,固液界面形态演化是典型的非线性动力学过程,同时又具有非平衡自组织过程的特征,所以对共生生长进行研究具有重要的理论意义。更为重要的是,虽然目前在 Ni－Al,Ti－Al,Nd－Ba－Cu－O 和 Fe－Ni 系中都发现了包晶共生生长,但是这些共生生长都是不稳定的并且具有很大的偶然性,这主要是因为人们目前对包晶共生生长形成的物理机制和影响因素尚不明确。迫切需要人们对包晶共生生长进行更加深入的研究,从而为包晶系原位自生复合材料的制备提供理论基础。

虽然很多研究者为包晶系定向凝固过程中形成的各种组织提供了相应的模型,但是仔细分析这些模型会发现,包晶反应作为包晶相变的重要基础,并没有被考虑进包晶两相的生长过程中,特别是岛状组织和共生生长的演化过程中。显然,没有考虑到包晶反应的包晶相变理论在预测包晶合金定向凝固过程中组织演化时必然会与实际产生偏差。因此,有必要进一步对包晶相变过程进行研究,详细考察包晶反应对定向凝固过程中组织演化的影响,并在此基础上建立考虑包晶反应的包晶合金定向凝固过程中的组织演化模型。

定向凝固中的初生相和包晶相的竞争生长是一个动态演化的过程,受合金成分和生长速度等条件的影响,两相之间的竞争生长、界面形态的选择、组织形态的演变以及它们之间的相互转化成为组织形态控制的根本问题,这些竞争选择的物理过程迄今都不太清楚,有待于进一步的研究。

包晶凝固过程属于多相合金凝固范畴,如图 2.2 所示。在包晶合金定向凝固过程中,领先相的生长与单相合金的定向凝固有一定的可比性,而包晶合金的两相生长通常与共晶合金进行比较研究。包晶合金定向凝固过程中的组织演化规律都是建立在单相合金和共晶合金定向凝固基本理论的基础上。所以下面首先简要叙述单相和共晶合金定向凝固的基本理论和近年来的新进展。

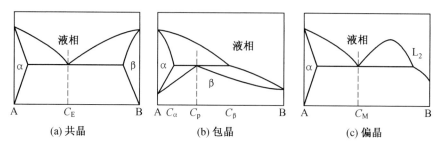

图 2.2　二元共晶、包晶和偏晶合金相图示意图

2.2　定向凝固条件下单相合金界面形态的演化

单相合金在定向凝固条件下，随着抽拉速度的增大，固液界面会呈现平界面→胞状→枝晶状→高速细胞状→高速带状→绝对稳定平界面的形态演化过程。不同的界面形态，所需的生长驱动力也有所不同，最直接的体现就是生长过冷度之间的差异，也表现为界面生长温度之间的差异。

2.2.1　平界面生长

凝固过程在历史上作为铸冶工艺的核心虽已经历了几千年，但对它进行科学系统的研究，却是始于近代。最早的关于凝固问题研究的文献记载可以追溯到几百年前，但凝固成为一门较为系统的科学仅仅开始于 20 世纪 40 年代。直到 20 世纪 40 年代末期，加拿大著名物理冶金学家 B. Chalmers 教授及其学生通过观察自由表面的生长及采用倾倒法开始了对金属凝固形态的认真研究，并于 1953 年划时代地提出了界面稳定性的概念和著名的成分过冷理论：

$$\frac{G}{V} \geqslant \frac{m_0 C_0 (k_0 - 1)}{k_0 D} = \frac{\Delta T_0}{D} \tag{2.1}$$

式中　　m_0——液相线斜率；

　　　　k_0——平衡溶质分配系数；

　　　　D——溶质扩散系数；

　　　　ΔT_0——平衡结晶温度间隔；

　　　　V——凝固速度；

　　　　G——温度梯度；

　　　　C_0——合金成分。

由式（2.1）可以看出，成分过冷理论将平界面失稳形成胞/枝晶归因于界面前沿液相溶质富集所产生的"成分过冷区"：当式（2.1）成立时，平面的凝固界面保持稳定；当式（2.1）不成立时，凝固界面将失稳向胞/枝形态演化。成分过冷理论首次从界面稳定性的角度揭示了液固相变过程中出现复杂形态的内在原因，给出了凝固过程中平界面稳定性的第一个定量判据，成为凝固理论由经验走向科学的转折点。

虽然成分过冷理论对凝固过程中平界面的稳定性可以进行成功的预测，但它不能给出有关凝固形态和尺度特征的任何信息。此外，成分过冷理论还存在以下的局限性：

①将平衡热力学应用到凝固界面形态的演化这样一个非平衡动力学过程，带有很大的近似性。

②没有考虑固、液相之间传热、传质方面的差异对界面稳定性的影响。

③没有考虑界面能对固液界面稳定性的影响。

④没有考虑固相内的温度梯度的影响。

因此，有必要对成分过冷理论进行改进。

20世纪60年代初，Mullins和Sekerka将流体动力学的线性动力学分析方法应用于晶体生长过程中的界面稳定性问题，通过考察界面产生无限小振幅的扰动情况下界面前沿温度场和浓度场的扰动发展行为，建立了一个包括界面张力的稳定化效应及考虑固液两相传热性能之间差异等因素影响的较为严格的界面稳定性线性动力学理论，即 MS 界面稳定性理论。对于平界面生长，MS 理论可表示为

$$\sigma = \dfrac{V\omega\left[-2T_{\mathrm{m}}\Gamma\omega^{2}\left(\omega^{*}-\dfrac{V}{D}p\right)-\dfrac{\kappa_{\mathrm{L}}G_{\mathrm{L}}+\kappa_{\mathrm{S}}G_{\mathrm{S}}}{\bar{\kappa}}\left(\omega^{*}-\dfrac{V}{D}p\right)+2mG_{\mathrm{c}}\left(\omega^{*}-\dfrac{V}{D}\right)\right]}{\dfrac{\kappa_{\mathrm{S}}G_{\mathrm{S}}-\kappa_{\mathrm{L}}G_{\mathrm{L}}}{\bar{\kappa}}\left(\omega^{*}-\dfrac{V}{D}p\right)+2m_{0}aG_{\mathrm{c}}}$$

$$(2.2)$$

其中

$$\sigma = \frac{\dot{\varepsilon}}{\varepsilon} = \frac{\mathrm{d}\varepsilon/\mathrm{d}t}{\varepsilon}$$

$$\omega^{*} = \frac{V}{2D} + \left[\left(\frac{V}{2D}\right)^{2} + \omega^{2}\right]^{1/2}$$

$$\bar{\kappa} = \frac{\kappa_{\mathrm{L}} + \kappa_{\mathrm{S}}}{2}$$

$$G_{\mathrm{c}} = -\frac{V}{D}\left(\frac{C_{0}}{k_{0}} - C_{0}\right)$$

$$p = 1 - k_{0}$$

式中 κ_L，κ_S——液、固两相的热导率；

       G_L，G_S——液、固两相中温度梯度；

       Γ——Gibbs-Thomson 系数；

       T_m——凝固温度；

       ω——几何干扰频率；

       ε——扰动振幅。

界面稳定性的临界条件完全取决于 σ 的符号。在式(2.2)中，右端的分母恒为正值，因而临界稳定性条件实际上取决于分子的符号。

通常在凝固条件下，金属中的热扩散长度远小于空间扰动波长，即 $V/2D \ll \omega$，式(2.2)中的分子可简化为

$$S(\omega) = -\frac{(\kappa_L G_L + \kappa_S G_S)}{2\kappa} - T_m \Gamma \omega^2 + m_0 G_c \frac{\omega^* - V/D}{\omega^* - pV/D} \qquad (2.3)$$

若对所有的 ω 均有 $S(\omega) \leqslant 0$，则界面稳定，否则界面将失稳。

式(2.3)右端三项分别代表温度梯度、界面能和溶质边界层这三方面的因素对界面稳定性的贡献。其中，界面能的作用总是使界面趋于稳定，溶质边界层的存在总是使界面趋于失稳，而温度梯度对稳定性的作用则取决于梯度的方向。由此可见，MS理论实际扩展了成分过冷理论对界面稳定性的分析，在低速条件下，如果忽略界面张力效应、固液相热物性差异、溶质沿界面扩散效应及结晶潜热释放等因素，MS理论就回归为成分过冷理论。

随着凝固速度的增大，式(2.3)右端第二项比第三项绝对值增加得更快。所以，在很高的凝固速度下，凝固界面将重新回到稳定，Mullins 和 Sekerka 将其称为高速绝对稳定性，并给出了高速绝对稳定的临界速度：

$$V_a = \frac{D\Delta T_0^V}{k_V \Gamma} \qquad (2.4)$$

式中 ΔT_0^V——非平衡液固相线温差；

       k_V——非平衡修正后的溶质分配系数。

高速绝对稳定性的实质是当凝固速度达到一定值时，界面能的稳定化效应完全克服溶质扩散引起的不稳定效应，凝固界面将重新回到稳定状态，这时即使温度梯度为0，界面也是稳定的。目前，在 Ag-Cu 合金的电子束表面快速熔凝实验，Al-Fe，Al-Cu，Al-Mn 和 Cu-Mn 的激光快速熔凝实验中都已证实了高速绝对稳定性现象的存在，但实验测定的 V_a 值在数值上与 MS 理论的结果存在较大偏差。

此外,马东和黄卫东经过对 KF 界面稳定性判据进行的进一步分析提出了高梯度绝对稳定性的概念:当温度梯度达到某一临界值时,温度梯度的稳定化效应会完全克服溶质扩散的不稳定化效应,这时,无论凝固速度多大,界面总是稳定的。他们把这种稳定性称为高梯度绝对稳定性,并给出了实现高梯度绝对稳定性的临界条件:

$$G_{\mathrm{a}} = \frac{1}{3(1+k_0)} \frac{\Delta T_0^2}{k_0 \Gamma} \tag{2.5}$$

式中　G_{a}—— 实现高梯度绝对稳定性所需达到的临界温度梯度。

在对界面稳定性的分析上,MS 理论比成分过冷理论大大前进了一步。但 MS 理论是建立在固液界面局域平衡假设基础上的线性动力学理论,这一经典凝固理论在实际应用中也存在其局限性:

① 实际凝固界面形态稳定性是一个涉及诸多非线性作用的复杂自由边界问题,MS 理论毕竟是建立于无限小振幅扰动发展基础上的线性分析,而严格的动力学稳定性分析应建立在复杂的非线性动力学分析的基础上。

② MS 理论是建立在固液界面局域平衡假设基础上的,所以,溶质分配系数仍然采用平衡溶质分配系数。在实际的凝固过程,特别是快速凝固过程中,实际溶质分配系数会明显偏离平衡溶质分配系数。这种非平衡溶质分配会提高固液界面的稳定性。

③ MS 理论的分析是建立在界面前沿稳态溶质扩散场的基础上,而在较低凝固速率下,凝固界面需要推进更长的距离才能达到稳态,很可能直到界面失稳时,界面前沿的稳态溶质扩散场还无法建立。

④ MS 理论假定凝固速度为常数,实际上,在快速凝固中 V 会随凝固时间变化,固液界面上各点的局部凝固速度也不同。凝固速度的这两类变化都会对固液界面稳定性产生一定的影响。

⑤ 在 MS 理论中,假定液固相线均为直线,这样液相线斜率 m 和平衡溶质分配系数 k_0 可近似为常数。因此,MS 理论更适用于稀溶液合金中。

针对以上问题,研究者们对 MS 理论进行了进一步的改进和发展:

(1)MS 理论的非平衡修正。

目前被研究者们所广泛采用的一种方法是对 MS 理论中相应的平衡参数如 k_0,m_0 和 D 等进行非平衡修正,即利用 Aziz 模型、JGL 模型、Wood 模型和 Baker 模型等非平衡溶质分配模型给出上述参数的修正值。Kurz 等人详细考察了界面温度、凝固速度以及合金的实际相图形状对界面组织形态的影响,分析了溶质扩散系数的温度相关性 $D(T)$、溶质分配系数的

温度及速度相关性 $k(V,T)$ 在界面稳定性中的作用,指出 $k(V)$ 和 $D(T)$ 的修正对固液界面的稳定性影响较大,并且都使界面稳定性增加,而 $k(T)$ 和 $m(T)$ 的修正对固液界面稳定性影响则相对较小。

(2)非线性动力学分析。

虽然对凝固界面的稳定性问题应该进行严格的非线性分析,但由于非线性问题非常复杂,目前只能进行弱非线性动力学分析。1970 年,Wollkind 和 Segel 首先对界面稳定性进行了基于有限小扰动振幅的弱非线性分析,将扰动振幅随时间的导数 $d\varepsilon/dt$ 表示成为一个有关振幅 ε 的幂级数。略去五次以上高次项,可以得到

$$\dot{\varepsilon} = a_0\varepsilon - a_1\varepsilon^3 + O(\varepsilon^5) \tag{2.6}$$

式中 a_0——线性稳定性参数,相当于 MS 理论中给出的 ω^*;

         a_1——Landau 常数。

对比式(2.2)可见,MS 理论相当于式(2.6)中忽略所有高次项的情况。根据 MS 理论,界面稳定与否完全取决于 a_0 的正负,当 $a_0<0$ 时,平界面保持稳定;当 $a_0>0$ 时,平界面失稳。然而由式(2.6)可看出,凝固界面与 a_1 显著相关,当 $a_1<0$ 时,平胞转变具有亚临界分叉特性,这时即使 $a_0<0$,当存在足够大振幅的扰动时,即 $\varepsilon>\sqrt{a_0/a_1}$,平界面也会失去稳定性;而对于 $a_0>0$,不存在从平界面到无限小振幅的连续转变。当 $a_1>0$ 时,平胞转变具有超临界分叉特性,这时只有当 $a_0>0$ 才会发生平界面失稳,并且出现从平界面到无限小振幅发展的连续转变,由此可见,a_1 对平胞转变的分叉特性具有十分重要的影响。

(3)界面非稳态演化。

要考察凝固界面前沿的非稳态演化过程,就必须对凝固界面前沿非稳态溶质扩散场进行求解,然而由于其复杂性,至今仍未能得到精确解。因此,迄今为止的研究工作都是在对凝固系统做了一定程度近似后进行的。1953 年,Tiller 等人首次在采用准静态近似和假定界面速度为常数的前提下,给出了纯扩散条件下界面前沿非稳态扩散的近似解。1993 年,Warren 和 Langer 等人在同时考虑界面滞后效应和溶质扩散的非稳态效应基础上给出了一个溶质场的半解析数值模型,并由此对界面稳定性问题进行了时间相关的半解析数值分析,揭示了界面稳定性的时间相关性。

2.2.2   胞状界面生长

在定向凝固过程中,胞状界面是一种常见的界面形态,同时这种花样

(pattern) 也是物理学、化学和生物学非线性耗散系统中最典型的花样之一。单相合金胞状凝固理论是制备各向异性材料、研究多相合金凝固理论、研究非线性耗散系统中界面形态选择性的重要理论基础。下面简单介绍近年来在胞状凝固理论方面取得的最新进展。

到目前为止,对定向凝固过程中胞晶形态的研究仍没有取得令人满意的结果。这主要是因为凝固过程中界面形态的演化是一个复杂的非线性动力学过程,同时胞状形态可以在很大的时空区间内存在,即可以在一个很大的生长区间内连续演化,所以胞的形状可能并没有统一的尺度和形状特征。目前关于胞晶形态的研究都是与凝固 Peclet 数联系在一起的。胞状凝固的 Peclet 数是凝固速度和胞晶间距 λ 的函数:

$$P = \frac{\lambda}{l_{\mathrm{D}}} = \frac{\lambda V}{D} \tag{2.7}$$

当胞状凝固的 Peclet 数很小,如 $P \ll 1$ 时,一般此时的凝固速度很小,胞状凝固过程中的溶质传输主要由扩散控制,此时的溶质扩散场满足 Laplace 方程。在这种情况下,胞晶端部的形态非常类似 Saffman-Taylor 黏性指(finger shape)花样,如图 2.3 所示,其中 R 为胞顶端的半径,Λ 为胞晶相对宽度,可以用来表征固相所占的体积分数,它是 Saffman-Taylor 黏性指的一个主要参数。当一个黏度较大的流体放进一个黏度较小的流体中,就会形成这种花样。这种指形花样在很多完全不同的领域中都观察到过,如流体力学、燃烧过程和晶体生长过程,从 20 世纪 60 年代被提出后迅速成为理论物理学的一个重要研究对象。

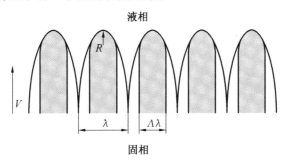

图 2.3 Saffman-Taylor 黏性指与定向凝固胞晶的相似性

当胞状凝固的 Peclet 数较大,如 $P \gg 1$ 时,对流作用在溶质分凝过程中占据了重要作用。此时定向凝固胞晶形状非常类似 Ivantsov 旋转抛物面,这与定向凝固的枝晶形态是类似的。这是非常容易理解的,因为 $P \gg 1$ 时,胞晶将不稳定而向枝晶转变,二者之间具有很大的相似性。

　　而当胞状凝固的 Peclet 数在中等水平时,如 $0.2 < P < 10$ 时,胞晶形状处于上述两种形状的过渡区域,形状比较复杂。而重要的是,此时的凝固条件正是大部分定向凝固所处的区域,应该对该区域的胞形态进行深入的研究。

　　下面介绍胞状凝固 Peclet 数较小和中等水平时描述胞晶形态的模型。由于定向凝固胞可以近似地认为是轴对称的,因此利用 Saffman - Taylor 黏性指来再现胞的形状时只需要在二维空间内重构。二维 Saffman - Taylor 黏性指的方程可以描述为

$$y = \lambda \frac{1-\Lambda}{\pi} \ln \cos \frac{\pi}{\lambda\Lambda} x \tag{2.8}$$

式中　　y——生长方向;

　　　　x——垂直于宽度方向;

　　$\Lambda = d/\lambda$ 是 Saffman - Taylor 黏性指的无量纲宽度,如图 2.4 所示。为与定向凝固胞进行比较,首先需要确定二维 Saffman - Taylor 黏性指的参数,即尖端半径 R,它由下式确定:

$$R = \frac{\Lambda^2 \lambda}{\pi(1-\Lambda)} \tag{2.9}$$

　　对于一个定向凝固胞晶阵列,测定 Λ 和胞晶间距,就可以利用式(2.8)和式(2.9)来再现胞的形状,从而与实际得到的胞进行对比。

　　以前普遍认为 Saffman - Taylor 黏性指与定向凝固胞仅是在胞的端部相似性最好,所以利用 Saffman - Taylor 黏性指来描述定向凝固胞具有一定的困难。然而,Trivedi 等人在 2002 年发现,共晶系合金以胞状凝固时,胞间具有另外一相(共晶相)时,有限宽度胞的形状非常类似 Saffman - Taylor 黏性指,如图 2.4 所示。如果这种结果可以推广到真实的合金系中将具有重大意义,因为实际合金定向凝固过程中胞间往往具有另外一相。令人奇怪的是,当胞晶间具有另外一相时,体系远比 Saffman - Taylor 黏性指复杂,而此时胞的形状却可以用 Saffman - Taylor 黏性指很好地描述。Trivedi 等人认为胞底端的共晶相是一个溶质吸收器,如果没有共晶相,胞晶端部下面固相的体积分数随凝固距离的增加而增加,这主要是因为胞顶端后面液相中的溶质浓度逐渐增加——Scheil 效应。胞底部共晶相的存在将截断 Scheil 效应,使胞晶直径在胞顶端后面近似保持为一定值。他们认为共晶相的截断效应和 Scheil 效应共同促使了胞晶形态选择了和 Saffman - Taylor 黏性指的相似性。

　　在中等 Peclet 数区间对定向凝固中胞晶形态进行模型化具有重要的

(a) Saffman–Taylor黏性指　　　　　　　(b) 定向凝固胞

图 2.4　Saffman – Taylor 黏性指与定向凝固胞形状的对比

意义,因为具有实际意义的胞状定向凝固基本处于这个区域。Kurowski
等人于 1990 年在对 CBr$_4$-Br$_2$ 的研究中发现,胞的形状在 V_c 到 $(8 \sim 9)V_c$ 范
围内都具有自相似性,它的形态主要取决于相对速度 $(V - V_c)/V_c$ 而不是
绝对速度 V。但遗憾的是,他们并没有给出胞形状的定量表达式。

Pocheau 和 Georgelin 系统地研究中等 Peclet 数区间的丁二腈 SCN −
乙烯(ethylene) 二元系的胞状凝固,试图建立一个中等 Peclet 数胞形状的
数据库,然后对这个系统的数据库进行拟合,从而找到从胞顶端到底部凹
槽完整胞形状的统一解析代数式。他们的拟合结果为

$$x = 0.33\lambda V^{0.1} \tanh^{0.5}(21.8V^{-0.45}\lambda^{-1.25}G^{0.5}y) \tag{2.10}$$

或者

$$x = 0.33\lambda \left(\frac{D}{d_0}\right)^{0.1} \left(\frac{l_D}{d_0}\right)^{-0.1} \tanh^{0.5}\left[c_z\left(\frac{l_D}{d_0}\right)^{0.45} \left(\frac{\lambda}{d_0}\right)^{-0.25} \left(\frac{l_T}{d_0}\right)^{-0.5} \frac{1}{\lambda}y\right] \tag{2.11}$$

其中

$$c_z = 174.5 \left[\frac{m_0 C_0 (1 - k_0)}{k_0}\right]^{0.5} d_0^{-0.3} D^{-0.45} \tag{2.12}$$

$$d_0 = \frac{\Gamma k_0}{m_0^2 C_0 (1 - k_0)} \tag{2.13}$$

式中　　d_0 —— 毛细长度。

l_T —— 过冷熔体中的热扩散长度。

胞晶形态的另外一个主要参数,尖端半径 R 为

$$R = 0.095V^{-0.25}\lambda^{0.75}G^{0.5} \tag{2.14}$$

式(2.10)适用于胞的宽度接近胞晶间距时胞的形状,而式(2.11)适
用于胞的宽度小于胞晶间距时胞的形状。利用式(2.10)和式(2.11)就可
以对中等 Peclet 数胞晶生长胞的形状进行预测。这对理论研究和数值模
拟过程具有重要的意义。

由于 Peclet 数较大时胞晶与枝晶已经非常相似,为简单的旋转抛物面,本书不再赘述。

下面介绍胞／枝晶间距。尺度特征是凝固组织的主要表征参数和控制目标。定向凝固胞／枝晶阵列间距演化机制在实验上和理论上都已研究了很多年。定向凝固过程中胞／枝晶阵列间距演化机制的示意图如图 2.5 所示。当胞晶阵列的间距过大时,在某个／些胞顶端形成一个凹槽并开始分叉,从而形成新的胞。对于枝晶,情形有所不同。当枝晶的间距太大时,某个／些三次枝晶壁从后面赶上一次枝晶并形成新的枝晶。当胞和枝晶的间距太窄时,胞和枝晶阵列中的一个小的胞或枝变得更小,并且被它们的邻居所淘汰。

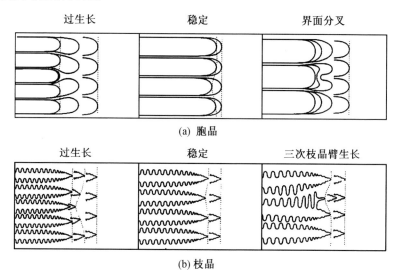

图 2.5　定向凝固过程中胞／枝晶阵列间距演化机制的示意图

定量地预测胞／枝的一次间距随生长条件的变化规律是材料工作者和冶金学家的一个重要研究方向。

Hunt 首先建立了一个胞／枝生长的模型,他假设:① 胞晶或枝晶的形状为一个平滑的稳定形状,即使是在侧枝发展以后也是如此;② 在垂直于生长方向的方向上胞晶间和枝晶间的温度和液相成分是均匀分布的;③ 胞／枝晶顶端为球状。这样就可以对胞／枝生长过程中的溶质场进行求解。但是得到的解不是唯一的,即胞顶端半径有一系列可能值,所以他运用最小过冷度假设来确定胞／枝晶端部的半径,从而得到胞／枝晶的一次间距:

$$\lambda = 2.83\,(k_0 \Gamma D \Delta T_0)^{1/4} V^{-1/4} G^{-1/2} \tag{2.15}$$

Kurz 和 Fisher 假设胞或枝晶的整体形状为一个半椭圆,而胞/枝顶端为旋转抛物体,从而建立了一个确定胞/枝晶间距的模型。假设胞/枝顶端为旋转抛物体,这样胞/枝顶端液相中的溶质扩散场可以通过著名的 Ivantsov 解计算。为了唯一确定胞顶端半径,他们运用 Langer 和 Muller-Krumbbaar 提出的边界稳定性假设。当凝固速度 $V < V_c/k$ 时(低速段),胞/枝一次间距可以通过下式计算:

$$\lambda = \left[\frac{6\Delta T'}{G(1-k)} \left(\frac{D}{V} - \frac{k_0 \Delta T_0}{G} \right) \right] \tag{2.16}$$

而当 $V > V_c/k$ 时,胞/枝一次间距为

$$\lambda = 4.3 \Delta T'^{1/2} \left[\frac{\Gamma D}{k_0 \Delta T_0} \right]^{1/4} V^{-1/4} G^{-1/2} \tag{2.17}$$

其中

$$\Delta T' = \frac{\Delta T_0}{(1-k_0)} \left(1 - \frac{GD}{V\Delta T_0} \right) \tag{2.18}$$

$$\Delta T_0 = \frac{m_0 C_0 (1-k_0)}{k_0} \tag{2.19}$$

随后,Kurz,Giovanola 和 Trivedi 对快速凝固胞/枝一次间距进行了重新分析,对式(2.17)进行了改进,提出了著名的 KGT 模型:

$$\lambda = 4\pi \left(\frac{D\Gamma}{V\Delta T_0} \right)^{1/2} \tag{2.20}$$

在传统的模拟研究中,人们在区分胞晶和枝晶上仅仅认为胞是没有分枝的枝晶,这种粗糙的处理方式显然是不合适的。Hunt 和 Lu 经过系统的模拟研究发现,一个更好的区分胞和枝的方法是区分它们的界面形状。对于枝晶,端部的形状是一个旋转抛物体,在枝晶顶端的曲率半径最小,如图 2.6(a) 所示。而对胞晶,端部接近球形且胞端部总是力图达到最大的曲率半径,如图 2.6(b) 所示。在这种情况下,他们分别对胞晶凝固和枝晶凝固进行了模拟。

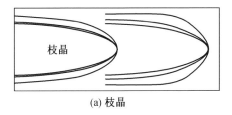
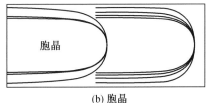

(a) 枝晶   (b) 胞晶

图 2.6 计算的枝晶和胞晶的端部形状

他们在模拟中发现,胞晶凝固时胞状阵列的最小稳定间距是胞晶凹槽

内的成分最接近液相线成分时出现，并给出了一个简单的拟合关系式：

$$\lambda = 8.18 k_0^{-0.335} \left[\frac{\Gamma}{m_0 C_0 (k_0 - 1)} \right]^{0.41} \left(\frac{D}{V} \right)^{0.59} \tag{2.21}$$

对于枝晶凝固，他们得到的最小稳定枝晶间距为

$$\lambda = \frac{2.5 \Gamma k_0}{\Delta T_0} \left(\frac{V \Gamma k_0}{D \Delta T_0} \right)^{-b} \left(1 - \frac{GD}{V \Delta T_0} \right)^{0.5} G'^{-2(1-b)/3} \tag{2.22a}$$

$$\lambda = 12 \frac{D \Delta T_0}{V \Gamma k_0} \tag{2.22b}$$

其中

$$b = 0.3 + 1.9 G'^{0.18}$$

$$G' = \frac{G \Gamma k_0}{\Delta T_0^2}$$

枝晶阵最小稳定间距是式（2.22a）和式（2.22b）中的较小值。对于胞晶凝固和枝晶凝固最大的稳定间距，由于问题非常复杂，并且最大的稳定间距不小于最小间距的两倍，因此 Hunt 假设胞 / 枝凝固的最大稳定间距为最小稳定间距的两倍。这样，利用式（2.21）和式（2.22）就可以对定向凝固中的胞枝间距进行很好的预测，并且与很多实验结果吻合很好。

科学的发展总是要求人们不断进步。正在人们认为对胞 / 枝定向凝固的间距选择性得到了深刻的认识时，一种基于统计学和图论的崭新方法 —— 最小生成树方法，被发展起来用于研究胞枝凝固的间距选择性。树是连接所有点并且没有圈（环路）的连通图，而最小生成树是所有边长度之和最小的树，如图 2.7 所示。虽然最小生成树不是唯一的，但是所有的最小生成树都是等价的，即这些最小生成树的边长度的统计分布规律是相

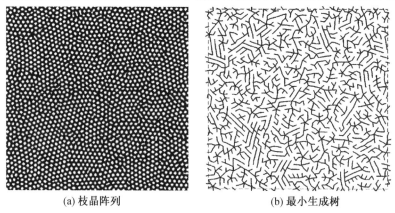

(a) 枝晶阵列　　　　　　　　　　　(b) 最小生成树

图 2.7　定向凝固胞晶示意图及相应的最小生成树

同的。这样,利用最小生成树就可以准确、客观地统计胞／晶的分布规律和间距特征。经过对 Pb – Tl,Al – Cu,Pb – Sb,SCN – Acetone,Al – Li 和 Al – Ni 等合金系的研究中发现,胞／枝晶间距满足典型的正态分布 (gaussian distribution) 规律,如图 2.8 所示。即使是在外太空纯扩散条件下的定向凝固,胞晶间距分布的标准偏差仍然非常大,为 $10\% \sim 20\%$。为此,Billia 等人认为定向凝固中的胞枝凝固不存在唯一的间距选择性,而早在 1988 年 Amar 教授已经在理论上预测了这一点。这种情况的产生,可能是因为凝固过程的时空相关性,也可能是由晶体生长各向异性引起的。但是在工程技术领域,对定向凝固胞／枝晶的尺度进行简单的定量预测,从而指导生产实践仍具有重要的实际意义。

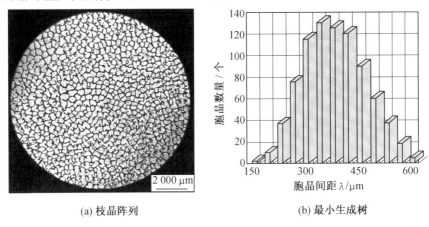

(a) 枝晶阵列   (b) 最小生成树

图 2.8　在太空进行定向凝固得到的 $Al – Ni$ 合金的胞晶组织及其间距分布规律

对定向凝固胞／枝晶阵列的间距分布进行统计分析具有明显的优势,因为传统的测量间距方法,如三角形法、正方形法以及更粗糙的直线法的误差都非常大。这主要是因为在测量过程中取样一般都比较少,且带有很大的主观性,很难客观反映实际情况。在对 Pb – Tl 胞晶间距的统计分析中发现,当选取的胞晶的个数少于 200 时,得到的间距分布规律就会出现很大的偏差。因此,统计分析是科学、真实地认识定向凝固组织尺度的必要手段,对理论研究具有重要的意义。

2.2.3　胞-枝转变

胞晶到枝晶的转变是定向凝固过程中平界面向胞状界面转变后的第二个重要的形态转变。由于胞晶凝固溶质场的三维复杂性,在理论上确定胞-枝转变条件远比确定平胞转变条件要困难得多。胞-枝转变的临界条件是定向凝固理论中的一个至今仍未解决的问题。目前认为胞-枝转变与凝固条件(G, V)、合金成分 C_0 以及胞晶阵列的局部间距有关,并提出了一些近似模型来预测胞-枝转变。但是,这些模型都具有一定的局限性,只是在个别合金系中得到的结果吻合较好,下面进行简要叙述。

在 Kurz 和 Fisher 的胞状凝固模型中,胞端部的行为在 $V > V_c/k_0$ 和 $V < V_c/k_0$ 两个区域中完全不同,所以他们据此认为胞-枝转变的临界条件为

$$V_{CD} = V_c/k_0 \qquad (2.23)$$

式中　V_c——平界面失稳的临界速度:

$$V_c = \frac{GD}{\Delta T_0} = \frac{GDk_0}{m_0 C_0 (1 - k_0)} \qquad (2.24)$$

Hennenberg 和 Billia 认为胞-枝转变发生在接近 $\lambda(V)$ 曲线的最大值但是稍低于最大值的地方。他们通过对胞状凝固的多尺度分析发现,在凝固速度超过一个临界速度 V_{CD} 时,胞晶阵列不能稳定存在了,这个临界速度为

$$V_{CD} = V_c (1 + k_0)/k_0 \qquad (2.25)$$

当平衡溶质分配系数较小时,胞枝转变的临界速度 V_{CD} 转变为 Kurz 和 Fisher 的结果,见式(2.23)。

利用式(2.25),Hennenberg 和 Billia 发现他们的预测结果与 Al – Cu 合金系中观察到的胞枝转变吻合较好。

而另一方面,在对 SCN-Acetone 合金的模拟中,Billia 和 Trivedi 根据深胞晶和枝晶凝固的相似性认为胞枝转变时,系统的溶质扩散长度满足:

$$l_D^{CD} = d_0^{0.2} l_T^{0.8}$$

化简可得胞-枝转变的临界速度为

$$V_{CD} = (k_0 V_a V_c^4)^{0.2} \qquad (2.26)$$

式中　V_a——平界面高速绝对稳定性临界速度。

除在理论上对胞枝转变过程进行分析外,Kurowski 等人在系统的实验中发现,胞状凝固的间距 Peclet 数 $\lambda V/D$ 在胞-枝转变的过渡区域非常接近 1。所以 $P = \mathrm{Order}(1)$ 有时也被认为是胞枝转变的判据。但是这种判据只是一种经验判据,它是建立在相邻胞晶的溶质扩散场不再重叠的基础上,并没有可靠的理论支持。

实际上,当胞状凝固变得不稳定时,扰动首先在端部发展。胞晶端部边缘分叉不稳定性的主要影响因素不是界面的尖锐(pointedness)程度而是界面的开放(openness)程度。根据定向凝固胞与 Saffman – Taylor 黏性

指的相似性,胞晶形状的一个主要参数是其相对宽度:

$$\Lambda = \frac{2}{1 + \sqrt{1 + 4\lambda/(\pi R)}} \tag{2.27}$$

这个参数描述了胞状花样的开放程度,即胞在整个区间内的占有程度。虽然相对宽度 Λ 不能从胞状或枝晶阵列中直接测量,但是式(2.27)可以根据一次间距 λ 和尖端半径 R 之间的比值来确定 Λ。此外,为了从经验上预测胞形状的特征参数 Λ,Hennenberg 和 Billia 将胞的相对宽度与胞状阵列的形态不稳定性联系起来:

$$\Lambda = 1 - \frac{k\nu}{1 + k(\nu - 1)} \tag{2.28}$$

其中,ν 为形态不稳定性水平参数:

$$\nu = l_{\mathrm{T}}/l_{\mathrm{D}} = V/V_{\mathrm{c}} \tag{2.29}$$

在对 Al-Cu,SCN-Acetone,CBr$_4$-Br$_2$ 等合金系的胞-枝转变过程中发现,胞-枝转变都大约在 $\Lambda = 0.5$(或者 $\lambda = 2\pi R$)时发生。因此,$\Lambda = 0.5$ 被认为是一个候选的胞-枝转变判据。利用 Λ 的值和式(2.28)、(2.29)就可以计算出胞-枝转变的临界生长速度。

Grange 等人还发现,相对宽度这个判据不但与他们的实验结果符合很好,还不受对流的影响。这是因为,以前的胞-枝转变判据都是建立在细试样近扩散条件的定向凝固实验结果上,而对体积凝固试样,这些判据的误差非常明显。而相对宽度判据式(2.28),Λ 是一个纯的几何参数,它不包含一个对流可以影响的参数。但是,式(2.27) 并不是一个明确的判据,因为它是建立在已知凝固组织(λ, R)的条件下来判断胞-枝转变。对一个未知的凝固体系,式(2.27) 并不能预测其胞-枝转变过程。

上述的判据集中在生长条件(G, V)对胞枝转变的影响,而胞-枝转变与凝固历史相关,因为胞-枝转变是一个连续的而不是突变的过程,所以胞-枝转变发生在一个范围内,并且与胞晶间距有关。

Trivedi 通过系统地考察 SCN-Salol 合金的胞-枝转变过程,发现胞-枝转变发生时需要满足以下两个条件:① 对一个给定的合金的成分,胞-枝转变时生长条件应该在 $(V/G)_{\min}$ 与 $(V/G)_{\max}$ 之间;② 在上面的生长条件内,存在一个临界的间距 λ_{CD},当胞晶的间距小于 λ_{CD} 时,胞晶仍会稳定存在,当间距大于 λ_{CD} 时,胞晶向枝晶转变。经过对实验数据的回归,他们发现胞-枝转变的临界间距满足

$$\lambda_{\mathrm{CD}} = 40.0 \, (GV)^{-1/3} \frac{1}{C_0} \tag{2.30}$$

可惜的是,他们并没有给出胞-枝转变发生的生长条件区间,这使人们很难利用这个判据对一个给定的胞-枝转变体系进行预测。

2005 年,Thi 等人根据外太空纯扩散条件下 Al-Ni 和 Al-Li 体积试样的定向凝固实验发现,利用胞晶与 Saffman-Taylor 黏性指的相似性发展起来的胞-枝转变判据(式(2.28))是准确的。这个判据与胞-枝转变阶段偏离成分过冷的水平有关,即

$$\nu_{CD} = \frac{V_{CD}}{V_c} = \frac{V_{CD} m C_0 (1 - k_0)}{DGk_0} = \frac{\text{Order}(1) + k_0}{k_0} \tag{2.31}$$

式中　V_{CD} —— 胞-枝转变的临界速度,在 k_0 较小时,它与 Kurz 和 Fisher 的判据(式(2.23))是一致的。

显然,V_{CD} 在 k_0 接近于零时不取决于 k_0,因为此时 V_{CD} 为无穷大显然是错误的。Thi 等人认为稀溶液 k_0 接近于零时:

$$V_{CD} = \text{Order}\left(\frac{DG}{mC_0}\right) \tag{2.32}$$

判据(2.31)的建立是基于胞晶的侧向分枝不稳定性发生在胞尖端的成分过冷,即胞端部分枝不稳定性的驱动力趋近于 1 时得到的,即

$$CS_{tip} = \frac{m_0 C_t (k_0 - 1)V/D - G}{G} = \text{Order}(1) \tag{2.33}$$

其中,C_t 为胞端部液相的成分:

$$C_t = C_0 - \frac{DG}{m_0 V} \tag{2.34}$$

在实际的预测胞-枝转变过程中,可以利用式(2.33)判断判据式(2.32)的适用性。

综上所述,由于问题本身的复杂性,胞-枝转变是一个到目前为止仍未很好解决的一个问题。但是利用上面的判据,人们还是可以对这个复杂的问题进行预测。相信不久的将来,随着非线性动力学的完善和更先进实验手段的运用,这个问题一定会得到很好的解决。

2.2.4　枝晶生长理论的新进展

随着胞-枝转变的完成,定向凝固系统开始了枝晶生长。枝晶生长是凝固过程中最常见的生长形式,它决定着大多数铸件的最终组织。下面简要叙述枝晶凝固的基本理论及其近期的新进展。

凝固界面形态演化是典型的非平衡自组织演化过程,它涉及热量、质量和动量的传输,界面动力学和界面张力效应的耦合作用,并由凝固系统的历史演化过程以及系统当前控制参量所共同决定。要严格求解凝固界

面形态就要从非平衡热力学以及非线性动力学理论出发。传统的枝晶生长理论都是从系统的当前状态出发,考察当前控制因素与枝晶尺度、溶质场和温度场之间的关系。

1947 年,苏联数学家 Ivantsov 在假定固液界面为等温或等浓度抛物线枝晶的基础上严格地从数学上获得了枝晶尖端的稳态扩散解:

$$\Omega = Iv(P) = P\exp(P)E_1(P) \tag{2.35}$$

式中　　Ω——无量纲溶质过饱和度;

　　　　P——枝晶生长 Peclet 数;

　　　　R——枝晶尖端半径;

　　　　$E_1(P)$——指数积分函数,$E_1(P) = \int_P^\infty \dfrac{\exp(-z)}{z}\mathrm{d}z$。

此时枝晶尖端的溶质为

$$C_t = \frac{C_0}{1 - (1 - k_0)Iv(P)} \tag{2.36}$$

Ivanstov 解给出的是一族等温的旋转抛物枝晶,无法唯一确定在给定生长条件下枝晶的尖端生长速率和尖端半径,而实际的实验观察却发现在给定的过饱和度下,枝晶的稳态生长速度和尖端半径是唯一的,而且在考虑界面能的情况下,弯曲的界面也不可能是等温或等浓度的。为解决这一问题,随后的研究者们引入了界面张力的作用,但仍然无法得到 V 和 R 的单值关系,而是发现了 $V(R)$ 曲线上出现了一个最大值。在此基础上,Zener 提出了最大生长速度假设,即假定枝晶尖端以过冷度所能允许的最大生长速度生长。1976 年,Glicksman 等人采用 99.999 5%(质量分数)的高纯丁二腈(SCN),在精确测定了相关物性参数的基础上,设计了一个精巧的过冷熔体生长实验,精确地测量了熔体过冷度与枝晶尖端生长速度及半径的关系。实验结果表明,Ivanstov 解及在其基础上发展起来的稳态扩散解在预言过冷度与 Peclet 数的关系上都与实验结果吻合得很好,但与最大生长速度假设的预测相差较大。这表明 Ivanstov 解是基本正确的,但最大生长速度假设是错误的,必须要寻找新的控制条件来确定 V 与 R 之间的单值关系。1973 年,Oldfield 提出,枝晶尖端尺寸由热或者溶质扩散和界面能的平衡关系所决定。随后,Langer 和 Muller - Krumbhaar 对枝晶尖端进行了线性稳定性分析,发现枝晶尖端处于尖端分叉不稳定性和侧向分枝不稳定性之间的一种临界状态,并据此提出了临界稳定性原理,即 LMK 理论。该状态取决于一个无量纲参数:

$$\sigma = \frac{d_0 l_T}{R^2} \tag{2.37}$$

当 $\sigma > \sigma^*$ 时,将会产生侧向分支不稳定性而使半径 R 增大,使 σ 减小;而当 $\sigma < \sigma^*$ 时,将会发生尖端分叉不稳定性而使 R 减小,使 σ 增大。其中,σ^* 为临界稳定参数,可通过数值计算确定 $\sigma^* = 0.025 \pm 0.000\ 7$。对分形理论来说,尖端分叉和侧向分支为分形结构的两种基本的生长模式,临界稳定性原理则认为枝晶尖端处于这两种生长模式所共同确定的临界稳定状态。

随后,Langer 等人在尖端采用了近似的平界面稳定性分析,发现当 $\sigma = \sigma^*$ 时,所获得的尖端半径 R 正好等于平界面失稳的最小扰动波长,并由此获得 $\sigma^* = 0.025\ 3$。为了检验临界稳定性原理,Huang 和 Glicksman 在对枝晶尖端采用球状近似进行稳定性分析的同时,利用丁二腈做了进一步的实验研究,发现丁二腈自由枝晶尖端形状非常接近旋转抛物体,在 $0.01 < \Omega < 0.1$ 范围内,实验确定 $\sigma^* = 0.019\ 5$,与稳定性原理吻合得很好,并在所有过饱和度 Ω 下,都选择一个特定的稳态生长速度和尖端半径,在实际控制点,毛细作用效应的修正作用很小。需要注意的是,在引入界面能效应之后,Ivanstov 解已经变成了一个非线性积分微分方程,这就危及了线性稳定性分析这一临界稳定性原理的数学基础。

20 世纪 80 年代初,人们注意到 Ivanstov 解及其相关理论对界面形状做事先假设并没有充分的物理基础,而枝晶形状实际上应该是解的一部分,而不是事先假定的,因此,非平衡非线性自组织理论被引入到枝晶生长研究当中,将整个枝晶生长理论框架放到更一般的非线性自组织花样形成现象的背景下去重新考察。20 世纪 70 年代中期,Nash 和 Glicksman 在跟随枝晶尖端运动的柱坐标系中将固液界面形状简化为以 $\xi(r)$ 曲线绕生长方向旋转而形成的光滑曲面,并不直接求解扩散场方程,而是通过采用格林函数法将枝晶生长问题转化为一个自洽的自由边界问题,即 N－G 方程:

$$\Omega_t + \Lambda\kappa(x) = \frac{1}{\pi}\int_0^\infty x\mathrm{e}^{-[\omega(r)-\omega(x)]}G[r,\omega(r),x,\omega(x)]\mathrm{d}x \quad (2.38)$$

其中
$$\Lambda = V\sigma c_p/(2\alpha_L L_m \Delta S_f)$$
$$r = VR/2\alpha_L$$
$$\omega = V\xi/2\alpha_L$$

式中　　α_L —— 热扩散系数;

　　　　σ —— 固液界面能;

　　　　ΔS_f —— 单位体积熔化熵;

　　　　L_m —— 单位体积的凝固潜热。

其边界条件为:枝晶尖端光滑对称条件,即 $\omega'(0)=0$ 及 $r\rightarrow\infty$ 时,回归到 Ivanstov 解。

近年来,对枝晶生长的研究主要集中在枝晶生长方向的选择性上。这主要是因为,虽然人们对枝晶生长的溶质场和尺度特征已经有深入的了解,但是枝晶凝固过程中的多样性始终未得到很好的认识。为了解决这个问题,一方面人们努力通过实验来原位观察枝晶的演化过程。图 2.9 所示为三维原位观察 SCN -水二元系中的枝晶的演化过程。通过原位观察,可以直接得到三维枝晶的演化规律。

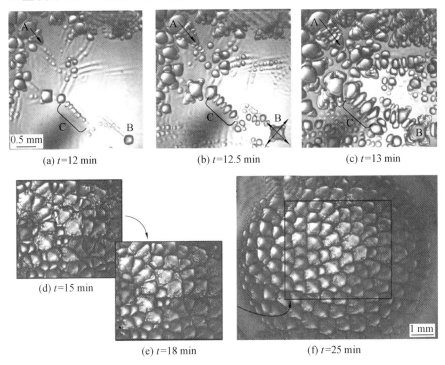

(a) t=12 min (b) t=12.5 min (c) t=13 min

(d) t=15 min (e) t=18 min (f) t=25 min

图 2.9 三维原位观察 SCN -水二元系中的枝晶的演化过程

另一方面通过理论和数值模拟,Karma 等人发现枝晶可能的生长方向,即枝晶形态的多样性远比传统理论预期得要多。此外,随着由合金成分确定的枝晶生长各向异性参数的变化,枝晶的一次生长方向可以在不同的晶体学择优取向上连续变化。决定枝晶生长方向主要参数是固液界面的刚度(stiffness)。图 2.10 所示为立方系合金的一次枝晶择优生长取向图。随着立方系金属固液界面界面能的两个谐波(harmonics)参数 ε_1 和 ε_2 的大小不同,枝晶的择优生长方向会发生变化。枝晶择优生长方向的多样性可能是枝晶生长形态多样性的根本原因。

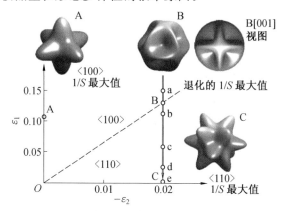

(a) 最小界面刚度的选择性图

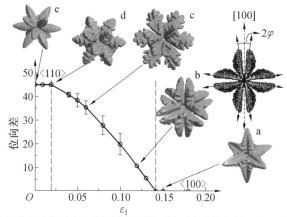

(b) 枝晶择优生长方向随固液界面界面能两个谐波参数 ε_1 和 ε_2 变化图

图 2.10　立方系合金的一次枝晶择优生长取向图

2.2.5　界面响应函数

对于平界面生长,在不考虑溶质富集的情况下,Kurz 等人给出了生长界面温度随凝固速度的变化规律:

$$T_{P}(V) - T_{m} + m_{V}C_{L}^{*} \quad (R_{g}T_{m}/\Delta S_{f})\, V/V_{0} \qquad (2.39)$$

式中　　T_{m} —— 溶剂的熔点;

　　　　C_{L}^{*} —— 界面液相成分;

　　　　R_{g} —— 理想气体常数;

　　　　ΔS_{f} —— 摩尔熔化熵;

V_0—— 合金中的声速，表征极限结晶速度。

在接近平衡的低速凝固条件下，可以在局域平衡假设条件下采用平衡凝固方程对界面过程进行描述，但在远离平衡的高速凝固条件下，就必须引入非平衡效应的影响。Aziz 分析了凝固速度对溶质分配的影响：

$$k_V = \frac{k_e + \dfrac{a_0 V}{D_L}}{\dfrac{a_0 V}{D_L} + 1 - (1 - k_e)C_L^*} \tag{2.40}$$

式中　k_e—— 平衡状态溶质分配系数。

而后 Boettinger 和 Coriell 进一步给出了非平衡修正后的液相线斜率 m_V 的表达式，即

$$m_V = \frac{1 - k_V[1 - \ln(k_V/k_e)]}{1 - k_e} m_e \tag{2.41}$$

这样，通过对上述参数的修正，可以实现以统一形式的凝固方程对从低速到高速的凝固界面行为进行描述。

在低速条件下（$V \ll V_0$），等式(2.39)右侧第三项可以忽略，同时有 $m_V = m_e$，$k_V = k_e$，式(2.41)简化后即为 $T_P(V) = T_m + (m_e C_0)/k_e$，趋近于该成分下的固相线温度。随着凝固速率的提高，出现溶质截流，k_V 向 1 逼近，于是界面温度逐渐提升，与此同时 m_V 的绝对值也逐渐增大，使液相线温度降低，两者综合作用的结果是导致固相线和液相线均向 T_0 线靠近。当 V 增大到一定值时，原子在界面附着的动力学效应增强，界面温度再度回落，并在 $T-V$ 曲线上形成一个平界面生长速度的最大值 V_D。上述的分析假定凝固界面仅以平界面生长，而根据界面稳定性理论，一旦凝固速率大于成分过冷判据所给出的平界面稳定生长速度极限：

$$V_c = G_L D_L / \Delta T_0 \tag{2.42}$$

平界面就将失稳并转变为胞枝晶生长，直到凝固速率达到：

$$V_a = D_L \Delta T_0^V / (k_V \Gamma) \tag{2.43}$$

满足高速绝对稳定性条件后，才可能恢复为平界面生长。同时注意到，当凝固速率 V 高于 V_a 而低于 V_D 时，界面对扰动十分敏感，此时平界面也难以保持稳定，取而代之的是一种高速带状组织。因此，实际的平界面生长仅在低于 V_c 或高于 V_D 的两个速度范围可以维持。

当凝固速度在 V_c 和 V_a 之间时，凝固界面将以胞／枝晶方式生长，由于这种生长方式更有利于尖端溶质的排出，因此可以在相对较高的尖端温度下进行。在一般情况下，速率更接近 V_c 和 V_a 时，凝固界面为胞状；而当速

率远离 V_c 和 V_a 时,凝固界面为枝晶。在低速胞晶生长区,胞晶尖端过冷度接近界面失稳条件,可采用下式描述其尖端生长温度:

$$T_c = T_L - \frac{G_L D_L}{V} \tag{2.44}$$

而对于枝晶以及高速胞晶的情况,可采用 KGT 模型对其生长温度进行描述:

$$T_d = T_m - \Gamma K + m_V C_L^* - (R_g T_m / \Delta S_f) V/V_0 \tag{2.45}$$

式中　　K——胞 / 枝晶尖端速率,第二项代表曲率过冷度;

C_L^*——枝晶尖端液相成分,$C_L^* = C_0 / (1 - (1 - k_v) Iv[P_c])$;

$Iv[P_c]$——Ivantsov 函数;

P_c——溶质 Peclet 数,$P_c = RV/2D$。

结合式(2.44)和式(2.45),可以给出胞 / 枝晶生长尖端温度完整方程如下:

$$T_{c/d} = T_d^0 - \frac{G_L D_L}{V} \tag{2.46}$$

式中　　T_d^0——在假定温度梯度 $G_L = 0$ 的情况下,求解方程(2.45)得到的界面生长温度值。

在定向凝固条件下,界面形态选择一般遵循如下原则:具有较高生长温度的界面形态在具备正向温度梯度的熔体中占据较为靠前的位置,因而主导整个生长过程,成为具备动力学优势的生长形态。为统一反映一定合金成分及温度梯度条件下凝固界面温度与凝固速率之间的关系,人们定义了界面响应函数(interface response function),其表达式为

$$\text{IRF}(V) = \max[T_P(V), T_{c/d}(V)] \tag{2.47}$$

界面响应函数用以确定一定温度梯度下定向凝固过程中生长速度的变化引起界面温度变化,进而决定界面生长形态演化规律。图 2.11 为在正温度梯度下用界面响应函数分析单相凝固的示意图,图中曲线分别代表各种生长形态生长时的固液界面温度,该模型被不同的研究者应用于不同的包晶合金系以讨论相及其形态选择问题。其中 T_P 曲线根据方程(2.39)得到,$T_{c/d}$ 曲线根据方程(2.46)得到,V_c、V_a、$V_{T_{max}}$ 分别为对应着凝固过程生长形态的转变。

在近平衡态,包晶 β 与 α 均可以平面形态生长。在低速的胞 / 枝晶生长范围,稳态 β 相因其形成温度较高,形核过冷度较小成为领先相并优先生长。然而由于包晶相的溶质分配系数总是大于初生相的溶质分配系数,即 $k^\alpha > k^\beta$,包晶相在定向凝固过程中排出的溶质量相对较少,因此随着生

长速率的增加,其 $T-V$ 曲线的变化较为平缓,这样,在达到某一速率时,就会出现两相的 $T-V$ 曲线相交,包晶相的界面温度高于初生相而成为领先优先生长,如图 2.12 所示。包晶相的竞争领先始于其成核,包晶 α 相在初生相 β 的基体上形核,其形核温度即是该时 β 相的温度,形核过冷度为 $\Delta T^{\alpha} = T_{eq}^{\alpha} - T_{d}^{\beta}$,如图 2.13 所示。

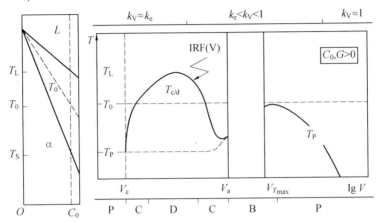

图 2.11 在正温度梯度下用界面响应函数分析单相凝固的示意图

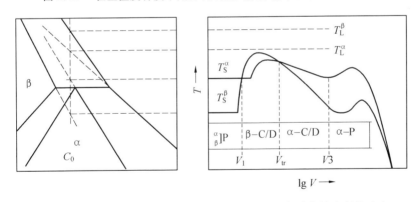

图 2.12 包晶系中初生相 β 与包晶相 α 的界面温度对生长速度的响应

包晶 α 相刚成核时,生长速率为零,在定向凝固条件下,为了达到稳态生长速率 $V_{isotherm}$,α 相必须加速生长,α 相液固界面生长速率随试样位置移动而发生的变化如图 2.13 所示。当达到 X_2 时凝固过程已到稳态,X_2 的位置就是 $T-V$ 曲线与 $V_{isotherm}$ 的交点通过温度坐标投影到长度坐标轴上对应的点,它对应着定向凝固时的动态固液界面。

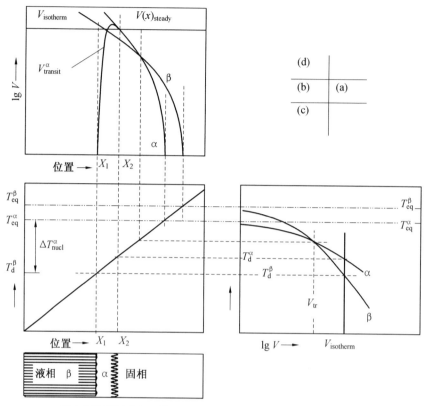

(a) α 和 β 相的界面响应函数; (b) 试样内的温度场分布;
(c) 亚稳相在稳定相界面前沿的生长形态; (d) α 和 β 相的生长速度

图 2.13   相选择的基本原理

2.2.6   定向凝固过程中的温度梯度区熔效应及其对组织的影响

定向凝固技术是研究凝固理论的重要方法。对定向凝固的研究不仅奠定了现代凝固理论的基础,而且在此基础上形成的定向凝固技术已在材料及其制备加工中形成了一支具有特色的技术领域。凝固科学技术的发展在一定程度上是建立在对定向凝固过程的研究上的。定向凝固是使金属或合金由熔体中定向生长晶体的一种工艺方法,它的两个重要工艺参数为:凝固过程中的温度梯度 G 和晶体生长速度 V。对于具有一定结晶温度范围的金属材料,在温度梯度的作用下,必然形成一个与结晶区间相对应的液固相共存的糊状区。当糊状区处于温度梯度下时,糊状区内将发生一

系列的熔化 / 凝固现象,譬如温度梯度下的区熔现象(temperature gradient zone melting,TGZM)以及定向凝固过程中二次枝晶迁移现象 (secondary dendrite arm migration by TGZM)等。

1. 温度梯度下的区熔(TGZM)效应

1926 年,Whitman 首次观察到 TGZM 效应。20 世纪 60 年代,Pfann, Tiller 等人在定向凝固过程中发现了 TGZM 效应:当外界强加一个温度梯度时,被固相完全包围的液滴将向高温区移动,如图 2.14 所示。其中图 2.14(a)为典型的单相固溶体合金相图,图 2.14(b)为外界强加的温度分布,对于图(c)中的液滴,液滴冷、热两端分别对应不同的温度(T_1,T_2)。联系相图,当该液滴冷、热两端处于热力学平衡状态时,对应于液滴两侧的液相区域内将具有不同的成分(C_1,C_2)。从而,在液滴内将建立浓度梯度,溶质原子 B 由低温一侧向高温一侧扩散。这将导致低温一侧液相中的溶质浓度低于热力学平衡值,而高温一侧液相中的溶质高于热力学平衡值。局部成分的变化将引起局部液相的凝固点变化。结合相图可知,对于高温一侧的液相,外界强加的温度 T_2 将高于液相对应的热力学平衡凝固温度(固相的熔点),从而引起固相的熔化,即由于温度梯度引起的溶质再分配将引起高温一侧固相的重熔。对于低温一侧,由于局部成分的变化,外界强加的温度 T_1 将低于该区域液相对应的热力学平衡凝固温度,即局部液相成分过冷,从而导致 T_1 处液相凝固。由此可知,TGZM 现象是由温度梯度下固液界面处局部溶质过饱和度及固液界面热力学平衡产生的化学势梯度引起的。

2. 定向凝固过程中二次枝晶迁移

研究表明,当处于高温度梯度下时,TGZM 效应将引起一系列在常规凝固条件下无法观察到的溶解 / 凝固现象。单相固溶体合金在定向凝固过程中,当固溶体相呈枝晶生长时,由于外加的温度梯度,即 TGZM 效应,将导致二次枝晶臂向高温区迁移,如图 2.15 所示。以二元合金为例,液相线斜率 $m = \mathrm{d}T/\mathrm{d}c_\mathrm{L} < 0$,溶质分配系数 $k < 1$。在定向凝固枝晶生长过程中,假设枝晶生长糊状区内固液界面处保持热力学平衡。结合相图可知,枝晶生长糊状区域内 AB 直线上的溶质分布如图 2.15 所示。当抽拉速度较小,温度梯度较高时,液相中的溶质分布与液相线基本一致。由图可知,在二次枝晶间的液相中存在浓度梯度。因此,对于任何一个枝晶间的液相,类似于 TGZM 效应引起液滴向高温区移动,由于浓度梯度的存在,溶质自冷端向热端扩散,从而导致冷端液相凝固,而热端固相溶解。即由于 TGZM 效应,对于相邻的两个二次枝晶臂,处于较高温度的二次枝晶(the former sidearm）下端溶解，而处于较低温度的二次枝晶（the latter sidearm）上端凝固。

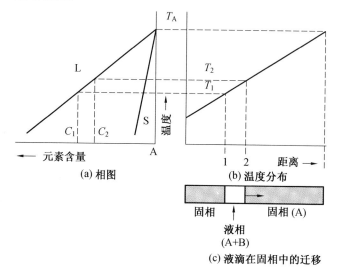

(a) 相图　　(b) 温度分布

(c) 液滴在固相中的迁移

图 2.14　TGZM 效应示意图

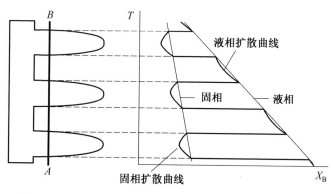

图 2.15　TGZM 效应引起二次枝晶臂向高温区迁移示意图

　　针对定向凝固过程中合金的组织演化，人们开展了大量的研究工作。然而，这些研究仍将注意力集中于不同温度梯度、冷却速度、溶质成分以及外场条件对合金熔体内形核、生长、相选择与凝固组织演化的研究，回避了定向凝固过程中温度梯度的存在所导致的 TGZM 效应及其对合金凝固组织产生的影响。此外，相对于单相合金凝固，在包晶合金中，一个新的固相，即包晶相的引入将改变枝晶间液相的溶质再分配过程，从而进一步给二次枝晶臂的迁移带来改变。

2.2.7 小平面相的凝固特性研究

随着材料的多样化和复杂化,材料键合特性中由金属键、离子键、共价键和分子键组成的混合键所占的比重将可能不断增加,与之相应的是材料液-固相变中的相变熵(熔化熵或溶解熵)也会同步的变化。液固相变中决定Jackson 因子的熔化熵可能由金属的 $1\sim2$ 增长为半导体的 $2\sim3$,分子晶体的 $5\sim7$,结构陶瓷的 $6\sim12$,以至高分子的 $50\sim100$。材料的不同熔化熵对其凝固特性的影响极为显著,甚至根本改变了材料的结晶生长规律。表 2.1 列出了高、低熔化熵材料所具有的凝固特性的比较,表明无论界面结构、生长特性、结晶组织、生长机制对不同熵值都有基本的区别。然而,我们已有的知识基础和实践经验,多针对金属键为本质特性的金属材料,对于以混合键为主要键合特征的材料的凝固结晶特性,多数是不熟悉的。

表 2.1　凝固特性与熔化熵(相变熵)

金属/合金(低熔化熵)	凝固特性	非金属/化合物(高熔化熵)
弥散型	液—固界面	尖锐型
非棱面/非小平面	界面结构	棱面/小平面
各向同性	生长特性	各向异性
连续吸附就位(连续生长)	生长动力学	台阶/面扩散/扭拆(不连续生长)
简单立方/六方	晶体结构	复杂结构
平/胞/枝	结晶组织	平/胞
扩散控制	生长机制	BCF 螺旋位错控制
亚稳简单原子团簇(短程序)	熔体结构	亚稳复杂原子团簇
单原子/准单原子	液相扩散机制	尚不清楚
规则	共晶生长	不规则

凝固组织的变化取决于宏观传输现象(包括温度场、浓度场)与多相界面的形成。现阶段关于高熔化熵合金固液界面的研究大多集中在对于界面特性的原子尺度模拟及相场法模拟。在凝固过程中,固液界面处的原子级的特性主要用以下三个参数来表征:

①界面自由能 γ,代表固液界面形成过程中的压力功。

②动力学系数 μ,反应界面吸附动力学。

③溶质分配系数 $k(V) = x_S/x_L$。

关于小平面的界面理论及相场模拟的研究表明:小平面相固液界面形貌对凝固条件及晶体各向异性特性非常敏感。

Jackson 理论认为：Jackson 因子 $\alpha < 2$ 的合金，固液界面为非小平面（粗糙界面）；$\alpha > 5$ 的物质为小平面（光滑界面）；$2 < \alpha < 5$ 的物质是复杂的，它们是多种生长方式的混合，如 Si，Ge 等。α 越大，不同晶面生长速度的差别越大。人们对高熔化熵相，即小平面相的生长机制的理解是非常少的，更重要的是近十年来几乎没有取得重要的理论成果，仍简单地局限在教科书似的二维描述上。

针对包晶两相通常为金属间化合物的包晶合金体系，总体来说，有序金属间化合物处于 $2 < \alpha < 5$ 之间的复杂过渡区域，其固液界面也会出现复杂的混合界面，相应的其生长方式也必然是复杂的。这种生长方式与 $\alpha < 2$ 的金属的非小平面界面生长方式和 $\alpha > 5$ 的氧化物小平面界面的生长方式都是不同的，其处于中间的一个过渡区域，必然具有一些独特的热力学和动力学规律。此外，金属间化合物的界面光滑度要小于半金属 Si，Ge 以及石墨，它们的生长方式也应有所不同，以小平面生长来简单地理解金属间化合物的熔体生长规律是不合适的。

2.3　包晶合金初始过渡区内的形核生长

定向凝固过程中某单相合金析出并以低速平界面生长时，初始过渡区内液固两相的溶质浓度分布均有相应的经典方程描述。对于成分为 C_0 的合金，其固相成分从 $k_0 C_0$ 向 C_0 发展，液相成分相应地由 C_0 逐渐趋向 C_0 / k_0。

对包晶合金，如初生相 β 在另一相前沿形核并以平界面定向生长，其成分沿固相线变化的同时界面液相中不断富集溶质。相应的界面液固相成分及界面前沿液相中溶质浓度的分布如图 2.16(d) 所示。两相在界面前沿的液相线温度随界面距离的分布示如图 2.16(b) 所示。可以看出，当 β 相的平面生长温度低于包晶相变温度后，由于初生相的亚稳液相线温度低于包晶相的界面前沿的温度，开始出现对包晶相的成分过冷。随凝固的继续发展，成分过冷不断增大，如果 β 相的生长在达到稳态前其界面前沿液相中的溶质富集达到包晶相形核所需的过冷度及相应的溶质浓度，α 相将形核并以取代亚稳生长的初生相 β。

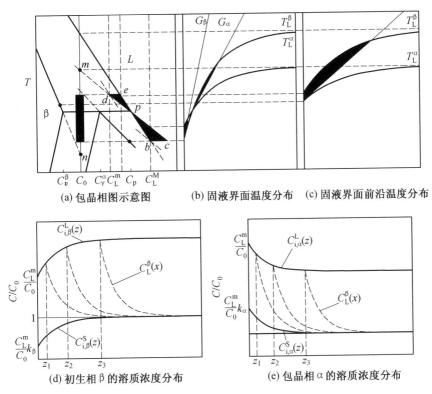

图 2.16　包晶合金低速平界面前沿发生第一相形核后界面处及界面前沿液相中的
　　　　　溶质浓度分布和液相线温度分布

2.4　包晶合金稳态生长时凝固组织的演化

定向凝固进入稳态的标志:对于单相合金,当凝固的固相成分与合金的原始成分 C_0 一致,此时,固液界面前沿溶质富集(贫化)场也趋于稳定;对于多相合金,凝固得到的两个或多个固相的平均成分与原始成分 C_0 一致。

包晶合金在凝固过程中的相选择及其组织演化取决于凝固过程中的各种条件,如冷却速度、界面移动速度、温度梯度、合金成分等,在凝固过程中相的选择如同组织形态变化一样,决定于相的稳定性,该稳定性既取决于动力学,也取决于热力学。如果要完全定量地对凝固过程中的相选择规律进行分析,则需要处理大量的非线性耦合,目前还具有相当大的难度。在这种情况下,如果采用经验判据获得精确的、具有指导意义的结果,这就为包晶凝固组织选择预测提供了简单可行的方法。

一些学者曾对包晶系提出以合金成分和温度梯度与生长速度的比值 G/V 作为函数的组织选择图,其中比较典型的是 Hunziker 等人提出的近成分过冷限制的包晶合金相选择模型。该模型利用充分形核假设(nucleation)和成分过冷(constitutional undercooling)准则以及相稳定生长的最高界面温度(highest temperature growth criterion)判据(简称 NCU 判据),获得了 Fe‐Ni 合金的组织选择图,如图 2.17 所示。该组织选择图反映了在 Fe‐Ni 合金包晶反应的成分附近,不同的凝固条件下包晶相和初生相的竞争生长关系及组织演化规律,并将组织选择图同实验结果进行了对比,两者吻合得较好。

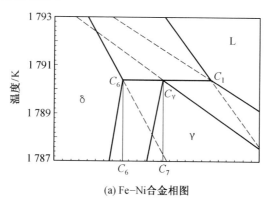

(a) Fe‐Ni合金相图

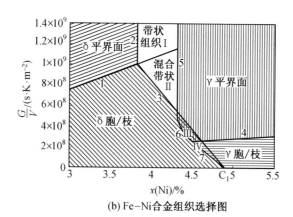

(b) Fe‐Ni合金组织选择图

图 2.17　Fe‐Ni 合金相图及对应的组织选择图

该模型的建立是假定初生相或包晶相在凝固界面前沿已存在稳定的溶质浓度梯度,即初始过渡区之后,相还没有进入稳态生长的近稳态情况,忽略了在初始过渡区内,凝固界面前沿的溶质浓度梯度随凝固距离变化的情况。

黄卫东等人在充分考虑浓度场、温度场、界面张力效应和动力学效应的耦合作用过程的基础上,提出了一个单相凝固的数值模型:

$$T_i = T_0 + m(C_L - C_0) - \Gamma(\zeta \frac{1}{R_1} + \frac{1}{R_2}) - \frac{V}{\mu} \tag{2.48}$$

式中　R_1, R_2——固液界面的主曲率半径;

　　μ——动力学系数。

该模型被用于分别计算 Cu-Zn 包晶合金的初生相和包晶相的界面响应函数,并确定了两相的生长热力学优势,做出了组织选择图,如图2.18所示。对 Fe-Ni 合金和 Cu-Zn 合金包晶凝固形态与相选择规律进行分析,并将组织选择图与 Vandyoussefi 等人的实验结果进行了对比,两者相吻合。同时考虑了固液界面前沿成分过冷区内的形核过程,对组织演化过程中等轴晶的出现及列状胞枝晶转变行为,对 Cu-Zn 合金的组织选择图进行了修正,与实验结果吻合得较好。

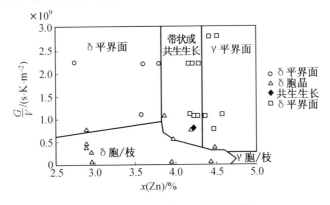

图 2.18　Cu-Zn 合金组织选择图

2.5　包晶合金的复杂生长形态

低速带状组织和共生生长组织,集中体现了包晶凝固过程中生长和生核的相互关系;而生核过程与生长过程是通过温度场和浓度场的相互耦合和相互竞争实现的。

随着定向凝固技术在包晶合金中的应用,人们在定向包晶合金中发现许多异常的微观组织,典型的是在高的温度梯度 G 与生长速度 V 比值条件下,初生相和包晶相沿着与固液界面平行的方向周期性交替生长,形成的带状组织。它最初在 Sn - Cd,Sn - Sb 及 Pb - Bi 等低熔点合金系中发现,后来在 Ti - Al,Ni - Al,Fe - Ni 等高温合金系中也均观察到。而且,带状组织在实验中呈现出各种各样的形式:离散带状(discrete band)、岛状(island band)和振荡类树状(oscillated tree-like morphology)等。

　　由于低速带状组织往往是紧随单相的平界面生长的,因此对它的形成机制有不同的解释。最早人们怀疑是炉子晃动等实验条件的影响,后来,Barker 等人提出低速带状结构的形成是溶质偏析造成的,但 Brody 等人采用区熔法尽可能减少在试样大部分区域的偏析,否定了溶质偏析的影响,同时发现包晶相以平界面方式生长时的界面温度接近固相线温度,考虑到胞晶生长区的过冷度,按 G/V 条件,此时亚包晶成分合金将按 β 相平界面生长,而不是按 α 相的胞状生长,根据实验观察结果,提出了相应包晶合金凝固组织选择图。Boettinger 首先利用成分过冷原理对带状组织形成做出定性解释。1994 年,Trivedi 提出了在无对流只有液相扩散的条件下,包晶合金低速平界面定向凝固带状组织的形成模型,指出形成低速带状组织的成分应在亚包晶成分范围内,而且两相有各自固定的带宽。然而通过许多包晶合金(如 Pb - Bi 合金)的定向凝固实验发现,在亚、过包晶成分也能出现带状组织且两相的带宽是逐渐变化的,只是重复性较差,甚至有时也不出现。Karma 等人澄清了这些问题,指出对流对带状组织的形成会产生极大的影响,并进一步发展边界层模型(boundary Llayer model),成功地解释了 Pb - Bi 合金定向凝固实验出现的带状组织。

2.5.1　离散带状组织

　　在早期为得到包晶共生生长的定向凝固实验中人们发现了低速带状组织。带状组织一般是在高 G/V 条件下得到的。它最初在 Sn - Cd 及 Pb - Bi 等低熔点合金系中发现,后来在 Ti - Al,Ni - Al 等高温合金系中也观察到。由于低速带状组织往往是紧随单相的平界面生长,对它的形成机制有不同的解释。起初人们怀疑炉子晃动等实验条件的影响,后来,Barker 等人提出低速带状结构的形成是溶质偏析造成的,但 Brody 等人采用区熔法尽可能减少在试样大部分区域的偏析,否定了溶质偏析的影响。Boettinger 首先利用成分过冷原理对带状组织形成做出定性解释。1995 年,Trivedi 提出了纯扩散条件下的带状组织形成模型。

　　下面简要叙述 Trivedi 提出的离散带状组织形成的概念模型。考虑成分为 C_0 的亚包晶合金,其液相线温度在 a 点,如图 2.19 所示。当该合金以平界面定向凝固时,由于溶质 B 的不断排出,界面前沿将会形成一个富集溶质 B 的边界层。固液界面液相中的溶质将不断增加,直到达到稳定状态。但是 α 相达到稳态时的温度低于包晶反应温度 T_P,因此在 α 相达到稳定状态之前,β 相可能在 α 相界面前沿的溶质边界层中,如图 2.19 中的 b 点所示。当 β 相形成后,液相成分将沿着 β 相的液相线变化,从 c 点不断变化至 d 点。由于 β 相排出的溶质 B 比 α 相少,因此原 α 相界面前沿的溶质边界层中的溶质浓度将降低,固液界面的温度将逐渐上升向 β 相的稳态凝固状态演化。成分为 C_0 的 β 相的稳态温度高于包晶反应温度,此时的界面温度对 α 相来说仍是过冷的。所以在 β 单相凝固达到稳定状态之前,α 相可能重新形核,如图 2.19 中 d 点。如果 α 相可以形核,则上述的两相生长和形核过程将会交替重复进行,从而形成带状组织,形成带状组织的带状环为 bcdeb。该模型预测,形成带状组织的合金成分必须在一个区间内,即带状组织的形成的成分窗口,带状组织才可能形成。

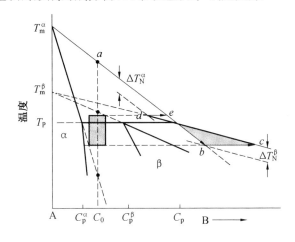

图 2.19　离散带状组织的形成示意图

Trivedi 提出的这个模型在预测细试样纯扩散定向凝固条件下的带状组织的形成与实验吻合得很好。此外,利用这个模型,经过严格的测量还可以比较精确地确定 α 相和 β 相的形核过冷度,这为测定相的形核过冷度又提出了一种新的方法。然而,从上面的叙述不难看到,这个模型仅是一个概念的一维模型,并且利用了很大胆的假设,即当满足一新相的形核条件时,该相便马上形核,并且形核密度无限大,或者形成的新相的横向铺展速度无限快,从而迅速将已存在的相完全覆盖。即这个模型假设相变是一个突变过程(sharp phase transition),而不是实际的连续相变过程。所以这个模型带有很大的近似性并有可能得出错误的结论,在下文中还将详细叙述。

2.5.2 岛状组织

包晶合金定向凝固过程中另一个常见的组织是一相弥散分布在另一相基体中的岛状组织。从理论上分析这种组织的形成,目前已经建立了两种模型:形核密度决定模型(或称形核模型)和不完全相变模型(竞争生长模型)。

众所周知,相的形核特性严重影响最终的凝固组织,在定向凝固过程中也是如此。上节曾介绍过,当一相界面前沿的溶质边界层内满足另一相的形核条件时,新相将开始形核过程。在带状组织的形成模型中,假设新相的形核密度无限大,或者新相形核后的生长速度无限大。而实际上,新相形成它的生长速度不可能无限大。在这种情况下,形核密度,或称晶核之间的距离对最终的凝固组织具有决定性作用。Trivedi 认为在新相形核过程中存在一个临界距离 d_{cr}。当晶核之间的距离 d 大于 d_{cr} 时,即 $d > d_{cr}$ 时,将得到带状组织,当 d 逐渐减小时,形核相 β 将会完全被已存在相 α 包裹从而形成 β 相的岛状组织,而当 d 继续减小时,β 相将沿着生长方向持续生长,形成两相的共生生长,如图 2.20(a)~(c)所示。在相场模拟中,也得到了类似的结果,当晶核之间距离(对应于形核率)大于一个临界值时得到离散带状组织,反之得到岛状组织,如图 2.20(d)和(e)所示。

下面介绍岛状组织形成的另一种解释——竞争生长模式。在 Trivedi 的一维带状组织形成模型中,假设新相一旦形成,它将很快地沿横向铺展。然而,在一般情况下,这种情况是不成立的。因为在新相横向铺展的同时,已存在相仍沿着生长方向继续生长,如图 2.21 所示。随着新相的横向铺展速度与原存在相轴向生长速度之间相对大小的不同会形成复杂的组织。假设在坩埚左右两端各形成一个新相 β,两个 β 相之间的距离为 λ(图 2.21(a)),当 β 相以 V_s 的速度横向生长的同时,α 相将继续沿垂直于界面的方向以 V 的速度生长。所以,如果初生相 α 生长足够快并且将 β 相包围,将不会形成 β 相的完整带而形成 β 相的岛状组织(图 2.21(b))。当 β 相的速度比 α 相的生长速度大很多时才会形成完整带状组织(图 2.21(c))。

在两相的竞争生长过程中,下面的几种重要因素需要考虑:

①在 β 相横向生长时,α 相在界面处的分数逐渐降低,α 相排出溶质扩散到 λ 区域之外的 β 相界面前,将会增加其生长速度。也就是说,α 相平界面前沿的一维扩散场将变成三维扩散场。这种效应在 λ 低于某个临界值

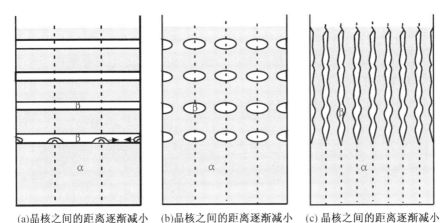

(a)晶核之间的距离逐渐减小 (b)晶核之间的距离逐渐减小 (c) 晶核之间的距离逐渐减小

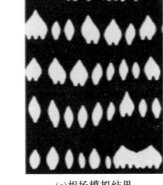

(d)相场模拟结果 (e)相场模拟结果

图 2.20 形核率对最终凝固组织的影响

λ_c 时更为突出。与之相反,当 λ 非常大时,在 β 相还未生长到 α 相界面前沿时,α 相已经向前移动了很大的距离,所以将形成部分带状(岛状)组织,如图 2.21(c)所示。然而,随着 α 相的继续生长,又将形成 β 相形核的过冷度条件,所以另外一个 β 相晶核将会形成,从而减小晶核之间的间距。

②由于 β 相吸收 α 相界面边界层中的溶质,所以它的相对生长速度将逐渐降低,也会促进岛状组织的形成。这种效应在 β 相的体积分数比较小的时候非常显著,所以岛状组织一般都是在 β 相的体积分数低于某个特定值时出现。

③当凝固速度增加时,α 相速度增加得比 β 相的快,所以 α 相可以包围 β 相。所以说形核相的横向铺展速度与已存在相的轴向生长速度之比的

相对大小是决定组织演化的主要因素。在相场模拟中也证实了这个结论，当这个比值较大时，将形成完整带状组织，当比值较小时形成岛状组织，如图 2.21(b)和(c)所示。在模拟中还发现，两相速度之比主要取决于合金成分和凝固条件。

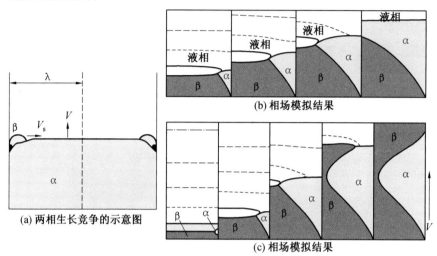

(a) 两相生长竞争的示意图

(b) 相场模拟结果

(c) 相场模拟结果

图 2.21　新形核相 β 和已存在相 α 之间的生长竞争

2.5.3　竞争振荡树状组织

在包晶合金定向凝固中，另一种常见的组织是初生相被包晶相包裹，两相同时生长的振荡树状组织(oscillatory treelike structure)，如图 2.1(b)所示。由于这种组织主要是在直径较大的试样中发现的，而直径较大的试样中的对流效应都很强，所以 Trivedi 等人认为这种组织主要由对流引起。通过数值模拟，根据定向凝固固液界面前沿液相中对流的特性，他们将定向凝固分为以下三种情况：

①在纯扩散条件下定向凝固时，一个较窄的成分区间内会形成带状组织。

②固液界面前沿存在稳定的对流时，包晶两相之间的界面会出现弯曲。

③固液界面前沿存在振荡对流时，振荡对流与包晶两相的液固相变之间的耦合作用将会产生在三维下相连的振荡层状组织。图 2.22 所示为数值模拟中得到的包晶两相振荡组织的形成示意图。

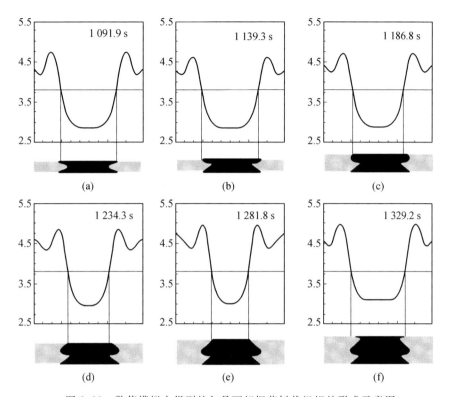

图 2.22　数值模拟中得到的包晶两相振荡树状组织的形成示意图

2.6　包晶合金共生生长

　　共晶共生生长在理论和试验上研究得已非常深入,各种理论也比较成熟,片状和纤维共生组织可以利用 Jackson-Hunt(以下简称 JH)理论很好地描述。但是,对共生结构形态稳定性的理解仍然很欠缺,尤其是在二维和三维情况下。虽然 JH 理论预测共晶共生相间距在 $\lambda_m < \lambda < \lambda_M$ 时共生形态是稳定的,λ_m 和 λ_M 分别为最小和最大的稳定片层间距,但由于 JH 理论采用平界面等过于理想的假设,使其关于共生形态稳定性的预测与实验有较大的差距,特别是当合金成分远离共晶点时。为了深入理解形态稳定性的本质,许多研究者利用试验、理论分析和数值模拟对共生行为进行研究。近年来取得了许多重要的成果,主要包括片层共晶共生在最小过冷度下的超稳定性、片层共晶共生的 Z 字形分叉和片层共晶共生的熔体流动与非线性动力学的耦合。

包晶合金能否发生稳态共生生长是一个困扰了人们多年的理论问题。近年来在 Cu‑Zn,Ti‑Al,Fe‑Ni,Ni‑Al 等包晶系中发现的共生组织引起了人们对该问题很大的兴趣。一方面与共晶共生行为的对比可以丰富凝固理论,另一方面许多重要的合金系,如 Ti‑Al,Ni‑Al,Fe‑Al 都具有包晶反应。如何得到规则排列的两相组织以提高这些合金的综合性能是目前的一个重要研究方向。这些都需要人们深入地研究包晶系的共生行为。而共生行为的核心就是共生形态稳定性问题。本书将对共晶和包晶共生生长的形态稳定性的最新研究成果做简要评述,并对其发展方向做一些初步的探讨。由于近年来对纤维共生的研究仍是从共生两相的体积分数差异着手,因此本书的论述主要集中在片层共晶共生。

当接近共晶成分的共晶合金在一个较大温度梯度的定向凝固系统中进行定向凝固时,会得到平行于生长方向的两相交替周期性排列的复合组织,如图 2.23 所示。这种生长方式被称为共生生长(coupled growth,又称耦合生长)。共生生长不但是制备各向异性原位自生复合材料的重要方式,而且是晶体生长理论、凝聚态物理和非线性科学的重要研究对象之一。

在理论上分析这种生长方式,可以借助 Jackson 和 Hunt 于 1966 年提出的模型。通过对共生生长界面前沿液相中的溶质场进行数学求解,他们得到共生生长界面过冷度 ΔT 和共生间距 λ 和生长速度 V 之间的定量关系:

$$\Delta T(\lambda) = T_E - T(\lambda) = K_1 V \lambda + K_2/\lambda \tag{2.49}$$

式中　　K_1,K_2——只与合金系统和合金成分有关的常数。

式(2.49)右边的两项分别是由溶质扩散和界面张力作用引起的过冷度。这两项的相互作用使共生生长维持一个近似的平界面,如图 2.23(a)所示。对于共晶共生生长,$\Delta T(\lambda)$ 曲线有一最小值,此时有

$$\lambda_m = (K_2/K_1)^{1/2} V^{-1/2} \tag{2.50}$$

式中　　λ_m——与 $\Delta T(\lambda)$ 的最小值对应的间距,如图 2.24 所示。

JH 理论以简单的公式(2.49)和(2.50)描述了共晶共生中的基本理论,从中可以得到以下结论:

① 一个特定的定向凝固系统以一特定的凝固速度 V 进行凝固,最后进入到某个稳定状态,共晶稳态共生间距 λ(或称波长 λ)不是被系统"独一无二"地确定了,而是与系统的历史有关,但是 λ(或共生间距的平均值)的选择存在一个最可几分布,即 λ 将趋近 λ_m(最小过冷度理论对应的最小 λ 值)。

② 在共晶稳态共生系统中,$\lambda^2 V$ 为常数,与系统的温度梯度 G 无关。

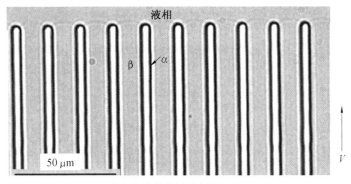

(a) 共生生长纵截面示意图

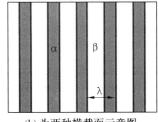

(b) 为两种横截面示意图

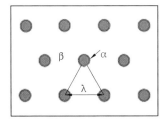

(c) 为两种横截面示意图

图 2.23　丁二腈－樟脑合金系定向凝固中观察到的共生生长

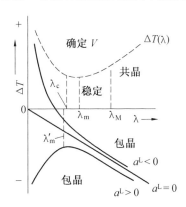

图 2.24　共生界面前沿的过冷度 ΔT 随共生片层间距 λ 的变化

③ 稳态共晶共生片层间距 λ 虽然有一最可几分布,但是稳态共生有一稳定的片层间距范围(λ_m,λ_M),其中 λ_M 为可能存在的稳定生长对应的最大的 λ 值。当 $\lambda < \lambda_m$ 和 $\lambda > \lambda_M$ 时,共生都是不稳定的。$\lambda < \lambda_m$ 的不稳定性主要是局部的片层消失而增大 λ;$\lambda > \lambda_M$ 的不稳定性主要是大片层尖端开裂而出现分叉,从而形成新的片层。

④$\lambda_M = A\lambda_m$，A 是由合金成分决定的常数。

虽然 JH 理论与一系列的试验取得了较好的一致性，但是由于 JH 理论采用了一些过于理想化的假设，相对于实际凝固过程还有许多需要完善之处：

①JH 理论沿用 Cahn 对稳态共晶共生的假设（所以 JH 理论有时也被称为 JH-Cahn 理论）：共生生长为局部生长，局部生长方向垂直于共生界面，并且稳态共生存在一个最小的片层间距 λ_c，JH 认为 $\lambda_c = \lambda_m$。

② 纯扩散凝固，利用二维的扩散场来解决共生稳定性问题，未考虑熔体中的对流影响。

③假设共生界面为平界面，至少在宏观尺度上是平界面。宏观尺度是指远大于 λ 的尺度。

④过冷度不是很大或者凝固速度不是很快，并在此条件下认为共生的两相 α，β 界面前沿的过冷度相等，即 $\Delta T_\alpha = \Delta T_\beta$。

⑤ 公式（2.50）显示 $\lambda^2 V$ 为常数，且与系统的温度梯度 G 无关，但是否对所有的 G 都合适并不清楚。

⑥JH 理论预测了稳态共生间距和稳态间距之外的不稳定性，但是稳态共生间距的取值是否准确以及稳态间距之外的不稳定演化机制尚不清楚。

2.6.1　共晶共生生长的形态稳定性

一方面，为了制备原位自生复合材料，必须使共生生长稳定进行，这就需要研究共生生长的形态稳定性。另一方面，为了研究固液界面的非线性动力学演化过程，也需要研究共生生长的形态稳定性。虽然 JH 理论对共生生长的形态稳定性进行了简单的预测，但在实验过程中，发现共生生长的形态稳定性远比 JH 预测的复杂。本小节简要叙述近年来在共生生长形态稳定性方面的研究进展。

为了更准确地认识共晶的稳态共生行为，国内外许多研究者借助更精确的试验装置和功能更强大的计算机对共晶共生行为展开了深入的研究，取得了一系列重要的研究成果。

2002 年，Akamastsu 在第一次精确测定共晶共生界面前沿过冷度的基础上，全面考察了 JH-Cahn 理论，发现共生片层在沿共生界面法向生长的同时还存在沿共生界面的滑动速度，从而提出了共晶共生最小过冷度下的超稳定性理论。

在实际的定向凝固系统中，熔体中热溶质对流、溶质密度差的存在将对纯扩散凝固过程中的溶质分凝产生影响。Magnin 和 Trivedi 在 JH 理论的基础上,引入了共晶两相密度差对共生界面前沿溶质分凝的影响,得到

$$\Delta T(\lambda) = (K'_1 + K_{B_1})\lambda V + (K'_2 + K_{B_2})/\lambda \tag{2.51}$$

式中 K'_1, K'_2 —— 引入密度差后的 K_1, K_2;

K_{B_1}, K_{B_2} —— 边界层成分偏离共晶成分造成的化学相关常数。

他们对 JH 理论的改进只局限于共生的两相密度差对纯扩散凝固过程中溶质分凝的影响,而实际的定向凝固系统中还存在热梯度引起的热溶质对流、重力引起的自然对流等,这些对流的存在必将对共晶共生的形态产生更重要的影响。

为了消除平界面假设,研究凝固速度 V 和温度梯度 G 对 JH 理论的影响,国内外学者都进行了深入的研究。Seetharaman 和 Trivedi 用试验证明稳态共晶共生区间落在 JH 理论预测的范围之内,但是比 JH 理论预测的要小,且平均间距比 λ_m 稍大。他们发现,当凝固速度减小时,稳定区间增加。由于 JH 理论只是在大的温度梯度形成的接近平界面时适用,但是对大的温度梯度时,对共生的两相的过冷度相等的假设却又不是很合适,因此 Kassner 和 Misbah 对 JH 理论进行了改进,去掉了这些假设,他们得出以下结论:

$$\lambda \sim V^{-1/2} f(l_D/l_T) \tag{2.52}$$

式中 l_D —— 扩散长度,$l_D = D_1/V$,其中 D_1 为液相中的溶质扩散系数;

l_T —— 系统的热长度,$l_T = m_i \Delta c/G$,其中 $m_i (i = \alpha, \beta)$ 为液相线斜率的绝对值;Δc 为共晶平台的浓度间隔。

他们对 JH 理论的改进使 JH 理论在中等温度梯度下界面并不接近平界面时也是适用的。但是改进后的 JH 理论在温度梯度继续减小或凝固速度较大时界面出现分裂时又不太适用,此时就需要将 JH 理论推广到凝固速度较大的范围内。Trivedi 和 Kurz 等人通过凝固速度对共晶液相线斜率 m 和有效溶质分配系数 k_e 的影响及非平衡界面的动力学分析,建立了 $\lambda^2 V$ 与共晶 Peclet 数($P = V\lambda/2D_1$)之间的关系,发现共晶层片共生的最大速度取决于 k_e,当 $k_e \rightarrow 1$ 时为过冷限机制,$k_e \rightarrow 0$ 时为扩散系数机制。然而,随着凝固过冷度的增大,共晶普遍存在规则向非规则共晶的转变,$\Delta T \sim \lambda$ 曲线将显著偏离实验结果,所以 Trivedi 和 Kurz 对 JH 理论的推广在过冷度较大时不再适用。

对于接近稳态共晶共生间距范围上限的不稳定性依然是人们目前研究的热点,这主要是因为 1987 年发现的稳态共晶共生的倾斜不稳定性。这种倾斜不稳定性与 JH 预测的振荡不稳定性的竞争与耦合激起了人们全

面了解共晶系统中完美对称性被破坏的演化机制的愿望。近年来,人们利用实验和数值模拟在共晶共生间距范围上限的不稳定性也取得了许多重要的成果。

下面对这些重要的研究结果分别进行简要论述。

(1) 最小过冷度下的超稳定。

JH-Cahn 理论预测当 $\lambda > \lambda_m$ 时,共生生长的形态将是稳定的。这是因为当 $\lambda > \lambda_m$ 时,共晶片层间距的减小会使界面过冷度沿着图 2.24 所示 $\Delta T(\lambda)$ 曲线下降,这时这种扰动会及时减小。与之相反,当 $\lambda < \lambda_m$ 时,共晶片层间距的减小将使界面的过冷度增大,而界面过冷度的增大将使共晶片层进一步减小,直到某个(些)片层从片层排列中消失,从而使稳定后的片层间距增大。1980 年,Langer 利用边缘稳定性原理证明这种极小值条件是边缘稳定的,并给出扰动被放大引起片层消失的示意图,如图 2.25 所示,x_1 和 x'_1 处的扰动被放大,使两点产生相互趋近的运动,从而使一片 α 消失,并使重新稳定后的片层间距增大。最近直接在实验中测量出了有机金属的界面前沿的过冷度随片层间距变化的曲线,并直接观察到了片层间距微小扰动的消退现象,可是得出的结论却与上述的预言不符。在上述实验中人们发现,即使片层间距低至 $0.8\lambda_m$ 时,界面仍是稳定的。这种超稳定现象与相场法模拟结果吻合得很好。此外,利用模拟结果分析发现,这种超稳定性要归结于三相交点的复杂动力学。这种新的发现使人们对界面的运动有了新的认识,即三相交点在向前推进的同时,还有一个平行于界面的与片层间距成比例的速度,图 2.26 为共晶界面在凹的情况下片层间距运动示意图,其中 $\zeta(x)$ 为共生界面与界面前沿温度为 T_E 位置处的距离函数。这种效应可以使片层间距均匀化,并因此稳定界面。

可以用推广 Langer 的片层间距的长波调整机制来定量地描述这种现象。在片层共生生长过程中,局部片层间距的变化是由扩散控制的,即

$$\frac{\partial \lambda}{\partial t} = (D_1 + D_2) \frac{\partial^2 \lambda}{\partial x^2} \tag{2.53}$$

式中

$$D_1 = \frac{V\lambda}{G} \frac{\mathrm{d}\Delta T(\lambda)}{\mathrm{d}\lambda} \tag{2.54}$$

$$D_2 = BV\lambda^2 / \lambda_m \tag{2.55}$$

式(2.53)中片层间距的扩散由两部分构成,第一部分是三相交点沿凝固方向运动产生的,在 Langer 的分析中已经给出,见式(2.54),式中 G 为温度梯度;第二部分见式(2.55),是三相交点增加的横向滑动,式中 B 是一个根据实验和模拟结果拟和而得到的无量纲的常数。当三相交点没有横

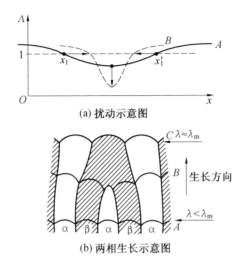

(a) 扰动示意图

(b) 两相生长示意图

图 2.25　不稳定的共晶共生界面上的扰动被放大引起片层消失的示意图

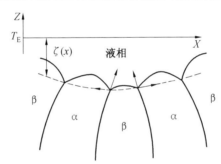

图 2.26　共晶界面在凹的情况下片层间距运动示意图

向滑动时(即 $D_2 = 0$),片间距随时间的变化将取决于 D_1。由式(2.54)可见,D_1 与 $d\Delta T(\lambda)/d\lambda$ 具有相同的符号。所以当 $d\Delta T(\lambda)/d\lambda < 0$ 时,线性扰动将会被放大从而引起片层间距由于扩散而减小,故共生界面不稳定。对于共晶合金,即当 $\lambda < \lambda_m$ 时,界面不稳定。与之相反,当三相交点存在滑动时($D_2 \neq 0$),当 $D_1 + D_2 < 0$,或 $\lambda < \lambda_c$ 时,界面不稳定,λ_c 是存在超稳定性时共生片层的最小稳定间距,由下式确定:

$$1 - \frac{\lambda_m^2}{\lambda_c^2} + \frac{BG}{K'V}\frac{\lambda_c}{\lambda_m} = 0 \tag{2.56}$$

式中　K'——常数。

这说明最小的稳定片层间距是 λ_c,λ_c 小于最小过冷度理论的片层间距 λ_m。G/V 越大,λ_c 越小于最小过冷度下的片层间距,即最小过冷度下的超过冷效应越显著。此外,不同合金系的超过冷效应很相似,这样式(2.56)

可以对超过冷效应有一个很好的预测。

（2）大间距稳定性：倾斜与振荡。

对于接近稳定片层间距上限的不稳定性，JH 预测 $\lambda > \lambda_M$ 的不稳定性主要是大片层尖端开裂而出现分叉，并出现新的片层；并且预测 $\lambda_M = A\lambda_m$，其中 A 是由成分决定的常数，一般大于 2。1981 年，Dtye 和 Langer 在理论上发现了共晶共生在片层间距较大时会出现 2λ 振荡不稳定性（$2\lambda_O$，即振荡的波长为片层间距的 2 倍）。1987 年，Karma 利用数值模拟证实了这种 2λ 振荡，并且发现了稳态共晶共生的倾斜不稳定性，这个发现重新激起了人们从根本上研究共晶共生形态稳定性的兴趣。经过十几年的研究，现在对接近稳定片层间距上限 λ_M 的不稳定性，得出的主要结论有：

① 在稳态共晶共生生长时，当共生间距超过一临界值 λ_O 时，可能会出现振荡不稳定性：包括 1λ 振荡和 2λ 振荡（图 2.27），但是出现振荡不稳定性时究竟是选择 1λ 还是 2λ 现在还不是很清楚。有的研究者认为 1λ 振荡只在接近共晶成分的一个较小范围内出现，并快速转变为 1λ - 2λ 混合振荡，而其他成分将会出现 2λ 振荡。有的研究者在用 CBr_4 - C_2Cl_6 模拟共晶合金共生时发现在共晶成分附近，$\lambda_O \approx 1.2\lambda_m$。但是 λ_O 是否是一个确定值以及在其他共晶系是否存在这种关系都是未知的。振荡不稳定性的产生可能依然要归因于溶质边界层的影响，但是具体产生的机制以及 1λ 和 2λ 的选择依然有待于深入研究。

② 当共生间距超过某一特定值 λ_T 时，还可能会出现倾斜不稳定性（图 2.27(d)）。在用 CBr_4 - C_2Cl_6 模拟共晶合金共生时发现，在共晶成分附近，均匀的倾斜分叉发生在 $\lambda_T \approx 1.9\lambda_m$，如果片层间距继续增大，倾斜的均匀片层也可能发生振荡，从而形成倾斜振荡组织。定义片层的倾斜角为 φ，而 $\tan\varphi = V_d/V$，V_d 为共生片层的侧向生长速度，则 φ 一般为 $25° \sim 35°$。倾斜不稳定性的出现可能是由于共生界面前沿的流动与溶质场的耦合，但是具体形成机制目前尚不清楚。

③ 以上对振荡和倾斜稳定性的研究，大多集中在共晶成分附近的低速共生区。为了系统研究稳态共生的稳定性与共生间距 λ、凝固速度 V 以及合金成分 C 的关系，许多研究者利用类共晶 CBr_4 - C_2Cl_6 进行了系统的研究，他们做出了定向凝固共晶共生的稳定性图，如图 2.28 所示。稳定性图的坐标为 η 和 Λ，分别表征合金成分、共生间距 λ 与凝固速度 V 对共生稳定性的影响：

$$\eta = (C - C_\alpha)/(C_\beta - C_\alpha) \tag{2.57}$$

$$\Lambda = \lambda/\lambda_m \sim \lambda V^{1/2} \tag{2.58}$$

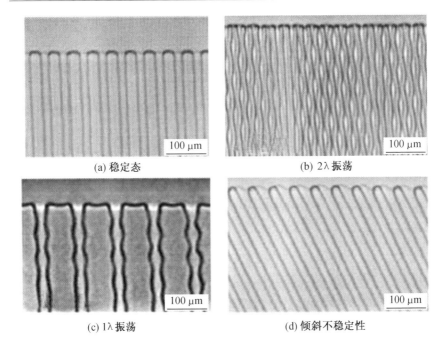

图 2.27 用 $CBr_4 - C_2Cl_6$ 模拟共晶共生的大片层间距不稳定性

式中 C_α,C_β——共晶两相的成分。

由稳定性图可以清楚地确定稳态共生的存在区间,从而控制凝固组织。

但是,这种稳定性图的建立有不少局限性,例如,目前的大部分试验结果是通过观察类共晶 $CBr_4 - C_2Cl_6$ 薄长试样凝固而得到的,而实践中需要考虑共晶合金在三维空间(至少是二维凝固界面)的稳定性。此外,目前对熔体中流动对共生稳定性的影响大多局限于定性描述。

(3)熔体流动对共生形态稳定性的影响。

共生界面前沿的熔体流动对共生的形态具有重要的影响,例如,熔体流动的存在将使共生间距增大,共生界面前沿的过冷度减小以及共生将向流动源方向倾斜等。在实际的定向凝固系统中,由于试样不可能无限细,热流也不可能是完全一维的,会存在热溶质对流、外加的扰动产生的对流等。熔体中流动的存在必将对共生生长产生重要的影响。下面简述这方面近年来得到的几个最典型的结论。

1981 年,Quenisset 通过对 Pb – Sn 共晶系的研究,发现当存在对流时,$\lambda^2 V$ 将不再是一常数,而是对流流速梯度的函数:

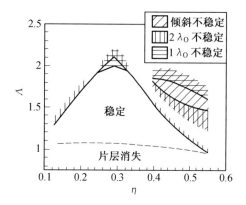

图 2.28　定向凝固 $CBr_4 - C_2Cl_6$ 类共晶合金共生生长的稳定性图

$$\lambda^2 V = \frac{C_1}{1 - C_2 G_u \lambda^2 / D_1} \tag{2.59}$$

式中　　G_u——对流流速的梯度；

　　　　C_1, C_2——常数。

　　Quenisset 得到的式(2.59)第一次找到了共生形态与共生界面前沿熔体流动的定量关系,并在 Pb-Sn 共晶系得到了证实。1998 年,Ma 利用渐进扩展的方法求解共晶合金小 Peclet 数定向凝固弱对流情况下的对流-扩散方程,发现式(2.59)并不适合弱对流的情况。他们得到的结果为

$$\left(\frac{\lambda}{\lambda_0}\right)^2 = \frac{1}{1 - (2D_1 G_u / V^2)} \tag{2.60}$$

式中　　λ_0, λ——无对流和有对流时的共生间距。

　　当对流较弱时,式(2.60)能比较准确地反映对流对共生间距的影响。2002 年,Chen 在稳态共晶共生界面前沿引入流动,利用非线性动力学求解了三相交点的运动方程,发现当流动很小时,共生间距在最小过冷度时与 JH 理论偏差不大;而当流速很大时,片层间距偏离 JH 理论较大,如下式:

$$V^{3/4} \lambda = KG_V^{1/4} \tag{2.61}$$

式中　　K——常数。

　　需要注意的是,他们定义 G_V 为共生界面前沿熔体流动的剪切速率。

　　以上的研究结果建立了共生行为与熔体的流动强度之间的定量关系,对认识凝固过程具有重要的参考价值。由于熔体流动研究的本身非常复杂,将其应用到凝固理论中难度比较大,并且很难用实验来检验理论的正确性。但是熔体中的流动对凝固过程的影响是广泛且重要的,将流体动力学耦合到凝固理论中仍将是以后研究的一个重要方向。

（4）二维共晶共生的形态不稳定性：Z 字形分叉。

由于试验条件的限制，以前人们对共生形态稳定性的理论研究都是局限于一维或准一维共生界面，原位观察薄长（薄是指共生间距 λ 与试样厚度基本在一个数量级上）的共晶合金的共生行为。但是将在一维共生界面建立的共生稳定性理论用来分析普通定向凝固中的二维界面的稳定性肯定会出现偏差。因此，人们希望直接建立二维共生界面的稳定性理论。

2004 年，Akamatsu 等人建立了一套可以实时观察较大范围凝固界面的试验装置，利用这套装置可以直接实时观察体积试样（bulk samples）的定向凝固界面，从而直接观察二维共生界面的形态稳定性。他们利用这套装置研究了共晶成分附近的类共晶 $CBr_4 - C_2Cl_6$ 的二维形态稳定性，发现稳态片层共生的间距范围为 $0.7\lambda_m \sim 0.85\lambda_m$。当片层间距小于 $0.7\lambda_m$ 时，部分片层将消失从而增大平均片层间距，这与一维的稳定性一致；与一维稳定性不同的是，当片层间距超过 $0.85\lambda_m$ 时，体积试样的共生界面将会出现 Z 字形分叉，共生片层将会变得不规则，如图 2.29 所示。此外，当片层间距 λ 超过 $1.1\lambda_m$ 时，片层结构将被破坏，原始共生片层被破坏后一般会产生新的片层，但是片层间距会减小。普通的定向凝固一般都是体积试样，这

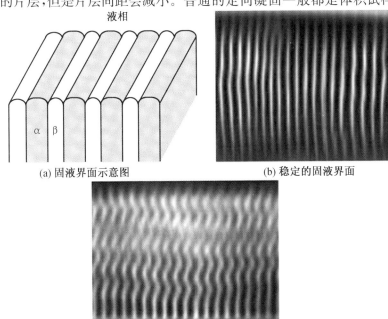

(a) 固液界面示意图　　　　　　(b) 稳定的固液界面

(c) 固液界面出现 Z 字形分叉

图 2.29　共生示意图及实时观察到的类共晶 $CBr_4 - C_2Cl_6$ 定向凝固中的片层共生界面

71

种试样定向凝固时共晶共生的稳定间距一般比薄长试样的稳定区间要小，这可能是由于体积试样定向凝固时共生界面前沿更复杂的溶质场与流动相互作用的结果，但是目前仍缺乏理论分析。

Akamatsu 等人的研究结果的意义远超过 Z 字形分叉本身，他们开辟了一种直接观察二维共生界面的试验方法，从而为全面认识二维共生界面的形态稳定性打下了很好的基础，并有可能将凝固理论的研究提升到一个新的水平。

2.6.2　包晶合金共生生长稳定性

共晶合金凝固时，两相或多相共生／协同生长是其典型的生长方式之一。其主要特点是两相生长过程中在界面前沿形成溶质互相补充的条件，导致两相互相依赖，耦合形成与生长方向平行的层片状组织。对于包晶合金，由于两相的液相线符号相同，晶体结构较为接近，一般而言，凝固过程中难以形成各相所需的互补的溶质场，因而对能否形成典型共生组织以及在什么条件下形成共生组织，一直存在竞争。

Chalmers 最早提出，除包晶成分点以外所有的亚、过包晶成分合金均能存在两相的同时凝固，如果两相均能够维持平界面生长，就可以形成类似于共晶凝固的共生生长组织。Flemings 认为包晶合金共生生长的成分范围应该在亚包晶区域，而过包晶成分的合金不会出现共生生长。而 Uhlmann 和 Chadwick 则认为在这些成分区间，总会首先形成初生相的枝晶，而非两相的同步生长。此后 Livingston 提出，亚、过包晶成分合金中高的温度梯度可以抑制初生相的枝晶生长，从而出现两相的共生生长。

1994 年，Lee 等人对 Ni–Al 包晶合金定向凝固进行了研究，不仅得到了合金的共生凝固组织，还测定了界面温度以及溶质浓度。其结果表明，在高 G/V 条件下，在介于 C_α 和 C_p 之间的范围内，可以分别实现初生相和包晶相的平界面生长，而在中间成分则获得了低速带状组织；在 G/V 相对较低但满足 $\dfrac{G}{V} \geqslant \dfrac{m_\alpha(C_L - C_0)}{D_L}$（$m_\alpha$ 是 α 相的液相线斜率，C_0 是合金初始成分，D_L 是溶质在液相的扩散系数）的条件下，在介于 C_α 和 C_p 之间更靠近 C_p 的范围内，获得了包晶相与初生相组成的共生生长组织。同时，该实验中对界面温度的测量表明，这种共生生长界面的温度差别甚微，基本上是一个等温面，并且低于包晶温度。此后，Vandyoussefi 等人在 Fe–4.2％Ni 合金中观察到了两相平行生长，其中 δ 相以层片或纤维状存在于 γ 相基体中；当略为降低合金成分时，出现类似离异共晶 2λ 失稳的两相振荡组织。

Boettinger 对 Sn-Cd 进行的系统研究表明,在低的 G/V 条件下获得了胞状初生相与包晶相的耦合生长组织,而在高的 G/V 条件下,却获得了平界面的垂直于生长方向的带状结构,并首次指出,共生生长的产生与凝固过程中界面前出现负过冷(negative undercooling)有关。2004 年,Dobler 和 Lo 等人通过 Fe-Ni 低速定向凝固实验和数值计算证明,当 G/V 值接近或高于维持初生相形态稳定的临界值时,包晶合金稳定共生生长是可能的;而当 G/V 值低于此临界值,但高于维持包晶相形态稳定的临界值时,只可能出现"弱"胞状共生生长。图 2.30 是 Dobler 通过试验 Fe-Ni 合金的定向凝固试验得到的耦合共生组织。Dobler 提出包晶共生产生的两个必要条件:小片层间距和负过冷度。通过试验和模拟,发现包晶共生在接近 λ_{min} 和 λ_{max} 的不稳定性都是 1λ 振荡,并确定了 Fe-Ni 合金包晶共生的稳定区间,如图 2.31 所示。由图可以看出,当温度梯度 G 和凝固速度 V 确定时,包晶共生的稳定性是合金成分和 λ/l_D 的函数,λ_{min} 和 λ_{max} 都随合金成分的降低而减小。图中,λ_m 是利用将共晶模型引入到包晶模型中计算出的平均共生间距。

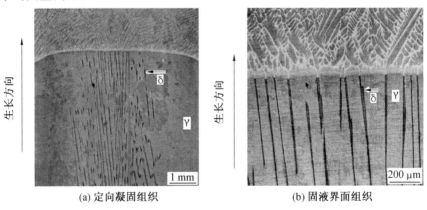

(a) 定向凝固组织　　　　　　(b) 固液界面组织

图 2.30　Fe-Ni 包晶合金组织

在国内,2001 年,刘永长等人在接近等原子比的 Ti-Al 包晶合金激光重凝实验中也观察到共生生长组织,并分析了在极高温度梯度和生长速度条件下,界面能以及动力学过冷使得液相线发生移动,导致包晶相图向亚稳共晶相图转变。马东等人对 Zn-Cu 合金进行了一系列定向凝固实验,发现在较高速度凝固的试样中有层片状结构出现。

还应该提及的是,在生长相的前方,另一相的形核数量和对生长相的覆盖能力对凝固形态的影响也是显著的。对于需要较小形核过冷度,生长速度较快的相,或者两相接触角较大的情况,新相能以比较快的速度覆盖原生长相,隔绝原生长相与液相的接触。这种情况倾向于促使形成较完整的带状组织。一些学者致力于研究包晶合金两相定向生长中表面张力、接触角及沿原相界面生长特性之间的关系,以确定这些因素对相选择及组织形成的影响。如图 2.32 所示,具体演化机制为:岛状带 → 1λ 振荡组织 → 1λ 振荡振幅逐渐减小 → 准稳态(稳态)包晶共生,随着 Ni 含量的增加,从 δ 的平面生长到岛状生长组织,1λ 的 γ 不稳定组织,最后得到稳定生长的共生组织。

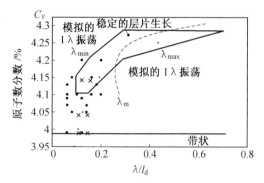

图 2.31　Fe – Ni 包晶合金的共生稳定区间

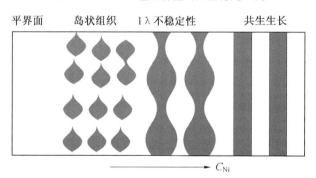

图 2.32　组织随成分演化示意图

从 Lee 提出胞状共生生长(cellular peritectic coupled growth)概念以来,人们已陆续在 Fe – Ni 和 Sn – Cd 合金系中发现了胞状共生生长。胞状共生生长是一个胞状相(一般为初生相)和一个平界面相(包晶相)之间的弱耦合形成的共生生长,如图 2.33 所示。Kurz 等人认为胞状共生生长是在高于包晶相的平界面生长条件而低于初生相的平界面生长条件时形成的,但是不存在从胞状共生生长到等温(平界面)共生生长之间的连续转变,即包晶系两种共生生长之间的转变是亚临界的。此外,在 Fe – Ni 合金系中发现包晶反应对胞状共生生长形态具有重要影响,它使胞状初生相在液相 /δ/γ 三相交接点附近的界面下凹(界面曲率为负),如图 2.33(b) 所示。

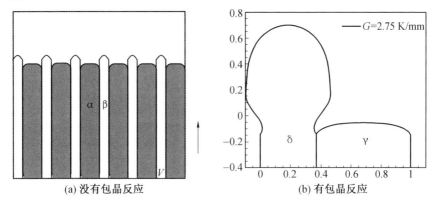

(a) 没有包晶反应 (b) 有包晶反应

图 2.33 胞状共生生长示意图

Trivedi 假设胞状初生相和平界面的包晶相生长分别以单相凝固,从而求出胞状初生相和平界面包晶相界面之间的距离 l:

$$l=\frac{-m_\alpha(C_p-C_0)+m_\beta C_p}{G}-\frac{D}{V}\left[1-\frac{m_\beta}{m_\alpha(1-k_\beta)}\right] \quad (2.62)$$

利用式(2.62)可以对胞状共生生长进行简单的预测,但是当 l 趋近于 0 时,上式不再成立。

目前对胞状共生生长的研究只是处于开始阶段,尚有很多问题没有解决,如包晶反应对胞状共生生长影响以及胞状共生生长的稳定性等。

2.7 近平衡包晶凝固理论

图 2.34 为典型的二元包晶合金相图。根据相变热力学,随冷却的进行,当温度到达包晶平台温度 T_P 时,初生相 α 与液相 L 反应生成包晶相 β,这个过程即包晶反应:α+L=β。定义 T_P 为平衡包晶反应温度,其中 C_α 为 T_P 温度下的初生相 α 成分;C_p 为"包晶成分",为 T_P 温度下包晶相 β 的成分。C_{LP} 为 T_P 温度下液相的成分,可将 C_{LP} 称为包晶点(peritectic point)或包晶极限(peritectic limit)。凡是成分介于 C_α 和 C_{LP} 之间的合金都会有包晶反应产生,故在此成分范围的合金称为包晶合金。

Chadwick 对包晶合金的凝固过程做出如下描述:在近平衡条件下,当系统温度降低至初生相相 α 液相线以下时,初生相 α 开始析出,结晶潜热

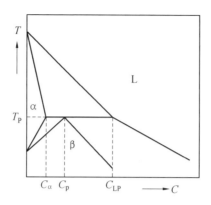

图 2.34　二元包晶合金相图示意图

的释放使冷却曲线在 $T_α$ 处发生变化；继续冷却，当温度下降至包晶平台温度 T_P 时，包晶相 β 在初生相 α 表面形核，此时在三相交接点处，系统满足局部三相平衡，包晶反应发生。在包晶反应过程中，新生的 β 相往往以 α 相为基底，依附在 α 相上形核继而完全包围 α 相。图 2.35 为 Cu－13％Sn 包晶合金(L＋α→β)在定向凝固条件下得到的显微组织。连续的 β 相环完全包裹初生相 α 并将两固相分离的特性说明了包晶反应的特性。在包晶反应中，三相(L,α,β)共存。由相律可知，此时系统的自由度为零($F＝C-P＋1＝2-3＋1＝0$)。三相在 T_P 处于局域平衡，并不断进行包晶反应，直至完成。然后，β 相向内通过固态包晶转变消耗 α 相，向外通过液相直接凝固消耗液相而生长，直至初生相完全通过包晶反应或包晶转变转变为包晶相。如果初生相领先于液相被消耗完，剩余液相直接凝固成包晶相，生成完全的包晶相组织；反之，如果液相领先于初生相被消耗完，最终的凝固组织为包晶相包裹初生相。平衡包晶凝固要求溶质组元在两个固相及一个液相中进行充分的扩散，但在实际凝固中由于冷却速度很快，扩散进行得很不充分，因此在实际包晶凝固过程中，包晶凝固通常是非平衡凝固，凝固结束后组织往往残存着未转变的初生相。

　　图 2.36 为包晶合金平衡相图及相应的自由能曲线。在平衡条件下，在包晶温度(T_P)下，液相与 α 相反应生成 β 相。值得注意的是，该反应包括 α 相的溶解。包晶反应发生的前提是首先必须有初生相 α 的存在，所以 α 相也称为先包晶相(properitetic phase)。在 T_P 以上温度，成分位于 P 点左侧的所有合金最初均从液体中直接形成 α 相。在图 2.36(b)中，α 相的成分范围较小，其自由能随成分的变化由最小值上升得较快，而 β 相的自由能随成分的变化不那么敏感。结果是：当温度低于 T_P 时，β 相固溶度范

围随温度下降而增大。这样在 α,L 及 β 相之间的公共切线在不同的成分处相切。于是每个相的固溶度范围均关联于该相的自由能曲线是"锐变"还是"平缓"。一个相的自由能曲线的特性将会对它们的相变动力学有重要影响。

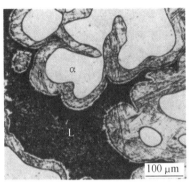

图 2.35　定向凝固 Cu‐13%Sn 包晶合金显微组织

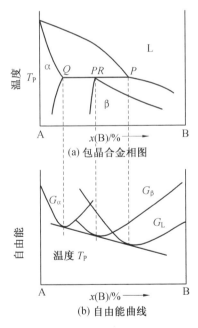

图 2.36　包晶合金平衡相图及相应的自由能曲线

2.7.1 包晶相的形核

包晶合金组成相的形核问题一直备受关注。在近平衡条件下,包晶凝固涉及初生相和包晶相的二次形核问题,而研究的重点主要是包晶相的形核。根据经典的形核理论可知,包晶相的形核将由以下三方面因素决定:形核成分(composition)、形核位置(location,均质/异质形核)以及包晶相与初生相之间的位向取向关系(orientation relationship)。

依据表面张力,存在两种包晶相形核机制:一种是包晶相以初生相为衬底形核并长大(包晶相异质形核);另一种是包晶相难从初生相衬底上形核。

在对包晶合金凝固过程的描述中,假设初生相可以作为包晶相的有效形核衬底,即满足包晶相异质形核的条件。早期大量关于测量缓慢冷却速度下包晶相形核过冷度的实验结果也证明了这一假设的准确性。

早期通常采用热偶测试包晶相形核温度。使用这种方法时,其冷却曲线通常在接近包晶温度时显示一个包晶平台。研究发现,某些冷却曲线给出一个形核温度,而同样合金的另外冷却曲线却给出另外两个均低于包晶温度的形核温度。结合金相分析可推出,曲线中一个形核温度是由于高熔点相的形核引起,另一个形核温度是继之析出的包晶相。其他的高纯有色合金缓慢冷却的实验表明,对初生相为金属间化合物的合金系统,其包晶相的过冷度由 $0 \sim 8$ K 不等。X 射线衍射分析确定的初生相与包晶相的位向关系表明,若两相在 9% 的低错配度以下,过冷度随错配度的增大而增加。Ag - Sn,Sn - Cd 包晶合金中几乎探测不到包晶相形核的过冷度,大多数包晶合金的过冷度也只有几 K 到几十 K。在 Sn - Sb 合金的实验中,对过包晶合金测定,给出包晶相 Sn 的形核过冷度仅 1 K。考虑到杂质的存在也有可能导致包晶相 Sn 出现较小的形核过冷度,因此调整 Sn - Sb 合金成分使其大于 C_{LP},在此种情况下,包晶相 Sn 作为初生相析出,此时测得的包晶相 Sn 的形核过冷度为 $20 \sim 23$ K。上述讨论表明,杂质的存在并不能解释 Sn - Sb 包晶合金中包晶相的低形核过冷度,而初生相 $Sn_3 Sb_2$(β' 相)则是包晶相(Sn)良好的形核剂。

但是,随着包晶研究体系的扩大,其中也有个别包晶体系中的包晶相难从初生相基底上形核的报道。如 Mueller 等人在采用液滴法研究 $Al_2 Mn$ 包晶合金凝固的过程时,就发现在一个较宽的成分范围内,包晶相 $Al_6 Mn$ 难以形核。另外,在 Al - U($Al_3 U + Al(L) \longrightarrow Al_4 U$),Zn - Ni(L + $\gamma \rightarrow \delta$)合金中观察到包晶相局部包裹初生相的现象,如图 2.37 所示。

上述讨论表明:在上述合金体系中,包晶相难以依附于初生相形核,而极有可能直接从液相中形核并长大。同时,近年来人们发现了包晶相由液相直接形核,然后再通过初生相的溶解经液相扩散进行生长的明显证据。如在高温超导材料 $NdBa_2Cu_3O_x$(Nd123)和 $YBa_2Cu_3O_x$(Y123)的制备过程中,存在包晶反应:$Y211+L \longrightarrow Y123$,其中 Y211 为 Y_2BaCuO_4。在温度梯度较低的情况下,Y211 初生相首先形核并长大,形成不均匀的块状晶体,随后 Y123 包晶相在液相中直接形核,呈棱面生长,其生长前沿的 Y211相逐渐溶解,经液相扩散将溶质传输至 Y123 相。一般认为,在多数非棱面材料中,包晶相依附于初生相形核;而在棱面材料中,包晶相从液相直接形核。但是,在这方面还需要更深入的研究。

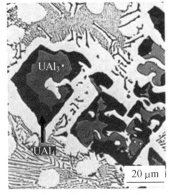 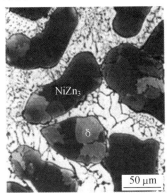

(a) Al–6U: UAl$_3$+Al $\longrightarrow$ UAl$_4$ (b) Zn–7Ni: L+NiZn$_3$ $\longrightarrow$ δ

图 2.37   Al – 6U,Zn – 7Ni 包晶合金显微组织

以上研究都是在较低的凝固速度下进行的,当在深过冷以及快速凝固等远离平衡条件下进行包晶相形核研究时,观察到了亚稳相取代稳定相从熔体中析出这一现象。由于冷却速率增大引起的动力学影响,因此对不同的合金会产生不同的形核情形。一种可能是在包晶相 β 为稳定相的非包晶合金成分的情况下,初生相 α 先形核析出。这最早是 Thoma 和 Perepezko 等人在 Fe – Ni 系中发现的,当 Fe –(10%～25%)(质量分数)Ni 合金的熔体过冷度为 90～150 K 时,亚稳 δ 相(bcc)以初生相形式形核出现,而此时的热力学稳定相为 γ 相(fcc)。另一种可能是在包晶合金成分时,包晶相直接从液相中形核析出。如快速凝固 TiAl 合金,在亚包晶成分时,亚稳包晶相代替稳定初生相首先形核。近年来,在超导材料 YBaCuO 和磁性材料 NdFeB 合金中,发现包晶 Y123 相和 $Nd_2Fe_{14}B$ 相代替初生 Y211相和 γ 枝晶从液相中直接形核凝固。

2.7.2 包晶相的生长

包晶凝固涉及另一个重要的过程是包晶相（β 相）的生长。为了描述方便，一般将这个过程划分为三个阶段，即包晶反应阶段（peritectic reaction）、包晶转变阶段（peritectic transformation）和直接凝固阶段（direct solidification）。包晶反应是通过初生相 α 与液相反应生成包晶相 β 的过程（α＋L→β）；包晶转变主要是通过固相原子的扩散使初生相 α 溶解生长为包晶相 β 的过程（α→β）；直接凝固则是液相直接在已存在的包晶相 β 上生长增厚的过程（L→β）。图 2.38 为包晶反应及包晶转变示意图。在实际的包晶凝固过程中，初生相 α 完全被 β 相包覆以后，后两个生长阶段同时进行，无法截然分开。

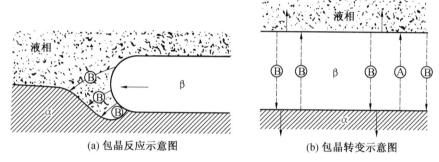

(a) 包晶反应示意图　　　　　　(b) 包晶转变示意图

图 2.38　包晶反应及包晶转变示意图

（1）液－固包晶反应。

在液－固反应阶段，液相 L、初生相 α 和包晶相 β 存在一个三相交界平衡点。Hillert 指出，如果该点处三相的表面张力保持平衡，包晶相 β 的生长需要通过溶质原子在液相中的局域短程扩散实现初生相 α 的溶解和局部重凝来维持。Hillert 提出溶质扩散的驱动力来自于初生相/液相与包晶相/液相界面处的液相浓度差（$C_L^\beta - C_L^\alpha$），如图 2.39 所示。

Fredriksson 等人以此为基础，假设包晶相 β 呈板状生长，尖端曲率半径为 r，厚度为 $2r$ 的前提下，采用最大生长速度假设推导出包晶反应层的临界厚度为

$$2r = \frac{9}{4\pi} \frac{D}{V} \left[\Omega / \left(1 - \frac{2}{\pi}\Omega - \frac{1}{2\pi}\Omega^2 \right) \right]^2 \tag{2.63}$$

其中

$$\Omega = (C_L^\beta - C_L^\alpha) / (C_L^\beta - C_\beta^L) \tag{2.64}$$

式中　　V——最大生长速度；

D—— 溶质的液相扩散系数。

包晶反应层尖端曲率半径 r 与包晶相形核临界半径 r_c 的关系如下：

$$\frac{r_c}{r} = \frac{3}{32}\Omega \tag{2.65}$$

其中，r_c 可由下式确定：

$$r_c = \frac{\sigma V_m}{\Delta G_m} \tag{2.66}$$

式中

$$\sigma = \sigma_{\beta L} + \sigma_{\alpha\beta} - \sigma_{\alpha L} \tag{2.67}$$

$$\Delta G_m = C_L^\beta - C_L^\alpha \tag{2.68}$$

式中 $\sigma_{\beta L}$，$\sigma_{\alpha\beta}$，$\sigma_{\alpha L}$—— 下脚标所对应的两相之间的界面能；

ΔG_m—— 溶质扩散驱动力；

V_m—— 液相摩尔体积。

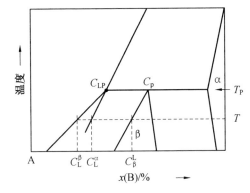

图 2.39   包晶反应过程中液相中成分分布示意图

对于 Ag-Sn，Cu-Sn 包晶合金，根据上述模型计算不同凝固速度条件下包晶相层厚度时，结果表明：如果界面张力的数值选择合理，计算结果与实验结果吻合得较好。但是，该模型忽略了温度梯度的影响、溶质在包晶相中的扩散以及直接从相图估算热物性参数所带来的误差。对于 Cu-Sn 合金，该模型可以提供具有一定可比性的预测。但根据模型反算出的界面能的数值有超过 5 倍的变化，这是难以接受的。

2003 年，Sha 等人对具有包晶反应的 6XXX 系列的 Al 合金进行定向凝固研究，观察到准包晶反应 L+Al$_{13}$Fe$_4$ —→α-Al+β-AlFeSi 三相交界点处初生相的溶解现象；并且，初生相 Al$_{13}$Fe$_4$ 的溶解领先于包晶相 β-AlFeSi 的生长，如图 2.40 所示。由此，Sha 等人提出该 Al 合金中分离式包晶反应机制（a divorced peritectic reaction mechanism）的模型，如图

2.41所示。其中初生相 $Al_{13}Fe_4$ 的溶解温度 $T'_{Al_{13}Fe_4}$ 明显高于包晶相 $\beta -$ AlFeSi 的生长温度 $T_{\beta-AlFeSi}$，即 $T'_{Al_{13}Fe_4} > T_{\beta-AlFeSi}$。

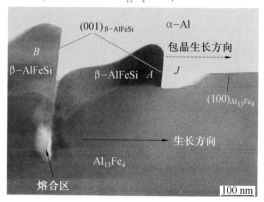

图 2.40 准包晶反应 $L + Al_{13}Fe_4 \longrightarrow \alpha - Al + \beta - AlFeSi$ 的三相交界处 J 的亮场 TEM 图 $(V = 5 \text{ mm/min})$

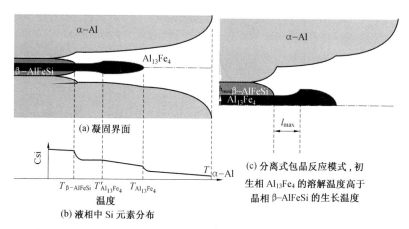

图 2.41 准包晶反应 $L + Al_{13}Fe_4 \longrightarrow \alpha - Al + \beta - AlFeSi$ 示意图（l_{max} 为初生相溶解区域长度）

Shibata 和 Phelan 等人通过利用高温激光扫描共焦显微镜对 Fe - C 包晶合金的凝固过程进行实时观察，发现了如图 2.42 所示包晶反应模式。在包晶反应中，包晶相 γ 的生长伴随着初生相 δ 的溶解，δ/L 界面在包晶相层的尖端处，即 $\delta/\gamma/L$ 三相交界点出现了明显的凹陷。当利用 Fredriksson 等人提出的模型计算包晶相反应层的生长速度时，与实验结果对比，发现计算得到的生长速度远远低于实验测量值。因此，Shibata 等人推测界面前沿的溶质扩散不是控制包晶相反应层生长的唯一因素，但并没有具体指出其他可能的影响因素。Phelan 等人则认为包晶相 γ 沿 δ/L 界面的生长速度是由热扩散控制的,而非溶质扩散。

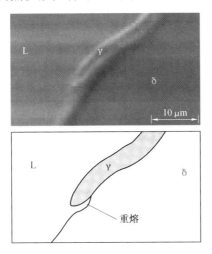

图 2.42 包晶反应时 γ 相生长前沿 δ 相的重熔(Fe-0.18C 合金)

总之,Hillert 和 Fredriksson 等人提出的包晶反应计算模型被认为可以基本上描述包晶反应过程,但是,在实际实验过程中,模型的计算值与实验值之间存在或多或少的差别。这可能是由于实验条件的影响和物性参数的取值准确性有关。但是,正如前所述,上述模型忽略了诸如温度梯度带来的影响,这是值得商榷的。

(2)固-固包晶转变。

根据包晶反应经典模型,当初生相与液相直接接触反应形成一薄层包晶相后,初生相与液相就被该包晶相层隔离开,这意味着包晶反应将被终止。初生相的进一步消耗和包晶相的进一步生长则受原子在包晶相层中的扩散速度限制,即固-固包晶转变。在这个过程中,原子扩散驱动力为包晶相两侧的浓度梯度$(C_\beta^L - C_\beta^\alpha)$,如图 2.43 所示。

基于一维分析,Hillert 等人预测在等温条件下,包晶转变阶段形成的包晶相层厚度 Δ 满足:

$$\Delta^2 = D_\beta \frac{(C_\beta^L - C_\beta^\alpha)(C_L^\beta - C_L^\alpha)}{(C_L^\beta - C_\beta)(C_\beta - C_\alpha^\beta)} 2t \tag{2.69}$$

式中　　D_β—— 包晶相中平均互扩散系数;

　　　　t—— 等温退火时间;

　　　　$C_\beta = \dfrac{1}{2}(C_\beta^\alpha + C_\beta^L)$。

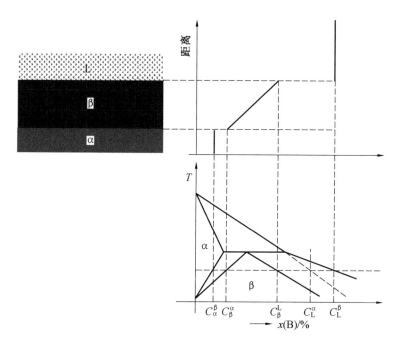

图 2.43　固－固包晶转变示意图

根据包晶相的成分区间,John 等人将包晶合金划分为三类,如图 2.44 所示。

A 类(图 2.44(a)):包晶相具有一定的固溶度,α/β 固溶转变线 C_β^α 与包晶固相线 C_β^L 的斜率具有相同的符号。

B 类(图 2.44(b)):两转变线的斜率的符号相反,包晶相具有较大的固溶度。

C 类(图 2.44(a)):β 相仅在一个相当窄或单一的成分范围内存在,通常表现为金属间化合物。

在三种类型的包晶合金中,包晶相 β 生长的难易顺序为 C－A－B。这定性地说明了固－固包晶反应阶段原子扩散驱动力的作用。由于包晶转变过程中原子扩散驱动力为($C_\beta^L - C_\beta^\alpha$),因此固相转变中具有宽成分的包晶相要比具有固定成分的金属间化合物包晶相的驱动力大,但有时由于不同合金体系物性参数的差异使它们难以进行比较。

Titchener 等人研究一定成分的包晶合金在低于包晶反应温度 6～25 K 条件下退火过程中的包晶转变时,发现包晶相层厚度也表示为

$$\Delta = At^n \tag{2.70}$$

式中　　A——常数;

n 的取值随合金不同在 $0.35 \sim 0.57$ 变化。

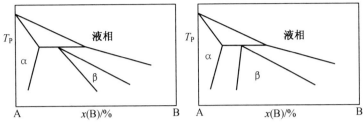

(a) 包晶相具有一定的固溶度，α/β 固溶转变线与包晶固相线的斜率具有相同的符号

(b) α/β 固溶转变线与包晶固相线的斜率具有相同的符号

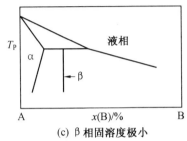

(c) β 相固溶度极小

图 2.44 三种类型的包晶图

在定向凝固中，t 可被估计为凝固时间：

$$t = \Delta T/GV \tag{2.71}$$

假设过冷度 $\Delta T = 15$ K，温度梯度 $G = 15$ K/mm 时，由式(2.71)计算知当凝固速度 V 从 0.01 mm/s 提高到 1.0 mm/s，凝固时间 t 将缩短到 1/100，包晶相厚度则减到 1/10。因此，从动力学观点，随着抽拉速度的增大，由包晶转变形成的包晶相厚度将减小。

（3）液相直接凝固。

当熔体继续冷却，液相与初生相反应生成包晶相的驱动力增加，但同时液相直接凝固形成包晶相的驱动力也显著增大，此时一部分包晶相的形成是通过液相直接凝固来实现的。

Fredriksson 在 Cu-Sn 和 Ag-Sn 合金的包晶凝固分析中考虑了液相直接凝固形成包晶相因素的影响，假设液相完全互溶并忽略固相中扩散，利用 Scheil 方程计算定向凝固过程中自液相直接凝固形成的包晶相为

$$C_{\mathrm{L}}^{\beta} = C_{\mathrm{L}}^{0} f_{\mathrm{L}}^{(k-1)} \tag{2.72}$$

式中 k—— 包晶相的溶质分配系数；

       C_{L}^{0}—— 初始液相平均成分，其数值接近液相成分 C_{LP}；

       f_{L}—— 液相分数。

在给定的界面能数值的前提下,通过对包晶相中的平均溶质扩散系数进行优化取值后,可以获得与实验结果吻合较好的结果。计算结果表明,随凝固速度的提高,自液相直接凝固形成的包晶相的比例有增大的趋势。但是,该模型认为溶质扩散是控制液相直接凝固形成包晶相的主要因素,因此忽略了凝固动力学因素对包晶相形成的影响。

由于在液-固包晶反应阶段、固-固包晶转变阶段以及液相直接凝固阶段都有包晶相的生成,在分析包晶相形成比例时必须综合考虑上述三个方面的因素。对于不同的包晶合金,在不同的凝固条件下,这三个方面的作用大小也不尽相同。如 John 在研究中发现,对初生相 Al_3Ti 为非小平面相的 $Al - Al_3Ti$ 包晶合金来说,包晶转变起很小作用,包晶相大部分为液相直接凝固的产物。而对于初生相 $\varepsilon - Cd_3Ag$ 为枝晶的 $Cd - Cd_3Ag$ 包晶合金,包晶转变却进行得很充分。所以根据不同阶段的相的凝固量可相对确定包晶合金定向凝固组织生长的主要机制。但目前此工作还处于百家争鸣的局面。

参考文献

[1] 傅恒志,魏炳波,郭景杰. 凝固科学技术与材料[J]. 中国工程科学, 2003, 5(8): 5-19.

[2] KERR H W, KURZ W. Solidification of peritectic alloys[J]. Int. Mater. Rev. ,1996, 41(4): 129-164.

[3] 傅恒志,郭景杰,苏彦庆,等. TiAl 金属间化合物的定向凝固和晶向控制[J]. 中国有色金属学报,2003, 13(4): 6-19.

[4] 傅恒志,苏彦庆,郭景杰,等. 高温金属间化合物的定向凝固特性[J]. 金属学报,2002, 38(11): 9-14.

[5] JOHNSON D R,INUI H,YAMAGUCHI M. Directional solidification and microstructural control of the TiAl/Ti$_3$Al lamellar microstructure in TiAl – Si alloys[J]. Acta. Mater. ,1996, 44(6): 2523-2535.

[6] JOHNSON D R,INUI H,YAMAGUCHI M. Crystal growth of TiAl alloys[J]. Intermetallics, 1998, 6(7-8): 647-652.

[7] 张永刚,韩雅芳,陈国良,等. 金属间化合物结构材料[M]. 北京:国防工业出版社,2001.

[8] LEE J H, VERHOEVEN J D. Peritectic formation in the Ni – Al

system[J]. J. Cryst. Growth,1994, 144(3-4): 353-366.

[9] DOGAN F. Continuous solidification of $YBa_2Cu_3O_7$-x by isothermal undercooling[J]. J. Eur. Ceram. Soc. ,2005, 25(8): 1355-1358.

[10] VOLKMANN T, GAO J,STROHMENGER J,et al. Direct crystallization of the peritectic $Nd_2Fe_{14}B$ phase by undercooling of the melt[J]. Mater. Sci. Eng. A,2004, 375-377: 1153-1156.

[11] 贺谦,刘林,邹光荣,等. Nd－Fe－B包晶合金定向凝固组织的研究[J]. 材料工程,2005, 21(6): 17-19.

[12] TRIVEDI R,SHIN J H. Modelling of microstructure evolution in peritectic systems[J]. Mater. Sci. Eng. A,2005, 413-414: 288-295.

[13] KARMA A, PLAPP M. New insights into the morphological stability of eutectic and peritectic coupled growth[J]. JOM, 2004, 56(4),28-32.

[14] VANDYOUSSEFI M,KERR H W,KURZ W. Two-phase growth in peritectic Fe－Ni alloys[J]. Acta. Mater. ,2000, 48(9): 2297-2306.

[15] BUSSE P,MEISSEN F. Coupled growth of the properitectic α-and the peritectic γ－phases in binary titanium aluminides[J]. Scripta. Mater. ,1997, 36(6): 653-658.

[16] DOBLER S,LO T S,PLAPP M,et al . Peritectic coupled growth [J]. Acta. Mater. ,2004, 52(9): 2795-2808.

[17] LO T S,DOBLER S,PLAPP M,et al. Two-phase microstructure selection in peritectic solidification: from island banding to coupled growth[J]. Acta. Mater. ,2003, 51(3): 599-611.

[18] TRIVEDI R,PARK J S. Dynamics of microstructure formation in the two-phase region of peritectic systems[J]. J. Cryst. Growth, 2002, 235(1-4): 572-588.

[19] LO T S, KARMA A,PLAPP M. Phase-field modeling of microstructural pattern formation during directional solidification of peritectic alloys without morphological instability[J]. Phys. Rev. E, 2001, 6303(3): 031504.

[20] BERGEON N,TRIVEDI R,BILLIA B,et al. Necessity of investigating microstructure formation during directional solidification of

transparent alloys in 3D[J]. Adv. Space Res. ,2005, 36(1):80-85.

[21] UMEDA T,OKANE T,KURZ W. Phase selection during solidification of peritectic alloys[J]. Acta. Mater. ,1996, 44(10): 4209-4216.

[22] VANDYOUSSEFI M, KERR H W,KURZ W. Directional solidification and delta/gamma solid state transformation in Fe – 3% Ni alloy[J]. Acta. Mater. ,1997, 45(10): 4093-4105.

[23] YASUDA H,NOTAKE N,TOKIEDA K,et al. Periodic structure during unidirectional solidification for peritectic Cd – Sn alloys[J]. J. Cryst. Growth,2000, 210(4):637-645.

[24] TOKIEDA K, YASUDA H, OHNAKA I. Formation of banded structure in Pb – Bi peritectic alloys[J]. Mater. Sci. Eng. A,1999, 262(1-2):238-245.

[25] 苏云鹏,王猛,林鑫,等. 激光快速熔凝 Zn – 2%Cu 包晶合金的显微组织[J]. 金属学报,2005, 41(1):69-74.

[26] SU Y Q,LUO L S, LI X Z, et al. Well-aligned in situ composites in directionally solidified Fe – Ni peritectic system[J]. Appl. Phys. Lett. ,2006, 89(23):031918.

[27] 刘畅,苏彦庆,李新中,等. Ti –(44 – 50)Al 合金定向包晶凝固过程中的组织演化[J]. 金属学报,2005, 41(3):38-44.

[28] 黄卫东,林鑫,王猛,等. 包晶凝固的形态与相选择[J]. 中国科学(E 辑),2002, 32(5):3-9.

[29] BOETTINGER W J,CORIELL S R,GREER A L,et al. Solidification microstructures:recent developments, future directions[J]. Acta. Mater. ,2000, 48(1):43-70.

[30] HUNZIKER VANDYOUSSEFI M, KURZ W. Phase and microstructure selection in peritectic alloys close to the limit of constitutional undercooling[J]. Acta. Mater. ,1998, 46(18):6325-6336.

[31] DOBLER S,KURZ W. Phase and microstructure selection in peritectic alloys under high G-V ratio[J]. Z. Metall. ,2004, 95(7):592-595.

[32] PHELAN D, REID M,DIPPENAAR R. Kinetics of the peritectic reaction in an Fe – C alloy[J]. Mater. Sci. Eng. A,2007, 477(1-2):226-232.

[33] SHIBATA H, ARAI Y, SUZUKI M, et al. Kinetics of peritectic reaction and transformation in Fe－C alloys[J]. Metall. Trans. B, 2000, 31(5): 981-991.

[34] 刘冬梅. Al－Ni 包晶合金定向凝固组织演化及小平面包晶相生长机制[D]. 哈尔滨:哈尔滨工业大学, 2013.

[35] 骆良顺. Fe－Ni 包晶合金定向凝固过程中的组织演化规律[D]. 哈尔滨:哈尔滨工业大学, 2008.

[36] 李新中. 定向凝固包晶合金相选择理论及其微观组织模拟[D]. 哈尔滨:哈尔滨工业大学, 2006.

[37] 傅恒志. 航空航天材料定向凝固[M]. 北京:科学出版社, 2015.

[38] 傅恒志. 先进材料定向凝固[M]. 北京:科学出版社, 2008.

[39] 刘畅. Ti－Al 二元包晶合金定向凝固组织形成规律研究[D]. 哈尔滨:哈尔滨工业大学, 2007.

第3章 非小平面包晶合金定向凝固

根据包晶凝固过程中包晶相的凝固特性,将包晶合金分为两类:第一类是初生相和包晶相都是固溶体型的合金体系,由于固溶体合金相在凝固过程中一般都是以非小平面凝固方式进行,因此称这类包晶合金为非小平面包晶合金,如 Fe-Ni,Ti-Al,Fe-C,Cu-Zn 等。第二类包晶合金是指包晶两相中有一相或两相属于固溶度很小甚至无任何固溶度的金属间化合物的包晶合金,如 Al-Ni,Nd-Fe-B,Y-Ba-Cu-O 等。第一类包晶合金的凝固行为是分析第二类包晶合金的基础,近年来针对第一类包晶合金的系统研究,已建立了凝固参数与多种微观组织之间的对应关系,研究成果成为近 20 年凝固理论取得的重要进展之一。而针对第二类包晶合金的研究是近年来才刚刚开展。本章以 Ti-Al 和 Fe-Ni 包晶系为例系统地介绍非小平面包晶合金的凝固组织演化规律。

3.1 TiAl 合金定向凝固界面响应函数及选择图

随着对在工程结构材料中占有重要地位的诸多包晶合金的凝固行为的深入研究,人们发现在定向凝固过程中包晶合金的相和组织随温度梯度和生长速度的不同呈现复杂的多样性。但包晶合金的凝固研究还没有形成较为完整的理论体系,包晶合金定向凝固中相的稳定生长是一个十分复杂的自由边界非线性问题,至今尚未完全解决。因此研究中常辅助于一些假设来判断和确定一个相能否稳定生长,其中较为常用的是最高界面生长温度判据。它的主要内容是凝固界面生长温度最高的相具有最大的稳定性,其凝固时比其他相更接近液相,在竞争生长中能占据有利位置,释放的结晶潜热及其溶质分凝的结果会抑制其他相的形核和生长,借助该理论可以分析不同凝固参数下包晶合金凝固界面形态与微观组织的选择规律。本章利用单相合金凝固的界面响应函数模型(IRF),借助最高界面温度生长判据,分析 TiAl 合金初生相 β 与包晶相 α 的析出及其形貌演化的规律,研究其相选择过程和组织演化规律。为了得到界面响应函数中所需的一些参数,借助其他学者对 TiAl 二元系的热力学模型的研究成果,计算等原子比附近的 TiAl 二元合金相图,以确定固液相线的温度表达式,从而确定所需的参数。此外,根据 Hunziker 等人提出近稳态条件下的包晶合金相选择模型,建立并比较 $L+\beta \rightarrow \alpha$ 和 $L+\alpha \rightarrow \gamma$ 不同包晶反应体系对组织选择图的影响,并且考虑形核过冷度对组织选择图的影响。

3.1.1 基于 IRF 模型研究 TiAl 合金凝固所需参数的确定

利用界面响应函数来研究 TiAl 合金凝固规律,以 Al 原子数分数为 $44\% \sim 50\%$ 的 TiAl 合金为例进行说明,首先要求获得模型中所需的参数,从现有的文献资料中不能获得这些参数。本书基于 TiAl 二元系的热力学模型对 Ti-(44-50)Al 合金包晶反应附近的相图进行了计算,计算结果如图 3.1 所示。利用如式(3.1)所示的 6 次多项式对 β 和 α 相的液-固相线进行拟合,该表达式中 B_i 为系数,其取值见表 3.1,C^i 为合金中 Al 的原子数分数。

$$T = \sum_{i=0}^{6} B_i C^i \tag{3.1}$$

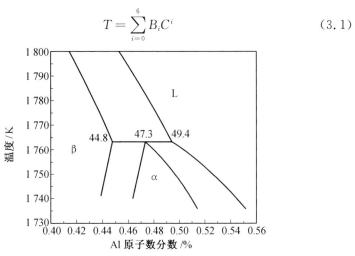

图 3.1 Ti-(44-50)Al 合金液固相变区相图

根据该定量关系可以确定各个相在不同成分下 T_m,C_0,m_e,k_e 等参数,用于 IRF 模型。表 3.2 为不同成分下 β 与 α 相各个参数值。

表 3.1 公式(3.1)中不同相的系数

系数	β		α	
	T^β	T^L	T^α	T^L
B_0	889.24	2 062.36	3 839.78	1 707.39
B_1	14 444.45	− 1 742.45	− 29 065.02	− 145.16
B_2	− 84 149.73	8 941.89	165 927.84	2 056.63
B_3	259 606.99	− 25 664.90	− 501 739.68	− 3 004.01
B_4	− 453 390.45	37 196.11	858 634.92	− 1 144.99
B_5	414 942.81	− 30 174.50	− 788 123.51	2 673.53
B_6	− 157 797.33	10 064.34	296 947.02	− 1 548.56
拟合系数 R	0.99	0.99	0.99	0.99

表 3.2 不同成分下 β 和 α 相的各个参数

Al 原子数分数 /%		44	45	46	47	48	49	50
C_0	α	3.12	3.19	3.31	3.57	3.77	4.05	4.31
	β	9.42	9.68	9.93	10.20	10.47	10.75	11.03
T_m	α	1 779.8	1 779.7	1 779.4	1 779.2	1 778.5	1 778.2	1 777.5
	β	1 882.2	1 879.8	1 877.3	1 874.9	1 872.3	1 869.7	1 867.2
m_e	α	− 1.19	− 1.57	− 1.90	− 2.35	− 2.73	− 3.21	3.87
	β	− 8.06	− 8.01	− 8.37	− 8.53	− 9.14	− 9.53	9.94
k_e	α	0.75	0.53	0.47	0.51	0.50	0.49	0.48
	β	0.66	0.65	0.64	0.63	0.63	0.62	0.62

3.1.2 TiAl 合金定向凝固过程中相的选择及组织演化

根据 IRF 模型可以分析 β 和 α 单相定向凝固过程中温度梯度、生长速度、合金成分等对界面形态的影响。图 3.2 给出的是合金成分不变(Ti－47Al),不同温度梯度下生长速度对界面温度的影响。在所考查的速度范围内 β 相和 α 相都存在临界速度 V_c,当生长速度 $V < V_c$,β 相和 α 相以平界面生长;当 $V > V_c$,β 相与 α 相以胞/枝生长。图 3.2 中 V_a 为胞－平界面生长转变点,当 $V > V_a$,以平界面生长;当 $V < V_a$,以较细的胞状生长。V_a 不受温度梯度的影响,而 V_c 随温度梯度的增加而增大,因此,随着温度梯度的增加,胞／枝晶生长速度范围减小,而低速平界面生长的速度范围增加。温度梯度的变化对平界面生长温度没有影响,但对枝晶生长区的温度影响较大,随着温度梯度的减小,枝晶生长的温度向高温方向发展,直至接近其液相线温度。在相同条件下,β 相的 V_c 相对较小,V_a 较大,胞／枝界面生长区较大。

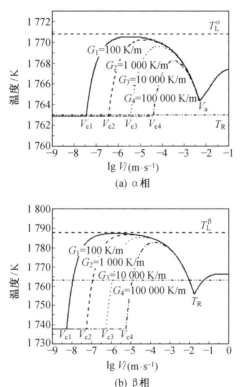

图 3.2　Ti-47Al 合金 β 和 α 相不同温度梯度的界面响应函数

图 3.3 给出了同一温度梯度下($G=10\,000$ K/m)不同合金成分时 β 相和 α 相的界面温度随生长速度的变化情况。对于某一特定成分,界面温度变化的规律与图 3.2 相同。但随着 Al 含量的增大,界面生长温度不断降低。对于 α 相,当 Al 的原子数分数小于 47% 时,$T_P > T_R$。随着 Al 含量的减小,β 和 α 胞／枝晶生长速度范围缩小。枝晶生长的最高温度与 T_P 的温度差随着 Al 含量的增大而增大。

对于 TiAl 合金,由于分配系数的明显差异,β 相的成分过冷倾向大于 α

相,因此在胞/枝界面生长区,β 相的 $T-V$ 曲线变化明显,起伏较大。在相同条件下 (G,C,V),β 相平界面生长温度 T^β 低于 α 相的 T^α,而 β 相枝晶生长的最高温度要大得多。对于 Ti-47Al,当 $G=10\ 000\ \text{K} \cdot \text{m}^{-1}$,β 相的 $V_c = 5.59 \times 10^{-7}\text{m} \cdot \text{s}^{-1}$,$V_a = 1.81 \times 10^{-2}\text{m} \cdot \text{s}^{-1}$;α 相的 $V_c = 3.63 \times 10^{-6}\text{m} \cdot \text{s}^{-1}$,$V_a = 5.59 \times 10^{-3}\text{m} \cdot \text{s}^{-1}$。$T^\beta_P = 1\ 737.8\ \text{K}$,$T^\beta_{\text{max}} = 1\ 785.4\ \text{K}$;$T^\alpha_P = 1\ 762.9\ \text{K}$,$T^\beta_{\text{max}} = 1\ 769.6\ \text{K}$。

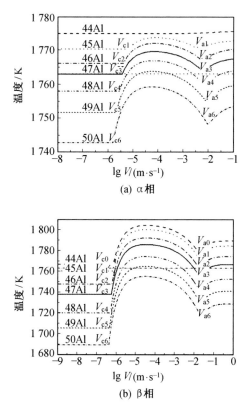

图 3.3 不同合金成分的 α 和 β 相的界面温度随生长速度的变化 $(G = 10\ 000\text{K/m})$

假设 β 和 α 充分形核,根据最高界面生长温度判据,在多相合金凝固过程中,界面生长温度高的相在冷却过程中将优先形核析出,成为领先相。稳定生长时优先出现界面温度最高的相,其他相被抑制。对于 TiAl 合金定向凝固过程,生长速度的增加造成的非平衡效应对 β 相界面溶质分凝的影响远大于对 α 相的影响,表现在界面响应函数曲线上则是 α 相起伏较小,β 相起伏较大。这样,对于某些成分范围的 TiAl 合金就会有两相界面响应函数曲线出现相交的现象,借此可以分析 TiAl 合金定向凝固过程中的相选择及组织演化。

当铝原子数分数大于 47%，T^α 和 T^β 可能有两个交点分别为 V_p 和 V_d，如图 3.4 所示。从图 3.4(b)、(c) 中可见，当 $V < V_p$ 时，$T^\alpha > T^\beta$，此时，α 相形核析出并优先长大而成为领先相，并以平界面形式生长。当 $V > V_p$ 时，$T^\alpha < T^\beta$，领先相为初生相 β，并以胞／枝晶生长。随生长速度的进一步提高，T^α 和 T^β 会在 V_d 处相交。当 $V > V_d$ 后，$T^\alpha > T^\beta$，领先相再次为包晶相 α，但此后不同 Al 含量的 α 相，生长形态随生长速度的变化规律不同，图 3.4(a) 中 $V > V_d$ 后，α 以平界面生长，图 3.4(b)、(c) 中 $V > V_d$ 后，α 以枝胞界面生长，速度进一步增大，当 $V > V_a^\alpha$ 后，α 以平界面生长。

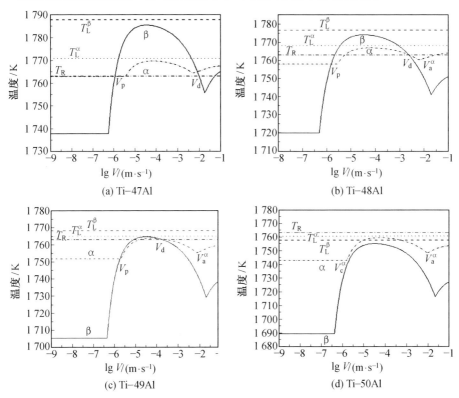

图 3.4 Ti-(47-50)Al 合金的界面响应函数(G = 10 000 K/m)

按照这样的凝固顺序，生长速度对含 Ti-(47-50)Al 合金相的选择及其组织演化过程如图 3.5 所示，图中所示各相代表该成分下，合金在定向凝固生长过程中的领先相。对于 Ti-50Al，T^β 始终低于 T^α，也就是说，不存在相选择问题，但相形态将发生变化，如图 3.5(d) 所示，生长过程中的

领先相始终为 α 相。

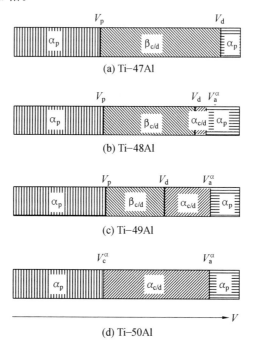

(a) Ti-47Al

(b) Ti-48Al

(c) Ti-49Al

(d) Ti-50Al

图 3.5 Ti-(47-50)Al 合金相的选择及组织演化过程

Al 原子数分数为 45%, 46% 时, 生长速度对界面温度的影响如图 3.6 所示, β 和 α 相的界面温度曲线也存在交点。当 $V < V_p$ 时, $T^\alpha > T^\beta$, 按照最高界面生长温度判据, 此时 α 相将以平界面稳态生长, 但这种生长并不能实现。初始过渡区内 β 相平界面生长, 其固液相成分按相图中的固相线和液相线变化, 在 β 相到达稳定生长之前, 液相成分和温度满足 α 相形核条件, α 相形核长大, 并消耗大量界面前沿的溶质 (Al) 使界面温度升高, 此时 α 相的固液相成分按相图中固液相线向上移动, 当液相成分和温度满足 β 相形核条件时, β 相又重新析出生长。这样周期性的生长产生了带状组织。当 $V < V_c^\beta$ 时, 首先呈现 α 相平界面和 β 相平界面的交替带状生长, 得到带状组织 I。随着凝固速度的提高, 当 $V > V_c^\beta$ 时, 转变为 α 相平界面和 β 相胞晶交替混合生长, 得到混合带状组织 II。生长速度的进一步增大, $V > V_p$ 时, $T^\alpha < T^\beta$, 按照最高界面生长温度判据, 将出现 β 相枝晶生长以及 β 相绝对稳定平界面生长。当对于 Ti-46Al 合金在较大生长速度时, 在高速区有 V_d 和 V_{d1} 两个交点, 这意味着在 V_d 和 V_{d1} 之间 α 相将以平界面生长, 当 $V > V_{d1}$ 时, β 相以平界面生长, 上述组织演化过程示意图如图 3.7 所示。此前讨论的 IRF 均是指定向凝固稳态的条件,对于亚包晶合金达到稳态前出现的两相交替形核生长的带状组织,这就把初始过渡阶段包晶生长模型与 IRF 模型衔接上,所以图 3.7 是初始过渡的带状组织和稳态 IRF 的综合。

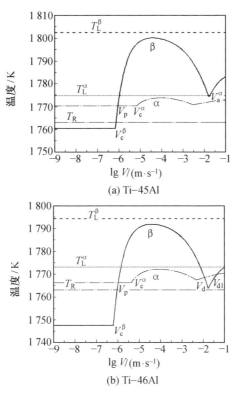

(a) Ti–45Al

(b) Ti–46Al

图 3.6 Ti-(45-46)Al 合金的界面响应函数($G = 10\ 000$ K/m)

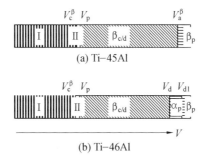

(a) Ti–45Al

(b) Ti–46Al

图 3.7 Ti-(45-46)Al 组织演化过程示意图

3.1.3　TiAl 定向凝固过程中的组织选择图

上述计算结果说明,随合金成分及生长条件的不同,析出相的种类及其形貌将发生变化,通过特定范围内的计算(Al 原子数分数为 $44\% \sim 50\%$, $G/V = (0.4 \sim 9.2) \times 10^{9}$ K·m^{-2}·s),按照图 3.5 和图 3.7 分析,这种变化可总结为 $G/V - C$ 之间的关系,可以得到如图 3.8 所示的组织选择图。

在图 3.8 中,$ABCDEF$ 曲线以下围成的区域为 α 相的胞晶/枝晶生长区,它是 α 相与 β 相的 IRF 的第二交点 V_d 对应的 G/V 值在成分 $x(Al) = 47\% \sim 49\%$ 变化的轨迹($x(Al) = 50\%$ 对应点为 V_c)。α 相与 β 相的 IRF 的第一交点 V_p 对应的 G/V 值在成分 $x(Al) = 44\% \sim 50\%$ 变化轨迹确定了 $FEGHILM$ 曲线,向下与 $ABCDE$ 曲线所围成的区域为 β 胞晶/枝晶生长区。直线 IS 是带状生长区和 α 平界面生长区的交界线,其通过 α 相的 T_P 与 T_R 的大小关系确定。$ILMN$ 曲线向上为带状生长区,$FEGHI$ 曲线向上为 α 平界面生长区。OPQ 曲线是 β 相的 V_c 点对应的 G/V 值在成分 $x(Al) = 44\% \sim 46\%$ 的变化轨迹,PQ 点以上的区域为带状组织 Ⅰ,以下为混合带状组织 Ⅱ。此外,β 相的 T_P 大于 T_R 的成分点 $x(Al) = 44.5\%$ 确定 β 平界面生长区和带状生长区的交界线 NR。图中特定的点的坐标值(Al 原子数分数,G/V 值)见表 3.3。

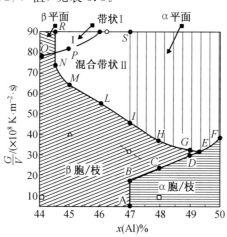

图 3.8　Ti-(44-50)Al 合金组织选择图

组织选择图是以成分为横坐标,温度梯度与速度的比值为纵坐标的反应组织演化规律的区域图。对于定向凝固过程而言,温度梯度通常是恒定的,所以在给定的成分和生长速度等凝固参数条件下就能得到 TiAl 合金定向凝固组织的相组成和凝固界面形貌,为实验条件下的组织分析提供理论基础,并且为控制 TiAl 合金的定向凝固组织提供依据。

表 3.3　图 3.8 中特殊点的坐标值(Al 原子数分数,$\frac{G}{V}$ /($\times 10^8 \mathrm{K} \cdot \mathrm{m}^{-2} \cdot \mathrm{s}$))

A	B	C	D	F	G	H
47,45	47,13.8	48,20.4	49,27	50,36.3	49,29.5	48,34.3

I	L	M	O	P	Q	
47,44.1	46,53.8	45,63.4	44,78.6	45,81.1	46,91.3	

3.1.4　充分形核和成分过冷判据下的组织选择图

依据最高界面温度假设来预测相选择时,认为形核不构成凝固界面推进的主要限制,这在某些条件下是可行的。但是,从根本上说,作为一种简化处理,充分形核假设只在一定范围内才成立,而在其他情况下,形核反而变成控制凝固过程的主要因素,此时就不能忽视形核对凝固过程的影响。对于包晶体系而言,在凝固界面向前推进的过程中,界面不断向前方排出溶质,在界面前沿形成溶质富集层。当溶质富集层内的液相线温度低于体系实际温度时,就会导致成分过冷区的出现。这不仅导致平界面失稳,而且可能使界面前方出现同一相或新相的形核。

Kurz 等人提出,在接近成分过冷形核条件的情况下,应结合形核和成分过冷来预测包晶合金定向凝固中相和界面形态的选择,这种考虑到形核(nucleation)和成分过冷(constitutional undercooling)的准则,简称为 NCU 判据。此判据的主要依据是:包晶合金在凝固过程中相的转变由界面前沿的形核和生长条件所决定;当界面前沿第二相形核并覆盖初生相,占据液固界面前沿液相区,从而阻碍了初生相的进一步生长时,界面将发生初生相向第二相的转变。对第二相在初生相形成的溶质富集层中的生长进行分析是一个很复杂的问题,需考虑到形核率、形核速度、等轴晶生长等问题。Kurz 等人对模型简化,假定一旦界面前沿满足形核条件,形核密度和新形核相的生长速度极高,此时界面前沿液相迅速被新形核相占据,相的转变也立刻发生;同时,假定所有相均在一恒定的形核过冷度下开始生核。

根据 Hunziker 的近稳态模型,可以得到 TiAl 合金的第一包晶反应,即 L+β→α,α 相和 β 相分别保持平界面生长或胞状晶生长的 G/V 与 C_0 的关系式,如图 3.9 所示,其中(a)为 TiAl 合金的部分相图,(b)为 NCU 判据下的生长相和界面形态的组织选择图,由此可以确定两相交替生长的带状组织或共生生长的组织的区间,并进一步考虑形核过冷度与组织生长形态的关系。

初生相为 β,包晶相为 α,TiAl 合金热物性参数见表 3.4,其中 L,S 分别为液相和固相;Ti -(44-50)Al 在定向凝固的过程中存在稳态生长的 β 和 α 相的平界面生长区、β 和 α 相的枝晶组织区、两相都未进入稳态生长的 β/α 相带状组织区以及两相都可以稳定生长区,共 8 个组织区。

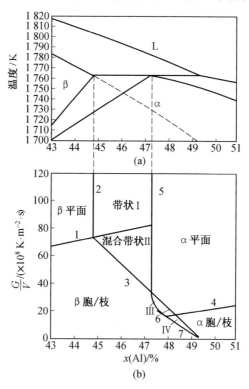

图 3.9　TiAl 合金的部分相图和组织选择图 (L+β→α)

其中图 3.9 所示的各条曲线都有各自的物理意义,主要分别由下列表达式所得到。

曲线 1 是保持 β 相以平界面生长的判据:

表 3.4　TiAl 合金热物性参数

			L+β→α			
$C_\beta/\%$	$C_\alpha/\%$	$C_p/\%$ $D_L/(m^2 \cdot s^{-1})$	m_L^β	m_L^α	m_s^β	m_s^α
44.8	47.3	49.4　5×10^{-9}	-9.85	-3.47	-8.01	-4.81
			L+α→γ			
$C_\alpha/\%$	$C_\gamma/\%$	$C_p/\%$ $D_L/(m^2 \cdot s^{-1})$	m_L^α	m_L^γ	m_s^α	m_s^γ
51.4	55	55.1　5×10^{-9}	-3.47	-1.13	-4.81	-2.25

$$\frac{G}{V} \geqslant \frac{-m^\beta \left[C_x - C_0 + \dfrac{m_s^\beta}{m^\beta}(C_0 - C_\beta) \right]}{D} \tag{3.2}$$

曲线 2 是保持 β 相平界面生长的成分极限,曲线左侧 β 相平界面稳定生长:

$$C_0 < C_\beta - \frac{m^\beta \Delta T_n^\alpha}{m_s^\beta (m^\beta - m^\alpha)} \tag{3.3}$$

曲线 3 是保持 β 相以胞晶生长的判据,在曲线 1 和 3 下为 β 相胞晶生长:

$$\frac{G}{V} < \frac{-m^\beta \left(C_0 - C_x + \dfrac{\Delta T_n^\alpha}{m^\beta - m^\alpha} \right)}{D} \tag{3.4}$$

曲线 4 是保持 α 相以胞晶生长的判据,在曲线 4 下为 α 相胞晶生长:

$$\frac{G}{V} \geqslant \frac{-m^\alpha \left[C_x - C_0 + \dfrac{m_s^\alpha}{m^\alpha}(C_0 - C_\alpha) \right]}{D} \tag{3.5}$$

曲线 5 是保持 β 相在 α 相生长界面前沿或界面上形核的成分极限:

$$C_0 > C_\alpha - \frac{m^\alpha \Delta T_n^\alpha}{m_s^\alpha (m^\alpha - m^\beta)} \tag{3.6}$$

β 相在 α 相界面前沿生长,β 相形核的成分极限点:

$$C_0 = \frac{x(m^\beta C_x - m_s^\alpha C_\alpha + \Delta T_n^\alpha) - m^\beta \left[1 + \left(C_x - C_\alpha \dfrac{m_s^\alpha}{m^\alpha} \right) \ln x \right]}{x(m^\beta - m_s^\alpha) - m^\beta \left[1 + \left(1 - \dfrac{m_s^\alpha}{m^\alpha} \right) \ln x \right]} \tag{3.7}$$

曲线 6 是 α 相平界面生长时,β 相在 α 相界面前沿生长形核的成分判据:

$$\frac{G}{V} > \frac{- m^{\beta}\left[C_x - C_0 + \dfrac{m_s^{\alpha}}{m^{\alpha}}(C_0 - C_{\alpha})\right]}{Dx} \tag{3.8}$$

曲线 7 是 α 相胞晶生长时,β 相在 α 相界面上形核的成分判据:

$$\frac{G}{V} > \frac{(m^{\beta} - m^{\alpha})(C_0 - C_{\alpha}) - \Delta T_n^{\alpha}}{D\ln \dfrac{m^{\beta}}{m^{\alpha}}} \tag{3.9}$$

对于 Ⅰ 区,α 相和 β 相都不能稳定生长,α 相和 β 相都会在彼此的平界面前沿形核,交替生长的带状组织。Ⅱ 区,α 相和 β 相也不能稳定生长,但 β 相以胞状晶形式生长,α 平界面和 β 相胞晶交替的混合带状组织。Ⅲ 和 Ⅳ 区,α 相和 β 相都有可能稳定生长,但在 Ⅲ 中,α 相保持平界面生长,而在 Ⅳ 中,保持胞晶形貌生长。在亚包晶成分范围内,高 G/V 值的生长条件下,存在带状组织生长区,低 G/V 值的条件下,得到 α 相的胞/枝晶组织区。过包晶成分范围内,随着 G/V 的降低,分别为 α 相的平界面生长区,β 相和 α 相的胞/枝晶组织区。

不同的合金成分决定不同的包晶反应,比较不同包晶反应对组织选择图的影响,由图 3.10 可知,在不考虑形核过冷度影响的条件下,整个亚包晶成分区间对应着单一带状组织区的成分区间。所以,L＋α→γ 的带状生长区远大于 L＋β→α 的带状生长区。同时,对于 L＋α→γ 出现带状组织所需要的 G 与 V 的比值远小于 L＋β→α 出现带状组织所需要的 G 与 V 的比值,所以在高 Al 成分下,对应着 L＋α→γ 反应下更容易出现带状组织。此外,对于 L＋α→γ,γ 相的液固相线较接近,导致 Ⅲ 和 Ⅳ 区,即 α 和 γ 相都可以稳定生长的区域几乎为零。所以对于在不考虑形核过冷度的情况下,可以认为 L＋α→γ 中不存在 Ⅲ 和 Ⅳ 区,α 相和 γ 相都有两相协同稳定生长区。

由图 3.10 可知,存在形核过冷度时,带状生长组织区两侧的线向中心移动,同时,区分平界面生长区与胞枝晶生长区的斜线向上平移,导致形成带状组织成分区间相应减小,单一带状组织区的出现则从无形核过冷度时的整个亚包晶成分区间变为部分亚包晶成分区间。形核过冷度的存在将减小形成带状组织的成分区间,而相应地增大两相共存生长区即 Ⅲ 和 Ⅳ 区,在此区域中 α 相和 β 相两相稳定生长。

IRF 模型根据精确的相图确定计算参数,以合金的每个成分为单位,确定各凝固相的组织选择规律;NCU 模型利用简化相图确定计算参数,从整体分析各凝固相的组织选择规律。IRF 模型相对于 NCU 模型能更加精确地预测合金凝固过程的相和组织的选择规律。NCU 模型在计算上更加简单，容易得到。同时，IRF 模型和 NCU 模型得到的组织选择图十分接近，所以，在本书的论述中同时使用了两个模型。

系统地比较 IRF 和 NCU 模型的计算结果，并把定向凝固初始过渡阶段与稳定生长阶段综合起来。无论是 IRF 模型还是 NCU 模型，都能很好地预测 TiAl 包晶合金相和组织选择规律，确定不同凝固参数下包晶合金凝固界面形态与微观组织的选择规律，为进行定向凝固试验提供了理论基础。

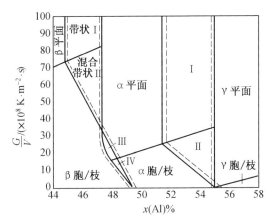

图 3.10　形核过冷度对 TiAl 合金相和显微组织选择图的影响
（L+β→α 至 L+α→γ，其中实线（$\Delta T = 0$），虚线（$\Delta T = 0.5$ K））

3.2　TiAl 合金定向凝固组织演化

TiAl 合金是一个非常特殊的合金，存在两个连续的包晶反应和一个共析反应，三种不同的初生相结构。TiAl 合金的组织决定其性能，而 TiAl 合金的最终组织决定于凝固初期的相选择和后期的固态相变过程。TiAl 二元合金的定向凝固过程中的组织形态变化及其相的选择决定于相的稳定性，该稳定性既取决于热力学，也取决于动力学。TiAl 二元合金在定向凝固过程中，随着合金成分、试样生长速度的改变，试样最终得到的组织形貌也将发生改变。本节对 TiAl 二元合金定向凝固过程中所形成的宏观和微观组织进行分析，研究其在不同成分、生长速度下的形成规律及相析出的特点，并将实验结果和理论计算得到的组织选择图进行分析比较。

3.2.1　TiAl 合金平衡凝固路径分析

所研究的 TiAl 二元合金,主要针对 Al 原子数分数为 50％附近的成分点,由 TiAl 二元相图可知,在 Al 原子数分数为 50％附近有两个连续的包晶反应,在凝固过程中还存在一个共析反应,且存在四种可能的相结构类型:$\beta(Ti)$,$\alpha(Ti)$,$\alpha_2(Ti_3Al)$,$\gamma(TiAl)$。因此,在 TiAl 二元合金中存在两种不同晶体结构的置换型固溶体,其中高温稳定相为 $\alpha(Ti)$,密排六方结构,而 $\beta(Ti)$ 仍是其高温稳定相,具有体心立方结构。随着 Al 含量的进一步增加将形成金属间化合物 $\gamma(TiAl)$ 和 $\alpha_2(Ti_3Al)$,其中金属间化合物 γ 属于 $L1_0$ 型面心四方系,而 α_2 相属于 $D0_{19}$ 型密排六方系。[①]

等原子比附近的 TiAl 二元相图经历三个共析反应,即

$$L+\beta\rightarrow\alpha,\quad L+\alpha\rightarrow\gamma,\quad \alpha\rightarrow\alpha_2+\gamma$$

本书选取 $x(Al)=46.5\%$,$x(Al)=49.0\%$,$x(Al)=50.0\%$,$x(Al)=52.5\%$四种 Al 含量的合金为研究对象。它们的平衡相变路径如下。

对于 Ti - 46.5Al 合金:

$$L\rightarrow L+\beta\rightarrow L+\beta+\alpha\rightarrow\beta+\alpha\rightarrow\alpha\rightarrow\alpha+\gamma\rightarrow(\alpha_2+\gamma)_{层片共析体}+\gamma$$

对于 Ti - 49Al 合金:

$$L\rightarrow L+\beta\rightarrow L+\beta+\alpha\rightarrow L+\alpha\rightarrow\alpha\rightarrow\alpha+\gamma\rightarrow\gamma+(\alpha_2+\gamma)_{层片共析体}$$

对于 Ti - 50Al 合金:

$$L\rightarrow L+\alpha\rightarrow\alpha+\gamma\rightarrow\gamma\rightarrow\alpha_2+\gamma$$

对于 Ti - 52.5Al 合金:

$$L\rightarrow L+\alpha\rightarrow\alpha+\gamma\rightarrow\gamma$$

上述平衡相变过程表明不同合金的室温组织不同,其中在 $x(Al)=46.5\%$,$x(Al)=49.0\%$,$x(Al)=50.0\%$ 三个成分中都存在共析片层组织,而对于 $x(Al)=52.5\%$ 合金成分则不出现片层组织,实际的凝固组织受到不同外在条件的影响,得到的组织也不相同。

3.2.2　TiAl 合金的定向凝固组织特征及形成机制

前面描述了 TiAl 合金平衡凝固路径,在实际的凝固过程中,由于诸如冷却速度、过冷度等凝固条件的限制,各个相之间的转变来不及充分进行,

---

① 　除特别说明外,本书 α_2,γ 分别指金属间化合物 Ti_3Al 和 $TiAl$,α,β 分别指固溶体 $\alpha(Ti)$相和 $\beta(Ti)$相。

而且在较小的温度和成分范围内,存在两个连续的包晶反应,使得凝固条件对最终的组织和相的组成具有重要的影响。

普通铸造下得到的原始试棒,其晶体形貌是大小不一的等轴晶,晶粒内存在同一方向的片层,不同晶粒内的片层方向不相同,如图 3.11(a)和(b)所示。定向凝固条件下得到的试棒,在定向凝固初期,沿生长方向出现了细长的柱状晶,同时晶粒表现出明显的竞争生长,如图 3.11(c)所示。细小的晶粒被抑制,几个细长的晶粒生长一小段长度后,被一个粗大的晶粒所取代。后续的生长较稳定,每个沿生长方向的柱状晶基本保持一定的宽度,在生长一定长度后,就会被另外一个晶粒所取代,或是一个晶粒被周围的两个晶粒所抑制,或是两个并排生长的柱状晶粒中析出一个不同片层方向的晶粒。在这种竞争生长的演化中,柱状晶粒变得越来越粗大,生长更加稳定。每个晶粒内部有同一方向的片层,但是晶粒之间的片层方向却又不同。有的与生长方向成一定角度,有的平行于生长方向,有的与生长方向垂直。图 3.12 所示为 Ti - 49Al 合金不同速度下的定向凝固组织,是比

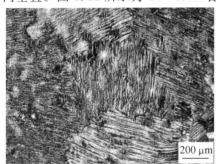

(a) 初始凝固组织   (b) 初始凝固片层组织

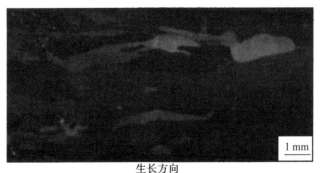

生长方向

(c) 定向凝固初始宏观组织

图 3.11　TiAl 合金的凝固组织

较典型的定向凝固组织。图 3.13 所示为不同速度下 Ti－46.5Al 合金定向凝固微观片层组织。

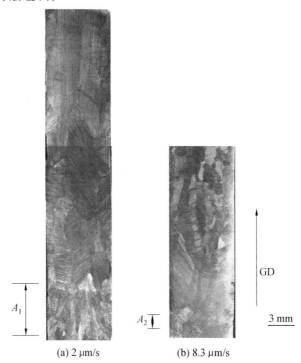

(a) 2 μm/s　　　　(b) 8.3 μm/s

图 3.12　Ti－49Al 合金不同速度下的定向凝固组织

在加热初始,合金熔化,试棒上形成一段熔化区,在熔化区的底部与原有的等轴晶粒接触,等轴晶内部具有一定方向的片层。熔化区中靠近冷却装置的底部首先形核生长,这时的形核是以等轴晶为形核衬底的,作为后续形核生长的籽晶,形核的晶粒取向会通过优胜劣汰的选择过程,摒弃不利的生长方向,择优的生长方向在最后的竞争中保存下来。

此外,在近似纯扩散条件下的定向凝固,定向凝固初期,会存在初始过渡区,这是由合金液相成分为 C_0,固相成分为 $C_0 k_0$ 开始,达到合金液相成分为 C_0/k_0,固相成分为稳定的 C_0 为止。初始过渡区长度 L 近似地等于 $4D_L/k_0 V$,与生长速度成反比。在图 3.12 中,在 Ti－49Al 合金定向凝固组织 2 μm/s 和 8.3 μm/s 的过渡区分别为 $A_1 = 6$ mm 和 $A_2 = 2$ mm,这与初始过渡区的理论值 6 mm 和 1.4 mm 基本一致。

如前所述,对于 Ti－49Al 合金,在凝固过程中先析出相为 bccβ 相,由于 β 相的择优生长方向是〈001〉,β 相的(001)晶面以 0°或 45°的方向生长。

(a) 2 μm/s   (b) 8.3 μm/s

图 3.13 不同速度下 Ti-46.5Al 合金定向凝固微观片层组织

随着冷却的进一步进行,α 相从 β 相中析出,α 相与 β 相的生长关系是:{110}$_β$∥{0001}$_α$。在凝固过程中发生固态转变,γ 相从 α 相析出,遵循伯格斯位相关系,最终得到的 α$_2$/γ 层片将与生长方向成 0°或 45°。

若 α 相是独立的初生相,由于 α 相择优生长方向是⟨0001⟩方向,与初始 β 相毫无关系。在随后的冷却过程中,发生固态转变,γ 相从 α 相析出,遵循伯格斯位相关系:{0001}$_α$∥{111}$_γ$ 和 {1120}$_α$∥⟨110⟩$_γ$,如图 1.18 所示,固态相变后的 α$_2$/γ 层片方向垂直于晶体的生长方向。然而得到 Ti-46.5Al 合金定向凝固的组织并不都只是平行于生长方向或与生长方向成 45°夹角。

在以不同抽拉速度进行定向凝固的二元 TiAl 合金试样中,其组织内各个柱状晶内部的片层方向不同,其中有的片层与生长方向垂直或接近垂直,有的片层与生长方向所成的夹角为 45°左右,片层的取向直接受其初生相的影响,若初生相为 β,得到的 α$_2$ 和 γ 片层与生长方向成 0°或 45°;若初生相为 α,则得到的 α$_2$ 和 γ 片层垂直于生长方向。所以不同抽拉速度的定向凝固实验中得到的凝固组织是由初生相 β 和包晶相 α 的柱状晶粒所组成的。

定向凝固实验中得到 β 相与 α 相多种生长形态,下面利用 TiAl 合金 IRF 示意图,以 β 相的胞状晶和 α 相的平界面的协同生长为例,描述 TiAl 合金定向凝固的生长过程。图 3.14 为合金界面响应函数示意图,T_R 为包晶反应温度。图中直线①所示位置,领先相为 β 相,其首先在固液界面前沿形核,并以胞状晶的生长方式向液相中延伸,β 相的形核生长释放热量,导致其周围的温度升高,β 相的形核生长不能完全充满整个界面,随着生长的进行,当温度降低到包晶反应温度,β 胞晶的根部温度最低首先和液相发生包晶反应,生成 α 相(L+β→α),生成的 α 相会包覆 β 相上而阻断其与液相的包晶反应,这是包晶反应阶段(peritectic reaction);并且随着生长进行,温度的降低,α 通过与 β 相不断地发生溶质交换,而逐渐长大(β→α),这是包晶转变阶段(peritectic transformation);待温度降低到 α 相的生长温度,α 相从液相中直接析出(L→α),这是直接凝固阶段(direct solidification)。最后得到如图 3.15 所示的 β 相胞状界面和 α 相平界面的组织形态生长示意图。

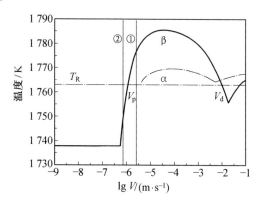

图 3.14　合金界面响应函数示意图

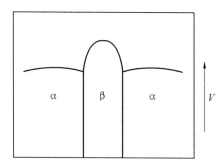

图 3.15　β 相胞状界面和 α 相平界面组织形态生长示意图(存在包晶反应)

图 3.14 中直线②所示位置,领先相为 α 相,其首先在固液界面前沿形核,并以平界面的生长方式向液相中延伸,α 相形核生长释放的热量导致其周围的温度升高,α 相的形核生长不能完全充满整个液固界面,随着生长的进行,当温度降低到 β 相的生长温度,此时,远低于包晶反应温度,所以不会发生包晶反应,β 相以胞状晶的生长方式形核析出,得到的 α 相是从液相中直接析出的(L→α),只通过一个阶段的反应(direct solidification)得到的,在界面上形成 β 相胞状晶和 α 相平界面的共同生长,如图 3.16 所

示。β 相生长排出溶质,α 相的生长排出溶剂,消耗溶质,若 α 相的生长消耗溶质大于 β 相生长排出溶质,在 α 相前沿呈现贫溶质状态,则有利于一个新的 β 相在其前沿形核生长析出;反之,若 α 相的生长消耗溶质小于 β 相生长排出溶剂,在 α 相前沿呈现贫溶剂状态,则有利于 α 相的生长。α 相、β 相及液相的三相交汇处,呈现凹界面,凹槽内存在溶质(剂)富集则很难扩散,与周围的溶质进行溶质交换,因此形核和生长首先在此处发生,并在随后的凝固过程不断长大,取代了最初的两相生长,得到的凝固组织是两个并排生长的柱状晶粒中析出一个不同片层方向的晶粒,如图 3.17(a) 所示。又或者在凹槽中富集溶剂有利于 β 相的生长,在后续的生长中,β 相横向上不断长大,抑制了 α 相的生长,直到与 α 相另一侧的 β 相交汇,得到的凝固组织是一个晶粒被周围的两个晶粒所抑制,如图 3.17(b) 所示。

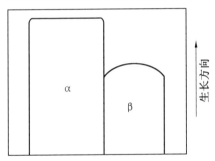

图 3.16　β 相胞状界面和 α 相平面生长示意图(无包晶反应)

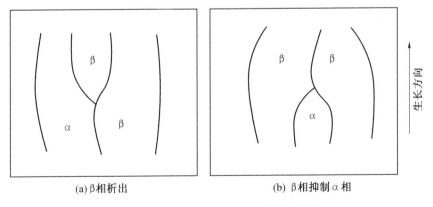

(a) β 相析出　　　　　　　　(b) β 相抑制 α 相

图 3.17　晶粒竞争生长的两种典型形式

综上所述,由于相的生长引起溶质的交换,使得各个相(α 相与 β 相)之间以及相的自身存在竞争生长关系,晶粒之间在不断竞争、取代中进行生长。

此外,在 α_2 和 γ 的片层中, α_2 和 γ 片层有宽有窄,并不是成规则地大小、等距离排列的。在同一晶粒中,得到的片层也不相同,若晶粒的生长宽度受外界影响而产生变化,此晶粒不同位置的冷却速度不相同,得到的 α_2 和 γ 的片层宽度也不一样。对于普通铸造条件下,得到的等轴晶,其片层厚度与其晶粒尺寸存在一定的比例关系:

$$d = a\lambda^2 \tag{3.10}$$

式中　d——晶粒尺寸;

　　　λ——片层间距;

　　　a——常数。

即随着晶粒尺寸的增大,片层厚度也增大;而得到的柱状晶与片层间距也存在这样的关系,柱状晶的宽度越大,片层间距越大。随着抽拉速度的减小,得到的生长越稳定,晶粒的尺寸逐渐增大,柱状晶的宽度增大,得到的片层厚度就越大。

3.2.3　TiAl 合金定向凝固组织

1. 生长速度对组织的影响

抽拉速度的变化对二元 TiAl 合金定向凝固组织有明显的影响。图 3.18 所示为 Ti-49Al 不同抽拉速度下定向凝固试样。随着抽拉速度的提高,晶粒的尺寸明显减小,晶粒的生长长度也减小。二元 TiAl 合金定向凝固试样所得到的柱状晶组织的稳定性降低,其中在 2 μm/s 的抽拉速度下得到的柱状晶组织最为稳定,晶粒最粗大。观察其内部片层方向,抽拉速度越大,越有利于垂直于生长方向片层的生长,即越有利于 α 相的析出生长。

如前所述,由于相的生长引起溶质的交换,使得各个相(α 相与 β 相)之间以及相的自身存在竞争生长关系,晶粒之间在不断地竞争、取代中进行生长。生长速度较小时,富集的溶质来得及充分扩散,这种相之间的竞争较弱,生长能够稳定进行,远远降低了发生取代竞争的频率,并且,晶粒有充分的时间长大,所以得到的晶粒较粗大。若生长速度较大时, β 相在界面前沿来不及充分形核就长大,为后续 α 相的形核提供了空间。虽然两相都以胞状晶生长时,随着抽拉速度的增大,界面生长温度差逐渐增大,会使两相前沿的溶质扩散范围增大,溶质的富集减弱,但这种由界面生长温度差增大提高溶质的扩散能力远不及抽拉速度带来的溶质富集能力增强,最终更有利于新相的形核和析出。此外,抽拉速度增大,使得包晶反应阶段 L+β→α 和包晶转变阶段 β→α 都不能充分进行, α 相就从液相中直接析

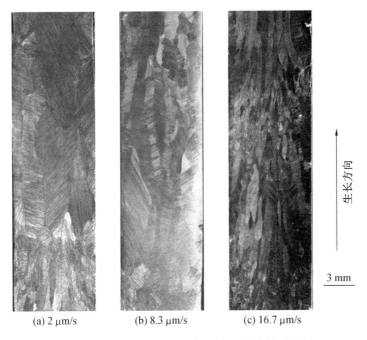

生长方向

3 mm

(a) 2 μm/s   (b) 8.3 μm/s   (c) 16.7 μm/s

图 3.18　Ti-49Al 不同抽拉速度下定向凝固组织

出(L→α)。抽拉速度越大,凝固过程由平衡凝固状态向不平衡凝固演化,使得 β 相的液固相线向左下方平移,这样就增大了 α 相析出的体积分数。

2. 成分对组织的影响

图 3.19 所示为在相同的生长速度下,不同合金成分的 TiAl 合金定向凝固组织。其中 Ti-46.5Al 和 Ti-49Al 进行定向凝固所得到的组织较相似。随着定向凝固的进行,晶粒表现出稳定的竞争生长,每个晶粒沿着生长方向的尺寸基本保持稳定,竞争生长析出的晶粒逐渐粗大,且生长的长度逐渐增长。而 Ti-50Al 定向凝固试样所得组织出现了明显不同,沿着生长方向晶粒的尺寸发生振荡变化,时粗时细。由图 3.19 可以得出,成分的不同对二元 TiAl 合金定向凝固存在影响,但影响不大。以上三种不同成分的二元 TiAl 合金以相同速度进行定向凝固,Ti-46.5Al 得到的柱状晶组织最为稳定。

Ti-50Al 合金先析出相为 α 相,其首先在固液界面前沿形核,并以平界面的生长方式向液相中生长,α 相形核生长释放的热量导致其周围的温度升高,α 相的形核生长不能完全充满整个液固界面,随着生长的进行,当温度降低到 β 相的生长温度,此时,远低于包晶反应温度,所以不会发生包晶反应,β 相以胞状晶的生长方式形核析出,由于两相的生长界面温差较

111

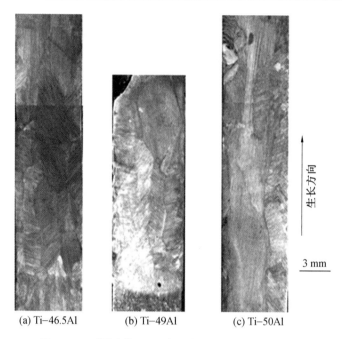

生长方向

3 mm

(a) Ti-46.5Al   (b) Ti-49Al   (c) Ti-50Al

图 3.19   不同成分 TiAl 合金定向凝固组织(2 μm/s)

大,因此实际上是 α 相平界面先生长长大,其后剩余的空间留给 β 相生长,所以 β 相的组织生长形态严重受到 α 相的影响,而 α 相在生长过程中横向上不受约束力的左右,有足够的空间进行溶质扩散,自由生长,使得 α 相生长方向上的尺寸不断震荡发生变化。

3. TiAl 合金定向凝固过程中柱状晶的宽度

二元 TiAl 合金以不同的抽拉速度进行定向凝固时,其所得组织晶粒尺寸变化遵循着一定的规律。随着抽拉速度的增加,一定成分的定向凝固试样所得到组织晶粒尺寸减小。

图 3.20 是 Ti-49Al 抽拉速度分别为 2 μm/s,4.2 μm/s,8.3 μm/s,16.7 μm/s 时进行定向凝固试样横断面宏观组织。从图 3.20(a)可以很明显地看出,试样以 2 μm/s 的速度生长时,在其横断面上几乎是整个一个晶粒,只有在边缘的地方有一些较小的晶粒,也就是说,试样的晶粒度很大。图 3.20(b)是试样以 4.2 μm/s 的速度生长横断面组织,与 2 μm/s 时的试样比较可以看出,其晶粒有非常明显的细化,横断面上不再是整个一个晶粒,而且晶粒的尺度比较接近。晶粒的形状也比较接近,近似一个多边形。图 3.20(c)是试样生长速度为 8.3 μm/s 的横断面组织,与前面两个速度进行比较可以看出,晶粒尺寸变小。图 3.20(d)是试样生长速度为

16.7 μm/s 的横断面组织,与前面的几组相比较看出,晶粒的尺寸最小。

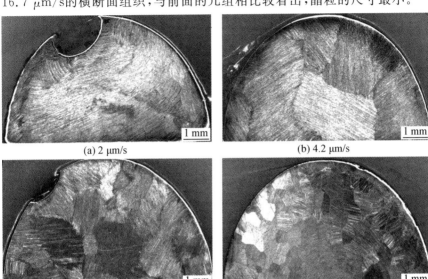

(a) 2 μm/s (b) 4.2 μm/s

(c) 8.3 μm/s (d) 16.7 μm/s

图 3.20 Ti - 49Al 试样横断面宏观组织

Kurz 和 Fisher 以及 Burden 和 Hunt 分别提出了单相合金一次枝晶间距的模型:

$$\lambda = 2\sqrt{2}\ (\Gamma k_0 D_L \Delta T)^{0.25} G_L^{-0.5} V^{-0.25} \quad \text{(BH 模型)} \quad (3.11)$$

$$\lambda = 2\sqrt{2}\ (\Gamma D_L \Delta T)^{0.25} k_0^{-0.25} G_L^{-0.5} V^{-0.25} \quad \text{(KF 模型)} \quad (3.12)$$

随着计算机技术和快速凝固技术的发展,发现合金枝晶间距与上述模型有较大的差异,为此 Hunt 和 Lu 提出了一次胞 / 枝晶间距的数值模型为

$$\lambda = 8.18 k_0^{-0.335} \left(\frac{\Gamma}{k_0 \Delta T}\right)^{0.41} \left(\frac{D_L}{V}\right)^{0.559} \quad \text{(HL 模型)} \quad (3.13)$$

由上述可知,合金在定向凝固下,晶粒尺寸与抽拉速度成指数关系,即

$$\lambda_1 = K_1 V^a \quad (3.14)$$

式中　λ_1 —— 晶粒尺寸;

　　　K_1 —— 与成分有关的常数;

　　　V —— 抽拉速度;

　　　a —— 指数。

图 3.21 所示为 TiAl 以不同抽拉速度进行定向凝固时所得组织晶粒尺寸随抽拉速度变化的曲线。可以看出,晶粒尺寸的变化是符合公式 (3.14),并且与 HL 模型也很吻合,从而也就验证了晶粒尺寸与抽拉速度

之间的指数关系。以 Ti-49Al 为例,其定向凝固晶粒尺寸与抽拉速度的关系为 $\lambda_{49Al} = 16.8V^{-0.75}$。

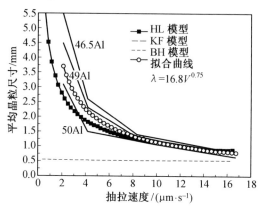

图 3.21 TiAl 以不同抽拉速度进行定向凝固时所得组织晶粒尺寸随抽拉速度变化的曲线

3.2.4 TiAl 合金定向凝固过程中固液界面形貌的演化

1. Ti-46.5Al 合金定向凝固过程中固液界面形貌的演化

二元 TiAl 合金定向凝固过程中,其固液界面形貌随试验参数的变化存在一定的规律。下面以 Ti-46.5Al 为例,分析其在一定温度梯度下随抽拉速度的改变,其固液界面形貌的变化规律。借助 Ti-46.5Al 界面响应函数,分析其定向凝固过程中固液界面演化。

图 3.22 是 Ti-46.5Al 合金在温度梯度为 $G_L = 10\ 000$ K/m 的界面响应函数曲线。Ti-46.5Al 固液界面形貌随抽拉速度变化的规律应为:当 $V < V_c$ 时,为 β 相平界面与 α 相平界面带状生长;当 $V_c < V < V_P$ 时,为 β 相胞晶与 α 相平界面带状生长;当 $V_P < V < V_a$ 时,为 β 相胞晶、枝晶生长;当 $V > V_a$ 时,为 β 相平界面生长。

对 Ti-46.5Al 合金,如图 3.22 所示,当 $V < V_P$ 时,$T_P^\alpha > T_P^\beta$,由于 $T_P^\alpha > T_R$,而在该温度之上,β 相的液相线温度始终高于 α 相的液相线,因此,α 相通常无法形核,而 β 相先形核生长,界面温度逐渐降低,直到界面前沿的液相温度达到包晶反应温度出现 L+β→α 反应,α 相才能形核生长,并成为领先相,富 Al 的 α 相的生长使界面液相中贫 Al,界面液相线温度又逐渐升高,直到高于包晶反应温度。此时液相相对于 β 相又呈过冷状态,β 相又再形核生长。这样周而复始,将呈现带状生长。在较低速生长时,首先呈现 α 相平界面和 β 相平界面的交替带状生长,得到 Ⅰ 类带状组织。随着凝固速度的提高,随后再转变为 α 相平界面和 β 相胞晶交替混合生长,得到 Ⅱ 类带状组织,如图 3.23 所示。随着生长速度的进一步增大,$T^\beta > T^\alpha$,按照最高界面生长温度判据,将出现 β 相枝晶生长以及 β 相绝对稳定平界面生长。从理论上得出上述 Ti‐46.5Al 随抽拉速度的改变固液界面形貌的变化规律。

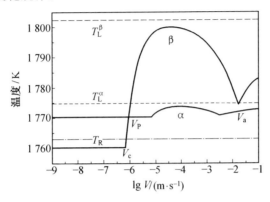

图 3.22　Ti‐46.5Al 合金的界面响应函数($G = 10\ 000$ K/m)

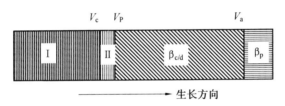

图 3.23　Ti‐46.5Al 微观组织演化示意图

图 3.24 为 Ti‐46.5Al 合金在生长速度分别为 2 μm/s,4.2 μm/s,16.7 μm/s 和 25 μm/s,温度梯度为 100 K/cm 的条件下得到的定向凝固界面组织形貌。抽拉速度为 2 μm/s,得到平界面组织,如图 3.24(a)所示;抽拉速度为 4.2 μm/s,得到浅胞状界面,如图 3.24(b)所示;当抽拉速度提到 16.7 μm/s 时,一些胞状晶有转变成枝晶的趋势,如图 3.24(c)所示;当抽拉速度提到 25 μm/s 时,得到枝晶组织,如图 3.24(d)所示。

由上述可知,Ti‐46.5Al 在抽拉速度 2 μm/s 的定向凝固组织,为 β 相平界面生长;8.3 μm/s 时,为 β 相胞晶枝晶生长;16.7 μm/s 时,为 β 相胞晶/枝晶生长;25 μm/s 时,为 β 相枝晶生长。

当 Ti‐46.5Al 定向凝固试样以 2 μm/s 的抽拉速度进行定向凝固时,得到 β 相平界面生长;理论上由界面响应函数,当生长速度 $V < V_c$ 时,将

得到 β 相平界面与 α 相平界面的带状生长。试验结果与理论结论并不完全吻合，并未出现理论上的 β 相平界面与 α 相平界面的带状生长。同时，理论上当 Ti‐46.5Al 定向凝固试样的抽拉速度为 2～4.2 μm/s 时，得到 β 相平界面到浅胞状界面的过渡；当抽拉速度为 16.7～25 μm/s 时，得到 β 相胞枝晶。这与 Ti‐46.5Al 定向凝固试样分别以 8.3 μm/s，16.7 μm/s，25 μm/s 的抽拉速度进行抽拉时得到的液固界面形貌也吻合。

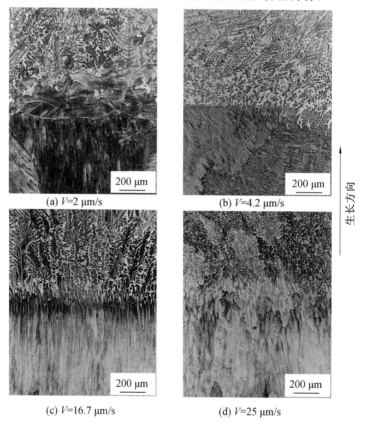

(a) V=2 μm/s   (b) V=4.2 μm/s

生长方向

(c) V=16.7 μm/s   (d) V=25 μm/s

图 3.24 Ti‐46.5Al 合金在不同生长速度下得到的定向凝固界面组织形貌

当 Ti‐46.5Al 以 2 μm/s 的抽拉速度进行定向凝固时，2 μm/s 的抽拉速度 V 比 V_c 略微偏大，与理论值相比有所偏差。初生相 β 的平界面—胞晶界面转变准则为

$$V_c = G_L D_L / \Delta T_0$$

式中　　G_L—— 固液界面温度梯度；

　　　　ΔT_0—— 合金的熔化温度区间；

D_L—— 液相的扩散系数。

理论计算的 $V_c=6.92\times10^{-7}\,\mathrm{m/s}$。有几方面的原因可能导致这样的结果,首先,界面失稳速度受到合金纯净度的影响,合金中杂质的存在可能降低试样界面失稳临界速度,其次,在 Al 含量较高的试样中,由于初生相领先生长,减小了其后方相界面处的浓度梯度,界面失稳临界速度反而升高。此外,由于受参数的选取和抽拉速度的影响等,使得试验中的 ΔT_0 小于理论计算值,并且测量温度梯度时,在结果区间范围内取值时,选用的最小值使得 G_L 偏小。D_L 的取值也存在一定的误差,使得整个理论计算的 V_c 值偏小。因此试验结果表明在 $2\ \mu\mathrm{m/s}$ 时,还保持 β 相的平界面生长。

Ti - 46.5Al 合金在生长速度为 $2\ \mu\mathrm{m/s}$ 的定向凝固过程中的界面形貌如图 3.24(a)所示,片层方向与生长方向平行的晶粒,其淬火界面近似平界面,在其生长前方出现了几个晶粒,其中右侧的晶粒片层方向都与生长方向垂直,只有左侧的一个小晶粒与生长方向有一定的倾斜。值得注意的是,这些小晶粒和界面之间以及晶粒之间都存在着一定的缝隙。

这说明在淬火前,初生相 β 以平界面方式生长,固液界面前沿不断有溶质富集,造成固液界面前沿形成过冷,这有利于包晶相 α 的形核和析出,如图 3.24(a)所示,这种溶质富集形成的成分过冷,其最大过冷度不在固液界面上,而是距固液界面一定距离的固液界面前沿。一旦满足 α 相的形核过冷度,α 相形核析出,使得 α 相周围溶质浓度降低,局部温度升高。

后续的生长过程是 α 相和 β 相的晶核的竞争生长过程:刚开始,β 相的形核生长速度远大于 α 相,随着固液界面向前推进的过程,β 相的生长抑制了 α 相的生长。β 相在生长过程中,由于溶质的不断析出,并吸收结晶潜热,使得固液界面前沿局部温度升高,由于其生长速度远大于 α 相的生长速度,形核生长的 α 相会再次重熔,并且随着生长的进行而被相抑制并取代。随着固液界面的推进,界面前沿溶质的不断富集,生长环境越来越不利于 β 相的生长,而有利于 α 相,α 相的形核生长速度接近于甚至大于 β 相。α 相由于成分过冷和温度条件形核析出,富集溶剂,吸收热量,使得 α 相周围局部升温,随着生长的进行,抑制了 β 相生长,α 相取代 β 相成为生长领先相,形成 α 相与 β 相的交替组织。

如图 3.24 所示,初生相 β 以平界面生长时,固液界面前沿有几个 α 相形核析出,几个形核的小晶粒还来不及长大,形成一个大的晶胞,就在淬火中保留下来。从晶粒之间的缝隙可以确定的是包晶相晶核是在初生相固液界面前沿的液相中形核的,而不是在初生相固液界面上形核的。如前所述,α 相晶粒可能会在后续的生长过程中被重熔,生长被 β 相抑制;也可能在后续的生长过程中取代 β 相的生长，形成 α 相与 β 相的交替带状组织。

2. Ti‑50Al 合金定向凝固过程中固液相界面形貌的演化

图 3.25 是 Ti‑50Al 合金在温度梯度为 $G_L = 10^4$ K/m 的界面响应函数曲线。对于 Ti‑50Al，T^β 始终低于 T^α，也就是说，不存在相选择问题，但相形态将发生变化，如图 3.26 所示，其生长相为 α 相，当 $V < V_p$ 时，$T_P^\alpha > T_P^\beta$，由于 $T_P^\alpha < T_R$，此时，α 相形核析出并优先长大而成为领先相，并以平界面形式生长。当 $V > V_p$ 时，$T^\alpha > T^\beta$，领先相为初生相 α，并以胞／枝晶生长。随着生长速度的进一步提高，当 $V > V_d$ 时，$T^\alpha > T^\beta$，领先相还是包晶相 α。$V_c = 1.62 \times 10^{-6}$ m/s，也小于实验得到的 V_c 值。

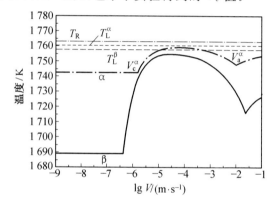

图 3.25　Ti‑50Al 合金的界面响应函数曲线（$G = 10^4$ K/m）

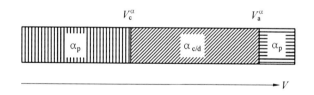

图 3.26　Ti‑50Al 合金微观组织演化示意图

图 3.27 为 Ti‑50Al 合金在生长速度分别为 2.0 μm/s，8.3 μm/s 和 16.7 μm/s，温度梯度为 100 K/cm 的条件下得到的定向凝固界面形貌。图 3.27(a) 所示为抽拉速度为 2 μm/s 时，Ti‑50Al 的固液界面形貌是浅胞状的界面，内部片层方向平行于生长方向。图 3.27(b) 所示为抽拉速度增加到 8.3 μm/s 时，Ti‑50Al 近似平界面，内部的片层方向与生长方向近似垂直，邻近的晶粒片层方向几乎与生长方向平行，出现了较深的胞状界面。图 3.27(c) 所示为抽拉速度增加到 16.7 μm/s 时，界面的生长变得更加不稳定，以深胞状生长，界面凸凹不平的程度较 8.3 μm/s 时大，内部的

片层方向垂直于生长方向。

所以,Ti-50Al 以 2 μm/s 的抽拉速度进行定向凝固时,虽然出现了少量的 β 相浅胞状组织,但是其固液界面应为 α 相平界面。Ti-50Al 定向凝固试样以 8.3 μm/s 的抽拉速度进行定向凝固时,才出现 α 相平界面的浅胞状组织。Ti-50Al 定向凝固试样以 16.7 μm/s 的抽拉速度进行定向凝固时,为 α 相平界面的深胞状组织。这与理论计算的结果基本一致。

从上面的比较可以看出,不论是以怎样的抽拉速度进行定向凝固实验,成分对于固液界面形貌的影响不大,而起决定作用的是抽拉速度的大小。

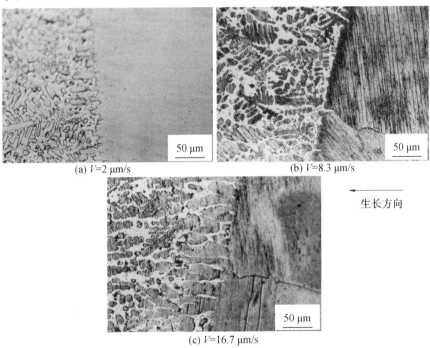

(a) V=2 μm/s (b) V=8.3 μm/s

← 生长方向

(c) V=16.7 μm/s

图 3.27 Ti-50Al 合金在不同生长速度下得到的固液界面形貌

3. 定向凝固实验与理论计算组织选择图结果的比较

Kim 等人试验研究了 Ti-44Al 和 Ti-48Al 合金在 V=45 mm/h 时的定向凝固组织,分别得到 β 和 α 相的枝晶组织。Johnson 等人对 Ti-47Al 计算,在 G/V 大于 5.14×10^9 K·m^{-2}·s 的条件下得到 α 相的平界面生长,小于 5.14×10^9 K·m^{-2}·s 时为 β 相的胞晶生长,这与计算值有一些偏差,误差小于 5%,如图 3.28 中的方形图标所示。利用实验得到 Ti-45Al 在不同生长条件的组织,在 G/V 约为 4.8×10^9 K·m^{-2}·s 得到

β 相的胞晶组织,如图 3.29(a)所示,与本书的理论计算结果一致,如图 3.28 中的圆形图标所示。该合金在淬火条件下得到为 α 枝晶组织,如图 3.29(b)所示,说明在极端非平衡条件下,领先相可以为 α 相。以上结果表明本书得到的组织选择图具有一定的可信度。

　　将本书中的实验结果同组织选择图进行比较,其结果基本一致,如图 3.28 中的英文字母所示,每个英文字母都代表着一个实验点。理论的计算结果比实验结果略有偏大,这是由于一些参数的选择与实际凝固条件存在一定的误差;界面失稳速度受到合金纯净度的影响,合金中杂质的存在可能降低试样界面失稳临界速度,进行计算时都是分别把各个相作为单相合金处理,再进行比对,而实际的合金并非是两种成分的线性耦合;由于初生相领先生长,减小了其后方相界面处的浓度梯度,界面失稳临界速度反而升高;此外,取的温度梯度值较保守,是所测得的温度梯度范围的最小值。这些因素都使得实验结果较理论计算略偏小。

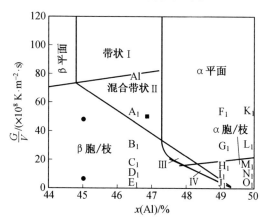

图 3.28　Ti -(44-50)Al 合金组织选择图与实验结果比较

　　在 Ti -(45-50)Al 定向凝固试验样中,很难观察到如绪论中所描述的典型的带状组织和共生生长组织。可从以下几个方面分析,有资料显示,只有在包晶反应范围内,合金初生相和包晶相两相的液固相线存在的温差较小时,才会出现包晶反应,而 TiAl 合金第一包晶反应却不满足这一条件,初生相的液固相线的温度相差几十度,这样在生长的过程中,液固两相共存区较大,位于 T_p 温度的 β 相有可能与液相接触,发生 L+β→α 的包晶反应。该反应将会改变形成带状结构的温度和溶质条件,使包晶相 α 不可能在正生长的 β 相前形核,从而消除带状形成的基础,同时生成的包晶相在定向生长过程中不断被初生相所抑制和取代,如图 3.24(a)所示,初

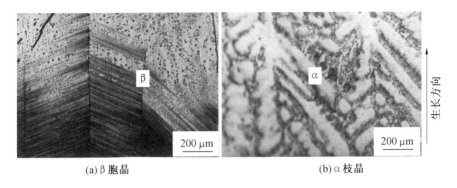

(a) β 胞晶　　　　　　　　　　　　(b) α 枝晶

图 3.29　Ti－45Al 合金不同凝固条件下的组织

生相 β 以平界面方式生长，α 相在固液界面前沿形核析出。

　　根据前面所述，存在形核过冷度时，带状生长组织区两侧的线向中心移动，同时，区分平界面生长区与胞枝晶生长区的直线其斜率的绝对值减小，导致形成带状组织成分区间相应减小，单一带状组织区的出现则从无形核过冷度时的整个亚包晶成分区间变为部分亚包晶成分区间。考虑到形核过冷度对组织选择示意图的影响，TiAl 合金偏离了带状生长区，而进入 β 相的单相生长区，因此只得到初生相 β 平界面生长。

　　此外，获得带状凝固组织生长的条件是在高的 G/V 条件下，对于第一包晶反应获得带状组织所需的 G/V 远高于第二包晶反应，在本实验条件下也很难达到该值。

　　综合前述的组织分析，组织选择图同实验结果基本一致，但是对于亚包晶范围内出现带状生长区的结果却不完全一致，实验条件下只得到了初生相的平界面生长。

　　在第二包晶反应区内的亚包晶范围内选取一点 Ti－52.5Al，按不同的实验条件进行定向凝固实验，观察到了带状组织和共生生长的凝固组织。这是由于两个包晶反应相比，第二包晶反应区初生相和包晶相两相的液固相线存在的温差较小时，并且两相共存生长区（Ⅲ 和 Ⅳ）的影响较小，更加易于理论分析，以及初生相和包晶相的凝固组织更容易判断。此外，获得的带状生长所需要的 G/V 条件较小，更容易得到带状生长组织。

3.3　TiAl 合金定向凝固过程中的带状生长

　　3.2 节主要研究 Ti－(44－50)Al 包晶合金在温度梯度为 100 K/cm 不同凝固速度下相的竞争生长和组织演化规律，并将实验结果同理论模型比较,其结果基本吻合。本节主要研究 Ti - 52.5Al 包晶合金的定向凝固组织演化规律,以及同组织选择图的比较。在 Ti - 52.5Al 合金的定向凝固研究中,出现了两相交替生长的带状组织,通过描述定向凝固试验条件下的 TiAl 合金带状生长行为,分析带状生长的组织、相特征、溶质分布条件等,进而得到 TiAl 合金低速带状组织的生长机制。

3.3.1　TiAl 合金带状组织

图 3.30 所示为 Ti - 52.5Al 合金在生长速度分别为 2.8 μm/s 和 6.7 μm/s,温度梯度为 100 K/cm 的条件下得到的定向凝固宏观组织形貌,其生长方向如图 3.30(a)所示。在定向凝固初期,得到平行于生长方向竞争生长的柱状晶,这与前面所描述的第一包晶反应得到的定向凝固组织相似,柱状晶宽度沿着生长方向会有不规则的变化,但是其宽度基本一致。每个晶粒内部有同一方向的片层,但是晶粒之间的片层方向却又不同,图3.30(c)和(d)均是 Ti - 52.5Al 合金定向凝固柱状晶的微观组织。从宏观上看,柱状晶生长到一定的长度,出现一个明显的界面,生长形态发生了明显的变化,转变为另一种组织,组织内没有明显的柱状晶粒,也没有明显的片层。图 3.30(e)是 Ti - 52.5Al 合金的生长速度为 6.7 μm/s 的定向凝固组织,其中箭头所示为组织变化的界面处,界面是垂直于生长方向的曲界面。

进一步用光学显微镜观察其微观组织特征。图 3.31 所示为 Ti - 52.5Al 合金定向凝固条件下该部分的微观组织形貌,从整体上看是由同一基体组成的,如图 3.31(a)所示,在接近界面的初始位置上,出现了部分大小不一的晶粒弥散地分布在基底上。这些晶粒有的独立存在,有的生长成细长的晶粒并排存在,有的与侧面晶粒纵向相连呈波浪状存在,如图 3.31(b)所示。晶粒内观察不到明显的片层,大一点的晶粒内可以观察到存在着少量的片层,如图 3.31(c)所示。基底内部存在大量的裂纹和孔洞,如图 3.31(c)和(d)所示。基体是由几个晶粒沿生长方向形成的,基体中会析出沿生长方向生长的细长晶粒,内部没有片层,如图 3.31(c)和(e)所示。基体中出现了垂直于生长方向的细长带状组织,由几个不同片层方向的晶粒组成,没有明显的晶界,如图 3.31(f)所示。对于生长速度为 6.7 μm/s 的定向凝固组织,沿生长方向在靠近柱状晶的基体中出现了一个宽度大约为 0.5 mm 的细长组织,呈弧状,出现的位置是靠近一侧生长的半个带,如图 3.30(f)所示,图中箭头所指为带状组织出现的位置。

(a) 2.8 μm/s凝固组织

(b) 6.7 μm/s凝固组织

(c) 定向凝固初始过渡区组织 　　　　　(d) 定向凝固初始过渡区组织

(e) 交替带状组织 　　　　　　　　　(f) 带状组织

图 3.30　Ti-52.5Al合金在不同生长速度下得到的定向凝固宏观组织形貌

对于生长速度为 2.8 μm/s 和 6.7 μm/s 的定向凝固组织,观察到的组织相类似:在生长初期为与生长方向一致的,具有一定片层方向的柱状晶粒组成,生长到一定的长度,经过一个明显的曲界面后,组织突然转变为另一种组织。但是垂直于生长方向的组织,其形貌和大小以及出现的位置都存在明显的差异。

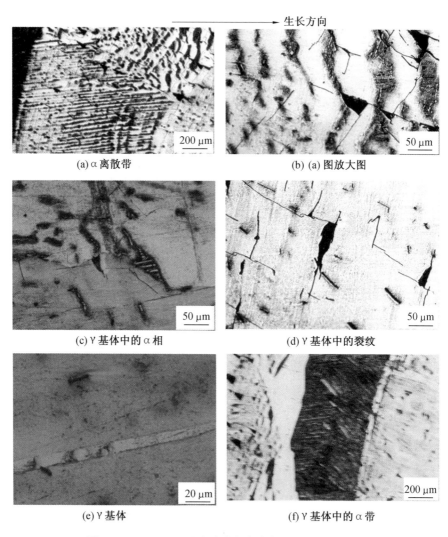

生长方向

(a) α 离散带　　　　　　　　　　(b) (a) 图放大图

(c) γ 基体中的 α 相　　　　　　　(d) γ 基体中的裂纹

(e) γ 基体　　　　　　　　　　　(f) γ 基体中的 α 带

图 3.31　Ti‑52.5Al 合金中的定向凝固微观组织形貌

3.3.2　TiAl 合金带状组织生长特征

亚包晶 Ti‑52.5％Al 合金定向凝固过程中存在两个凝固相,即初生 α 和包晶 γ。在凝固初期,定向凝固柱状晶粒主要由 α 相组成,内部的片层是 $\alpha_2 + \gamma$ 的共析体,其后组织中出现基底相是 γ 单相。图 3.30(e) 中所描述的定向凝固组织,是 α 相与 γ 单相,在本书试验条件下,可实现 α 相与单相 γ 的交替生长的带状组织。如图 3.31(a) 和 (b) 所示,亚包晶

Ti-52.5％Al合金中 γ 相出现的初始位置,出现了大约 1 mm 厚的 α 相岛屿带状生长,细小的不规则的 α 晶粒或者弥散分布,或横向连成小细带子,但并不垂直于生长界面,而是呈波浪状分布在界面上,或者是形成平行生长的 α 晶粒。所以 γ 相与 α 相交替的带状组织中存在着 α 相岛屿带状生长过渡区。

单相 γ 是从液相中直接析出形成的,γ 相的脆性强,形成并伴随着孔洞和裂痕,单相 γ 的基体由几个沿生长方向的 γ 单相晶粒组成。在同一界面上,会有多个 γ 相在 α 相界面前沿形核并生长,在生长过程中这些 γ 相晶粒也会表现出溶质的交换,即晶粒的宽度沿生长方向发生变化,如图 3.31(c)所示。此外,在 γ 单相生长的过程中,由于溶质的不断富集,在其界面前沿也会形核析出 γ 相,并随着定向凝固的进行沿生长方向生长,如图 3.31(e)所示。

利用扫描电镜所带的能谱分析装置对凝固组织的溶质分布进行了分析,如图 3.32(a)和(b)所示,A 区为 α 相生长带,B 区为 γ 单相生长区。对两相中的溶质含量进行了分析,其中包晶相 γ(B 区)的 Al 的原子数分数为 53.68％,α 相(A 区)的 Al 的原子数分数为 49.07％。如图 3.32(c)和(d)所示,B 区所示为 γ 基体相,A 区为直接析出的 γ 单相,两相的成分基本相等,A 区和 B 区的 Al 的原子数分数分别为 53.05％和 52.50％。

综上所述,对于 Ti-52.5Al 合金在生长速度为 2.8 μm/s 的定向凝固组织中存在初生相 α 与包晶 γ 相交替生长的带状组织。在包晶 γ 相带状生长区的初始位置处出现了少量的 α 相岛屿带状生长。

此外,比较上述包晶 Ti-52.5Al 合金在生长速度为 2.8 μm/s 与生长速度为 6.7 μm/s 的带状组织。当速度增大时,γ 相的带状组织宽度减小,α 相的带状组织宽度也减小,并且,横向上还减少。在生长速度为 2.8 μm/s 的试样中,γ 相初始生长区出现了弥散分布的 α 相岛屿带状生长,在生长速度为 6.7 μm/s 的试样中,却鲜有这种现象。由此可见,生长速度的增大,减小了包晶 γ 相的带状组织的宽度,同时也减小了初生相 α 的带状宽度,减小了在 γ 相带状组织初期出现 α 相岛屿带状组织的形成。

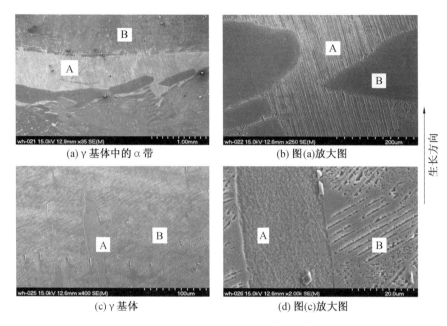

(a) γ 基体中的 α 带　　　　(b) 图(a)放大图

(c) γ 基体　　　　(d) 图(c)放大图

生长方向

图 3.32　Ti‐52.5Al 合金的定向凝固扫描电镜组织

3.3.3　TiAl 合金带状组织的形成机制

利用 Ti‐Al 合金近稳态组织选择图(图 3.33),在较高的温度梯度和生长速度的比值下,亚包晶合金成分范围对应着带状Ⅰ和混合带状Ⅱ区,对于带状Ⅰ区,α 相和 γ 相都以平界面生长,在定向凝固条件下会形成 α 相和 γ 相交替的带状组织。在混合带状Ⅱ区内,α 相以胞状生长,γ 相以平界面生长,α 相离散的带状组织、α 相的岛状生长、不稳定的振荡组织以及 α 相和 γ 相的共生生长组织等这些组织演化都可能在这一区域内出现。成分 Ti‐52.5Al 位于 L＋α→γ 这一反应的亚包晶成分内,实验条件下的温度梯度 $G=10^4$ K/m,生长速度为 2.8 μm/s 与生长速度为 6.7 μm/s 的 G/V 值分别位于带状Ⅰ和混合带状Ⅱ区内。

带状组织的界面形貌是带状生长的一个重要表现,如果新生相形核后的后续生长很快,大于母相,如图 3.34(a)所示,新相完全取代了母相的生长,得到了平直带状组织界面。如果新生相形核后的后续生长与母相的生长速度相差并不是很大,母相会随着新生相的生长而生长,如图 3.34(b)所示,得到的带状组织界面不再平直,而是在垂直方向上不断变化的曲界面,新相形成的带状组织宽度也不一致。若新生相的生长速度小于母相的生长速度,如图 3.34(c)所示,虽然新生相在母相固液界面前沿形核,但后续的生长将被母相所包围,得到的组织为新相弥散分布的岛状组织。

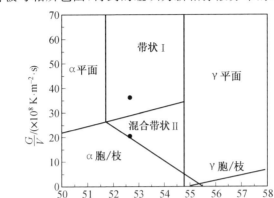

图 3.33 Ti -(50 - 58)Al 合金组织选择图与实验结果比较

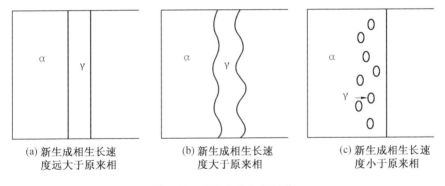

(a) 新生成相生长速 度远大于原来相

(b) 新生成相生长速 度大于原来相

(c) 新生成相生长速 度小于原来相

图 3.34 新生相的生长形貌

在定向凝固初期,先析出相为 α 相,其首先形核析出,并在不断的择优 生长过程中形成稳定的柱状晶,在生长过程中不断地排出溶质,随着溶质 的富集,在 α 相前沿逐渐形成溶质过冷,有利于 γ 相的形核,如图 3.35 所 示。

一方面,这种溶质的富集越来越不利于 α 相的生长和形核,降低了 α 相的形核率,形核数量以及新核的生长速度降低。另一方面,这种溶质的 富集越来越利于 γ 相的形核生长,一旦形成足够的成分过冷和温度条件,γ 相形核析出,并且随着固液界面的推进,生长环境越来越不利于 α 相的生 长,而有利于 γ 相,当 α 相的形核生长速度接近于 γ 相时,α 相抑制不住 γ 相的生长,γ 相取代 α 相的生长,得到如图 3.30(c)所示垂直于生长方向的 曲界面。随着生长的进一步进行,α 相的形核生长速度慢慢小于 γ 相,虽

然 α 相不断有形核析出,在后续的生长中被吞没和取代,最终 γ 相完全取代 α 相并持续生长。

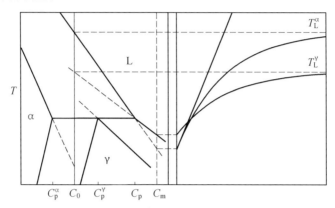

图 3.35 初生相以平界面生长时存在的包晶相成分过冷区示意图

如前所述,我们知道带状组织的形成实际上是包晶 γ 相在初生相 α 固液界面前沿形核并迅速生长,取代并覆盖了原有的初生相,不但溶质浓度和界面温度对其生长有重要影响,形核对其影响也是不能忽略的。前面所述理论是在充分形核的条件下进行的,在实际的凝固过程中,γ 相和 α 相在对方生长的前沿各自形核不充分。一旦在母相界面前沿形核,受温度梯度的影响,将迅速向着远离界面的方向生长,但如果形核是在靠近试样侧壁,如图 3.36(b)所示,不但要考虑新生相纵向生长速度,还要考虑到横向速度。若横向速度不够大,后面的母相的生长速度会超过新生相,只能得到半个或者不完整的带状组织。对于 Ti - 52.5Al 合金在生长速度为 6.7 μm/s的定向凝固带状组织中,如图 3.30(f)所示,当 α 相再次在 γ 相生长时,出现了靠近一侧生长的不完整的带状组织。

当 γ 相和 α 相的交替带状组织完全消失,试样又回到了柱状晶的生长,如图 3.37 所示,相邻柱状晶内部的片层方向是垂直于生长方向和平行于生长方向的交替进行,即得到的组织是 α 相和 β 相的竞争生长或者 α 相和 γ 相的竞争生长。

TiAl 合金是一个特殊的合金,存在两个连续的包晶反应,对于第二包晶反应 L＋α→γ 中的 α 相本身也处在第一包晶反应 L＋β→α 中,所以对于 Ti - 52.5Al,稳定相为 α 相,存在两个亚稳相 β 和 γ。对于第二个包晶反应,包晶反应点完全偏向于高 Al 的一侧,说明整个包晶反应过程中析出的包晶 γ 相非常少,可以忽略包晶反应对定向凝固过程的影响。

在定向凝固过程中生成的 γ 相几乎都是由液相直接析出形成的,只有

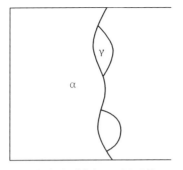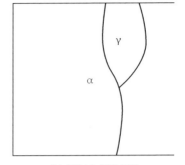

(a) 新相在原来相界面处形核   (b) 新相在侧壁形核

图 3.36 新相在母相界面前沿形核示意图

生长方向 →

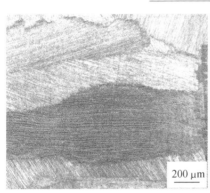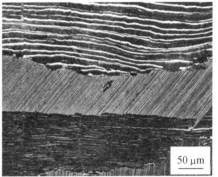

(a) 柱状晶组织   (b) 图 (a) 的放大图

图 3.37 带状组织结束后的柱状晶粒

少量是通过包晶反应或者包晶转变得到的。图 3.38 所示为包晶相以平界面生长时存在的初生相成分过冷示意图,初生相在包晶相以平界面生长的固液界面前沿形核析出,而不是在固液界面上。α 相在单相生长的 γ 相界面前沿形核析出并取代 γ 相稳定生长,比在界面上形核生长,所需要的热力学过冷更大;当 α 相在单相生长的 γ 相界面前沿形核析出并取代 γ 相稳定生长,所需的生长温度较高,溶质富集较大,从相图上分析,α 相进入或靠近第一包晶反应区 L+β→α。无论在第一包晶反应还是第二包晶反应的成分范围内,领先相都是 α 相,首先形核析出,两个亚稳相 β 和 γ,由于 α 相只在 γ 相界面前沿局部形核并长大,会使周围的溶质原子含量发生变化。一方面,对于第二包晶反应 L+α→γ,α 相的形成使局部溶质原子富集,为 γ 相形核提供了大量的溶质原子,后续 γ 相在界面上的其他位置形核并生长。最后得到 γ 相胞晶和 α 相平面晶的协同生长的组织。另一方面,α 相为 γ 相的形核生长提供大量溶质原子,周围的环境会出现贫溶质、富溶剂的环境,为 β 相形核提供了大量的溶剂原子,后续 β 相在 α 相界面其他位置形核并以胞状界面方式生长,最后得到 β 相和 α 相的竞争生长的组织,如图 3.39 所示,最后得到三相并存的竞争生长组织。

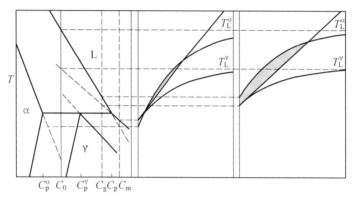

图 3.38　包晶相以平界面生长时存在的初生相成分过冷示意图

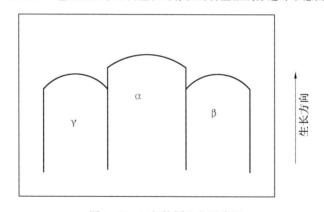

图 3.39　三相协同生长示意图

3.4　TiAl 合金定向凝固过程中的共生生长

共晶合金定向凝固时,两相共生/协同生长是其典型的生长方式之一。其主要特点是在两相生长过程中,在界面前沿形成溶质互相补充的条件,导致两相互相依赖,耦合形成与生长方向平行的共生组织。对于包晶合金,由于两相的液相线符号相同,一般而言,在凝固过程中难以形成各相所需的互补的溶质场,因此对于包晶合金能否形成典型共生组织以及在什么条件下形成共生组织,一直存在争论。多年来对于共晶合金的两相共生生长行为进行了深入的研究,并建立了较完善的理论模型,为研究包晶合金共生生长行为提供了良好的理论基础。

TiAl 系合金是一类具有重要工程应用前景的工程结构材料,许多学者正致力于研究其定向凝固技术及组织的演变规律。2000 年,刘永长等人在极高的温度梯度和生长速度条件下,在接近等原子比的 Ti - Al 包晶合金激光重凝实验中观察到共生生长组织。作为结构材料应用的 TiAl 合金凝固速度远不及激光重凝的实验条件,在一般定向凝固条件下,TiAl 合金能否形成共生组织还有待于进一步的研究。本节将结合共晶合金的生长模型,从理论上分析包晶合金共生生长的可能性,通过对 TiAl 合金的定向凝固组织的研究,分析其共生生长行为,阐述 TiAl 合金的共生生长机制。

3.4.1 包晶合金稳态过热生长模型

根据前面对包晶合金共生生长的分析,描述 TiAl 包晶合金共生生长的模型,如图 3.40 所示,对于初始成分为 C_0 的合金,凝固过程中达到初生相的液相线温度先析出 α。如果 G/V 足够大,则宏观固液界面或局域固液界面均呈平面,α 以平界面生长,其周围应为液相。随着温度降低,α 初生相定向生长横向加宽,新的 α 相形成并生长,其体积分数不断加大,当达到 T_P 温度,此时初生相 α 与液相接触,发生包晶反应(peritectic reaction),L+α→γ。γ 相的形成是依附在 α 相上的,它减小了液相与 α 相的接触,阻止了包晶反应的进一步进行,包晶反应只能得到少量的 γ 相。若在低于 T_P 的温度,α 相通过固相转变形成 γ 相,发生所谓的"包晶转变"(peritectic transformation),此外,γ 相会从液相中直接析出(direct solidification)。由此可以得出,γ 相的形成主要通过三个方式,即包晶反应、包晶转变和直接析出。如果包晶反应有显著的不可忽略的热效应,就可能造成试样上每个区域的截面温度的上升或在 T_P 温度的停滞,产生局部的包晶反应。

达到 T_P 温度,发生包晶反应之前,如果此时激冷试样,其组织即为 α 相及周围的液体激冷产物,如图 3.40(a)所示,γ 相应为包晶相。不过,此包晶相并非定向凝固过程中定向生长而形成。这样的凝固过程显然与两相共生长的概念是完全不同的。前者的凝固组织由平界面的定向生长的初生 α 与激冷产物(不定向的包晶 γ)组成,而共生生长的组织应由定向生长的 α 与定向生长的 γ 组成。

在不考虑包晶反应形成 γ 相的情况下,在 T_P 或稍低于 T_P 的温度,合金界面处的析出生长只能有 $\overline{C_0 C_\alpha}$ 量的直接由 L 转变形成的 γ 相和 $\overline{C_0 C_\gamma}$ 量的 α 相。两相均由液相析出并形成由液相转变的 γ 相的基体包着以棒或片或其他不规则界面形状的初生相 α,如图 3.40(b)所示。这时是否就可认为合金的定向凝固进入了稳定态,即在 T_P 或考虑了过冷的 T_P' 的界面温度,不断形成连续的、类似于共晶生长的 $\alpha + \gamma$ 的包晶组织,还应进一步考虑。按照相图杠杆原则,对 C_0 合金在 T_P 温度发生包晶反应应该是 $\overline{C_\alpha C_0}(\mathrm{L}) + \overline{C_0 C_p}(\alpha) \rightarrow \overline{C_\alpha C_0}(\gamma) + \overline{C_0 C_\gamma}(\alpha)$。

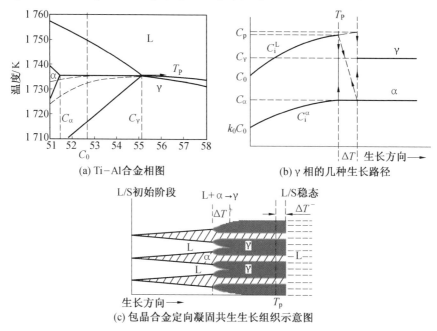

(a) Ti-Al 合金相图

(b) γ 相的几种生长路径

(c) 包晶合金定向凝固共生生长组织示意图

图 3.40　包晶共生生长模型的示意图

定向凝固的包晶反应中伴随着 α 相数量的相对减少及 γ 相数量的相对增加,也就是在 T_P 或 T_P 以下某温度,上述反应及相应相的数量变化应该完成,接近或达到由平衡相图决定的液固界面生成的相的数量,分别为 $\overline{C_0 C_\alpha}$ 的 γ 及 $\overline{C_0 C_\gamma}$ 的 α,并维持稳定的生长,这才算是达到了真正的稳态。进入稳态的标志是:初生相成分由 $k_0 C_0$ 达到 C_0,液相的成分由 C_0 达到 C_p,界面温度低于 T_P 达到一定的过冷度(ΔT),才能允许热力学 $\mathrm{L} + \delta \rightarrow \gamma$ 反应发生,包晶相直接由液相析出也需要在一定的过冷度(ΔT)下完成。达到稳态后进入稳定生长,其条件是:稳定共生生长必须进入稳态,共生生长不

能低于 T_P，以维持过冷（然而前面指出发生包晶转变和液相中直接析出包晶相需在 T_P 温度以下），所以进入稳态定向过程后，界面由过冷向过热区移动，达到负过冷状态，只有在负过冷度才能形成两相生长的扩散偶，稳态过热共生生长中任何暂时性的扰动一旦使初生相前沿退后至 T_P 温度，发生包晶反应，使正在生长 α 相前沿覆盖了一层 γ 相，α 相即难以维持生长的连续性。此外，稳态包晶两相共生生长的稳定进行，只限于较小的片层间距。由此可以看出，得到稳定共生生长需要生长进入稳态以及负的过冷度和较小的片层间距。这在实际的定向凝固过程中，对控制包晶合金温度和组织成分等方面都存在一定困难。

3.4.2　TiAl 合金共生生长的组织

合金成分为 Ti – 52.5Al，生长速度为 6.7 $\mu m/s$，温度梯度为 80 K/cm，定向凝固条件下得到的组织为平行于生长方向竞争生长的柱状晶，这与前面所描述的第一包晶反应得到的定向凝固组织相似，柱状晶宽度沿着生长方向有不规则的变化，如图 3.41 所示，每个晶粒内部有同一方向的片层，但是晶粒之间的片层方向却又不同。

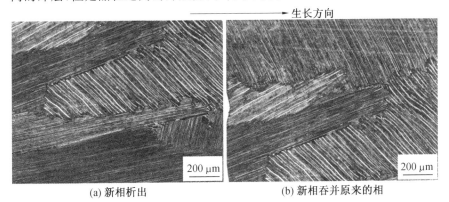

(a) 新相析出　　　　　　　　　(b) 新相吞并原来的相

图 3.41　Ti – 52.5Al 定向凝固初期的柱状晶

图 3.42(a) 为扫描电镜下 Ti – 52.5Al 合金在生长速度为 6.7 $\mu m/s$ 的定向凝固微观组织形貌，从组织来看，同一试样上有几种不同特点的凝固组织，如图 3.42(a) 中所标出的 A、B、C、D 区。在图 3.42(a) 中的 A 区内，定向细小的晶粒均匀弥散地分布在基体上，这些晶粒较短小，与晶粒生长方向呈一定夹角的层片组成。在局部区域出现了细长的规则晶粒分布在基底上，如图 3.42(a) 中的 B 区所示，这些细长晶粒要比 A 部位的长几倍甚至十几倍，与前面组织相似，内部存在与其生长成一定方向的层片，如图

3.42(b)和(c)所示。如图 3.42(a)中的 C 区所示,定向细长的晶粒弥散地分布在基底上,这些细长晶粒并不是规则的,表面呈不规则的锯齿状存在,内部存在与生长方向垂直的层片,如图 3.42(d)所示。此外,还有在局部位置上存在平行于界面带状组织,如图 3.42(a)中的 D 区所示,组织形态上类似带状组织中有部分带发生断裂,形成岛屿状,此岛屿带由一个或几个粗大的晶粒组成,其内部是具有一定方向的片层,如图 3.42(e)所示。值得注意的是,这些形态各异的组织并不是沿生长方向逐个进行的,而是可能同时出现在同一生长界面上。

在扫描电镜下观察了亚包晶 Ti-52.5Al 合金的组织,并采用扫描电镜所带的能谱分析装置对凝固组织的溶质分布进行了测量。由初生相 α 分解的(α_2+γ)与包晶相 γ 的共生生长,得到交替平行的组织,对两相中的溶质含量进行了分析,其中基底相 γ 的 Al 原子数分数为 51.79%,白色相(α_2+γ)的 Al 原子数分数为 47.59%。

此外还有稳定的振荡组织,其中 γ 的 Al 原子数分数为 52.38%,由初生相 α 分解的(α_2+γ)的 Al 原子数分数为 47.92%,对于 α 相离散的带状组织,γ 相基体的 Al 原子数分数为 52.77%,由初生相 α 分解的(α_2+γ)的 Al 原子数分数为 48.23%,(α_2+γ)与包晶相 γ 之间的溶质 Al 含量逐渐增大。因此可以认为在两相形态转化中,除了温度梯度以外,两相之间的溶质含量对形态转变起了重要作用。

图 3.42 中的 A、B、C 三个区域,都是在 D 区之后的凝固组织,但是生长形态不同。由于整个定向凝固实验过程中试样的横向和纵向的溶质浓度和温度梯度等条件都存在少量的差异,因此 A、B、C 三个区域的温度梯度和溶质浓度略有不同,在生长过程中,温度梯度略高的部位先形核生长,生长相会把多余的溶质(溶剂)推向附近的区域,加大这种溶质的差距,这些温度梯度和溶质浓度的差距,使得 α 相的形核速度和生长速度也有差别,进一步造成 A、B、C 三个区域的组织形态不同。从 α 相晶粒内部的片层可以看出,A、B、C 三个区域都有部分 α 相晶粒实际上是 D 区中的 α 相延伸的。同样,在图 3.43(a)中,α 相的带状组织在轻微的不稳定振荡之后得到稳定的共生生长组织,部分共生生长组织的 α 相晶粒实际上是 α 相带状组织延伸的。因此得到的共生生长组织是由初生相的带状组织诱发生成的,这与 Lo 等人的研究结果相一致。

从上述包晶 TiAl 合金的形貌组织分析可以看出,在定向凝固亚包晶 Ti-52.5Al 合金中存在 γ 相与 α 相多种生长方式:除了 γ 相与 α 相共生生长组织,还存在 α 岛屿带状组织、不稳定的振荡组织和 α 相离散带状组织,

局部位置出现的 α 相和 γ 相的共生组织存在于两个 α 相之间的混合带状组织，并且共生生长组织是由初生相的带状组织诱发生成的。

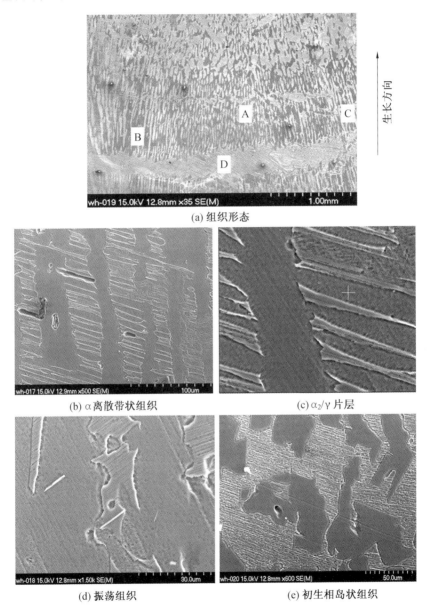

图 3.42 Ti‐52.5Al 合金的定向凝固的 SEM 微观组织形貌

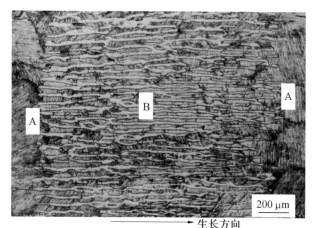

生长方向

(a)α 单相/(α 和 γ 共生生长)/α 单相组成的混合带状组织

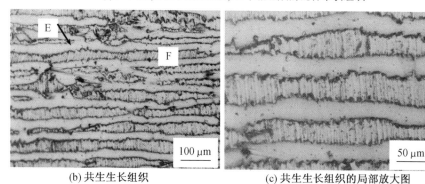

(b) 共生生长组织   (c) 共生生长组织的局部放大图

图 3.43 光学显微镜下的 Ti - 52.5Al 合金的定向凝固组织形貌(6.7 μm/s)

根据 Ti - Al 合金的组织选择图(NCU 判据),如图 3.44 所示,在较高的温度梯度和生长速度的比值下,亚包晶合金成分范围对应着(带状 Ⅰ 和混合带状 Ⅱ)区。在混合带状 Ⅱ 区内,α 相以胞状生长和 γ 相以平界面生长,α 相离散的带状组织、α 相的岛状生长、不稳定的振荡组织,以及 α 相和 γ 相的共生生长组织等这些组织演化都可能在这一区域内出现。对于 Ti - 52.5Al合金,L+α→γ 这一包晶反应体系的亚包晶成分范围内的一点,在该成分下,若得到共生组织,其 G/V 值应在混合带状 Ⅱ 区内,G/V 的最小值应大于或等于图中方形图标所示。实验条件下的温度梯度 G 大约为 80 K/cm,生长速度为 6.7 μm/s,实际 G/V 值偏低,如图中圆形图标所示。这是由于实验测量的温度梯度偏低等原因,因此可以认为,实验条件下 G/V 的值在混合带状 Ⅱ 内。

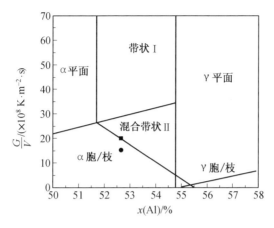

图 3.44　Ti-(50-58)Al 合金组织选择图与实验结果比较

目前,在共晶合金共生生长理论的基础上建立的包晶合金共生生长模型,认为共生生长需要负的过冷度和较小的片层间距。负的过冷度只有在定向凝固的条件下才有可能得到。此外得到的共生生长的晶粒尺寸比 α 单相晶粒尺寸小得多,如图 3.43(c)所示,大约只有 20 μm。

以上几点论述都反映了 Ti-52.5Al 包晶合金在定向凝固条件下可能存在共生生长组织、不稳定的振荡组织和离散带状组织,这些组织的演化集中体现了包晶合金凝固过程中形核和生长的相互关系。而形核过程与生长过程是温度场和浓度场的相互耦合和相互竞争的过程,还受到其他因素的影响。

对于相的竞争生长,当包晶相在初生相前沿形核,若新生相的生长速度小于母相的生长速度,新生相在后续的生长将被母相所包围,包晶相弥散地分布在初生相中,形成包晶相的岛屿带状组织;如果形核率大,新生的包晶相在横向上左右相连,最终形成包晶相的离散带状组织;若形核速度快,使得新生包晶相来得及长大并和后续相首尾相连,则形成包晶相不稳定的振荡组织。一旦包晶相在初生相前沿形核后,若新生包晶相的生长速度近似等于母相的生长,后续的包晶相与初生相平行生长。

如图 3.45(a)所示,当初始成分较小时,初生相所占体积分数偏大,若形核率较大时,微观组织演变为:包晶相离散带状组织→包晶相岛屿状。如图 3.45(b)所示,合金成分增大,其包晶相的析出能力增大,包晶相所占体积分数增大,微观组织演变为:包晶相离散带状组织→包晶相岛屿状→不稳定的振荡组织。如图 3.45(c)所示,当初始成分较大时,包晶相所占体积分数偏大,若形核率较大时,微观组织演变为:包晶相离散带状组织→包

晶相岛屿状→不稳定的振荡组织→耦合生长。如图 3.45(d)所示,若形核
率较小时,微观组织演变为:初生相离散带状组织→初生相岛屿状→不稳
定的振荡组织→耦合生长。

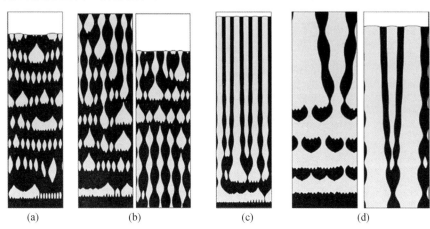

(a)　　　　　(b)　　　　　(c)　　　　　(d)

图 3.45　包晶合金组织演化示意图

(a)高形核率,包晶相体积分数为 0.25;(b)高形核率,包晶相体积分数为 0.30;

(c)包晶相岛状过渡组织,高形核率,包晶相体积分数为 0.25;

(d)初生相岛状组织过渡形成共生生长,低形核率,包晶相体积分数为 0.6(黑色为

包晶相,白色为包晶相)

在定向凝固过程中,α 相首先以胞状界面形核析出,界面前沿将出现
Al 的富集区,生长环境逐渐不利于 α 相生长,而利于 γ 相生长。当 γ 相在
α 相前沿形核,α 相的形核生长速度慢慢小于 γ 相,虽然 α 相不断形核析出
长大,在后续的生长中被吞没和取代,最终 γ 相完全取代 α 相并持续生长,
最终形成 α 相的离散带状组织。如图 3.45 所示,初始成分的不同以及抽
拉速度和温度梯度,都对形核速率有影响。如果形核率大,新生的 α 相在
横向上左右相连,形成带状组织;若形核速度快,使得 α 相来得及长大并和
后续相首尾相连,则形成包晶相不稳定的振荡组织,α 相的生长速度近似
等于 γ 相的生长速度,后续得到 α 相与 γ 相的平行生长。

以上描述了包晶相与初生相多种组织形态的演化过程,受到温度梯度
和溶质浓度等因素,以及形核率、形核速度和各个相的生长速度等因素的
影响。

3.4.3　TiAl 包晶合金带状和共生组织的演化

TiAl 包晶合金存在的包晶反应比较特殊,在 L+α→γ 这一包晶反应内,C_p
包晶反应成分点完全偏向一侧,亚包晶成分范围较宽,近似整个包晶反应成分

范围,过包晶成分范围特别小,所以在整个反应过程中只有非常少的一部分液相发生包晶反应。从相图中的固液相线的温度来看,虽然,α 相的液相线温度远大于包晶反应温度,但 γ 相的温度几乎接近包晶反应温度,在某些成分范围内,γ 相的液相线会高于包晶反应温度,说明即使达到在包晶反应温度,生成 γ 相,也不一定会在后续的凝固过程中保存下来。Ti - 52.5Al 就属于上述情况的成分范围,可以忽略包晶反应得影响。

在定向凝固初期,α 相首先形核析出,并在不断地择优生长过程中保持稳定的柱状晶,由于抽拉速度小,溶质扩散均匀,α 相以平界面生长,在生长过程中不断地排出溶质,随着溶质的富集,在 α 相前沿逐渐形成成分过冷,有利于 γ 相的形核。一方面,这种溶质的富集越来越不利于 α 相的生长和形核,降低了 α 相的形核率、形核以及生长。另一方面,这种溶质的富集越来越利于 γ 相的形核生长,一旦形成足够的成分过冷和温度条件,γ 相就形核析出。α 相和 γ 相的晶核经历了竞争生长的过程:刚开始,α 相的形核生长速度远大于 γ 相,在后续的生长过程中,α 相的生长抑制了 γ 相的新核,如图 3.35(c)所示,α 相抑制了 γ 相的形核生长;随着固液界面的推进,生长环境越来越不利于 α 相生长,而有利于 γ 相,α 相的形核生长速度接近于 γ 相,两相几乎同步生长,得到的界面呈小波浪状,如图 3.35(b)所示。随着 α 相的形核生长速度慢慢小于 γ 相,如图 3.35(a)所示,虽然 α 相不断有形核析出,在后续的生长中被吞没和取代,最终 γ 相完全取代 α 相并持续生长。直到生长环境再次有利于 α 相的生长。形成 α 相与 γ 相的交替组织。

抽拉速度进一步增大,α 相以胞状界面形核析出,这时溶质扩散受到生长速度和界面形态等因素的影响,不能完全均匀扩散。α 相以胞状晶生长,在生长形态上与前面所述的组织稍有差别,虽然也表现出竞争生长,但是 α 相的晶粒大小随生长的进行不断地变化,稳定性降低,由于其抽拉速度增大和界面曲率增大等因素的影响,都使溶质富集速度增大,α 相与 γ 相的交替生长越容易发生,带宽减小。

以上描述都是在温度梯度较高的情况下进行的,如果温度梯度降低,不能保证 α 相以平界面生长,而是以 α 相的枝/胞状生长,会使固液温度区间增长。

在定向凝固试样中液固共存区的长度 L 是又一个影响带状组织形成的因素。当 $L \geqslant \Delta T/G$ 时,合金将较易形成定向发展的枝晶或深胞晶组织。而试样中液固共存区 L 的大小基本决定于凝固过程中的 G/V。

当温度梯度进一步降低,α 相以胞状界面形核析出,界面前沿将出现 Al 的富集区,其生长过程如前所述,生长环境逐渐不利于 α 相生长,而更加有利于 γ 相的生长。由于温度梯度较低,随着固液界面的富集加深,并且抽拉速度较大,富集的溶质不容易扩散开来,α 相以深胞晶组织生长,液固共存区较长。如图 3.46 所示,温度梯度对 α 相与 γ 相组织形态的影响,温度梯度越小,越容易得到 α 相的深胞晶组织。当 α 相的生长速度近似等于 γ 相的生长时,α 相不能吞没或取代 γ 相的生长,γ 相以平界面形态析出,和 α 相并排生长。α 相生长界面前沿排出的 Al 原子及 γ 相生长界面前沿排出的 Ti 原子,形成类似共晶凝固的溶质扩散场。当然这种生长也不稳定,当 α 相和 γ 相以及液相的凹界面处溶质容易堆积,难于扩散,有利于新相的形核和生长。当其有利于 γ 相形核析出时,得到两个 γ 相抑制一个 α 相的生长,如图 3.47(a)所示。当其有利于 α 相形核析出时,得到一个 γ 相的生长分裂为两个 γ 相,如图 3.47(b)所示。最后的凝固组织可以分别在图 3.43(b)中的 E 区和 F 区中观察到。

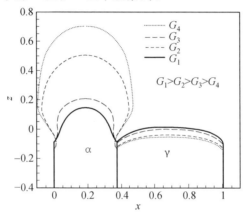

图 3.46　温度梯度对 α 相与 γ 相组织形态的影响

当 α 相的形核生长速度慢慢小于 γ 相,虽然 α 相不断有形核析出,在后续的生长中来不及长大就被 γ 相取代和抑制,形成 α 相的岛状组织。

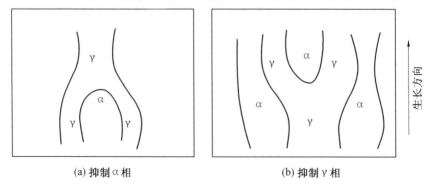

(a) 抑制 α 相　　　　　　　　(b) 抑制 γ 相

图 3.47　α 相与 γ 相竞争生长的两种典型形式

3.5　Fe－Ni 包晶合金低速段定向凝固组织演化

定向凝固技术成为研究凝固理论的一个非常强大而重要的工具是因为可以精确控制它的输入参数 (G,V,C_0)，这样就可以准确地知道某种组织的形成条件。而更重要的是，定向凝固形成的组织是固液界面在给定时空区间内的演化轨迹，根据定向凝固得到的组织，人们可以比较准确地再现这些组织的演化过程。所以定向凝固的一个重要优势是它可以近似反映凝固组织的整个演化过程。因此，在对定向凝固的研究过程中不仅要关注固液界面附近区域，更应该关注整个凝固区间的组织演化。目前研究凝固理论广泛采用的 Bridgman 定向凝固方式存在先天不足，即采用侧向辐射加热，这样必然是试样边缘温度偏高，中心温度偏低，即固液界面处存在径向的温度梯度，这种效应在试样直径大时更明显。径向的温度梯度一方面会引起溶质的径向流动，另一方面引起固液界面出现宏观上的弯曲。目前研究发现，当试样的直径小于 1 mm 时，这种效应基本可以忽略。而实际的定向凝固试样的直径一般都大于 1 mm，因此 Bridgman 定向凝固过程中固液界面一般都会出现弯曲，并且试样边缘和中心由于温度的不同会出现不同的凝固组织。所以，在分析定向凝固组织时只关注固液界面局部的组织是不妥当的。此外，由于区域选择的随意性和主观性，很难客观地反映实际的定向凝固组织，往往会给读者造成管中窥豹的感觉。为了避免这种情况，本书在分析定向凝固试验结果时努力注意试验结果的全局性（global representation），即一方面给出从凝固开始到固液界面范围内整个凝固组织，另一方面给出每个试样的整个固液界面的组织，以便客观、真实、整体地描述定向凝固结果。

3.5.1　Fe－Ni 低速段定向凝固

对三种 Fe－Ni 合金，分别在感应加热定向凝固系统和双区加热定向凝固系统中进行了系统的定向凝固实验。表 3.5 为 Fe－Ni 合金定向凝固试验参数及固液界面处的组织特征。由于定向凝固采用刚玉管的直径为 5 mm，径向温度梯度在本书的试验中还是明显存在的。试样边缘温度高，中心温度低，所以固液界面宏观上呈现上凸的现状。这样，凝固排出的溶质 Ni 原子将向试样边缘富集，从而使固液界面从中心到边缘溶质含量逐渐增加，经过成分测量发现平均溶质浓度梯度约为 0.1%Ni/mm。

表 3.5　Fe - Ni 合金定向凝固试验参数及固液界面处组织特征

序号	C_0(Ni 原子数分数)/%	G/(K·mm^{-1})	V/(μm·s^{-1})	状态	界面组织	加热方式
1	4.0	8	0.33	初始过渡	δ - P	感应
2	4.0	8	1.5	初始过渡	δ - P	感应
3	4.0	8	5	初始过渡	δ - C	感应
4	4.0	8	5	保温 30 min	δ - P	感应
5	4.0	8	5	保温 60 min	δ - P	感应
6	4.0	8	10	稳态	δ - C/D + γ	感应
7	4.0	8	15	稳态	δ - C/D + γ	感应
8	4.0	6	10	稳态	δ - C/D + γ	电阻
9	4.0	6	15	稳态	δ - C/D + γ	电阻
10	4.0	12	5	初始过渡	δ - P	电阻
11	4.0	12	10	稳态	δ - C + γ	电阻
12	4.0	12	15	稳态	CPCG	电阻
13	4.0	12	20	稳态	CPCG	电阻
14	4.3	8	1.5	初始过渡	δ - P	感应
15	4.3	8	5	初始过渡	δ - IB+ γ - P	感应
16	4.3	8	10	稳态	δ - C/D + γ	感应
17	4.3	6	5	初始过渡	δ - IB+ γ - P	电阻
18	4.3	6	10	稳态	δ - C/D + γ	电阻
19	4.3	6	15	稳态	δ - C/D + γ	电阻
20	4.3	12	5	初始过渡	PCG+δ - IB+ γ - P	电阻
21	4.3	12	10	稳态	CPCG+ γ - P	电阻
22	4.3	12	15	稳态	CPCG	电阻
23	4.5	6	10	稳态	δ - C/D + γ	电阻
24	4.5	6	15	稳态	δ - C/D + γ	电阻
25	4.5	8	10	稳态	δ - C/D + γ	感应

续表 3.5

序号	C_0(Ni 原子数分数)/%	G/(K·mm^{-1})	V/(μm·s^{-1})	状态	界面组织	加热方式
26	4.5	8	15	稳态	δ-C/D + γ	感应
27	4.5	12	5	稳态	PCG+δ-IB+ γ-P	电阻
28	4.5	12	10	稳态	CPCG+ γ-P	电阻
29	4.5	12	15	稳态	CPCG	电阻

注：P—平界面；C—胞晶；D—枝晶；PCG—等温共生生长；CPCG—胞状共生生长；IB—岛状组织

当凝固速度大于 15 μm/s 时,初生相界面 δ 将由平界面变为胞/枝界面,糊状区的出现将显著减小溶质的横向扩散,此时的径向溶质浓度梯度将显著减小,基本可以忽略。而当凝固速度小于 15 μm/s 时,径向溶质浓度梯度的存在将引起定向凝固试样固液界面中心和边缘出现不同的组织,见表 3.5,具体的组织将在下节详细介绍。

1. Fe－4.0Ni 亚包晶合金定向凝固组织

对亚包晶 Fe－4.0Ni 合金,当凝固速度 V=0.33 μm/s 时,感应加热定向凝固得到的组织如图 3.48 所示。固液界面为典型的初生相 δ 单相平界面组织,在 L/δ 界面下方 1.8 mm 左右为固态相变 $\delta \rightarrow \gamma$ 界面。固态相变界面和固液界面是非常相似的,但具有明显的胞/枝形态。该合金在这种生长条件下理论预测会形成带状组织,但是在整个凝固范围内得到的都是 δ 单相组织,未发现带状组织。此外,固液界面宏观形状不规则,说明温度场不均匀。

当凝固速度增加到 1.5 μm/s 时,得到的仍是典型的初生相 δ 单相平界面组织,如图 3.49 所示。和 0.33 μm/s 定向凝固的试样一样,整个凝固范围内都为 δ 单相凝固,未发现带状组织。但与之不同的是,在界面下方未见明显的固态相变 $\delta \rightarrow \gamma$ 界面,原因可能是凝固速度增加,固态相变没有足够的扩散时间,$\delta \rightarrow \gamma$ 相变基本以马氏体转变完成。

当凝固速度增加到 5 μm/s 时,固液界面变为胞状界面,如图 3.50 所示。在整个凝固范围内得到的仍是 δ 单相组织,未发现包晶相 γ。由图可以看到,固液界面在宏观上非常不规则,这说明此时的温度场非常不均匀,并且在固液界面前沿存在较强的对流作用。

当凝固速度继续增加到 10 μm/s 时,固液界面开始从胞状向枝状转变,得到的是初生相 δ 分布在包晶相 γ 基体中的岛状组织,如图 3.51 所示。同 5 μm/s 定向凝固试样一样,此时的固液界面在宏观上也非常不规则,说明感应加热定向凝固过程中液相中的对流作用是比较强的。由图可以看到,这种组织主要是 δ 相先在界面处形核,γ 相逐渐在后面通过包晶反应完全将初生相 δ 枝晶包裹,从而形成初生相岛状组织。并且 δ 相被包裹过程中,其体积分数逐渐降低,说明在包晶反应过程中消耗掉的 δ 相是比较多的。

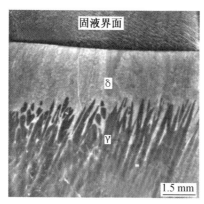

图 3.48　Fe‑4.0Ni 合金以 0.33 μm/s 定向凝固组织($G=8$ K/mm)

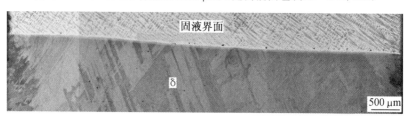

图 3.49　Fe‑4.0Ni 合金以 1.5 μm/s 定向凝固固液界面组织($G=8$ K/mm)

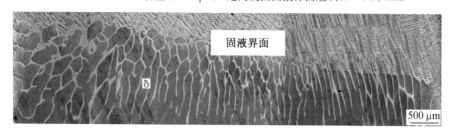

图 3.50　Fe‑4.0Ni 合金以 5 μm/s 定向凝固固液界面组织($G=8$ K/mm)

当凝固速度增加到 15 μm/s 时,δ 由胞状界面完全转变为枝状界面,得到的是典型的包晶凝固组织——初生相枝晶和枝晶间包晶相 γ 组织,如

图 3.52 所示。

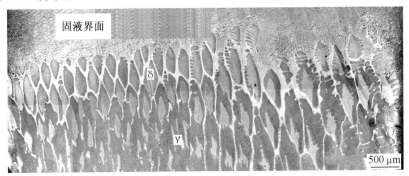

图 3.51　Fe-4.0Ni 合金以 10 μm/s 定向凝固 40 mm 固液界面组织($G=8$ K/mm)

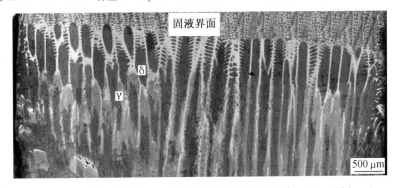

图 3.52　Fe-4.0Ni 合金以 15 μm/s 定向凝固固液界面组织（$G=8$ K/mm）

　　综上所述,对于 Fe-4.0Ni 亚包晶合金,当采用感应加热定向凝固时,得到的主要是初生相 δ 单相组织,当凝固速度达到 10 μm/s 以后,得到的是典型的包晶组织,但是没有得到带状组织和包晶两相共生生长组织。这一方面可能是因为温度梯度较低,另一方面可能是这种定向凝固过程中对流的影响比较强烈。由图 3.48~3.52 可以看到,感应加热定向凝固过程中对流作用还是比较强烈的,对流效应一方面使固液界面的宏观形态非常不规则;另一方面使固液界面前沿液相中的温度和溶质传输加剧,从而减小径向温度和溶质浓度梯度,这可能是感应加热定向凝固实验中未观察到文献中报道的近纯扩散定向凝固过程中明显的径向浓度梯度的原因。

　　从宏观组织演化上看,双区电阻加热定向凝固得到的组织比感应加热定向凝固得到的组织要稳定很多。图 3.53 是双区电阻加热定向凝固温度梯度为 6 K/mm 时速度较大时三种 Fe-Ni 合金定向凝固得到的宏观组织。由图可以看到,得到的组织是比较稳定的(比较均匀),外界扰动非常小,不像感应加热定向凝固时得到的组织的稳定性很差。从微观的固液界面看,电阻加热定向凝固得到的固液界面沿试样中心的对称性很好,向上微凸,说明此时温度场对称性很好并且比较稳定,且在凝固过程中侧向散热效应很弱,这对减小固液界面前沿液相中对流作用非常有利,在后面章节还将详细叙述。

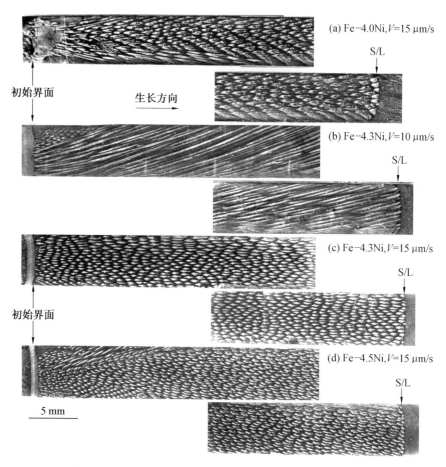

图 3.53　Fe-Ni 合金温度梯度为 6 K/mm 时的定向凝固组织

（白相为初生相 δ,黑相为包晶相 γ）

对 Fe-4.0Ni 亚包晶合金,在电阻炉中以 10 μm/s 和 15 μm/s 定向凝固时得到的都是典型的胞/枝晶初生相 δ 和晶间的包晶相 γ 组织,如图 3.54所示。与传统的枝晶组织不同,初生相的枝晶生长不是连续的,得到的是断续的岛状枝晶分布在包晶相 γ 基体中的新奇组织。由图 3.51 和图 3.54可以看到,这种组织的形成是 δ 相的周期性形核和不连续生长形成的。这种组织在 Fe-4.3Ni 包晶点合金和 Fe-4.5Ni 过包晶合金中也得到了,如图 3.53(c) 和 (d) 所示。

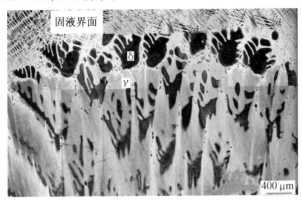

图 3.54　Fe-4.0Ni 合金电阻加热以定向 15 μm/s 凝固固液界面组织形貌

上面介绍了温度梯度较低时得到的凝固组织,下面介绍 Fe-4.0Ni 合金在温度梯度为 12 K/mm 时的定向凝固组织。

图 3.55 所示为 Fe-4.0Ni 合金温度梯度为 12 K/mm 时不同凝固速度定向凝固得到的宏观组织。当凝固速度为 5 μm/s 时,固液界面为稳定的平界面,向液相中微凸,但是稳定性很好,说明定向凝固过程是非常稳定的。通过固液界面的微观组织发现,试样中心部位为初生相 δ 的单相平界面组织,而边缘为包晶相 γ 的平界面组织,如图 3.56 所示。两相之间的界面是弯曲的,说明在凝固过程中 L/δ/γ 三相交接点在横向上处于振荡状态。按照 Trivedi 的定义,也将这种组织称为振荡树状组织(oscillatroy treelike structure),但是这种组织比 Sn-Cd 合金中得到的振荡树状组织要稳定。在固液界面下面 120 μm 左右还有一界面,这个界面为 δ 铁素体向 γ 奥氏体转变的固态相变界面。对比图 3.48 发现,此时通过固态相变形成的 γ 相比较细小,并且 δ/γ 固态相变界面由 0.33 μm/s 时的胞状界面开始向枝状界面转变(图 3.56(a))。

通过局部放大 L/δ/γ 三相交接点发现,在两相生长过程中在三相交接点处一直发生包晶反应。在包晶反应过程中,初生相 δ 发生重新溶解过程,所以 L/δ 界面在三相交接点出现负的斜率,即下凹,如图 3.56(b) 所示。而 Hillert 在其提出的包晶反应模型中预测,液相、初生相和包晶相在三相交接点为保持界面张力的平衡,要求液相和初生相之间的界面在三相交接点处必须下凹,如图 3.56(c) 所示。而本书的观察结果为 Hillert 的包晶反应模型通过了直接的证据。此外,由于两相生长过程中三相交接点处

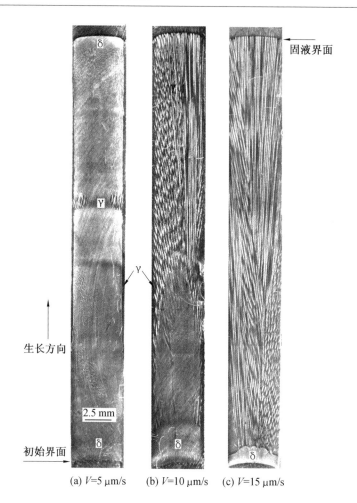

(a) V=5 μm/s　　(b) V=10 μm/s　　(c) V=15 μm/s

图 3.55　Fe-4.0Ni 合金温度梯度为 12 K/mm 时定向凝固宏观组织演化

（白相为初生相 δ，黑相为包晶相 γ）

一直在发生包晶反应，因此其在包晶两相生长过程中可能具有重要作用。

在 Fe-4.0Ni 以 5 μm/s 定向凝固的试样中还发现了带状组织，如图 3.55（a）所示。在凝固到 22.8 mm 发现了一个 γ 带，带的厚度只有 0.7 mm 左右。此外，在最初的凝固区间内，得到的都是 δ 的单相组织，直到凝固 10 mm 左右时，在试样的边缘部分才出现包晶相 γ。

当凝固速度增加到 10 μm/s 时，在最初的凝固区间内，得到的也是单相 δ，直到凝固 14 mm 左右，才完全转变为两相组织，如图 3.55（b）所示。这种两相组织由胞状的初生相 δ 和胞晶间的包晶相 γ 组成，如图 3.57 所示。初生相 δ 胞/枝晶在生长过程中，溶质 Ni 被排到胞/枝晶间，所以胞/

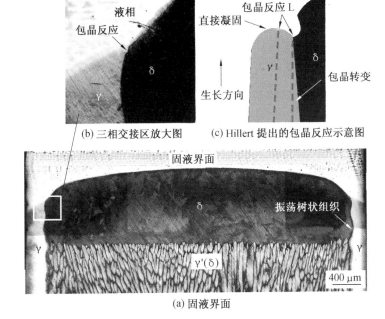

(b) 三相交接区放大图   (c) Hillert 提出的包晶反应示意图

(a) 固液界面

图 3.56　Fe-4.0Ni 合金以 5 μm/s 定向凝固组织($G=12$ K/mm)

枝晶间富 Ni 而形成包晶相 γ,但由于合金的整体成分偏低(Ni 的原子数分数为 4.0%),δ 相的体积分数较大,大于 80%,因此胞/枝晶间的 γ 相一般不能连续生长,只能形成断续的组织,分布在胞/枝晶间。由图 3.57 可以看到,浅胞状的 δ 相非常粗大,并且生长不稳定,不能形成稳定的胞状阵列。

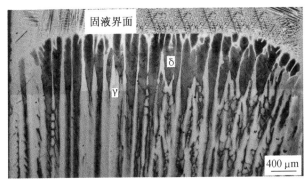

图 3.57　Fe-4.0Ni 合金以 10 μm/s 定向凝固组织

当速度为 15 μm/s 时,Fe-4.0Ni 合金定向凝固得到的是胞状 δ 和平界面的 γ 之间形成的弱耦合非等温共生生长,即胞状共生生长(CPCG),如

图 3.58 所示。

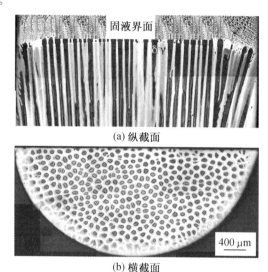

(a) 纵截面

(b) 横截面

图 3.58　Fe-4.0Ni 合金以 15 μm/s 定向凝固得到的胞状共生生长组织

　　由图 3.58 可以看到,胞状共生生长是非常稳定的,而横截面显示两相排列非常规则,纤维状的初生相均匀地分布在包晶相基体中。这也证明了通过定向凝固是完全可以制备规则排列的包晶系原位自生复合材料,不过是通过非等温的胞状共生生长得到的,而不是所期待的等温共生生长。

　　仔细观察图 3.58(a)中胞状共生生长的单个胞可以发现,L/δ/γ 三相交接点附近也存在明显的包晶反应,初生相 δ 界面在三相交接点附近出现下凹,并且 δ 相在包晶反应过程中的重新溶解使其体积分数明显减小。若假设 δ 为柱状胞晶,发现有平均 38% 的初生相 δ 在包晶反应过程中发生重新溶解变成包晶相 γ。这充分说明包晶反应对胞状共生生长过程中两相的体积分数具有重要影响。但是由图 3.58 可以看到,虽然在胞状共生生长过程中 L/δ/γ 三相交接点附近一直存在包晶反应,在合适的凝固条件下胞状共生生长是可以稳定进行并生长出规则排列的包晶系原位自生复合材料。

2. Fe-4.3Ni 包晶点成分合金定向凝固组织

　　Fe-4.3Ni 合金接近包晶点,在平衡凝固条件下最终的凝固组织基本全为包晶相 γ,但是由于凝固的非平衡性,在定向凝固试样中仍能得到较大含量的初生相 δ。图 3.59 所示为 Fe-4.3Ni 合金以 1.5 μm/s 定向凝固时得到的是初生相 δ 单相平界面组织。当速度增加到 5 μm/s 时,得到的

仍是 δ 单相组织,不过界面从平界面变为浅胞状界面,如图 3.60 所示。

当凝固速度增加到 10 μm/s 时,得到两相组织:胞/枝状的初生相 δ 和胞/枝晶间的包晶相 γ,如图 3.61 所示,与 Fe-4.0Ni 亚包晶合金在接近条件下得到的组织类似。同样,大部分初生相 δ 的生长不稳定,断续地分布在包晶相基体中,仍具有岛状枝晶的特征。在 L/δ/γ 三相交接点附近也发生了明显的包晶反应,使 δ 相发生部分溶解,同时 L/δ 界面在三相交接点附近出现下凹,与胞状共生生长类似(图 3.58)。

图 3.59　Fe-4.3Ni 合金以 1.5 μm/s 定向凝固固液界面组织

图 3.60　Fe-4.3Ni 合金以 5 μm/s 定向凝固固液界面组织($G=8$ K/mm)

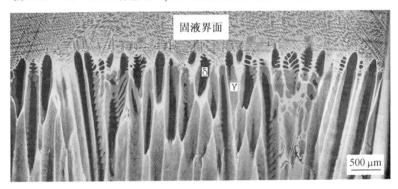

图 3.61　Fe-4.3Ni 合金以 10 μm/s 定向凝固固液界面组织

下面介绍对 Fe-4.3Ni 合金在双区电阻加热定向凝固系统中的定向凝固组织。首先介绍低温度梯度(6 K/mm)时得到的凝固组织。

图 3.62 所示为温度梯度为 6 K/mm,凝固速度为 5 μm/s 时的定向凝固组织,得到的是典型的初生相 δ 岛状组织。δ 岛的形态各异,稳定的 δ 岛

呈橄榄球状均匀地分布在 γ 相基体中，与相场法模拟中得到的结果非常相似；不稳定的 δ 岛在生长中可能相互接合，呈不规则形状分布在 γ 相基体中。从图中还可以看到，岛状组织的形成是通过周期形核形成的，因为在固液界面上可以清晰地看到新形成的晶核，如图 3.62 中的箭头所示。在 δ 岛的生长过程中，三相交点附近的包晶反应依然存在，使 δ 相界面在三相交接点附近出现下凹。

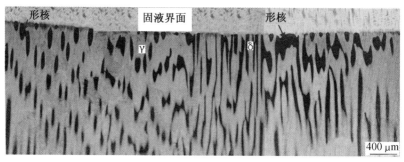

图 3.62　Fe-4.3Ni 合金以 5 μm/s 定向凝固固液界面组织($G=6$ K/mm)

图 3.63 所示为温度梯度为 6 K/mm，凝固速度为 10 μm/s 时的定向凝固组织，得到的是传统的包晶凝固组织：枝晶初生相 δ 和枝晶间包晶相 γ。与感应加热相同凝固条件下得到的组织（图 3.61）相比，δ 枝晶变得连续，生长变得稳定，其宏观组织演化如图 3.53(b)所示。同样，包晶反应也存在包晶两相的生长过程中。此外，从图 3.63 还可以看到明显的包晶转变，初生相 δ 的体积分数沿固液界面向下逐渐降低，最后只剩下残余的 δ 相枝晶骨架。

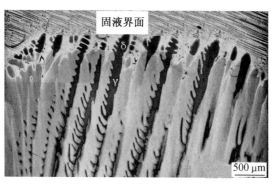

图 3.63　Fe-4.3Ni 合金以 10 μm/s 定向凝固固液界面组织($G=6$ K/mm)

当凝固速度增加到 15 μm/s 时，得到的是典型的岛状组织，如图 3.53(c)所示，不过这种岛不是如图 3.62 所观察到的较高 G/V 条件下得到传统岛状组织,而是不连续生长的枝晶,如图 3.64 所示。这种组织在 Fe-4.0 合金中也发现了(图 3.51 和图 3.54),但是在 Fe-4.3Ni 合金中得到的枝晶岛状组织更加均匀。

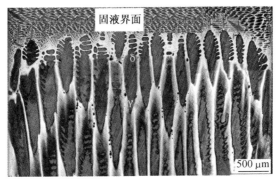

图 3.64　Fe-4.3Ni 合金以 15 μm/s 电阻炉定向凝固固液界面组织($G=6$ K/mm)

对比图 3.63 和图 3.64 可以发现二者有以下明显不同:

①随着凝固速度的增加,初生相 δ 体积分数增大。这可能是由于凝固速度增大,包晶反应完成的程度降低,包晶反应过程中重新溶解的初生相 δ 量减少,残留的 δ 较多,这可由图中得到证实。当凝固速度为 10 μm/s 时,从固液界面向下,δ 相的体积分数降低很快,而在 15 μm/s 定向凝固的试样中,包晶反应及转变消耗掉的初生相很少,如图 3.63 和图 3.64 所示。

②随着凝固速度的增加,δ 相枝晶的生长变得不连续。这可能是由于枝晶的生长加速,形态变得不稳定,相互之间的竞争加剧引起的。关于岛状枝晶的形成机制,在第 4 章将详细讨论。

图 3.65 所示为 Fe-4.3Ni 合金在温度梯度为 12 K/mm 时不同凝固速度定向凝固得到的宏观组织演化。当凝固速度为 5 μm/s 时,从凝固开始到淬火界面的组织演化为:单相初生相 δ→ δ 与 γ 的振荡树状组织→ 包晶两相共生生长组织(PCG)→ δ 单相→ 共生生长组织→ δ 与 γ 的振荡树状组织→ 中心为平界面边缘为共生生长,如图 3.65(a)所示。包晶共生生长是类似共晶共生生长的两相基本以平界面相互耦合形成的共生生长,如图 3.66 边缘所示。由图可以看到,包晶共生生长起源于 δ 相的岛状组织,但是图 3.65(a)显示,在凝固 22.8 mm 左右时,包晶共生生长也可以直接起源于 δ 相的平界面生长。

由图 3.66 可以看到,Fe-4.3Ni 合金以 5 μm/s 定向凝固试样中得到了丰富的组织:试样中心为初生相 δ 的单相平界面组织,向边缘扩展,分别为 γ 相的岛状组织、等温共生生长组织和 γ 相平界面组织。在中心固液界

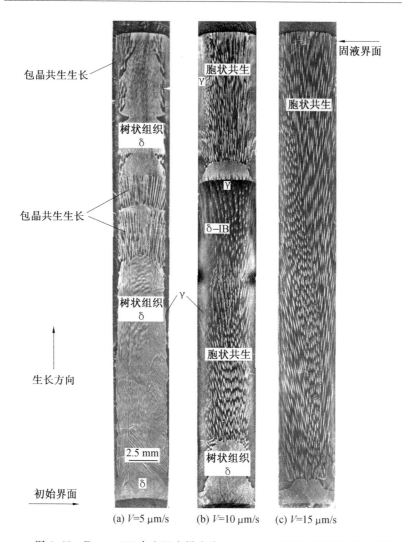

包晶共生生长

树状组织 δ

包晶共生生长

树状组织 δ

生长方向

初始界面

2.5 mm

δ

γ

胞状共生

Y

Y

δ-ⅠB

γ

胞状共生

树状组织 δ

固液界面

胞状共生

(a) V=5 μm/s　　(b) V=10 μm/s　　(c) V=15 μm/s

图 3.65　Fe-4.3Ni 合金温度梯度为 12 K/mm 时定向凝固宏观组织演化

面下一段距离仍是 δ→γ 固态相变界面。从图中还可以看到,等温共生生长是非常不稳定的,两相排列不规则,界面是弯曲的、断续的,这说明共生生长的形态是不稳定的,三相交接点在生长过程中在横向上一直处于振荡运动当中,而不像稳定共生生长那样处于相对固定的位置。

当凝固速度增大到 10 μm/s 时,Fe-4.3Ni 合金定向凝固得到的组织更加丰富,在凝固 28.4 mm 左右时出现了一个初生相 δ 的完整带,如图 3.65(b)所示。仔细观察可以看到,δ 带的形成不是通过在 γ 相界面前沿 δ

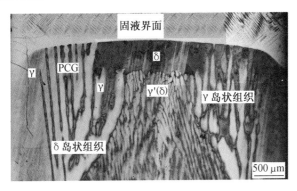

图 3.66　Fe－4.3Ni 合金以 5 μm/s 定向凝固组织($G=12$ K/mm)

相无限大密度的形核或是新形成的 δ 相的快速生长形成的,而是通过有限个 δ 晶核形核,生长并逐渐完全接合而形成 δ 单相组织。从凝固开始到淬火界面的组织演化为:δ 单相组织→δ 和 γ 振荡树状组织→不稳定的胞状共生生长→δ 岛状→γ 单相→δ 单相→胞状共生生长。与 Fe－4.0Ni 以 15 μm/s 定向凝固得到的稳定胞状共生生长(图 3.58)不同,此时的胞状共生生长是不稳定的,如图 3.67 所示。

初生相 δ 胞在生长时形态不稳定,经常出现尖端分叉不稳定性。从图 3.67(b)的横截面图上可以看到,初生相 δ 胞呈枝晶形态,但事实上它们仍是胞晶,只不过横向生长上是不稳定的,出现类似枝晶的分枝,但事实上它们仍是胞晶。由图 3.67(a)可以看到,相邻的不稳定的 δ 胞经常会相互接合而将胞晶间的 γ 相生长阻断,形成断续的 γ 相组织,即 γ 岛状组织,这可能是岛状组织形成的另一种机制。

与亚包晶 Fe－4.0Ni 一样,当凝固速度增大到 15 μm/s 时,Fe－4.3Ni 合金得到的是稳定的胞状共生生长,如图 3.68 所示。由图可以看到,胞状共生生长是非常稳定的,生长出来的是规则排列的两相复合组织。这也再次证明了,利用胞状共生生长是可以制备包晶系规则排列原位自生复合材料的。与 Fe－4.0Ni 合金以 15 μm/s 定向凝固试样不同的是,由于合金成分增大(Ni 的原子数分数由 4.0%增加到 4.3%),初生相 δ 的体积分数降低,包晶相 γ 的体积分数有所增大。

此外,从图 3.68(a)纵截面组织可以看到,似乎 δ 胞的生长是非常不连续的,呈断续状分布在 γ 相基体中,但是从图 3.68(b)所示的横截面图可以看到,δ 相均匀地分布在 γ 相基体中,即两相组织排列是非常规则的,这说明此时的胞状共生生长也是非常稳定的。但是为什么会出现纵截面中 δ 胞看起来是断续的呢? 经过金相切片分析发现出现这种情况可能是由

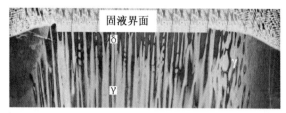

(a) 纵截面

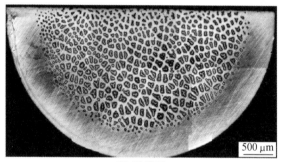

(b) 横截面

图 3.67　Fe-4.3Ni 合金以 10 μm/s 定向凝固组织($G=12$ K/mm)

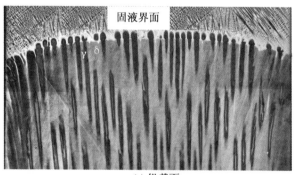

(a) 纵截面

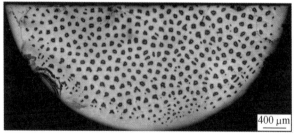

(b) 横截面

图 3.68　Fe-4.3Ni 合金以 15 μm/s 定向凝固组织($G=12$ K/mm)

以下两方面原因引起的：

①由于δ相体积分数降低，δ胞的直径减小，在这种情况下，δ胞生长方向的稍微改变，即稍微偏离抽拉方向纵向剖开时就会出现断续的假象。

②由于制备纵截面试样时，线切割的方向可能会与试样的轴线发生偏离，这样δ胞就会从中间截断，从而出现不连续的假象。

需要说明的是，这里δ胞断续的假象与真正的岛状组织和前面所述的断续岛状枝晶是不一样的。枝晶的尺寸较大，金相切割面与试样轴向的稍微偏差不可能切割出如图 3.54、图 3.62 和图 3.64 所示那样规则的岛状组织。此外，岛状组织形成过程中晶核形成后生长逐渐加速，随后生长速度又逐渐减小，所以岛状组织一般会形成两头小中间大的形状，即橄榄球状或椭球状（图 3.54、图 3.62 和图 3.64），而图 3.68 中断续的δ胞并不具有这样的特征，说明它们并不是孤立的。关于这种观点在下节中还将给出更直接的证据。

另一个需要说明的是，这里的解释并不是说所有的胞都是连续的，因为两相生长是一个典型的动力学演化过程，两相之间的竞争会使部分δ胞被淘汰而导致生长中断，这种现象在稳定的共晶共生生长过程中也是持续存在的。

3. Fe-4.5Ni 过包晶合金定向凝固组织

由于 Fe-4.5Ni 合金感应加热定向凝固得到的组织与 Fe-4.3Ni 合金在同等条件下得到的组织基本一致，因此这里不再进行介绍，而直接介绍双区电阻加热定向凝固的结果。

对过包晶 Fe-4.5Ni 合金，在平衡凝固条件下，得到的应为包晶相 γ 单相组织。但是在定向凝固中，由于凝固的非平衡性，得到的组织中初生相 δ 仍占有相当的体积分数，特别是在速度较快的定向凝固中。图 3.69 和图 3.70 所示为 Fe-4.5Ni 在 6 K/mm 的温度梯度下以速度为 10 μm/s 和 15 μm/s 定向凝固得到的组织。由图可以看到，在最终的凝固组织中，初生相 δ 仍然占据了较大的体积分数，并且淬火时，系统都已经达到了稳态，这说明在稳态凝固时，过包晶合金定向凝固中仍然可以得到很大体积分数的初生相。

Fe-4.5Ni 合金以 15 μm/s 定向凝固得到的组织是 δ 相的枝晶岛状组织，与 Fe-4.0Ni 和 Fe-4.3Ni 合金在同等条件下得到的一样，如图 3.70 所示。与 Fe-4.3Ni 合金相比，δ 枝晶岛的尺寸有所减小，平均间距由 275 μm 左右稍微减小到 260 μm。

图 3.71 所示为 Fe-4.5Ni 合金在温度梯度为 12 K/mm 时不同凝固

速度下得到定向凝固试样的宏观组织演化。对 Fe-4.5Ni 合金以 5 μm/s 定向凝固试样,其组织演化过程非常丰富,在整个凝固范围内的组织演化为:单相 δ→两相振荡树状组织→振荡层状组织(oscillatory layered structure)→等温共生生长。

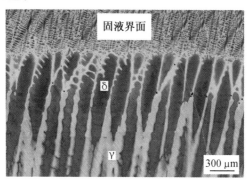

图 3.69　Fe-4.5Ni 合金以 10 μm/s 定向凝固组织(G=6 K/mm)

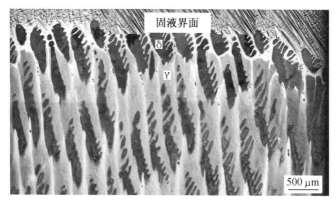

图 3.70　Fe-4.5Ni 合金以 15 μm/s 定向凝固组织 (G=6 K/mm)

振荡层状组织是指在三维空间里相连的带状组织,如图 3.71(a)所示,这种组织在早期曾被认为是带状组织。在 Fe-4.5Ni 合金中得到的包晶共生生长并没有经过较长的由岛状组织向共生生长的演化过程,而是当振荡层状组织中初生相的体积分数逐渐减小到一定程度后在横向上不再保持连接而开始纵向生长并很快过渡到共生生长,如图 3.71(a)所示。该试样固液界面处的微观组织如图 3.72 所示,中心为 δ 和 γ 组成的平界面(等温)共生生长组织。由图可以看到,等温共生生长是不稳定的,初生相 δ 断续地、不规则地分布在包晶相 γ 中,试样边缘为 γ 平界面组织。

当凝固速度增大到 10 μm/s 时,Fe-4.5Ni 合金定向凝固 8 mm 左右

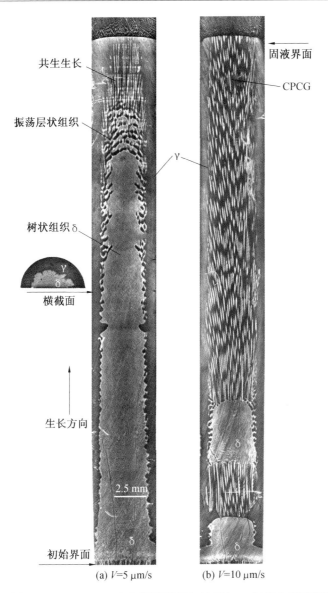

图 3.71 Fe－4.5Ni 合金温度梯度为 12 K/mm 时定向凝固宏观组织演化

时即出现了厚度为 4.8 mm 左右的 δ 带状组织,如图 3.71(b)所示。该试样在整个凝固区间的组织演化为:单相 δ→两相振荡树状组织→胞状共生生长→单相 δ→胞状共生生长。有趣的是,在此凝固条件下,如果出现带状组织应该是胞状的 δ 和单相 γ 交替周期排列的混合带状组织,而得到的却是胞状共生生长与 δ 单相组织交替周期性排列的带状组织。这种差异

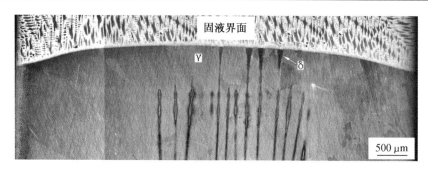

图 3.72　Fe-4.5Ni 合金以 15 μm/s 定向凝固组织

可能是由实验中径向的溶质偏析造成的,因为整个试样边缘富集溶质 Ni 而形成 γ 相。图 3.73 所示为该试样固液界面组织,试样中心为胞状共生生长,向两侧分别为岛状组织和等温共生生长的混合组织,然后是 γ 相平界面组织。如图 3.73(a)所示,δ 相以浅胞状生长不连续地分布在 γ 相的基体中,从外观上看很像是拉长的 δ 岛状组织,而不像是如图 3.58 和图 3.68 所示的胞状共生生长。但是 Fe-4.5Ni 合金以 10 μm/s 定向凝固试样中心得到的是包晶两相形成的胞状共生生长。图 3.74 所示为采用切片金相技术制备的不同纵截面的固液界面组织。图 3.74(a)所示为图 3.73 纵剖面的组织,图 3.74(b)、(c)、(d)依次为图 3.74(a)纵剖面下 30 μm,60 μm,100 μm 左右距离处的纵剖面的组织。由图可以看到,在图 3.74 (a)中看起来已经中断的 δ 胞 3 和胞 4 的生长其实并没有中断,在图 3.74 (a)纵剖面以下两胞的生长仍继续进行,如图 3.74(c)和(d)所示。出现这种情况,可能是制备试样的切割面与胞的生长方向不平行,但此处更主要的原因可能是胞形状很不规则,脱离了平直的柱状或 Staffman-Taylor 指状,如图 3.73(b)所示。另一个主要的原因可能是胞的生长不稳定,在横向上一直处于动力学演化过程中,胞的生长方向不断发生变化,形成三维空间相连的胞状组织,如图 3.74(c)中看起来完全孤立的两个胞 1,实际上是相连的,如图 3.74(a)和(b)所示的胞 1。并且从图中可以看到,胞 2 正在发生尖端开裂。

此外,由图 3.74 可以清楚地看到在两相生长过程中,包晶反应对 δ 胞尖端的形态具有重要的影响,初生相 δ 的重新溶解使其界面在三相交接点附近出现下凹,由于 δ 胞的尺寸较小,这种影响使 δ 胞端部的形态更加偏离其平衡形态,如图 3.74 中箭头所示。

由此可见,在 Fe-4.5Ni 合金以 10 μm/s 定向凝固试样中得到的是胞状共生生长,但是胞状共生生长是形态不稳定的。这种形态不稳定性一方面表现在胞的分布很不均匀,另一方面是 δ 胞端部的形态非常不规则,严重偏离正常的胞状凝固形态。尖端分叉持续存在,这说明胞的生长是很复杂的。因此,三相交接点附近的包晶反应对胞状共生生长的形态不稳定具有重要的影响,具体机制在第 4 章中详细讨论。

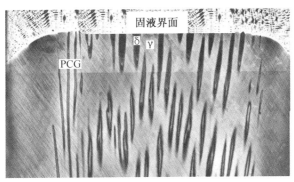

(a) 纵截面

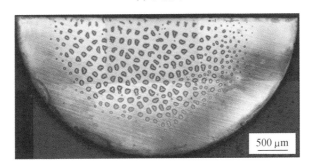

(b) 横截面

图 3.73　Fe－4.5Ni 合金以 10 μm/s 定向凝固组织($G=12$ K/mm)

3.5.2　Fe－Ni 合金低速段定向凝固组织和相选择图

为了直观、简单地描述在给定成分和生长条件下包晶合金定向凝固的组织形成规律,需要建立一个组织和相选择图用来描述组织和相演化规律。目前,关于包晶合金定向凝固相和组织选择图主要基于两种理论,即界面响应函数和成分过冷形核(NCU)模型。界面响应函数结合最高界面温度假设建立的相和组织选择图已被证明在低速段凝固是不适用的,而 NCU 模型却与实验结果吻合较好。本节把 Fe－Ni 合金中得到的结果与 NCU 模型得到的相与组织选择图进行对比,并以此验证该模型的实用性。

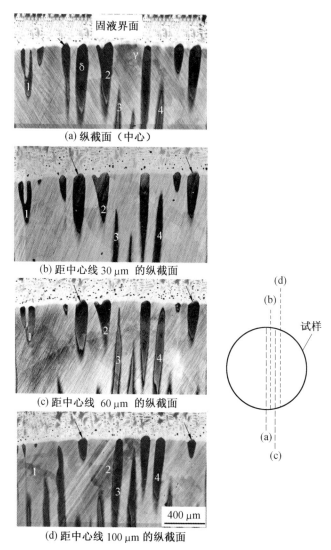

图 3.74　不同切面的 Fe-4.5Ni 合金以 10 μm/s 定向凝固固液界面组织
（$G=12$ K/mm）

成分过冷形核（NCU）模型主要基于以下假设：当一相界面前沿出现成分过冷并满足另一相的形核条件时，即出现另一相的形核并发生一相生长向另一相转变。以合金成分为横坐标，G/V 为纵坐标，该模型通过以下7 个公式将包晶平台附近成分的包晶合金定向凝固分为初生相平界面区、初生相胞/枝生长区、带状组织区、初生相胞与平界面包晶相形成的混合带状区、包晶相界面区、包晶相胞枝生长区和包晶两相生长区。

$$\frac{G}{V} = \frac{-m^{\delta}\left[C_{\mathrm{L}} - C_0 + \dfrac{m_{\mathrm{s}}^{\delta}}{m^{\delta}}(C_0 - C_{\delta})\right]}{D} \tag{3.15}$$

$$C_0 = C_{\delta} - \frac{m^{\delta}\Delta T_{\mathrm{n}}^{\gamma}}{m_{\mathrm{s}}^{\delta}(m^{\delta} - m^{\gamma})} \tag{3.16}$$

$$\frac{G}{V} = \frac{m^{\delta}}{D}\left[C_0 - C_{\mathrm{L}} + \frac{\Delta T_{\mathrm{n}}^{\gamma}}{(m^{\delta} - m^{\gamma})}\right] \tag{3.17}$$

$$\frac{G}{V} = \frac{-m^{\gamma}\left[C_{\mathrm{L}} - C_0 + \dfrac{m_{\mathrm{s}}^{\gamma}}{m^{\gamma}}(C_0 - C_{\gamma})\right]}{D} \tag{3.18}$$

$$C_0 = C_{\gamma} - \frac{m^{\gamma}\Delta T_{\mathrm{n}}^{\delta}}{m_{\mathrm{s}}^{\gamma}(m^{\gamma} - m^{\delta})} \tag{3.19}$$

$$C_0 = \frac{x(C_{\mathrm{L}} - m_{\mathrm{s}}^{\gamma}C_{\gamma} + \Delta T_{\mathrm{n}}^{\delta}) - m^{\delta}\left[1 + \ln x\right]\left(C_{\mathrm{L}} - C_{\gamma}\dfrac{m_{\mathrm{s}}^{\gamma}}{m^{\gamma}}\right)}{x(m^{\delta} - m_{\mathrm{s}}^{\gamma}) - m^{\delta}\left[1 + \ln x\right]\left(1 - \dfrac{m_{\mathrm{s}}^{\gamma}}{m^{\gamma}}\right)} \tag{3.20}$$

$$\frac{G}{V} > \frac{-m^{\delta}\left[C_{\mathrm{L}} - C_0 + \dfrac{m_{\mathrm{s}}^{\gamma}}{m^{\gamma}}(C_0 - C_{\gamma})\right]}{Dx}$$

$$\frac{G}{V} > \frac{(m^{\delta} - m^{\gamma})(C_0 - C_{\mathrm{L}}) - \Delta T_{\mathrm{n}}^{\delta}}{D\ln\dfrac{m^{\delta}}{m^{\gamma}}} \tag{3.21}$$

式中 $m^{\delta}, m_{\mathrm{s}}^{\delta}, m^{\gamma}, m_{\mathrm{s}}^{\gamma}$——包晶两相的液相和固相线的斜率；

        $\Delta T_{\mathrm{n}}^{\delta}, \Delta T_{\mathrm{n}}^{\gamma}$——包晶两相的形核过冷度；

        x——1 与 m^{δ}/m^{γ} 之间的变量。

图 3.75 所示为根据 NCU 模型计算的 Fe-Ni 合金相和组织选择图，图中的 7 条边界线分别对应于式(3.15)～(3.21)。计算所用的物性参数见表 3.6,其中假设包晶相和初生相的形核过冷度 $\Delta T_{\mathrm{n}}^{\gamma}$ 与 $\Delta T_{\mathrm{n}}^{\delta}$ 都为零。在 Fe-Ni 合金低速段定向凝固得到实验结果也标注在图中。由图可以看到,NCU 模型在预测两相生长形态及带状组织的形成规律与实验结果吻合得很好,这说明 NCU 模型在预测 Fe-Ni 合金定向凝固过程中的相与组织选择是合适的。

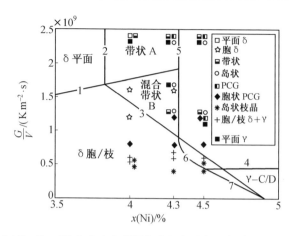

图 3.75　Fe - Ni 合金定向凝固相和组织选择图与实验结果的对比

表 3.6　Fe - Ni 包晶合金的物性参数

$T_P = 1\ 790.4$ K	包晶温度
$C_\delta(x(\text{Ni})) = 3.83\%$	T_P 温度 δ 相成分
$C_\gamma(x(\text{Ni})) = 4.33\%$	T_P 温度 γ 相成分
$C_p(x(\text{Ni})) = 4.91\%$	T_P 温度液相成分
$k_\delta = 0.78$	δ 相溶质分配系数
$k_\gamma = 0.88$	γ 相溶质分配系数
$m_\delta = -4.61$ K/%	T_P 温度 δ 相液相线斜率
$m_\gamma = -2.16$ K/%	T_P 温度 γ 相液相线斜率
$\Gamma_\delta = 1.93 \times 10^{-7}$ K · m	δ 相 Gibbs-Thomson 系数，$\Gamma_\delta = T_P \sigma_{\delta L}/L_\delta$
$\Gamma_\gamma = 2.37 \times 10^{-7}$ K · m	Γ 相 Gibbs-Thomson 系数，$\Gamma_\gamma = T_P \sigma_{\gamma L}/L_\gamma$
$\theta_{\delta L} = 50.5°$	三相交接点处液相/δ 界面角度
$\theta_{\gamma L} = 61.9°$	三相交接点处液相/γ 界面角度
$D = 3 \times 10^{-9}$ Ks/m^2	T_P 温度 Ni 的扩散系数

需要注意的是,图 3.75 中所标注的都是实验所用合金的名义成分,而在试样中心所关注的组织形成区域,由于径向温度梯度的存在,溶质的含量将会有所降低,而边缘的溶质含量有所升高。所以,图 3.75 中所标注的实验结果除 γ 相平界面外都应向左移动,这会使其与理论预测结果的偏差有所减小。但是 NCU 模型的预测结果具有以下不足:

①由于 NCU 模型采用尖锐相变(sharp phase transition)假设,因此它

不能预测连续相变过程中形成的组织——岛状组织。而这类组织是包晶合金定向凝固中的一大类组织。

②NCU 模型预测的两相组织形成区域与实验结果相差很大,且不能预测包晶共生生长的可能存在区域,实验发现包晶共生生长组织与带状组织的形成区间是重合的。

③NCU 模型不能预测胞状包晶共生生长组织,而这种组织可能取代包晶共生生长成为制备包晶系原位自生复合材料的候选生长方式。图3.75显示这种生长方式可能在整个包晶平台的成分区间内都可以存在,并且可能存在一个生长区间。

④当凝固速度较大,初生相为枝晶生长时,过包晶合金定向凝固仍可以得到稳定的两相组织。这可能是由凝固的非平衡性和定向凝固特性共同决定的。

由此可见,虽然 NCU 模型的建立为包晶合金定向凝固理论中的相和组织选择理论提供了重要的发展方向,并且在预测单相组织和带状组织时与实验结果吻合得很好。但是 NCU 模型在建立过程中使用了过多的不准确的假设,所以在预测包晶两相组织,尤其是共生生长组织和后来发现的胞状共生生长时与实验结果吻合得很差,需要进行进一步改进。关于包晶合金定向凝固过程中两种共生生长形成条件,在后面章节中还将进行讨论。

3.6 包晶反应对定向凝固组织演化的影响

在 Fe-Ni 包晶合金低速段定向凝固包晶两相生长过程中,在 L/δ/γ 三相交接点处一直存在明显的包晶反应。在包晶反应过程中,初生相 δ 的重新溶解使 L/δ 界面在三相交接点附近出现下凹,即界面曲率由正变为负,从而使包晶两相生长的三相交接区非常不规则,严重偏离正常的三相交接区形态。对于固溶体合金,其固液界面一般为微观粗糙界面(非小平面),对于粗糙的固液界面出现曲率符号的变化(L/δ 界面存在曲率拐点)是很罕见的,这说明包晶反应已经严重影响到了初生相 δ 在三相交接点附近的生长过程。此外,对于粗糙的固液界面,可以认为晶体的生长方向是固液界面的法线方向,所以具有粗糙固液界面合金相的生长总是会形成稍外凸的界面形态。而在包晶合金的两相生长过程中,初生相界面在三相交接点附近出现下凹,下凹界面的出现说明三相交接点局部区域 δ 相的生长变得困难,而包晶反应却可加速三相交接点附近包晶相生长速度。因此,包晶反应将引起三相交接点附近的两相生长动力学的改变,而三相交接点的动力学运动直接决定两相组织的形态和稳定性并从而影响包晶合金定向凝固过程中的组织演化。本节将在定向凝固实验结果的基础上详细介绍 Fe - Ni 合金定向凝固过程中的包晶反应并对其定向凝固组织演化的影响。为从整体上探讨包晶反应的影响,需要首先探讨定向凝固过程中包晶反应和包晶两相生长的特性。

3.6.1　包晶合金定向凝固过程中包晶反应的特性

对于一成分为 C_0 的包晶合金($C_\alpha < C_0 < C_p$),随着温度的降低,在液固相变过程主要包括以下三个反应:$L \rightarrow \alpha$、$L + \alpha \rightarrow \beta$ 和 $L \rightarrow \beta$,如图 3.76(a)所示。初生相 α 的初始凝固过程,即 $L \rightarrow \alpha$ 反应遵循匀晶合金凝固的一般规律,这里不必赘述。由于包晶反应过程的复杂性主要体现在包晶相 β 的生长过程上,因此它是包晶相变的主要研究内容。

Kerr 将包晶凝固过程中包晶相 β 的生长分为三个阶段:第一个是包晶反应阶段,亚稳初生相 α 和液相直接反应形成包晶相 β,包晶反应速度很快,形成的包晶相 β 很快将初生相 α 包裹,从而将其与液相分开;第二个是包晶转变阶段,包晶相通过在形成的包晶相内的固相扩散逐渐长大,由于固相扩散速度很慢以及包晶相逐渐增厚,因此包晶转变的速度将逐渐降低并且一般不能进行完全;第三个是包晶相直接凝固阶段,随着温度的降低,包晶相直接析出的驱动力逐渐增大,所以包晶相将直接从液相中析出,如图 3.76(b)所示。包晶相 β 凝固三阶段的划分,是为了研究的方便,人为地划分出来的。事实上,当包晶反应结束后,包晶相将初生相完全包裹,包晶转变和包晶相直接凝固过程将同时进行。

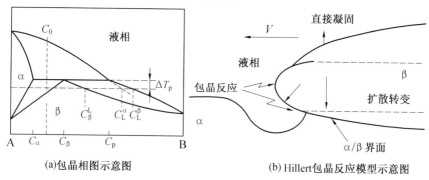

(a)包晶相图示意图　　　　　(b)Hillert包晶反应模型示意图

图 3.76　定向凝固过程中的包晶凝固模型

对于包晶反应,Hillert 最早提出在三相交接点三相要满足力学平衡,必须有一定的初生相 δ 发生重溶而产生负的界面曲率。St. John 利用 Cu－Sn和 Al－Ti 合金的定向凝固重新考查 Hillert 提出的包晶反应模型，认为包晶反应在 T_P 以下发生，而此时包晶相具有直接凝固的驱动力，所以包晶反应很可能根本不发生，并且三相交接点附近初生相的形状并不改变，而是呈现如图 3.77 所示的形状。而最近的研究和 Fe－Ni 实验结果都表明初生相界面在三相交接点附近确实存在重熔并出现负的斜率，这说明 Hillert 的包晶反应模型是正确的，至少在 Fe－Ni，Fe－C 和 Al 等合金中是正确的。此外还发现，包晶反应中重熔的初生相 δ 的体积分数是较大的，这些重新溶解的 δ 全都转化为 γ，这说明在定向凝固中通过包晶反应生成的 γ 相的量是较大的，具体情况在后面章节中还将详细讨论。这与普通凝固中的情形是非常不同的。在普通的体积凝固过程中，包晶反应发生的速度很快，通过包晶反应形成的包晶相很快将初生相 α 完全包裹，只在初生相外面形成一薄层的包晶相 β。而在定向凝固过程中，当成分为 C_0 的亚包晶合金以胞状或枝晶状界面定向凝固时，由于初生相 α 比包晶相 β 具有更高的与液相平衡的温度，因此初生相 α 总是领先于包晶相一段距离，如图 3.77 所示。这样在包晶反应阶段，包晶相只能从后面将初生相 α 部分包裹，而在初生相 α 尖端部分并不能发生包晶反应。这样，由于包晶相并不能完全包裹包晶相，α、β 和液相可以一直保持接触从而使包晶反应持续进行。这是定向凝固过程中包晶反应对包晶两相体积分数具有重要影响的根本原因。因此，在定向凝固过程中，包晶反应形成的包晶相 β 和消耗掉的初生相 α 的量都是不可忽略的。

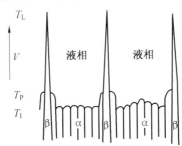

图 3.77　St.John 提出的包晶反应固液界面示意图

对于包晶转变，由于定向凝固的特性，当 G/V 值较大，初生相 δ 为胞状或平面状时，包晶相只能在固液界面处与液相接触，这与体积凝固时包晶相在侧面和液相完全接触是不同的。由于固相中溶质扩散比较困难，通过包晶相 β 内的溶质扩散进行的包晶转变过程是很缓慢的并且很难进行完全。而在定向凝固过程中,包晶转变需要的原子扩散长度将从 β 相的厚度变为 α/β 界面到 L/β 界面,即原子的扩散长度大大增加了,而同时包晶转变的驱动力(浓度梯度)却减小了,所以定向凝固过程中包晶转变的难度比体积凝固中的包晶转变的难度更大,形成包晶相的量更少。需要注意的是,当凝固速度很慢时,包晶转变的时间非常充裕,比体积凝固时更接近平衡状态,不过这种状态只能在凝固速度 V 非常低时才能出现。包晶转变时形成的包晶相 β 是 α→β 固态相变形成的,本节不做详细讨论。

在定向凝固过程中,通过包晶反应和包晶转变只能形成一小部分的包晶相,其余大部分的包晶相都是通过直接凝固得到的。此外,随着凝固速度的增加,直接凝固得到的包晶相的体积分数逐渐增大,特别是当凝固速度很大时,包晶反应和转变将被完全抑制,包晶相将完全通过直接凝固得到,这与普通凝固过程是一致的。

通过以上的分析可以得到定向凝固中包晶相变的特点:

①包晶反应机制与 Hillert 提出的模型一致,即在三相交接点附近初生相存在重熔现象,初生相固液界面在三相交接点附近出现负的曲率(下凹)。

②由于定向凝固的特性,包晶反应可能随凝固进程持续进行,而不像体积凝固过程中那样很快结束,因此包晶反应中消耗掉的初生相和生成的包晶相的量是很可观的,即包晶反应对包晶两相的体积分数具有重要影响。

③在包晶两相低速生长过程中,包晶反应引起初生相的部分重熔和三相交接点附近界面形状的改变,将引起三相交接点局部区域形态和生长动力学的复杂化。而三相交接点的复杂动力学运动将对凝固组织形态和稳定性具有重要影响。下面将以 Fe-Ni 合金为对象详细叙述包晶反应对定向凝固过程中各种组织演化的影响。

3.6.2　Fe-Ni 包晶合金低速段定向凝固中的包晶反应

Fe-Ni 合金低速段定向凝固包晶两相生长过程中在 L/δ/γ 三相交接点处存在明显的包晶反应。本节详细叙述在不同凝固条件下,初生相呈不同形态时 L/δ/γ 三相交接点附近的包晶反应。

定向凝固的速度很大时,如对 V>1 mm/s 的快速定向凝固,包晶反应被完全抑制,初生相 δ 和包晶相 γ 分别独立形核并相互竞争生长,在 δ 相周围看不到包晶反应的痕迹,图 3.78(a)所示为 Fe-4.3Ni 合金在温度梯度为 50 K/mm,速度为 1 mm/s 定向凝固时得到的凝固组织,这在第 6 章中还将详细介绍。而对 $V\leqslant 20\ \mu m/s$ 低速段的定向凝固,包晶反应在三相交接处总是存在的,不论初生相 δ 为平界面还是胞状或枝晶状界面,如图3.78(b)～(f)所示。

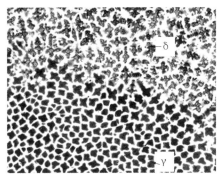

(a) Fe−4.3Ni, G=50 K/mm, V=1 mm/s

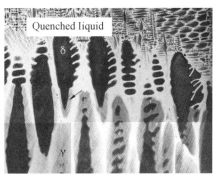

(b) Fe−4.3Ni, G=6 K/mm, V=15 μm/s

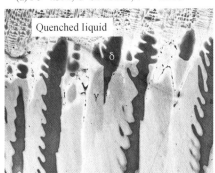

(c) Fe−4.3Ni, G=6 K/mm, V=10 μm/s

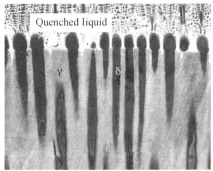

(d) Fe−4.3Ni, G=12 K/mm, V=15 μm/s

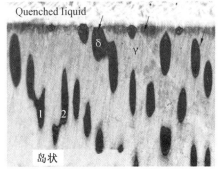

(e) Fe−4.3Ni, G=8 K/mm, V=5 μm/s

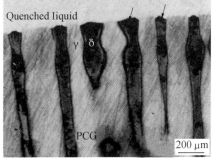

(f) Fe−4.3Ni, G=12 K/mm, V=5 μm/s

图 3.78　Fe－Ni 合金定向凝固中的包晶反应

当 G/V 值较小时,初生相 δ 以枝晶凝固,得到的是传统的包晶凝固组织,即枝晶状初生相 δ 和枝晶间包晶相 γ 组织。包晶反应在整个糊状区内都是存在的。包晶相 γ 通过包晶反应 L ＋ δ→ γ 在后面将 δ 相包裹着，形成枝状的初生相 δ 和枝晶间的包晶相 γ 组织。包晶反应和随后的包晶转变过程将消耗掉部分 δ，所以 δ 相的体积分数在固液界面以下逐渐降低，如图 3.78(b)和(c)。此外，枝晶凝固时由于分枝的存在，包晶反应不是以典型的如图 3.76(b)所示的机制进行，但是在三相交接点处仍可以看到 L/δ 界面出现下凹形态，如图 3.78 中箭头所示。

当凝固速度减小，G/V 值逐渐增大，δ 为胞状时，包晶反应主要集中在 δ 胞后面的三相交接点附近，部分初生相 δ 重新溶解使其界面在三相交接点附近曲率为负(下凹)，图 3.78(d)所示为胞状共生生长时的情况。这种现象在 Dobler 等人的研究中也观察到过。同样，由于包晶反应，初生相 δ 的体积分数在固液界面以下逐渐降低，如果假设胞状共生生长时胞为柱状形态，图 3.78(d)所示的胞状共生生长过程中平均 38% 的初生相 δ 发生了重新溶解。而包晶反应中重新溶解的初生相 δ 全部转化为包晶相 γ，这也充分证明了包晶反应对包晶两相的体积分数有重要影响。

当 G/V 值进一步增大，包晶两相以近平界面生长时，包晶反应在 L/δ/γ 三相交接点处仍是存在的，如图 3.78(e)和(f)所示。出现这种情况是很难理解的，因为两相以近平界面并列向液相中生长，界面温度基本相同，包晶相完全可以很容易从液相中直接析出，似乎没有必要在 L/δ/γ 三相交接点处发生包晶反应来生成。此外，包晶两相为平界面时，若发生包晶反应，界面形态如何平衡也是一个很难理解的问题。经过仔细分析发现，当包晶两相近平面生长时，包晶反应具有以下特点：

①两相为平界面生长时，包晶反应是确实可以发生的，图 3.78(e)和(f)给出了直接的证据。

②包晶反应集中在 L/δ/γ 三相交接点处发生，同样，初生相 δ 在包晶反应过程中的重新溶解使 L/δ 界面在三相交接点附近局部下凹，在远离交接点的地方 L/δ 界面仍保持平界面形态，如图 3.78(e)和(f)中箭头所示。因此，L/δ 界面从三相交接点到中心时存在一个拐点(假设固液界面为二维曲线)。这种情况出现在固溶体合金粗糙固液界面中是很罕见的，在文献中还未见到相关的报道，这也是包晶反应在这种情况下出现是很难理解的一个重要原因。

③鉴于包晶反应对初生相界面在三相交接点局域的影响，有必要提出包晶反应影响区的概念，即 peritectic reaction affected zone (PRAZ) 以描述包晶反应对包晶两相生长的局域影响。当包晶两相的尺寸都较大，特别是初生相的尺寸较大时，包晶反应影响区 PRAZ 对两相生长的影响是较小

的,因为包晶两相基本以各自平界面向液相中生长。而当初生相的尺寸较小时,PRAZ将可能覆盖整个 Liquid/δ 界面,使其完全偏离平界面形态,而形成中心尖锐凸出,周围下凹的山形,如图 3.78(e)中箭头所示。显然,此时的包晶反应已经严重影响到了初生相的生长过程,在下节中还将详细叙述。

④根据包晶反应主要集中在三相交接点附近,可以推测出包晶两相以平界面生长时界面温度 T^* 高于实际的包晶反应发生的温度 T_P^*,因为如果界面温度低于 T_P^*,那么包晶反应将不会主要集中在 L/δ/γ 三相交接点处,而是直接在 L/δ 界面处发生,形成的包晶相 γ 直接将 δ 相覆盖,从而阻断 δ 相的生长并结束两相生长。而事实上包晶两相生长可以维持进行,这说明界面温度 T^* 肯定不低于包晶反应发生的温度 T_P^*。这也为确定包晶两相平界面同时生长界面温度提高了一个全新的、可行的方法,具体情况在后面章节中详细介绍。

⑤包晶两相以平界面生长时主要得到的是岛状组织和包晶等温共生生长(peritectic coupled growth,PCG)组织。而包晶反应影响区 PRAZ 的出现必然会影响到两种组织的形成和稳定性,仍需要系统的研究。

综上所述,在低速段的包晶合金定向凝固过程中,不论两相以平界面、胞状界面或是枝晶状界面生长,包晶反应在包晶两相生长过程中总是存在的。L/δ/γ 三相交接点局部区域包晶反应影响区 PRAZ 的出现使 L/δ 界面局部下凹,并影响两相的生长过程,从而在低速段组织演化过程中发挥重要作用。下面详细叙述包晶反应对 Fe-Ni 合金定向凝固过程中组织演化的影响。

3.6.3 包晶反应对 Fe-Ni 合金定向凝固中组织演化的影响

1. 包晶反应与岛状枝晶

当初生相界面为枝晶时,各种成分的 Fe-Ni 包晶合金定向凝固得到的都是枝晶初生相 δ+枝晶间包晶相 γ 组织。但是随着 G/V 值的不同,初生相 δ 的形态呈现很大的不同,当 $G/V=(6\sim8)\times10^8$ K·s/m² 时,初生相 δ 连续生长,与传统的定向凝固枝晶生长一样,如图 3.78(c)所示,而当 G/V 低于 6×10^8 K·s/m² 时,δ 枝晶的生长变得断续,得到断续的 δ 枝晶分布在包晶相 γ 基体中,就像岛状组织一样,所以将其命名为枝晶岛状组织(dendritic island banding),如图 3.53 和图 3.78(b)所示。

在普通的定向凝固过程,为什么包晶合金初生相 δ 枝晶生长非常容易中断,而形成枝晶岛状组织呢?经过仔细分析,发现这种枝晶岛状组织的形成很可能与包晶反应有关。下面是这种组织的一种可能形成机制。

在定向凝固中,当初生相以枝晶形态生长时,相邻的枝晶之间存在相互竞争作用。当局部的枝晶间距过大时,新的枝晶形核或者是原枝晶的某个三次枝晶臂发达赶上枝晶阵列从而形成新的枝晶以减小过大的枝晶间距,而当局部的枝晶间距过小时,局部生长占劣势的某个/些枝晶将被周围的枝晶所淘汰以增大过小的枝晶间距。枝晶间的相互竞争是枝晶生长过程中的正常竞争,当这种竞争关系达到平衡时就会形成间距均匀、形态稳定的枝晶阵列。当外界生长条件稳定时,稳定的枝晶阵列将随凝固过程持续进行。然而,当包晶枝晶凝固时,情况有所不同。对一个稳定的枝晶阵列,当局部的某个枝晶由于扰动(来自温度场、对流、设备扰动等)可能生长暂时放慢而稍微落后于其他枝晶生长,但是局部的间距仍接近稳态间距,因此该枝晶不会由于相邻的枝晶的竞争而被淘汰。但是,若此时枝晶尖端落后到其温度接近 T_P 时,枝晶间的包晶相 γ 将通过包晶反应迅速将 δ 枝晶完全包裹,从而使其生长中断,这样就会形成一个断续的枝晶岛。一个枝晶的淘汰必然使局部的间距过大,所以新的枝晶将形成。凝固过程中扰动的不断出现将使上述过程重复出现,所以会不断出现断续的枝晶生长,即形成枝晶岛组织。由此可见,枝晶岛状组织的形成起源于两种竞争作用,一种是枝晶之间的相互竞争,另一种是初生相枝晶与包晶相之间的竞争作用。形成这种组织的一个必要因素是包晶反应,正是包晶反应的发生才会引起初生相枝晶的生长中断而形成枝晶岛。

上面叙述的机制假设枝晶生长已进入稳态时的情况,然而在定向凝固起始阶段,枝晶生长还未进入稳态时上述这种效应更加明显,因为在凝固初始过渡阶段,枝晶之间相互竞争作用更为强烈,更容易形成岛状枝晶。因此,在某些生长条件下,包晶合金以枝晶定向凝固时可能达不到传统的稳态,而会形成岛状初生相枝晶分布在包晶相基体中的全新组织,如图3.53和图3.78(b)所示。实验结果还显示,在三种温度梯度、三种包晶合金中都得到了这种组织,并且这种组织是非常稳定的,这说明这种生长方式可能是包晶系合金定向凝固的一种全新的稳定生长方式。

实验中发现,稳定的枝晶岛组织形成时,$G/V = (6 \sim 8) \times 10^8$ K·s/m²,稍小于传统稳定枝晶阵列形成时的 G/V 值。出现这种情况的原因可能是,生长速度较大时初生相枝晶间的竞争作用才比较强烈,并且由于生长速度较大,枝晶生长本身的稳定性降低,因此很容易满足岛状枝晶的形成条件。

需要说明的是,图 3.53 和图 3.78(b)中所示的断续的枝晶有些可能是由于金相制备时切割面与枝晶生长方向的差异引起的。经过金相切片技术验证,图中的大部分枝晶岛都是孤立的,这说明它们是类似岛状这种的枝晶岛状组织。

2. 包晶反应对胞状共生生长形态稳定性的影响

随着 G/V 值的增加,初生相 δ 呈胞状界面生长时,包晶合金定向凝固得到两种稳定组织,即初生相单相胞晶生长组织和胞状共生生长组织。初生相单相胞晶生长遵循单相合金定向凝固胞状生长的普遍规律,这里不再叙述,主要介绍胞状共生生长组织。

胞状共生生长(cellular peritectic coupled growth,CPCG)是胞状的初生相与平界面的包晶相,二者之间通过溶质之间的弱耦合形成的共生生长,初生相 δ 和包晶相 γ 并不在一个等温面上,胞状的 δ 稍领先于平面状的 γ 一段距离 l,如图 3.79 所示。在胞状共生生长过程中,由于 δ 相的生长需要较少的溶质 Ni,因此将向液相中排出溶质 Ni。这些 Ni 原子从 δ 胞顶端和侧壁向包晶相 γ 界面前沿扩散,从而满足包晶相 γ 的生长。这就是胞状共生生长时包晶两相之间的溶质扩散偶。

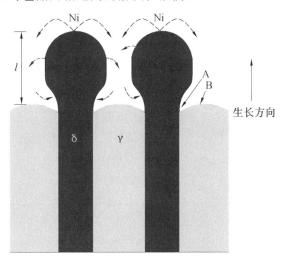

图 3.79　胞状共生生长示意图
(A 和 B 分别代表为包晶反应和直接凝固)

在胞状共生生长过程中,L/δ/γ 三相交接点处发生了明显的包晶反应,初生相 δ 在包晶反应过程中发生部分重溶,使 L/δ 界面在三相交接点附近出现下凹,并且上节已经介绍过,在胞状共生生长过程中重新溶解的初生相 δ 的量是很大的。

实验中得到胞状共生生长的生长区间是 $G/V = (8 \times 10^8 \sim 1.2 \times 10^9) \mathrm{K} \cdot \mathrm{s/m^2}$。在这个范围内，随生长条件和合金成分的不同，胞状共生生长的形态发生很大的变化。稳定的胞状共生生长只能维持在一个很窄的范围内，此时胞状初生相 δ 和平界面包晶相 γ 两相形态稳定、间距均匀，生长出排列规则的包晶系两相复合组织，如图 3.58 和图 3.68 所示。而在其他条件下得到的胞状共生生长是不稳定的，生长出来的是断续的、排列不规则的初生相分布在包晶相基体中的组织，如图 3.67 和 3.73 所示。

经过仔细分析发现，胞状共生生长的形态稳定性与胞状初生相 δ 的生长密切相关，而 δ 相的胞状生长与 L/δ/γ 三相交接点附近的包晶反应密切相关。当 G/V 相对较大，δ 胞顶端和 γ 平界面之间的距离 l 较小时，L/δ/γ 三相交接点附近的包晶反应将影响 δ 胞晶顶端的生长过程，使胞的顶端变得非常不规则，严重偏离了胞晶生长的正常形态，如图 3.80(a) 和 (b) 所示。由于胞晶的生长主要是由胞顶端的生长行为所决定的，偏离了正常形态的胞的生长很显然是形态不稳定的。这种形态不稳定的 δ 胞很容易被 γ 相包裹而使生长中断。在这种情况下，胞状共生生长是很难稳定地进行的。显然，这种不稳定的胞状共生生长是很难制备出规则排列的原位自生复合材料。与之相反，当 δ 胞顶端和 γ 平界面之间的距离 l 较大时，三相交接点附近的包晶反应落后于 δ 胞晶顶端的距离较大，所以包晶反应并没有直接影响到 δ 胞顶端的凝固过程，即没有影响到胞晶生长时端部的正常形态和动力学过程，而仅仅使已经凝固出胞的直径减小，如图 3.80(c) 和 (d) 所示。在这种情况下，初生相 δ 胞晶生长是可以稳定进行的，而仅仅是凝固出的 δ 相在包晶反应后体积分数有所减小。一旦初生相 δ 的胞晶生长达到稳定状态，后续的包晶反应和 γ 相的凝固也可以达到稳定状态，因为 δ 相的生长稳定后，向 δ 界面前沿和侧向排出溶质(Ni)也会达到稳定状态，这种稳定的溶质场将促使包晶反应和 γ 相的凝固达到稳定状态。因此，在合适的生长条件和合金成分下，当初生相 δ 胞与平界面包晶相 γ 之间的距离(l)足够大时，胞状共生生长是可以避免包晶反应的直接影响而稳定进行，从而生长出规则排列的原位自生复合材料的。需要注意的是，这里说 l 足够大时包晶胞状共生生长可能稳定进行，并不是说 l 越大越好。因为 l 随定向凝固 G/V 值的增大而逐渐减小，使 l 增大必然要减小 G/V 值，这样 δ 相的胞状生长和平界面的 γ 相的生长都可能变得形态不稳定，分别可能发生胞/枝转变和平/胞转变，从而使胞状共生生长无法维持下去。所以，稳定的胞状共生生长要求 l 既不能太大使包晶两相生长变得不稳定,也不能太小而无法避免包晶反应对初生相胞晶端部的影响,即稳定的胞状共生生长只能维持在一个很窄的 l 范围内。而这个范围对应一个特定的合金成分和生长条件区间,将在第 5 章详细介绍稳定胞状共生生长的选择区间。

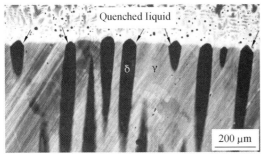

(a) 不稳定的胞状共生生长

(b) 不稳定的胞状共生生长

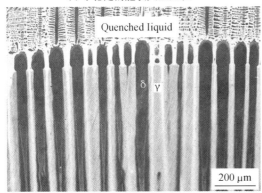
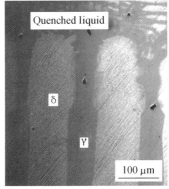

(c) 稳定的胞状共生生长

(d) 稳定的胞状共生生长

图 3.80 包晶反应对胞状共生生长的影响

前面在叙述包晶反应对胞状共生生长的形态稳定性的影响过程中,利用了一个假设,即假设包晶反应没有直接影响到初生相 δ 胞晶端部的形态和动力学过程,δ 胞晶生长可能达到稳定时,平界面和包晶相 γ 的生长也能达到稳定,从而胞状共生生长也就可能达到稳定状态。按说作为一个共生生长过程,共生生长的两相之间应该具有比较强的耦合作用,正是这种耦合作用才能维持共生生长的进行。而上述假设似乎将两相的生长机械地分开了,这样假设是否合理? 经过仔细考虑,认为这样考虑胞状包晶共生生长的形态稳定性是合理的,原因如下:

①在前面已经介绍过,包晶胞状共生生长,又称为非等温共生生长,是一种弱耦合的共生生长,即包晶两相之间的耦合作用较弱,比传统的平界

面等温共生生长时弱。包晶两相之间也不是平等的(parity breaking),而是初生相的胞状生长占优势,起一定的领先作用。因此,胞状 δ 相的生长的稳定进行是胞状共生生长能得以稳定进行的前提条件,只有 δ 胞晶生长能稳定进行,胞状共生生长才可能稳定进行,这也是我们主要关注包晶反应对胞状 δ 相生长的原因。

②胞状共生生长在一定程度上更类似单相合金胞状凝固而不是共晶纤维共生生长,这可以从共生生长的间距得到证实。单相合金胞晶生长时胞晶间距为 100 μm 数量级,纤维和层片共生生长(共晶)时特征间距为 0.1~10 μm,而在实验中得到的包晶胞状共生生长的特征间距为 120 μm 左右,远大于共生生长过程中溶质传输可以维持的间距范围,这充分说明胞状共生生长更类似单相胞晶凝固过程。

③这里说明包晶胞状共生生长过程更类似单相合金胞晶凝固过程,并且在生长过程中包晶两相之间的耦合作用较弱,但是并不是否认这种生长方式为共生(耦合)生长。因为,包晶胞状共生生长过程中包晶两相之间仍有耦合作用,平界面的 γ 相包裹着并稍微落后胞状初生 δ,γ 的存在实际上是一个"溶质吸收器",正是由于 γ 相的存在,δ 相的胞状生长过程中溶质 Ni 才能顺利排出,而 γ 相的生长又为 δ 胞晶生长提供了充足的溶剂原子 Fe,所以在胞状共生生长过程中包晶两相之间仍具有一定的耦合作用,正是这种耦合作用使包晶两相可以很容易地、稳定地、同时从液相中生长,并使包晶两相的排列非常规则。由此可见,胞状共生生长虽与单相合金的胞晶生长具有一定的相似性,但是二者仍具有本质的区别。

通过以上的分析,可以总结出包晶胞状共生生长的一些特征:

①包晶胞状共生生长虽然是一种共生(耦合)生长方式,但是其在一定程度上更类似单相合金的胞晶凝固方式。虽然在包晶胞状共生生长过程中,包晶两相之间的耦合作用较弱,但是这种耦合作用仍是维持这种生长方式的本质驱动力。

②在胞状共生生长过程中,包晶反应仍在 L/δ/γ 三相交接点附近发生,使 L/δ 界面在三相交接点附近下凹,并且由于定向凝固的特性,包晶反应阶段并不很快结束,而是随凝固过程持续存在,因此对包晶两相的体积分数具有重要影响。

③包晶胞状共生生长的形态稳定性与三相交接点附近的包晶反应密切相关。胞状共生生长稳定进行时,δ 胞顶端和平界面 γ 之间的距离 l 应该满足下列关系:

$$l_c \leqslant l \leqslant l_{CD}$$

当 $l \leqslant l_c$ 时,三相交接点附近的包晶反应将影响到胞状共生生长使其形态不稳定;而当 $l \geqslant l_{CD}$ 时,胞状初生相 δ 的生长和平界面 γ 的生长变得不稳定,胞状共生生长也很难稳定进行。

3. 包晶反应对等温共生生长形态稳定性的影响

观察在 Fe-Ni 合金中得到的等温共生生长,可以发现包晶两相之间排列不规则,δ/γ 界面不是平整的,而是弯曲的,并且随处可见初生相 δ 断续地分布在包晶相 γ 的基体中。这说明等温共生生长形态是振荡不稳定的,类似共晶共生生长的 1λ 和 2λ 周期振荡不稳定性。并且在几种合金成分中得到的共生生长都是这样的,这说明包晶共生生长的这种振荡形态不稳定性可能是一种普遍现象。包晶共生生长为什么不能像共晶合金共生生长那样很容易达到稳定状态呢?这需要对包晶共生生长进行进一步的分析。

分析包晶共生生长可以发现,在两相以平界面的等温包晶共生生长过程中,L/δ/γ 三相交接点处的包晶反应仍是存在的。同样,包晶反应过程中 δ 相的重溶使 L/δ 界面在三相交接点附近出现局部下凹,如图 3.78(f) 所示。显然,包晶反应影响区 PRAZ 的出现将使包晶共生生长的三相交接区严重偏离共生生长的正常的三相交接区。如果初生相 δ 的尺寸较小,δ 相边缘的包晶反应影响区将完全覆盖初生相 δ 的 L/δ 界面,使初生相 δ 呈现针尖状的形状(图 3.78(f))。显然,由于包晶反应影响区的出现使包晶共生生长与共晶共生生长相比发生本质性的变化:

①两种共生生长的溶质扩散场不同,共晶共生生长时两相排出的组元正是对方生长所需要的,因此两相同时凝固时可以形成对称的扩散偶,溶质从一相界面前沿扩散到另一相界面前沿,溶剂的扩散方向正好相反。包晶共生生长时,初生相 δ 界面前沿的溶质(Ni)原子也会扩散到包晶相 γ 界面前沿,这是由于初生相 δ 相的生长比包晶相 γ 需要较少的溶质,相应地溶剂原子(Fe)会从 γ 界面前沿扩散到 δ 界面前沿。然而与共晶共生生长不同的是,由于 L/δ/γ 三相交接点处的包晶反应,三相交接区附近部分初生相 δ 会发生重新溶解,而 δ 相的重新溶解需要从附近液相中吸收溶质 Ni,这些 Ni 原子一方面来自远离三相交界点的 L/δ 界面前沿的液相,另一方面来自附近的 γ/L 界面前沿的液相,即包晶反应过程中 δ 相的部分重熔将引起一个局部的溶质扩散流,如图 3.81(a)所示。该局部溶质扩散流与包晶共生生长的溶质扩散偶的扩散方向正好相反,这种局部逆向的溶质扩散流打破了共生生长局部稳定的溶质扩散偶场。两种方向相反的溶质扩散流的复杂作用,将引起三相交接点的动力学运动(振荡),从而引起共生

生长的不稳定,如图 3.81(a)所示。这种溶质反向扩散流引起的三相交接点的振荡运动与相场模拟中溶质回流(back flow)引起的带状组织与岛状组织之间的转变是类似的。

　　②包晶和共晶等温共生生长具有完全不同的形态稳定特性。对共晶共生生长,当凝固条件(G,V)一定时,如果共生生长间距 λ 落入到共生生长的稳定区,经过一段时间的演化,将得到稳定的共生生长,局部片层间距的扰动将受界面处的溶质扩散和界面张力作用的约束而重新稳定,即共晶共生生长具有很强的自稳定特性。与之相反,由于三相交点处的包晶反应,包晶共生生长时 L/δ/γ 三相交点将在横向方向上一直处于动力学运动之中。一方面,包晶相 γ 借助包晶反应不断向初生相 δ 界面前沿铺展,试图完全覆盖初生相 δ,这种机制类似于共晶共生起源的入侵机制,如图 3.81(b)中的 V_s;另一方面,由于 γ 的横向铺展中将消耗掉更多的溶质 Ni,且 δ 相具有更高的与液相平衡的温度,因此在 γ 横向铺展过程中,其附近的液相将会相对初生相 δ 过冷,所以此时 δ 相的生长速度将增加以增加其体积分数(抵御),如图 3.81(b)中 V_d。包晶相 γ 的入侵和初生相 δ 的抵御正是两相之间生长竞争关系的生动体现。由此可见,当 G/V 较大,包晶两相呈平界面的等温共生生长时,二者之间并不是稳定的耦合关系,而是一种竞争与耦合的复杂关系,包晶两相之间这种复杂的竞争关系将引起三相交点的复杂动力学运动,从而引起包晶两相共生生长的振荡不稳定性。因此,包晶两相之间的复杂关系是包晶两相生长复杂动力学的一个本质原因。

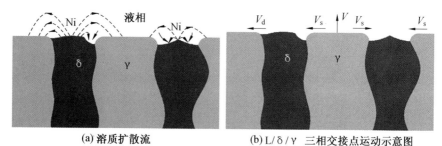

(a) 溶质扩散流　　　　(b) L/δ/γ 三相交接点运动示意图

图 3.81　等温共生生长的溶质扩散和振荡不稳定性示意图

　　需要注意的是,包晶等温共生生长时三相交点的振荡运动与薄试样共晶共生生长的振荡不稳定性和体积试样共晶共生生长的 Z 字形分叉是本质不同的:

　　①共晶共生生长时的振荡不稳定性(例如 2λ 振荡),一般是非共晶点

成分的共晶合金共生生长时层片间距超出稳定的层片间距范围时形成的，这种振荡不稳定性可能是由界面前沿的溶质边界层引起的，而包晶共生生长的振荡不稳定性根源于包晶反应引起两相生长之间的耦合与竞争的复杂关系。对于包晶共生生长，包晶反应发生在等温共生生长的 L/δ/γ 三相交接点处是由包晶合金的本质特性决定的。

②当凝固条件发生变化或经过长时间的演化，共晶共生的振荡不稳定性将会消失（共晶共生生长的自稳定性），而包晶共生生长的这种不稳定性来自包晶系的本质特性，只要在共生生长过程中包晶反应可以发生，即使包晶反应在局部暂时达到平衡时，这种复杂的竞争关系仍是存在的。所以可以说，对于包晶系的共生生长，只要包晶反应容易发生，这种振荡不稳定性可能是一种本质特性。

另一个需要注意的是，包晶等温共生生长时 L/δ/γ 三相交点的复杂动力学运动与近年来发现的引起共晶共生生长最小过冷度下超稳定性的三相交点横向运动也是不同的。共晶共生生长三相交点的横向运动是界面前沿溶质场与单个片层非平面几何学的耦合作用，是层片间距调整时稳定共生的积极因素。而包晶共生生长时三相交点的复杂运动是由包晶反应和两相间的复杂竞争关系引起的，在本质上将引起两相共生生长的不稳定。

综上所述，虽然在高 G/V 生长条件下，包晶两相也可以类似共晶共生生长那样以平界面同时向液相中生长时，即包晶共生生长是可以存在的，但是其形态是不稳定的。包晶共生生长过程中三相交接点附近的包晶反应和包晶两相之间的复杂竞争关系可能是包晶共生生长不稳定的本质原因。

4.包晶反应在岛状组织形成过程中的作用

在 Fe‐Ni 合金低速段定向凝固过程中，得到了丰富多彩的岛状组织，如图 3.66、3.67、3.73 和 3.78(e)所示。对于包晶合金定向凝固过程中的岛状组织的形成机制，目前主要有以下两种模型：

①Trivedi 和 Lo 根据实验中观察以及相场模拟为依据，认为岛状组织的形成主要是新形核相在已存在相界面前沿形核时横向铺展速度远小于已存在相的纵向生长速度而造成的。以包晶相 β 的岛状组织形成为例，当初生相 α 界面前沿相对于包晶相 β 的过冷度大于 β 相的临界形核过冷度时，包晶相便在 L/α 界面处形核。新形成的 β 晶核很快横向铺展生长，假设速度为 V_s，在 β 相横向铺展时，α 相继续按其定向凝固速度 V 纵向生长。若 $V_s \ll V$，则新形核的 β 很难将已存在相 α 包裹，α 相将快速生长将

β 包裹起来,从而形成孤立的 β 岛状组织。与之相反,当 $V_s > V$,β 相将迅速将 α 相覆盖住从而实现 α 相生长向 β 相单相组织转变,即形成了离散带状组织。由此可见,这种岛状组织的形成机制的核心是新形核相与原存在相之间的生长竞争。

②另一种观点认为,岛状组织的形成过程是与过冷区内新形核相的形核过程密切相关的。当过冷区内新形核相的密度非常大时,仍以包晶相 β 的岛状组织形成过程为例,若 β 相在初生相 α 界面前沿过冷区内的形核密度为无穷大,那么一旦 β 相形核,α 相就完全覆盖,从而形成完全的带状组织(离散带状组织)。与之相反,若 β 相的形核密度不是无穷大,而是有限值,这样就会形成岛状组织。关于以上理论,在相场模拟中也已经得到了证实。

仔细分析上面的模型会发现,在两种模型中都没有考虑到包晶反应在岛状组织的形成过程中的影响,而前面在介绍 Fe-Ni 包晶合金的定向凝固过程中得到的组织时已经多次发现 L/δ/γ 三相交接点处的包晶反应对两相生长动力学过程具有重要的影响。显然,包晶反应在岛状组织的形成过程中也必然发挥重要作用。下面简单分析包晶反应在初生相 δ 岛状组织的演化过程中的具体作用。

仔细观察图 3.78(e)可以清晰地看到,当包晶两固相并列以近似平界面生长时,在 L/δ/γ 三相交接点处存在明显的包晶反应,δ 相的重溶使 L/δ 界面在三相交接点附近出现下凹的界面。根据 Gibbs-Thomson 效应和晶体生长基本理论可知,下凹界面的出现说明前沿的溶质浓度增高并且三相交接点局部的 δ 相的生长速度明显降低,即靠近 L/δ/γ 三相交接点的边缘部分的 δ 相生长速度明显降低。而与之相反,在 L/δ/γ 三相交接点处的包晶反应将加速包晶相 γ 的生长,并使 γ 相通过包晶反应努力包裹初生相 δ。所以当局部 δ 相生长速度由于扰动或局部溶质条件影响而减慢时,包晶相 γ 将借助包晶反应迅速将初生相包裹,从而形成一个断续的 δ 相,如图 3.82 所示。这种机制与不稳定的胞状共生生长过程中断续的 δ 相是一样的。这也是在不稳定的胞状共生生长总是与初生相 δ 岛状组织共存的真正原因,如图 3.67(a)和图 3.73(a)所示。由此可见,可以说包晶反应的存在加速了初生相 δ 岛状组织的形成。

需要注意的是,图 3.78(e)中的岛 1 和 2 中都是两个岛连接在一起,这说明在 δ 岛的生长过程中,三相交接点在横向上一直处于振荡运动之中,这也再次证明了我们在包晶共生生长中关于包晶反应对共生生长形态稳定性的论述。在岛状组织的形成过程中,包晶反应的影响明显突出,这主

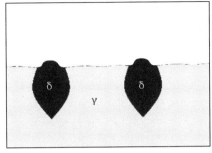

(a) 新形核 δ 相生长

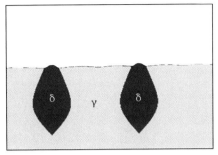

(b) δ 相生长开始减速

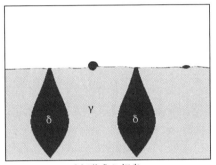

(c) 形成 δ 相岛

图 3.82 初生相 δ 岛状组织形成示意图

要是因为:由于 δ 岛都非常细小,因此三相交接点附近的包晶反应影响区可以轻松地完全覆盖整个 L/δ 界面;此外,形成 δ 岛状组织时一般合金成分较高,包晶反应的驱动力明显增加,所以包晶反应对两相生长的影响就明显一些。

在试验中,我们发现了丰富多彩的包晶相 γ 岛状组织,根据形成机制,可以分为三类:

①当两相都以平界面生长时,包晶相在初生相 δ 界面前沿形核,其横向生长速度小于 δ 的纵向生长速度,经过一段时间的演化,被 δ 完全包围形成 γ 岛状组织。

②不稳定的胞状共生生长过程中可能形成 γ 岛状组织。胞状共生生长时,由于包晶反应造成 δ 相在三相交接点处发生重熔,从而形成上大下小的伞叶状 δ 相,如图 3.83(a)所示。如果 δ 伞叶间的距离较近,相邻的伞叶会发生接合现象,从而将胞晶间的 γ 相的生长阻断,这样胞晶间的 γ 相就有可能形成断续的岛状组织,如图 3.84 所示。需要注意的是,当包晶两相的体积分数相差不大时,δ 初生相之间的接合可能是局部性的,这样纵

截面上显示的岛状组织在三维情况下可能是相连的,而当初生相的体积分数较大时,形成的岛大部分是相互孤立的。在实际情况中,两种情况都可能存在,如图 3.83(a)所示。

③当 δ 以胞状生长时,不断向侧向排除溶质,当枝晶间溶质富集到一定程度后,包晶相形核并开始生长,但当合金成分较低,δ 体积分数较大时,γ 相缺乏足够的溶质无法连续生长只能生成岛状组织,如图 3.78(b)所示。当两相体积分数相差不大时,这种 γ 岛状组织将过渡到胞状共生生长。

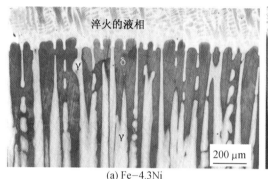
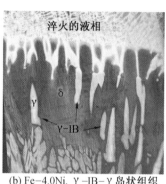

(a) Fe–4.3Ni   (b) Fe–4.0Ni, γ–IB–γ 岛状组织

图 3.83 包晶相 γ 的两种岛状组织($G=12$ K/mm, $V=10$ μm/s)

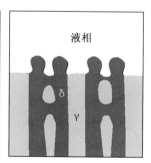

图 3.84 包晶相 γ 岛状组织的一种可能形成机制

5. 包晶反应对竞争振荡树状组织形成的影响

树状的初生相 δ 分布在包晶相基体中的组织——树状振荡组织,是包晶合金定向凝固过程中一种非常常见的组织,尤其是当试样的直径较大时。我们在对 Fe‑Ni 合金的定向凝固中发现,当温度梯度 $G=12$ K/mm,凝固速度 $V<15$ μm/s 时在三种合金中都发现了这种组织。实验中发现了一个有趣的现象,即 δ/γ 界面随着凝固距离、合金成分和凝固速度的增加,其变得越来越不规则,即越来越弯曲,如图 3.55、3.65 和 3.71 所示。

目前,关于这种组织的形成机制,Trivedi 等人认为这种组织主要是由对流引起的,他们通过数值模拟也证明对流确实可以引发这种组织,通过数值模拟,根据定向凝固固液界面前沿液相中对流的特性将定向凝固分为三种情况:

①纯扩散条件,在纯扩散条件下定向凝固时,一个较窄的成分区间内会形成带状组织。

②固液界面前沿存在稳定的对流时,包晶两相之间的界面会出现弯曲。

③固液界面前沿存在振荡对流时,振荡对流与包晶两相的液固相变之间的耦合作用将会产生在三维下相连的振荡层状组织。

随着凝固速度的增加,树状振荡组织变得越来越不规则,用上面的理论很好理解,因为随着凝固速度的增加,定向凝固过程中的对流效应越来越大,所以 δ/γ 界面越来越弯曲。但是,Trivedi 提出的模型却不能解释随着凝固距离和合金成分的增加,树状振荡组织也将变得不规则的原因。而在第 3 章中,我们已经证明在振荡树状组织的形成过程中,$L/\delta/\gamma$ 三相交接点处仍然发生了明显的包晶反应,如图 3.56 所示,而通过前面的详细叙述已经证明,包晶反应使 L/δ 界面下凹,使包晶两相生长三相交接点严重偏离正常的三相交接形态,并严重影响两相生长的动力学过程,从而对包晶系定向凝固过程中多种两相组织具有重要的影响。特别是与振荡树状组织非常类似的包晶共生生长过程中,三相交接点处两相竞争与耦合的复杂关系与包晶反应引起的局部复杂溶质场引起共生生长三相交接点的持续振荡运动。在树状振荡组织的形成过程中,这种机制也是存在的。而随着合金成分、凝固距离和凝固速度的增加,包晶相的生长驱动力增加,引起两相生长的加剧,必然引起树状振荡组织的畸形化。由此可见,当考虑三相交接点附近的复杂动力学和两相之间的生长竞争,结合 Bridgman 定向凝固过程中的对流效应,包晶两相振荡树状组织的形成将得到更精确的解释。这也是我们将振荡树状组织称为竞争振荡树状组织的原因。

6. 包晶反应动力学及其模型

经过上面的叙述可以看到,随着凝固条件、合金成分的不同,包晶反应的动力学过程是非常复杂的。完全定量地描述包晶反应过程的动力学目前来说是不可能的。本节以包晶合金定向凝固过程中典型且比较简单的组织——胞状共生生长组织(图 3.79)为例,来定量描述胞状共生生长过程中的包晶反应动力学。

目前主要有两种模型来描述包晶反应动力学过程,即 Hillert 模型和

Bosze - Trived 模型。最近 McDonald 和 Phelan 等人对 Fe - C 和 Fe - Ni 合金薄片试样凝固过程中的包晶反应进行原位观察发现,包晶反应动力学用 Bosze - Trivedi 模型可以更准确地描述。

　　Bosze - Trivedi 模型可以简单描述如下:在包晶反应过程中,可假设包晶相 β 是一个前端半径为 R 的平板状层片以最大速度生长,其厚度为 $2R$,平板端部的生长速度是成分过饱和度 Ω 的函数:

$$\Omega = \frac{C_{\mathrm{L}}^{\beta} - C_{\mathrm{L}}^{\alpha}}{C_{\mathrm{L}}^{\beta} - C_{\beta}^{\mathrm{L}}} \qquad (3.22)$$

其中各参数的定义参见图 3.76(a)。

当过冷度不大时,β 的生长速度为

$$V = \frac{9}{8\pi} \frac{D}{R} \Omega'^{2} \qquad (3.23)$$

其中

$$\Omega' = \frac{\Omega}{1 - \dfrac{2}{\pi}\Omega - \dfrac{1}{2\pi}\Omega^{2}} \qquad (3.24)$$

式中　Ω',Ω—— 平板及圆锥状的溶质过饱和度。

　　如果可以确定包晶相 β 的厚度或曲率半径 R,就可以根据式(3.23)计算出包晶反应速度随过冷度 ΔT_{P} 的变化规律。过冷度主要通过溶质过饱和度 Ω 引入(式(3.22))。Ω 是包晶反应过冷度的函数:

$$\Omega = \frac{\Delta T_{\mathrm{P}}/m_{\beta} - \Delta T_{\mathrm{P}}/m_{\alpha}}{\Delta T_{\mathrm{P}}/m_{\beta} + C_{\mathrm{p}} - C_{\beta} - \Delta T_{\mathrm{P}}/m_{\beta}^{\mathrm{S}}} \qquad (3.25)$$

式中　m_{β}^{S}—— 包晶相 β 的固相线斜率。

　　在胞状共生生长过程中,胞状初生相 δ 和近平界面包晶相 γ 交替排列,在 L/δ/γ 三相交接点处发生包晶反应,较大体积分数的 δ 重新溶解转变为包晶相 γ。这种生长方式与 Bosze - Trivedi 模型描述的理想情况是非常类似的,所以包晶反应应该满足式(3.23)的动力学关系。经过仔细测量发现,胞晶间包晶反应形成的包晶相 γ 的平均厚度在 20 μm 左右,包晶反应平均过冷度在 0.2 K 左右,与根据计算结果的对比如图 3.85 所示。

　　由图 3.85 可以看到,实验结果与 Bosze - Trivedi 模型的预测结果存在较大的偏差,但是二者的趋势是一致的。实验中得到的包晶反应速度(对应于包晶相 γ 的生长速度)要稍大于模型预测值,或者说是实验中的包晶反应过冷度低于理论预测值。Bosze - Trivedi 模型的推导是建立在最大生长速度假设上的,所以实验结果应该是低于理论预测结果,而本书实验结果却高于理论预测结果,这似乎很难理解。出现这种偏差的原因可能是 Bosze - Trivedi 模型主要是针对过饱和熔体中自由生长的包晶两相的包晶反应,而本书的实验结果是在定向凝固中得到的。所以,实验中得到的包晶反应速度高于理论预测值是很容易理解的,因为定向凝固的特性,包晶反应速度应该跟定向凝固系统的引入速度一致,即使该过饱和条件下包晶反应速度低于定向凝固速度 V,也需要按照定向凝固速度进行。所以说定向凝固过程中包晶反应动力学将受定向凝固速度的影响,与自由凝固过程中的包晶反应动力学有很大的偏差,但是随过冷度的变化趋势与 Bosze - Trivedi 模型是一致的。

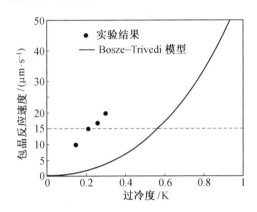

图 3.85　实验中观察到的包晶反应速度与模型预测结果的对比

3.7　包晶系共生生长及其模型化

3.6 节详细介绍了 Fe - Ni 合金低速段定向凝固中得到的丰富组织,如岛状组织、岛状枝晶组织、两相振荡树状组织、共生生长和胞状共生生长形成的复合组织、平界面、胞/枝界面单相组织等。在这些组织中,共生生长和胞状共生生长形成的原位自生复合材料由于其显著的各向异性、稳定的界面特性和制备工艺的可控性使其具有重要的工业应用前景,而两相耦合的生长方式本身一直是凝聚态物理、非线性科学和凝固理论的重要研究对象,因此对包晶共生生长和胞状共生生长进行进一步的深入研究不但具有重要的实际工程意义,还具有重大的理论意义。

目前对包晶共生生长的研究处于开始阶段,只是机械地借助共晶共生生长的基本理论进行分析,很多基本的问题尚不清楚,例如包晶共生生长界面所处的实际状态、溶质过冷与曲率过冷之间的耦合与平衡关系等。而对于胞状共生生长,是一种在包晶系中发现的一种独特的生长方式,目前只知道是靠胞状初生相与平界面包晶相之间的弱耦合关系维持,对其形成机制、尺度特征、稳定性、形成条件等都尚不清楚。因此,本节在对理论和实验结果分析的基础上,重新对包晶系的两种共生生长方式进行分析,加深对两种生长方式的认识,从而为包晶系规则排列原位自生复合材料的制备和控制提供更可靠的理论基础。

3.7.1　包晶等温共生生长

1. 共生生长理论分析及目前尚未解决的问题

包晶等温共生生长,就是包晶两相以平界面同时向液相中生长并且固液界面在宏观上保持平界面(等温)的生长方式,为了与共晶共生生长(ECG)相对应,将包晶等温共生生长直接称为包晶共生生长(PCG),而将包晶系中发现的另一种共生生长称为包晶胞状共生生长(CPCG)。

目前关于两相共生(耦合)生长的理论,都是建立在共晶系合金基础上。对于一个共晶成分的共晶合金,当液相温度降至 T_E 时,液相将析出两成分互补的固相,一相的生长需要溶质 B,而另一相的生长需要溶剂 A,所以共晶两相以相互协同的方式同时向液相中生长是很容易理解的,如图 3.86 所示。而对于包晶合金,情况则大不相同。由于包晶两相具有相同的液相线斜率,因此具有相同的凝固特性,即凝固过程中都会在界面前沿富集溶质 B(图 3.87),所以包晶两固相的生长应该是一种本质上的竞争关系,这与共晶两相正好完全相反。具有竞争关系的包晶两相实现共生(耦合)生长,在理论上似乎是不可能的,所以很多研究者就认为包晶共生生长在理论上是不可能的。而从热力学角度来说,在非平衡状态下,两相实现同时从液相中凝固并不违背热力学基本定律。所以,很多研究者几十年来一直未放弃对包晶共生生长的研究,并最终在 Ni-Al,Ti-Al,Nd-Ba-Cu-O,Fe-Ni 包晶系中得到了共生生长。虽然只有在 Fe-Ni 合金系中得到的才是严格意义上的共生生长,但至少证实了包晶两相在低速定向凝固过程中以平界面同时向液相中生长是可能的。然而,目前在理论上分析包晶共生生长时遇到了很大的困难,主要体现在包晶共生生长过程中界面所处的实际状态,界面曲率过冷度的矛盾等,下面将进行详细阐叙。

2. 包晶共生生长界面的实际状态

在共晶共生生长过程中,共生界面 T_E^* 温度低于共晶温度 T_E,即共晶共生生长界面处于过冷状态(相对于共晶温度),过冷度 ΔT_E 主要由界面前沿溶质富集及侧向扩散引起的溶质过冷度 ΔT_D 和界面偏离平界面时

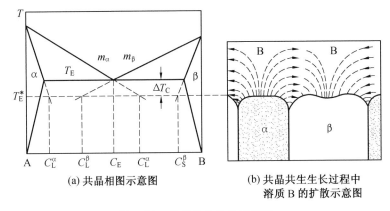

(a) 共晶相图示意图

(b) 共晶共生生长过程中
溶质 B 的扩散示意图

图 3.86 共晶共生生长示意图

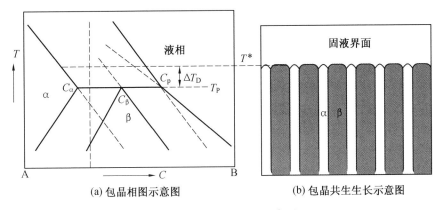

(a) 包晶相图示意图

(b) 包晶共生生长示意图

图 3.87 包晶共生生长示意图

Gibbs-Thomson 效应引起的曲率过冷度 ΔT_r 两部分组成(对金属低速定向凝固忽略了动力学过冷度和热过冷度)。

共晶共生生长在宏观上是平的界面,即固液界面是一等温面,是由溶质过冷度和曲率过冷度之间的竞争与耦合形成的平衡关系来维持的,如图 3.88 所示。需要说明的是,不是曲率过冷度为维持平的界面而根据溶质过冷度进行自动调整,而是固液界面根据溶质过冷度自动调整自身的形态,从而形成与溶质过冷度相匹配的曲率过冷度,如图 3.88 所示。

对共晶共生生长而言,界面处于过冷状态是界面溶质扩散和生长驱动的要求。一方面,界面过冷时才能保证两相稳定地从过冷液相中析出;另一方面,在过冷状态下,共晶两相界面前沿才能富集溶质,从而形成满足两相耦合/协同生长所需的溶质扩散偶,如图 3.89(a) 所示。

而对包晶共生生长来说,情况则很不相同。以 Fe - Ni 包晶合金为例,

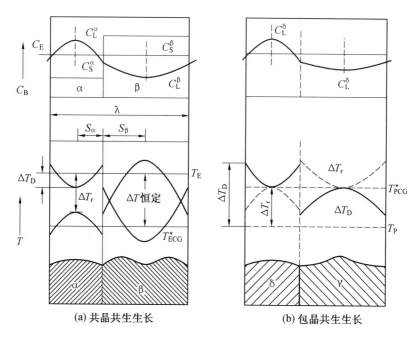

图 3.88 共晶和包晶共生生长界面前沿溶质分布及过冷度示意图

若共生生长界面处于过冷状态,即界面温度低于 T_P 时,初生相 δ 和包晶相 γ 界面前沿都富集溶质 Ni,并且初生相 δ 界面前沿液相溶质浓度 $C_L^δ$ 高于包晶相 γ 界面前沿的溶质浓度 $C_L^γ$,如图 3.89(b)所示。在这种情况下,溶质 Ni 将从 δ 相界面前沿向包晶相 γ 界面前沿扩散。而对包晶共生生长,初生相 δ(3.83Ni)生长比包晶相 γ(4.33Ni)需要更少的溶质,即包晶两相共生生长得以维持的溶质扩散偶应该是溶质 Ni 从 δ 界面前沿向 γ 界面前沿扩散,溶剂 Fe 从 γ 界面前沿向 δ 界面前沿扩散。由此可见,当包晶共生界面温度低于 T_P 时,固液界面前沿实际的溶质扩散方向与共生生长所需要的溶质扩散偶方向是相反的,即界面处于过冷时不满足共生生长所需要的溶质扩散场要求。因此,在包晶共生生长过程中,固液界面的温度应该高于 T_P,即界面处于过热状态(相对于 T_P),如图 3.87 所示。

包晶共生生长界面处于过热状态,高于 T_P,不仅是共生生长溶质扩散场的需要,也是共生生长得以稳定进行的需要。因为如果界面温度低于 T_P,包晶反应 L+δ→γ 将很显然有足够的驱动力发生,这样初生相 δ 界面将很快被包晶反应形成的包晶相完全覆盖从而与液相不再接触,即共生生长中的初生相将会发生中断,共生生长将会被单相包晶相 γ 生长所代替。包晶反应的这种机制已经在实验中得到了清楚的证实。由此可见,为避免

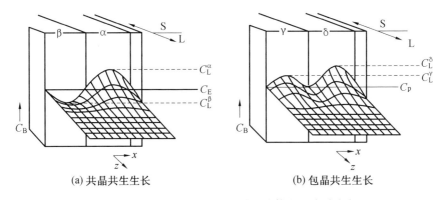

(a) 共晶共生生长   (b) 包晶共生生长

图 3.89 共晶和包晶共生生长前沿熔体中的溶质分布

包晶反应中断共生生长,包晶共生生长界面温度也应该高于 T_P,即处于过热状态。

在理论上预测出包晶共生生长处于过热状态是很难理解的,因为如果界面温度高于 T_P,那么包晶相 γ 似乎并没有足够的凝固驱动力,无法维持从液相中连续生长。此外,虽然在 Ti - Al,Ni - Al 和 Fe - Ni 包晶系中都得到了共生生长,但是对共生生长并没有详细的研究,尚不能确定固液界面的实际状态,即并没有直接的证据来证实包晶共生生长处于过热状态。因此,对共生生长进行深入研究之前,必须首先确定包晶共生的实际状态。

3. 包晶共生生长界面曲率过冷度引发的矛盾

在理论上预测包晶共生生长时界面应处于过热状态,即界面温度高于包晶反应温度 T_p,这是很难理解的,而更难理解的是共生生长时界面曲率过冷度引发的矛盾。

包晶共生生长的维持,需要建立溶质 Ni 从初生相 δ 界面前沿扩散到包晶相 γ 界面前沿,溶剂 Fe 的扩散方向与其相反的溶质扩散偶。这种扩散偶的建立需要初生相 δ 界面前沿的溶质浓度高于包晶相 γ 界面前沿,其示意图如图 3.88(b)所示,这与共晶共生生长是一致的。下面分析包晶共生生长界面的过冷度(过热度)。对等温的包晶共生生长,界面处于过热状态,假设其过热度为 $\Delta T_{PCG} = T_{PCG}^* - T_P$,其中 T_{PCG}^* 为共生界面的实际温度。该过冷度由成分过冷度 ΔT_D 和曲率过冷度 ΔT_r 两部分组成。对初生相 δ 而言,成分过冷度 $\Delta T_D^\delta = m_\delta \Delta C$,$\Delta C$ 为界面的成分与合金的原始成分之间的差,所以初生相 δ 界面的成分过冷度如图 3.88(b)所示,从中心向边缘逐渐减小。为使界面保持平的等温界面,曲率过冷度 ΔT_r^δ 和 ΔT_D^δ 正好相反,沿等温面 T_{PCG}^* 对称分布。为形成这种曲率过冷度,初生相 δ 界面中心的曲率小,边缘的曲率大,为正常的近平界面凝固,与共晶共生生长是一致的(图 3.88(b))。

对包晶相而言,情况则发生很大的变化。由于包晶相 γ 界面前沿贫溶质 Ni,因此其成分过冷度 ΔT_b^c 是中心小、边缘大,即 ΔT_b^c 曲线凹向下,如图 3.88(b) 所示。相应地,包晶相 γ 界面的曲率过冷度 ΔT_r^γ 与 ΔT_b^c 正好相反,呈凹向上的形态,为了得到这种曲率过冷度,包晶相 γ 界面的曲率从边缘向中心曲率逐渐增大,如图 3.88(b) 所示。出现这种情况在物理上是很难理解的,因为它违背了 Gibbs-Thomson 效应。由此可见,实际的包晶共生生长到底是如何进行的,是否会出现这种矛盾也是未知的。

4. 包晶共生生长形态稳定性与特征尺度之间的矛盾

应该强调的是,扩散偶场的建立只是共生生长得以形成的必要条件。共生生长要想稳定存在,必须满足形态稳定性的要求。根据 Cahn 对两相共生生长稳定性的分析,共生生长的稳定性取决于共生生长过冷 ΔT 与间距 λ 曲线斜率的符号。若该斜率为负值,则共生生长阵列间距偶然出现的扰动将不断增长、不断发展,从而使共生生长阵列不稳定,即此时的共生生长是"本质"不稳定的;若斜率为正值,则阵列中 λ 偶然出现的扰动将逐渐减小并消失,即此时共生生长阵列是自稳定的。

按照 Cahn 的理论,对共晶共生生长,典型的 $\Delta T \sim \lambda$ 曲线如图 2.24 所示。在 λ_m 左侧,$\Delta T \sim \lambda$ 曲线斜率为负,共生生长是不稳定的;而在 λ_m 右侧,$\Delta T \sim \lambda$ 曲线斜率为正,所以共生生长是稳定的。对于包晶共生生长,根据 Boettinger-Jackson-Hunt(BJH 模型) 理论,$\Delta T \sim \lambda$ 曲线与 a^L 密切相关:当 $a^L < 0$ 时,过冷度由大于零逐渐减小到小于零,且曲率 $\mathrm{d}\Delta T / \mathrm{d}\lambda$ 小于零;而当 $a^L > 0$ 时,ΔT 随 λ 的增加先增加后减小,但一直为负,如图 2.24 所示;当 $a^L = 0$ 时,$\Delta T \sim \lambda$ 曲线为一条直线。若共生生长只能在 $\mathrm{d}\Delta T / \mathrm{d}\lambda$ 大于零时才能稳定存在,那么包晶共生生长只可能在 $a^L > 0$ 时,且层片间距 λ 小于 λ'_m 时,才可能稳定存在,并且此时过冷度也为负值,理论预测也是相符的。然而通过观察发现,包晶共生生长的特征间距都非常大,Fe-Ni 包晶系在 $50 \sim 150~\mu m$ 范围内,远大于共晶生长时的间距($0.1 \sim 10~\mu m$),如此大的的层片间距是否满足共生生长的形态稳定性假设呢? 这也是一个非常迫切地需要解决的问题。

3.7.2　Fe-Ni 合金定向凝固实验中得到的共生生长

在 Fe-Ni 合金的低速定向凝固过程中也得到等温共生生长。在本节中将根据这些实验结果,详细讨论包晶共生生长理论预测与实验结果之间的矛盾,加深对包晶共生生长方式的认识。

1. Fe-Ni 共生生长界面过冷度的确定

为明确包晶共生生长界面的实际状态,需要确定固液界面的温度。然而,确定固液界面的实际温度是很困难的,主要原因如下:

①直接测量固液界面温度时很难确定固液界面的位置,所以很难准确确定固液界面的实际温度,这与确定定向凝固固液界面的温度梯度中遇到的困难是类似的。

②固液界面的过冷度是很小的,为 0.01 K 数量级,而现在的热电偶的测量精度根本无法精确地确定界面的温度。

对共晶共生生长也是如此,直到最近 Akamatsu 教授研究组才在显微镜的帮助下,比较精确地确定了薄片状透明有机共晶合金 $CBr_4-C_2Cl_6$ 共生生长局部的平均过冷度;但对不透明的金属体积试样,这种方法也是无济于事的。所以,为确定包晶共生生长界面的温度,还需要寻求其他可行的方法。

然而,在 Fe-Ni 共生生长过程中,在三相交接点处发生了明显的包晶反应。包晶反应的发生,为确定共生生长界面的温度提供了重要的参照点。由于定向凝固的凝固速度非常慢,为 5 $\mu m/s$,所以相应的冷却速度约为 $GV=12$ K/mm$\times 5$ $\mu m/s=0.06$ K/s。由此可见,系统的冷却速度非常慢,在如此慢的情况下,系统具有足够的时间趋近平衡状态,这也证实定向凝固过程中固液界面处的局域平衡假设是正确的。而在共生生长过程中,在 L/δ/γ 三相交接点处发生包晶反应,首先说明共生生长时界面温度非常接近平衡包晶反应温度 T_P,这与理论预测和文献中原位观察到的结果也是一致的。更幸运的是,包晶反应主要集中在三相交接点处,而落后于包晶两固相的固液界面一段距离 Δl,如图 3.90 所示,这明确证明了共生生长时界面温度稍微高于包晶反应发生的温度,即包晶共生生长处于过热状态,这也为理论预测的包晶过热共生生长提供了直接的证据。

需要说明的是,在这里并没有考虑包晶反应的过冷度 $\Delta T_P=T_P-T_P^*$,其中 T_P^* 为包晶反应实际发生的温度,这主要是因为不论包晶反应的过冷度为何值,包晶共生生长都是在过热状态下进行的。其主要原因如下:一方面,若包晶反应在平衡包晶温度发生,即 $\Delta T_P=0$,显然共生生长界面温度高于平衡包晶反应温度 T_P,即包晶共生生长是在过热状态下进行的;另一方面,若包晶反应具有一定的过冷度,即 $\Delta T_P=T_P-T_P^* \neq 0$,但是包晶共生生长界面温度仍高于实际的包晶反应发生的温度 T_P^*,所以包晶共生

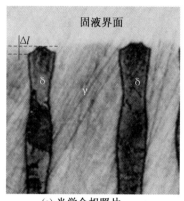

(a) 光学金相照片

(b) SEM照片

图 3.90　在 Fe-4.3Ni 合金中得到的共生生长($V = 5\ \mu m/s$)

生长仍是处于过热状态。需要明确指出的是,包晶共生生长的过热状态是针对包晶反应实际发生的温度 T_P^*,这与共晶共生生长时的情况是一样的,在共晶共生生长过程中,共晶共生生长界面的温度低于共晶反应发生的实际温度,即共晶共生生长处于过冷状态。由此可见,不论包晶反应的过冷度有多大,包晶共生生长都是处于过热状态。

此外,由于包晶共生生长发生时,系统的冷却速度非常缓慢,为 0.06 K/s,因此固液界面非常接近完全平衡状态,故包晶反应的过冷度 ΔT_P 非常小,可以假设其为零,即包晶反应的温度 $T_P^* = T_P$。这样,根据包晶共生生长界面与三相交接点处包晶反应发生位置的相对距离 Δl 可以近似定量确定包晶共生生长的过热度,如图 3.90(a)所示。为此,我们对实验中得到的共生生长进行测量,发现 Δl 在 2 μm 左右,相应的共生生长的过热度为 $\Delta T_{PCG} = G\Delta l = 12\ K/mm \times 2\ \mu m = 0.024\ K$,即 Fe-4.3Ni 以 5 $\mu m/s$ 定向凝固得到的共生生长的过热度在 0.024 K 左右。

需要说明的是,上面方法确定的包晶共生生长的过热度的数值只是一个近似值,因为忽略了包晶反应的过冷度,并且系统的温度梯度也只是一个近似值。但是对金属体积试样,这种近似方法是目前唯一实际可行的,并且得到的过热度与共晶共生生长的过冷度在数值上是同一个数量级,说明得到的近似结果是可信的。

2. 共生生长的特征尺度和起源

共生生长的特征尺度是共生生长的另外一个主要特征。然而,包晶共生生长不像共晶共生生长那样容易得到,并且在很宽的生长区间内都可以稳定存在,所以可以很容易地研究共生生长的间距随生长条件的变化规律,包晶共生生长本身就很难得到。在对 Fe‑Ni 合金的定向凝固过程中发现,包晶共生生长的存在区间很小,只有当温度梯度为 12 K/mm,凝固速度为 5 μm/s 和 10 μm/s 时才能得到,并且当凝固速度为 10 μm/s 时,等温共生生长只在边缘局部存在,明显只是一种过渡组织,所以对包晶共生生长来说,目前很难准确研究其随生长条件的变化规律。但是,实验中得到的 Fe‑Ni 合金共生生长还是可以提供一些信息。

表 3.7 给出了在 Fe‑Ni 合金中得到等温共生生长的形成条件、间距、形态及两相局部平均体积分数。由于得到的共生生长数据点太少,不足于定量地描述共生生长随生长条件变化的规律。但由表 3.7 仍可以得到以下结论:

表 3.7   Fe‑Ni 包晶合金中得到的共生生长特点

试样	Fe‑4.3Ni $V=5\ \mu$m/s	Fe‑4.3Ni $V=10\ \mu$m/s	Fe‑4.5Ni $V=5\ \mu$m/s	Fe‑4.5Ni $V=10\ \mu$m/s
共生生长形态	层片＋纤维	纤维	层片＋纤维	纤维
最大间距 λ_{max}/μm	179.1	96.3	200.1	134.5
最小间距 λ_{min}/μm	102.6	49.6	115.4	67.25
平均间距 λ_{mean}/μm	132.5	73.6	142.6	107.6
初生相平均分数 f_δ	26.4	28.3	22.5	12.5
包晶相平均分数 f_γ	73.6	72.7	77.5	87.5
局部平均成分 $C(x(\mathrm{Ni}))/\%$	4.23	4.27	4.26	4.38

①随着凝固速度增加,两种合金共生生长间距都逐渐减小,如当凝固速度从 5 μm/s 增加到 10 μm/s 时,Fe‑4.3Ni 的共生间距由 132.5 μm 减小到 73.6 μm。虽然此时共生生长形态由层片＋纤维状向全纤维生长转变,但仍充分说明共生生长间距随凝固速度增大而减小,这与共晶合金是一致的。

②随着合金成分的增加,相同条件的共生生长的层片间距逐渐增大,这与理论预测也是一致的。因为,随着合金成分的增加,初生相 δ 的体积分数逐渐减小,相应的共生生长间距将会增加。

③在四种条件下得到的共生生长都显示共生生长中初生相 δ 的体积分数都是非常小的,不超过 30%,这与共晶共生生长是非常不同的,是包晶共生生长的一个典型特征。

④对等温共生生长局部成分的测量显示,共生生长的局部平均成分都

是非常高的,非常接近包晶点成分(4.33%Ni),这是包晶共生生长的另一个重要特征,它说明包晶共生生长可能非常接近包晶点成分,而不是在整个亚包晶范围内都是可能的。这也可能是本书中大部分等温包晶共生生长都是在初始成分为包晶点成分和过包晶合金中得到的主要原因。

下面介绍等温包晶共生生长的起源,即共生生长的演化机制。对共晶系合金,目前普遍认为共生生长有两种起源方式:①第二相在初生相界面上横向铺展时的形态不稳定性,主要是分叉不稳定性,这种方式可以解释共晶两相之间的特定位相关系,因为共晶团簇(colony)内的层片是由同一个晶粒发展起来的;②形核机制,即第二相在初生相的过冷区内形核,然后两相开始并列生长,这种机制形成的共晶晶粒一般较小。

对包晶共生生长而言,实验和相场模拟中证实,由岛状组织引发是包晶共生生长的主要起源机制。岛状组织引发共生生长需要满足两个必要条件:①排出溶质多的相(一般为初生相)的生长形态是稳定的,即该相的生长应该是稳定的平界面或胞状界面(此时的共生生长为非等温的弱耦合胞状共生生长);②包晶共生间距也存在一个稳定的范围(λ_{min},λ_{max}),共生间距应该落入这个稳定范围,该范围是由 1λ 振荡不稳定性确定的。当满足这两个条件时,岛状组织可能诱发共生生长,具体演化机制为:岛状带→1λ 振荡组织→1λ 振荡振幅逐渐减小→准稳态(稳态)包晶共生生长。

虽然我们在实验中也证实岛状是诱发等温共生生长的主要机制,但是却显示包晶共生生长还有其他的起源机制。由图 3.65(a)可以看出,等温共生生长直接从平界面的初生相生长直接过渡而来,而不需要其他的过渡状态,并且类似的结果在 Ti – Al 包晶系中也发现了,这清楚地说明包晶共生生长还有其他的起源机制。

3.7.3　包晶等温共生生长的模型化

前面详细介绍了包晶共生生长的理论预测和 Fe – Ni 合金中得到的共生生长。然而深刻认识共生生长,必须对其进行模型化,找到共生生长的特征尺度随凝固条件的变化规律,从而对共生生长进行精确控制。此外,在理论上对共生生长进行模型化可以为认识其他复杂体系的生长行为提供参考作用。本节将在 Jackson 和 Hunt 提出的共晶共生生长模型和Boettinger 对包晶共生生长分析的基础上重新求解包晶共生生长过程中的溶质场,求证包晶共生生长所遵循的规律,试图解释目前理论和实验中的矛盾。和共晶共生生长的理论处理一样,假设共生生长过程中固液界面处于完全平衡状态,这样共生生长的两固相的体积分数可以完全按照平衡相图计算,这样也就是假设共生生长过程中可以发生包晶反应,并且包晶反应进行完全。为此,我们将在这种假设下推导出的模型定义为平衡包晶共生生长模型。

1. 平衡包晶共生生长模型

对包晶共生生长进行模型化,首先需要求解共生生长过程中的溶质场。以图3.91(a)所示的典型包晶合金为例,初始成分为C_0的合金定向凝固过程中,初生相 α 和包晶相 β 交替周期性排列向液相中生长,如图3.91(b)所示。当达到稳态时,固液界面以一定的速度V向液相中移动,界面在宏观上近似为一平面,温度为T_P^*。定义包晶温度T_P与界面温度T_P^*之差为包晶共生生长的过冷度,即$\Delta T = T_P - T_P^*$。由于初生相 α 和包晶相 β 之间的成分差异,溶质 B 在共生生长过程中将由初生相 α 界面前沿向包晶相 β 界面前沿扩散,同时溶剂 A 原子将由包晶相 β 界面前沿向初生相 α 界面前沿扩散,这样就形成了类似共晶共生生长所需要的溶质扩散偶。定量地分析包晶共生生长过程需要求解定向凝固过程中的溶质扩散方程:

$$\nabla^2 C_L + \frac{V}{D} \frac{\partial C_L}{\partial z} = 0 \tag{3.26}$$

式中　　D——液相中溶质扩散系数;

　　　　C_L——液相中某点的溶质浓度。

对于纤维共生生长,方程(3.26)取三维形式,本书主要讨论层片状包晶共生生长,因此取方程(3.26)的二维形式:

$$\frac{\partial^2 C_L}{\partial x^2} + \frac{\partial^2 C_L}{\partial z^2} + \frac{V}{D} \frac{\partial C_L}{\partial z} = 0 \tag{3.27}$$

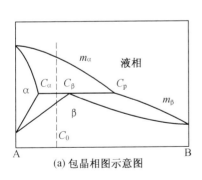

(a) 包晶相图示意图

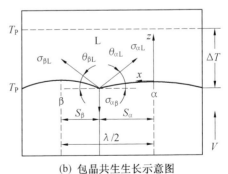

(b) 包晶共生生长示意图

图 3.91　推导包晶共生生长模型中的各参数定义

求解方程(3.27)需要确定方程的边界条件,类似 Jackson - Hunt 对共晶共生生长的处理方式,对包晶层片共生生长进行以下假设:

① 共生生长过程中包晶相变进行完全,这样两相的体积分数才可以按照平衡相图计算。

② 在远离固液界面的熔体中的溶质浓度趋于合金的原始成分 C_0,即 $z \to \infty$,$C_L \to C_0$。

③ 由于共生生长过程中层片是对称分布的,因此只需求解相邻的两个层片前沿液相中的溶质浓度分布即可,如图 3.91(b) 所示。同时,根据对称性,在层片中心的正上方,即 $x = 0$ 和 $x = S_\alpha + S_\beta$ 处,$\partial C_L/\partial x = 0$。

④ 假设固液界面为完全的平面。虽然这明显不符合实际情况,因为固液界面在三相交接点附近区域需要弯曲以达到力学平衡,但是为了简化计算,仍假设固液界面为平面,界面形状的影响将作为一种干扰因素来考虑。在对共晶共生生长模型的应用中发现,对规则共生生长,界面形状变化对液相中溶质浓度的影响较小,采用这一假设是可以接受的。

⑤ 共生生长达到稳定状态。此时界面前沿的溶质分布不再随时间变化,两相凝固排出的溶质量与从界面处向液相内部扩散量相等,即

$$\frac{\partial C_L}{\partial z}\Big|_{z=0} = -\frac{V}{D}(C_0 - C_\alpha), \quad 0 \leqslant x \leqslant S_\alpha$$

$$\frac{\partial C_L}{\partial z}\Big|_{z=0} = -\frac{V}{D}(C_0 - C_\beta), \quad S_\alpha < x < S_\beta + S_\alpha$$

在上述边界条件下,求解方程(3.27),得到界面前沿液相中溶质浓度为

$$C_L(x, z) = C_0 + B_0 \exp\left(-\frac{V}{D}z\right) + \sum_{n=1}^{\infty} B_n \cos\left(\frac{n\pi x}{S_\alpha + S_\beta}\right) \exp\left(\frac{-n\pi}{S_\alpha + S_\beta}z\right) \tag{3.28}$$

上式的傅里叶系数为

$$B_0 = C_p - \frac{C_\alpha S_\alpha + C_\beta S_\beta}{S_\alpha + S_\beta} \tag{3.29}$$

$$B_n = \frac{2}{(n\pi)^2}(S_\alpha + S_\beta)\frac{V}{D}(C_\beta - C_\alpha)\sin\left(\frac{n\pi S_\alpha}{S_\alpha + S_\beta}\right) \tag{3.30}$$

式中 S_α,S_β——α 相和 β 相层片厚度的一半。

需要注意的是,上述解只在 $\frac{\pi}{S_\alpha + S_\beta} \gg \frac{V}{2D}$ 条件下成立,这是由扩散长度决定的。

得到了 α 和 β 相界面前沿液相中溶质浓度的分布,对其分别在 S_α 和 S_β 内对 x 积分,就可得到界面处($z=0$)与 α 相和 β 相接触的液相的平均溶质浓度:

$$\overline{C_\alpha} = \frac{1}{S_\alpha} \int_0^{S_\alpha} C(x,0) \mathrm{d}x = C_0 + B_0 + \frac{2(S_\alpha + S_\beta)^2}{S_\alpha} \frac{V}{D}(C_\beta - C_\alpha)P$$

$$(3.31\mathrm{a})$$

$$\overline{C_\beta} = \frac{1}{S_\beta} \int_{S_\alpha}^{S_\alpha + S_\beta} C(x,0) \mathrm{d}x = C_0 + B_0 - \frac{2(S_\alpha + S_\beta)^2}{S_\beta} \frac{V}{D}(C_\beta - C_\alpha)P$$

$$(3.31\mathrm{b})$$

其中

$$P = \sum_{n=1}^{\infty} \left(\frac{1}{n\pi}\right)^3 \sin^2\left(\frac{n\pi S_\alpha}{S_\alpha + S_\beta}\right)$$

得到了界面处液相的平均溶质浓度,就可以计算出界面处的平均溶质过冷度 $\Delta T_D = m_i(C_p - \overline{C_i})$, $i = \alpha, \beta$。而共生生长界面的总过冷度 ΔT 包括以下几部分:

$$\Delta T = \Delta T_D + \Delta T_r + \Delta T_k \qquad (3.32)$$

对于金属包晶系, ΔT_k 一般远小于溶质过冷度 ΔT_D 和曲率过冷度 ΔT_r,所以可以将其忽略。因此,只要求出界面前沿的曲率过冷度就可以得到包晶层片共生生长界面的过冷度。

在实际凝固过程中,界面并不是完全的平面,而是如图 3.91(b) 所示的曲面,界面的平均曲率半径可由下式近似计算:

$$\frac{1}{r} = \frac{1}{S} \int_0^S \frac{1}{r(x)} \mathrm{d}x = \frac{\sin \theta}{S} \qquad (3.33)$$

因此,界面处两相的曲率过冷度便可以通过下式计算:

$$\Delta T_r = \frac{a_i^{\mathrm{L}}}{r} \qquad (3.34)$$

式中 $a_i^{\mathrm{L}}(i = \alpha, \beta)$——Gibbs-Thomson 效应确定的常数。

分别将 α 和 β 相界面的平均溶质过冷度和曲率过冷度代入式(3.32),可得两相界面处总的平均过冷度:

$$\Delta T_\alpha = m_\alpha \left[C_0 + B_0 + \frac{2(S_\alpha + S_\beta)^2}{S_\alpha} \frac{V}{D}(C_\beta - C_\alpha)P \right] + \frac{a_\alpha^{\mathrm{L}}}{S_\alpha} \quad (3.35\mathrm{a})$$

$$\Delta T_\beta = m_\beta \left[-C_0 - B_0 + \frac{2(S_\alpha + S_\beta)^2}{S_\beta} \frac{V}{D}(C_\beta - C_\alpha)P \right] + \frac{a_\beta^{\mathrm{L}}}{S_\beta}$$

$$(3.35\mathrm{b})$$

式中 m_α, m_β——两相液相线斜率的代数值。

根据式(3.34)和 Gibbs-Thomson 公式,常数 a_i^{L} 可表示为

$$a_\alpha^{\mathrm{L}} = (T_P/L)_\alpha \sigma_{\alpha\mathrm{L}} \sin \theta_{\alpha\mathrm{L}} \qquad (3.36\mathrm{a})$$

$$a_\beta^{\mathrm{L}} = (T_P/L)_\beta \sigma_{\beta\mathrm{L}} \sin \theta_{\beta\mathrm{L}} \qquad (3.36\mathrm{b})$$

式中　　L_i——单位体积 i 相的熔化潜热；

　　　　σ_{iL}——i 和液相之间的界面能；

　　　　θ_{iL}——i 和液相的接触角。

定义 λ 为共生生长层片间距，即 $\lambda = 2(S_\alpha + S_\beta)$；$\xi$ 为两相层片厚度之比，即 $\xi = S_\beta / S_\alpha$。则两相厚度 S_α 和 S_β 可分别表示为

$$S_\alpha = \frac{\lambda}{2(1 + \xi)}, S_\beta = \frac{\lambda \xi}{2(1 + \xi)}$$

将其代入式（3.35）中并根据平界面假设两相的过冷度相等，即 $\Delta T_\alpha = \Delta T_\beta$，将参数 $C_0 + B_0$ 消去，可得到包晶层片共生生长界面过冷度 ΔT 与层片间距 λ 的关系：

$$\frac{\Delta T}{m} = Q^L \lambda V + \frac{a^L}{\lambda} \tag{3.37}$$

其中

$$\frac{1}{m} = \frac{1}{m_\alpha} - \frac{1}{m_\beta} \tag{3.38}$$

$$Q^L = \frac{P (1 + \xi)^2}{\xi D}(C_\beta - C_\alpha) \tag{3.39}$$

$$a^L = 2(1 + \xi)\left(\frac{a_\alpha^L}{m_\alpha} - \frac{a_\beta^L}{\xi m_\beta}\right) \tag{3.40}$$

方程（3.37）显示包晶共生生长和共晶共生生长界面过冷度与层片间距 λ 的关系具有相同的形式，由于 $m_\alpha > m_\beta$，因此式（3.38）中的 m 为负值，这与共晶合金中的 m 始终是正值有根本区别。分析式（3.37），可以看到该式右侧诸参数 Q^L，λ，V 均恒为正值。因此，对给定的 V，$\Delta T \sim \lambda$ 的关系决定于 a^L 的符号。若 a^L 为正，ΔT 在任何情况下均为负值，此时包晶系层片共生生长是在负的过冷度下进行；若 a^L 为负，ΔT 的符号则决定于式（3.37）右侧两项的相对大小，若后者（曲率项）大于前者（成分过冷项），ΔT 为正，反之，ΔT 为负。由此可见，a^L 的符号对包晶共生生长界面行为具有重要的影响。分析式（3.40）可见，随着 ξ 由 0 增大到无穷大，a^L 将由负变为正，而 ξ 是由合金成分决定的。因此，存在一个临界的成分 C^*，使 $a^L = 0$。为确定 C^* 的大小，令

$$2(1 + \xi)\left(\frac{a_\alpha^L}{m_\alpha} - \frac{a_\beta^L}{\xi m_\beta}\right) = 0 \tag{3.41}$$

求解方程（3.41）发现临界成分为

$$C^* = \frac{C_\beta - C_\alpha}{C_p - C_\alpha}C_p + \frac{C_p - C_\beta}{C_p - C_\alpha}C_\alpha - \frac{C_\beta - C_\alpha}{1 - \dfrac{L_\beta}{L_\alpha}\dfrac{\sigma_{\alpha L}}{\sigma_{\beta L}}\dfrac{m_\alpha}{m_\beta}\dfrac{\sin\theta_{\beta L}}{\sin\theta_{\alpha L}}} \tag{3.42}$$

利用式(3.42)对 Fe-Ni 合金进行计算发现,Fe-Ni 合金的临界成分为 4.20%Ni,计算所用的物性参数见表 3.2,其中 α 代表 Fe-Ni 合金中的初生相 δ 铁素体,β 代表包晶相 γ 奥氏体。当合金成分大于 4.20%Ni 时,$a^L > 0$,包晶共生生长的界面过冷度为负,即共生生长处于过热状态;当合金成分小于 4.20%Ni 时,$a^L < 0$,层片间距 λ 较小时过冷度为正,层片间距 λ 较大时过冷度为负;而当合金成分为 4.20%Ni 时,$a^L = 0$,过冷度与层片间距 λ 成正比,为一条直线,如图 3.92 所示。

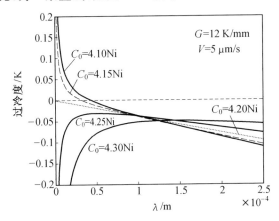

图 3.92   Fe-Ni 包晶合金共生生长界面过冷度随层片间距变化曲线

根据两相共生生长稳定性的假设,共生生长在 ΔT 随 λ 逐渐增大时,即 $\mathrm{d}\Delta T/\mathrm{d}\lambda > 0$ 时才能稳定进行。对包晶共生生长要满足这种条件,需要 $a^L > 0$,并且层片间距范围在 0 到最大的过冷度(最小的过热度)所对应的层片间距 λ'_m 之间,而当 $a^L < 0$ 时,$\mathrm{d}\Delta T/\mathrm{d}\lambda$ 一直小于 0,所以不能得到稳定的包晶共生生长,如图 3.92 所示。此外,与共晶共生生长不同,包晶系的最小过热度变化区间非常大,合金成分的微小变化就会引起 λ'_m 的急剧变化,例如合金成分仅从 4.25%Ni 增加到 4.30%Ni,λ'_m 便由 48 μm 增加到 156 μm。这可能是实验中得到的包晶共生生长的层片间距变化范围非常大的原因。此外,实验中发现包晶共生生长在 $a^L < 0$ 或者 $\mathrm{d}\Delta T/\mathrm{d}\lambda < 0$ 时也可能稳定存在,分析图 3.92 发现,这也与包晶共生生长的 $\Delta T \sim \lambda$ 曲线的特点有关。观察图 3.92 中 Fe-4.3Ni 和 Fe-4.25Ni 曲线可发现,$\mathrm{d}\Delta T/\mathrm{d}\lambda$ 在 λ'_m 附近很大的层片间距范围内都非常接近零,特别是凝固速度减小时,$\mathrm{d}\Delta T/\mathrm{d}\lambda$ 在 λ'_m 附近接近零的区间更大,如图 3.93(a) 所示。在这种情况下,包晶共生生长也可以稳定存在,这可能是包晶共生生长不满足共生生长形态稳定性假设的原因。此外,对于 $a^L < 0$ 的合金,当凝固速度减小,随

着层片间距的增大，dΔT/dλ 由小于零逐渐趋近于零，这说明在 $a^L < 0$ 的情况下也同样可能得到包晶系共生生长，这在模拟中也已经得到了证实。

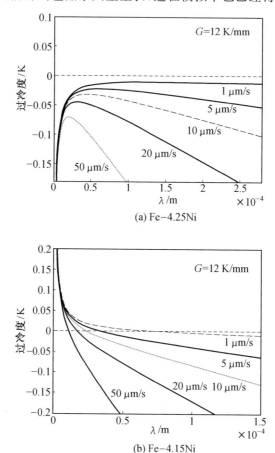

图 3.93　凝固速度对 Fe‑Ni 合金共生生长界面过冷度的影响

在 Fe‑Ni 合金的定向凝固过程中发现，包晶共生生长过程中在 L/δ/γ 三相交接点附近存在包晶反应，并且共生生长界面温度确实高于包晶温度 T_P，即包晶系共生生长确实是在过热状态下进行的，这与傅恒志等人的研究结果是一致的。以 Fe‑4.3Ni 合金 5 μm/s 的共生生长为例，如果忽略包晶反应的过冷度，则发现共生生长界面比 T_P 高 0.02 K 左右。在理论模型计算中，虽然 Fe‑4.3Ni 合金 5 μm/s 的共生生长确实是在过热状态下，但是计算所得的最小过热度也在 0.05 K 左右，大于实验中观察的 0.02 K，如图 3.92 所示。这种差别可能来自于计算所用的物性参数的不准确以及模型的简化假设,其中最主要的是假设包晶共生生长过程中包晶相变进行完全。在实际凝固过程中,固相中溶质的扩散过程是很慢的,即使是在慢速定向凝固过程中,包晶反应也很难进行完全,所以初生相的实际体积分数总是比依据平衡相图计算的要大。

由此可见,由于包晶反应的不完全性,假设包晶共生生长过程中包晶反应完全进行是不合适的,将会与实际情况产生很大的偏差,因此有必要对包晶共生生长模型进行改进,考虑包晶反应不完全性的影响。

2. 考虑包晶反应的包晶共生生长模型

分析式(3.37)和(3.38)发现,包晶反应的不完全性将主要影响初生相的体积分数。因此对包晶共生生长模型的改进应主要考虑包晶反应的不完全性对初生相体积分数的影响。

在推导包晶共生生长模型过程中,初生相体积分数 f_α 完全按平衡相图计算:

$$f_\alpha = \frac{C_p - C_0}{C_p - C_\alpha} - \frac{C_p - C_\beta}{C_p - C_\alpha} \frac{C_0 - C_\alpha}{C_\beta - C_\alpha} \tag{3.43}$$

而在实际凝固过程中,包晶反应是一个复杂的动力学过程,很难全面、精确地描述包晶反应不完全性对包晶共生生长的影响,但是可以简单地认为在稳态包晶共生生长过程中包晶反应只完成了完全平衡状态时的一定比例,即假设只有分数为 ψ 的初生相发生了包晶反应,则在包晶共生生长过程中初生相的总体积分数为

$$f'_\alpha = \frac{C_p - C_0}{C_p - C_\alpha} - \psi \frac{C_p - C_\beta}{C_p - C_\alpha} \frac{C_0 - C_\alpha}{C_\beta - C_\alpha} \tag{3.44}$$

图 3.94 所示为包晶反应完成程度与初生相 α 体积分数的关系。由图可以看到,随包晶反应完成程度的不同,初生相 α 的体积分数可在很大的区间内变化,特别是对过包晶合金 Fe‐4.4Ni,当包晶反应进行的不完全时,初生相 α 的体积分数为 0～0.47,完全有可能出现共生生长。而按平衡凝固理论计算中认为,此时 α 相体积分数为 0,即不可能发生两相共生生长。

包晶反应不完全性对包晶共生生长 $\Delta T \sim \lambda$ 曲线的影响主要体现在两相厚度之比 ξ 上,因此引入 ξ' 表示包晶反应不完全时两相厚度之比:

$$\xi' = \frac{1 - f'_\alpha}{f'_\alpha} \tag{3.45}$$

利用 ξ' 代替式(3.38)中的 ξ 即可计算出不同包晶反应程度时包晶共生生长界面过冷度与共生层片间距 λ 的关系。

图 3.95 给出了 Fe - 4.3Ni 合金在包晶反应完成不同程度时界面过冷度随层片间距 λ 变化曲线和实验中得到的测量结果。由图可以看到,实验中得到的过冷度都小于包晶反应完成 100% 的计算值,但是正好落在包晶反应完成 60% ~ 80% 曲线的区间内。此外,随着包晶反应完成程度的不同,共生生长有可能从 $a^L > 0$ 的情形变为 $a^L = 0$ 和 $a^L < 0$ 的情形,如图 3.95 中的 $\psi = 62.3\%$ 和 $\psi = 60\%$ 曲线。更有趣的是,不同 ψ 值的 $\Delta T \sim \lambda$ 曲线在某一区域非常接近,这说明不管 $a^L > 0$ 或 $a^L < 0$,ψ 在一定范围内,包晶反应完成不同程度的共生生长的生长状态非常类似。然而,包晶共生生长的这种特性增加了共生生长的不稳定性,因为共生生长的层片间距可以在一个很大的范围内自由变化。

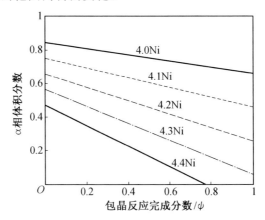

图 3.94　包晶反应完成程度与初生相体积分数的关系

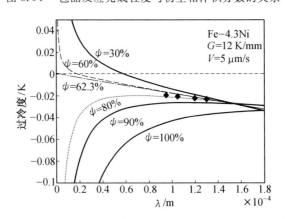

图 3.95　不同包晶反应程度时界面过冷度随层片间距变化曲线

需要注意的是,在包晶共生生长过程中,三相交接点附近的包晶反应对共生生长的影响是非常复杂的,它不但影响到共生生长的两相体积分数,还影响到界面前沿的溶质分布和共生生长的形态稳定性,尚需要进行深入的研究,特别是需要系统的数值模拟研究来再现这种影响。

3.7.4 包晶胞状非等温共生生长及其模型化

1.胞状非等温共生生长定义及其形成机制

本书在介绍 Fe－Ni 合金定向凝固中得到的胞状非等温共生生长时指出,这种共生生长是胞状的初生相 δ 与平界面的包晶相 γ 之间通过较弱的溶质耦合形成的一种全新的共生生长方式。相对于传统的共晶共生生长,两相不再是以平界面、对称的方式同时向液相中同时生长。在胞状共生生长过程中,共生生长的两固相之间的平衡关系被打破了,但是二者之间仍保持一定的耦合关系来维持两相稳定地析出。令人惊奇的是,比包晶系对称性更好的共晶系合金,却很难维持这种简单的耦合关系,而是形成共生生长的形态不稳定性,只是在小平面初生相存在时才能存在这种生长方式。所以,可以说包晶胞状共生生长是一种全新的共生生长方式。

虽然胞状共生生长与单相合金的胞状生长具有很大的相似性,但二者之间仍有本质区别。在胞状共生生长过程中,平界面的包晶相稍微落后胞状初生相一段距离(图 3.79),胞状包晶相的生长吸收了胞状初生相生长过程中排出的溶质,从而使初生相的生长变得容易,增加胞状阵列的稳定性;而胞状初生相的生长向侧向液相中排出溶质,这些溶质富集在胞晶阵列间隙的液相凹槽内,使液相凹槽内的溶质浓度非常接近包晶相的溶质浓度,从而加速胞晶间包晶相的生长,这与单相合金胞状生长胞晶间溶质浓度无限(或有后续共晶凝固)富集是不同的。由此可见,胞晶间存在包晶相,它就像一个"溶质吸收器"(solute sink),使胞状共生生长与单相胞状生长时的情况发生根本变化。

由图 3.8(c) 和 3.18(c) 可以看到,胞状共生生长的初始过渡区是非常短的。胞状共生生长的形成不需要任何中间过渡状态,Fe－Ni 合金定向凝固开始总是会形成一薄层初生相,随着定向凝固的进行,平界面的初生相生长很快变得不稳定,转化为胞状生长,包晶相在初生相胞晶间形核并开始以平界面生长。随着凝固过程的进行,胞晶初生相和平界面的包晶相的生长逐渐变得稳定,从而形成胞状共生生长。其初始演化过程是非常简单的,远没有包晶共生生长那么复杂。这也再次证明,通过包晶胞状共生生长制备包晶系原位自生复合材料是可行的,并且控制过程非常简单。此外,由于维持包晶胞状共生生长的 G/V 值远低于等温共生生长,因此通过胞状共生生长制备原位自生复合材料具有更高的效率,从而可以打破通过定向凝固制备各向异性材料的技术瓶颈。

2. 胞状共生生长的形态及其分布特征

需要注意的是,虽然利用胞状共生生长制备包晶系原位自生复合材料具有巨大的应用前景,但是目前我们对胞状共生生长的认识才仅仅开始,对其遵循的规律知之甚少,因此尚需要进行很多基础性的研究。为此,下面将首先分析 Fe-Ni 包晶系定向凝固中得到的胞状共生生长的形态特征,主要包括间距特征、胞的形态、形态稳定性;然后在此基础上对胞状共生生长进行模型化,试图找到胞状共生生长过程中特征尺度随生长条件变化的定量关系;最后建立一个简化的模型来预测包晶系胞状共生生长的稳定存在区间,从而为后续的生产应用提供理论和工艺基础。下面将首先介绍 Fe-Ni 包晶胞状共生生长的形态特征。

(1)胞状共生生长间距。

为了准确确定胞状共生生长的尺度和分布特性,本书采用近年发展起来的统计学方法,来分析胞状共生生长特征尺度和分布的统计规律。为了采用统计学方法,本书采用最小生成树(minimum spanning trees, MSTs)方法。最小生成树是连接所有点并且没有环路的连通图,而最小生成树是所有边长度之和最小的树,它是图论和最优化的一个重要研究对象,具有极其广泛的实际应用价值。

主要分析过程如下:首先将定向凝固胞状共生生长试样的横截面组织中的每个胞抽象为一个点,并将图片转化为二值灰度图,如图 3.96(b)所示,然后确定点在图片中的相对坐标,最后利用 Prim 和 Kruskal 算法求解这些点的最小生成树,其中两点之间的距离即为边的权重。图 3.96 和 3.97 分别是对 Fe-4.0Ni 和 Fe-4.3Ni 以 15 μm/s 定向凝固得到的胞状共生生长及其最小生成树。利用最小生成树连接的边对应到包晶共生生长的纵截面试样中即可分析共生生长的统计分布规律。

图 3.98 所示为利用最小生成树方法确定的几种胞状共生生长的间距分布特征,即纤维间距的分布规律,以柱状统计图表示。由图可以看到,胞状共生生长的间距呈典型的正态(高斯)分布特征(normal or gaussian distribution)。正态分布是随机变量的最重要的分布规律,它广泛存在于自然现象、社会现象以及生产、科学技术的各个领域中。其基本形式由下式描述:

$$F = A\exp\left[-\left(\frac{x-B}{2C}\right)^2\right] \tag{3.46}$$

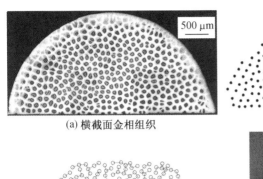

(a) 横截面金相组织   (b) 胞中心点

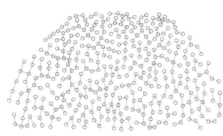

(c) 胞的最小生成树   (d) 傅里叶变换图谱

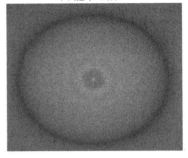

图 3.96　Fe-4.0Ni 合金以 15 μm/s 定向凝固得到的胞状共生生长及其最小生成树

式中　　A—— 高斯分布曲线的峰值(amplitude);

　　　　B—— 随机变量的平均值;

　　　　C—— 随机变量的标准偏差(standard deviation)。

　　对于有限个随机变量,标准偏差可以利用下式计算:

$$\sigma = \sqrt{\frac{1}{n-1} \sum_{i=1}^{n} (x_i - \overline{x})^2} \tag{3.47}$$

式中　　$\overline{x}$—— 这些随机变量的平均值,$\overline{x} = \dfrac{1}{n} \sum_{i=1}^{n} x_i$。

　　图 3.98 中的曲线为胞状共生生长间距分布概率的高斯拟合,拟合参数 A,B,C 列于表 3.8 中。当凝固速度为 15 μm/s 时,胞状共生生长是形态稳定的,此时胞状共生生长间距与高斯拟合得非常好,描述高斯拟合吻合程度的相关系数 R^2 分别为 0.978 5 和 0.977 8,都非常接近 1,这说明间距分布是典型的高斯分布,这也可由图 3.98(a) 和 (b) 看出。而当凝固速度为 10 μm/s 时,虽然胞状共生生长间距大体是正态分布,但是相关系数只有 0.902 5 和 0.925 4,这说明间距分布已经不像稳定胞状共生生长时均匀,如图 3.98(c) 和 (d) 所示,这与此时胞状共生生长受 L/δ/γ 三相交接点处包晶反应的影响而形态不稳定是吻合的。

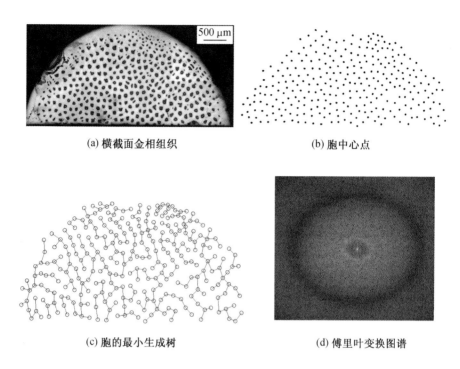

(a) 横截面金相组织

(b) 胞中心点

(c) 胞的最小生成树

(d) 傅里叶变换图谱

图 3.97 Fe-4.3Ni 合金以 15 μm/s 定向凝固得到的胞状共生生长及其最小生成树

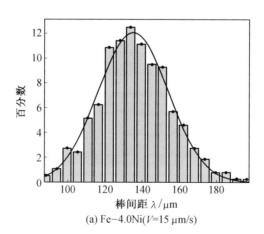

(a) Fe-4.0Ni($V=15$ μm/s)

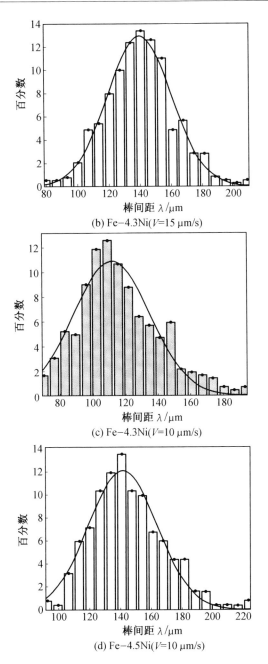

(b) Fe−4.3Ni(V=15 μm/s)

(c) Fe−4.3Ni(V=10 μm/s)

(d) Fe−4.5Ni(V=10 μm/s)

图 3.98　最小生成树方法确定的几种胞状共生生长的间距分布特征

利用拟合得到的高斯曲线，可以对胞状共生生长的间距分布进行比较科学的分析。以 Fe-4.0Ni 合金 15 μm/s 的胞状共生生长为例，最小间距为 88.2 μm，最大为 196.6 μm，平均值为 135.11 μm，标准偏差为 13.36 μm，标准偏差占平均值的 9.9%；而对 Fe-4.3Ni 合金，15 μm/s 得到的稳定胞状共生生长，平均间距有所增加，为 139.7 μm，标准偏差为 14.51 μm，占平均间距的 10.4%，这说明即使对于稳定的胞状共生生长，其特征间距仍然不是唯一，变化范围仍然是很大的，这与单相合金稳态胞/枝生长在外太空和地面定向凝固实验得到的结果是一致的。

表 3.8　Fe-Ni 合金胞状共生生长间距概率分布的高斯拟合参数

试样	A（振幅）	B（平均值）/μm	C（标准偏差）/μm	R^2（相关系数）	SSE（残差平方和）	RMSE（均方差）
Fe-4.0Ni(V=15 μm/s)	12.02	135.11	13.36	0.978 5	7.542	0.666 1
Fe-4.3Ni(V=10 μm/s)	10.91	111.6	16.51	0.902 5	27.92	1.288 1
Fe-4.3Ni(V=15 μm/s)	12.92	139.7	14.51	0.977 8	13.26	0.883 0
Fe-4.5Ni(V=10 μm/s)	12.05	141.5	15.83	0.925 4	15.95	0.968 6

(2)胞状共生生长中胞的分布特性。

对于一个非平衡系统，当二维平移对称性被动力学不稳定性打破后会形成六边形花样(hexagonal pattern)。在定向凝固过程中，六边形花样是最常见的一种花样，不仅在单相合金定向凝固胞/枝状生长时如此，在共晶合金胞/枝状晶团(colony)生长时也会形成这种花样，即在横截面上每个胞/枝有六个距离最近的相邻胞/枝晶。

图 3.99 所示为标准的六边形花样及对其进行快速傅里叶变换(fast fourier transforms，FFT)得到的能谱图(power spectrum image)。傅里叶变换是信号处理过程中常用的一种变换，它将时空域信息变换为频率域的信息。傅里叶变换的意义在于，不规则数据和复杂的曲线中包含了信号的全部信息，但这些信息隐藏的地方是我们的智力所达不到的，而傅里叶分析却可以把这些信息翻译成简单明了的形式。所以傅里叶变换是一种强大的分析工具，它广泛应用于数学、量子力学和工程技术领域，如通信、结晶学等。此外，在晶体生长研究中，可以利用傅里叶变换来分析组织花样的排列规律及其混乱程度。下面以非平衡系统中最常见的标准六边形花样的快速傅里叶变换为例来简要叙述其分析过程。

图 3.99(a)所示为抽象出来的标准六边形花样，进行快速傅里叶变换

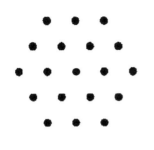

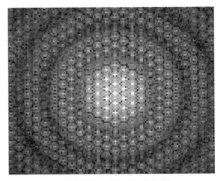

(a) 六边形花样　　　　　　(b) 傅里叶变化后花样

图 3.99　非平衡系统中形成的六边形花样及其傅里叶变化后花样

后,我们将离图像中心的距离正比于频率,即图像中某点像素的大小,也就是亮度(能谱)的强弱对应于该处离中心最近距离出现另一个花样(图中的黑点)的频率,这样就可以分析花样的分布特点。由图 3.99(b)可以看出,在中心亮点周围出现六个对称的亮点,次外层也是六边形对称分布的亮点,这说明图 3.99(a)黑点的排列是有序的,并且呈六边形排列;而在离中心较远的地方,出现六个圆环,虽然圆环仍近似为六边形,但说明此时花样的排列已经不再具有长程有序了,这与图 3.99(a)是一致的,因为花样很小,只有两层。图 3.99 给出的是标准的六边形花样的傅里叶变换的分析结果,对于具有一定噪声(混乱度)的六边形花样,傅里叶变换是否仍能显示出排列规律呢? 图 3.100 所示为加入随机噪声的六边形花样及对其进行傅里叶变换得到的能谱图。虽然初看起来,加上噪声后花样已经偏离了正常的六边形排列,由图 3.100(b)可以看到,在中心亮点外围有六个清晰的六个亮点,这说明虽然六边形花样的长程有序大为降低,但是其六边形的排列本质仍被保持。由此可见,通过对定向凝固横截面的组织花样进行快速傅里叶变换,可以清晰地显示花样的本质分布特征。

因此,我们利用快速傅里叶变换来研究胞状共生生长过程中,初生相 δ 胞晶生长时胞晶的排列规律,看其是否维持单相合金胞晶生长和共晶合金胞晶生长时的六边形花样。图 3.96(d)和图 3.97(d)分别为 Fe-4.0Ni 和 Fe-4.3Ni 以 15 μm/s 定向凝固胞状共生生长时横截面组织简化后的快速傅里叶变换后得到的能谱图。由图可以看出,两种稳定胞状共生生长中初生相 δ 胞的排列规律非常类似,中心为一个亮点,亮点周围有一个弥散的、比较宽的圆环,圆环外围非常均匀,然后是一个大圆环,这种能谱与液态金属的 X 射线衍射图谱是非常类似的,它说明胞晶只在最近邻的一

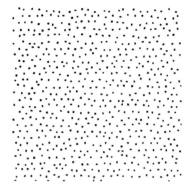

(a) 加入随机噪声的六边形花样　　　　　　(b) 傅里叶变化后花样

图 3.100　加入随机噪声的六边形花样及其傅里叶变化后花样

层的排列是有序的,但是长程排列是无序的。此外,中心亮点外的圆环亮度、宽度均匀,说明胞周围的胞的排列没有特定的方向性,这与枝晶阵列的分析结果是不一样的,因为相邻的枝晶可能是同一枝晶的不同分枝,它们的位相一致,所以中心亮度圆环中会出现局部亮点。

由傅里叶变换结果可以看到,似乎包晶胞状共生长过程中胞的排列并不是六边形花样,与预测结果并不一致。为此,我们对胞状共生长的横截面进行直接观察以统计胞的分布规律。图 3.101 所示为对几种胞状共生长过程中胞晶最近邻胞个数的分布规律。由图可以看到,胞最近邻胞的个数分布规律也很明显呈正态分布,图中曲线即为按式(3.46)进行高斯拟合结果,拟合参数见表3.9。拟合平均值都非常接近 6,并且拟合参数 R^2 都在 0.99 以上,这证明胞的排列主要为六边形。但是,即使是稳定的胞状共生长,六边形的胞晶也刚刚超过 50%(图 3.101(a)和(c)),仍有很大一部分不是六边形,这说明胞晶的六边形排列具有较大的混乱度(噪声)。此外,在胞晶生长过程中,相邻胞之间并没有特定的位相关系,这可能是对胞晶共生长阵列进行傅里叶变换没有显示六边形花样特征的原因。

3. 胞状共生长的模型化

前面详细介绍了 Fe-Ni 包晶合金定向凝固中得到的胞状共生长的特征尺度、分布特性等,为了更深刻地理解胞状共生长,需要找到其遵循的一般规律,尤其是特征间距随生长条件的变化规律,这对认识这种生长过程,控制最终组织具有非常重要的意义。为此,本节将在上节的基础上继续探讨胞状共生长的基本特征及胞状共生长间距随凝固条件的变化规律。而在推导间距的定量关系之前,需要知道胞状共生长过程中胞的形态,尤其是胞晶顶端的定量形态描述。

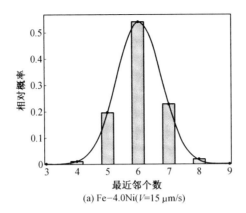

(a) Fe−4.0Ni(V=15 μm/s)

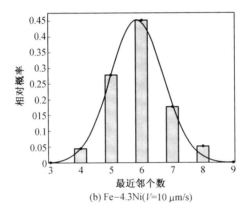

(b) Fe−4.3Ni(V=10 μm/s)

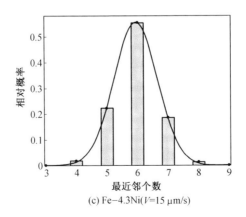

(c) Fe−4.3Ni(V=15 μm/s)

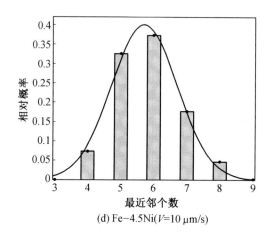

(d) Fe−4.5Ni(V=10 μm/s)

图 3.101　胞状共生生长过程中胞晶最近邻胞个数的分布规律

(1)胞状共生生长过程中胞顶端形态的定量描述。

对定向凝固过程中形成的组织花样来说,一个最主要而直观的参数是尺度特征。对定向凝固形成的花样来说,如胞/枝晶阵列,这个尺度便是间距λ。这个间距λ与胞/枝晶尖端的曲率半径 R 密切相关,所以胞/枝晶尖端曲率半径 R 实际上是这些组织花样的最重要参数。这也是胞/枝凝固中最普遍的尺度规律 $R^2V=2Dd_0/\sigma^* \approx \mathrm{const}$ 最根本原因。其中,D 为溶质在液相中扩散系数,$d_0=\Gamma/|m|C_0(1-k_0)$ 为系统的毛细长度,σ^* 为经典的稳定性常数,是一个与晶体的各向异性相关的参数。按经典单相胞/枝凝固理论,σ^* 为常数 $1/4\pi^2$,这样就可以得到胞/枝晶尖端曲率随凝固速度的变化规律:

$$R=2\pi\left[\frac{2\Gamma_\delta D}{m_\delta C_0(k_0-1)V}\right]^{1/2} \tag{3.48}$$

由式(3.48)可以看到,胞/枝晶尖端曲率半径与 $V^{1/2}$ 成反比。这种规律已经在很多定向凝固实验中得到了证实。图 3.102 所示为 Fe−Ni 合金定向凝固过程中初生相以胞/枝凝固时尖端曲率半径随凝固速度的变化曲线,其中直线为式(3.48)的预测结果。由图可以看到,Fe−Ni 定向凝固中胞状生长与理论预测是非常吻合的,特别是当合金成分较低时吻合更好,如图 3.102(a)所示。而当合金成分较高时,偏差有所增大,如图 3.102(b)所示。随着合金成分的增加,理论结果与实验结果之间的偏差增大,说明偏差主要来自于初生相δ胞/枝凝固过程中胞/枝晶间包晶相 γ 的存在。随着合金成分的增加,包晶相 γ 的体积分数逐渐增大,使δ胞/枝凝固越来越偏离单相合金的胞/枝凝固过程,所以必然引起理论与实验之间偏差的增加。即使如此,由于胞状共生生长过程中,溶质的相互作用主要集中在胞状初生相 δ 与近平界面的包晶相 γ 之间,而 δ 胞之间的相互作用是很弱的,因此利用式(3.48)来预测胞状共生生长胞端部的曲率半径在理论上也是满足要求的。

表 3.9 Fe-Ni 合金胞状共生生长胞最近邻胞的个数的高斯拟合参数

试样	A(振幅)	B(平均间距)/μm	C(标准偏差)/μm	R^2(相关系数)	SSE(残差平方和)	RMSE(均方差)
Fe-4.0Ni($V=15\ \mu$m/s)	0.541 4	6.04	0.52	0.999 9	0.000 03	0.003
Fe-4.3Ni($V=15\ \mu$m/s)	0.450 7	5.95	0.61	0.993 4	0.001 12	0.016
Fe-4.3Ni($V=15\ \mu$m/s)	0.556 5	5.96	0.50	0.999 7	0.000 07	0.004
Fe-4.5Ni($V=15\ \mu$m/s)	0.401 1	5.913	0.71	0.992 3	0.001 11	0.012

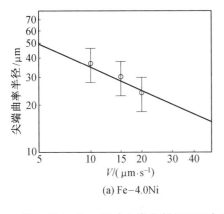

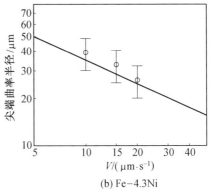

(a) Fe-4.0Ni　　　　　　　　(b) Fe-4.3Ni

图 3.102　Fe-Ni 合金定向凝固过程中胞/枝尖端曲率半径随凝固速度变化曲线

虽然得到了胞/枝晶尖端曲率半径随凝固速度的变化规律,但是要预测胞/枝晶阵列的最主要的实际参数——间距 λ,还需要知道胞/枝晶形态的具体信息,特别是胞/枝晶端部形态信息。此外,知道胞晶形态的定量信息对认识胞晶生长和胞状共生生长都是非常有利的,为此下面详细讨论胞状共生生长过程中胞状初生相 δ 端部的形态。

Trivedi 近来发现当胞晶间存在共晶相时,有限长度的胞晶端部的形态可由 Saffman-Taylor 黏性指方程(式(2.8))准确描述。这为胞晶形态的描述提供了非常重要的结果,对理论分析和数值模拟提供了一个重要参考。经过对胞状共生生长过程中胞状初生相端部形态进行大量的测量和比较之后发现,当 δ 胞晶之间存在近平界面的包晶相 γ 时,δ 胞端部的形态也可以由 Saffman－Taylor 黏性指方程准确描述。下面简要叙述包晶胞状共生生长过程中有限长度胞形态的模型化。

在上节中,已经知道 Fe－Ni 包晶合金胞状共生生长过程中胞基本是按六方形排列的(图 3.101(a))。图 3.103 为胞状共生生长胞排列的示意图,若定义 $\Lambda = d/\lambda$,则根据二维 Saffman－Taylor 黏性指方程(式(2.8) 和式(2.9))可以得到二维胞形态的方程:

$$z = \frac{d^2}{\pi^2 R} \ln\left(\frac{\pi r}{d}\right) \tag{3.49}$$

式中　z,r——平行和垂直于胞晶生长方向的坐标。

这样,测量出胞顶端的曲率半径 R 和胞直径 d,根据式(3.49)就可定量描述胞顶端的形态。

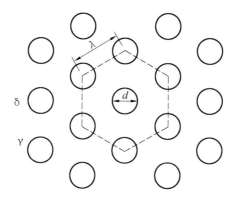

图 3.103　Fe－Ni 胞状共生生长横截面六方排列的示意图

图 3.104 所示为 Fe－4.0Ni 合金以 15 μm/s 定向凝固中胞状共生生长得到的胞的形态。由图可以看到,实验中得到的胞形态与根据式(3.49)得到的预测结果吻合得非常好。需要说明的是,由于胞是实际的三维形态,而图 3.104 中只是在二维上进行比较,必然会出现一些偏差。为了尽量减小这种偏差,在测量胞晶参数时应遵循以下原则:

① 选择纵截面胞的直径与横截面的平均直径接近的胞,基本可以保证在制备试样切割时胞是被从中间剖开的,这样式(3.49)对二维胞的描述才可以推广到三维情况下。

② 测量那些胞局部间距与整个试样的平均间距非常接近的胞形态,可以避免局部扰动对实验结果的影响。

③由于包晶反应对胞形态，尤其是胞顶端的形态具有重要的影响，因此测量的胞是形态稳定的胞。

图 3.104(a)就是按照上述原则选出的胞，由此可见建立在流体动力学理论上的 Saffman－Taylor 黏性指理论是可以用来定量描述包晶胞状共生生长过程中三维胞的形态。

需要指出的是，利用简单的 Saffman－Taylor 黏性指方程（式(3.49)）可以准确定量描述胞状共生生长过程中三维胞的形态这一结论具有重要的理论和实际意义：

①Saffman－Taylor 黏性指是流体动力学中一个最典型现象，它是研究非平衡系统自由边界问题中花样的形成、演化和形态不稳定性的一个原始模型。很多受 Laplace 方程控制的过程如流体置换、电化学沉积、电介质击穿、火焰蔓延和晶体生长等在本质上都是 Saffman－Taylor 黏性指问题，它们可能满足同样的规律。显然，定向凝固过程中的胞状花样是非常类似 Saffman－Taylor 黏性指的，但是经过多年的理论和实验研究，人们发现 Saffman－Taylor 黏性指方程并不能描述单相合金定向凝固过程中的胞的形态，而仅仅在顶端很小的局部可以拟合。2002 年，Trivedi 等人在实验中发现当胞间具有共晶两相时，具有一定长度的胞的形态可以用 Saffman－Taylor 黏性指方程描述，这种拟合不仅在端部，在胞的尾部也拟合得非常好。而本书的结论证明，当胞间具有另一相时，有限长度的胞也可以用 Saffman－Taylor 黏性指方程准确描述。这证明了定向凝固过程中多相合金胞状凝固时，胞是可能由 Saffman－Taylor 黏性指方程描述的。再次证明了晶体胞/枝生长可能就是 Saffman－Taylor 黏性指问题。

②首次在真正的三维体积试样中证明定向凝固胞晶花样与 Saffman－Taylor 黏性指的相似形。以前在研究定向凝固胞形态的实验都集中在薄试样（准二维）中，而这种理想状态与实际的定向凝固过程具有很大的偏差。此外，由图 3.104 可以看到 Saffman－Taylor 黏性指方程对胞形态不仅在端部拟合很好，而且在胞的尾部也拟合得非常好。这充分说明，对于多相合金定向凝固过程中的三维胞晶，是可以利用 Saffman－Taylor 黏性指方程描述的。这对于目前广泛开展的三维晶体生长数值模拟具有重要的意义。

③对单相合金定向凝固的研究发现，只有当 Pelect≪1 时，定向凝固胞与 Saffman－Taylor 黏性指才具有可比性，通常认为 Pelect＜0.2 时，二者是相似的。对 Fe－Ni 胞状共生生长时，Pelect 数为 0.3～0.7，而此时 Saffman－Taylor 黏性指方程却能很好地描述胞端部的形态。这说明，对

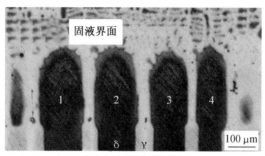

(a) Fe-4.0Ni 合金定向凝固获得的胞，$V=15\ \mu m/s$

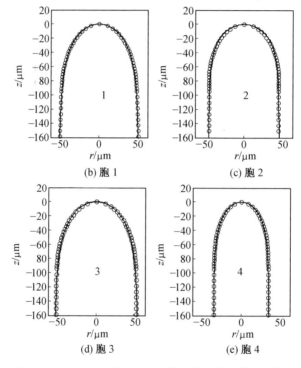

图 3.104　Fe-Ni 包晶合金胞状共生生长过程中胞的形态

多相合金三维胞晶，Saffman-Taylor 黏性指方程的适用范围有所扩大。

　　与单相合金胞晶相比，Saffman-Taylor 黏性指方程对多相合金胞晶的拟合更为准确，为什么会出现这种情况呢？ Trivedi 等人认为，胞晶间的共晶相就像一个溶质吸收器（solute sink），它的存在可以显著降低胞端部周围的溶质浓度（成分过冷度水平），从而降低 Scheil 效应，这样远离胞顶端的尾部的胞直径就可以近似保持一定值，因此才使胞选择了 Saffman-Taylor 黏性指形。在包晶合金胞状共生生长过程中，类似的效应也是存在的,δ初生相胞晶间的近平界面的包晶相 γ 的生长需要更多的溶质,所以也将从 δ 胞周围的液相中吸收溶质 Ni,从而也将降低 δ 胞晶周围液相中的溶质浓度,即成分过冷水平,同样会降低胞晶凝固的 Scheil 效应,也将使 δ 胞尾部的直径保持定值,这样胞就可以选择 Saffman – Taylor 黏性指形。

而对包晶胞状共生生长,胞晶与 Saffman – Taylor 黏性指的相似推广到更大的 Peclet 数可能是以下两方面的原因:一个是胞状共生生长形成的速度较大;另一个是多相合金胞晶凝固的间距较大,它们都可能使定向凝固的 Peclet 数增大。

(2)胞状共生生长间距预测模型。

对单相合金定向凝固的胞状花样间距随凝固速度变化规律,目前已经有很多模型进行预测,并且很多模型在实际的定向凝固凝固过程中都可以较准确地预测定向凝固胞/枝凝固的特征间距。然而对于多相合金的胞状或枝晶凝固,目前并没有模型预测其最终的特征间距。对于第二相体积分数较小的单相合金的定向凝固,可以利用建立在单相合金上的 Hunt-Lu,Kurz-Fisher 和 KGT 等模型进行近似预测,但是当第二相的体积分数较大,例如当第二相的体积分数达到 30% 时,理论预测将会出现很大的偏差。而本书关注的包晶胞状共生生长正是这种情况。然而,在实际的定向凝固过程中,具有工程意义的都是多相合金,所以有必要建立一个预测多相合金胞/枝定向凝固特征间距 λ 的模型。

定向凝固属于典型的非线性、非平衡耗散系统,六边形花样是这种系统中一个最常见的花样,定向凝固形成的胞/枝晶花样就是典型的六边形花样,由于定向凝固过程中扰动的存在,因此六边形花样中会存在很多噪声,如图 3.100 所示。为了处理的简化,我们假设定向凝固胞/枝晶为规则的六边形花样,如图 3.103 所示。下面简要介绍多相合金胞/枝定向凝固特征间距 λ 的推导过程。

假设胞/枝晶为理想的圆柱状,直径为 d,这样根据图 3.103 选取一个基本的六边形,可以得到两相实际的体积分数之比为

$$\xi = \frac{f_{\alpha}}{f_{\beta}} = \frac{\pi d^2}{\sqrt{3}\lambda^2 - \pi d^2} \tag{3.50}$$

根据固液界面局域平衡假设,按照平衡相图,可以计算两相体积分数之比。这样与式(3.50)结合,就可以求得胞/枝间距 λ 与两相体积分数的关系。对包晶胞状共生生长而言,根据相图(图 3.91),两相的体积分数之比为

$$\xi = \frac{f_\alpha}{f_\beta} = \frac{C_p - C_0}{C_0 - C_\alpha} \tag{3.51}$$

需要注意的是,式(3.51)并未考虑到包晶反应对两相的体积分数的影响,这是因为在包晶反应进行之前,完整的初生相胞晶阵列已经形成,即间距已经确定,虽然后续的包晶反应会影响两相的体积分数,但是并不会影响到胞晶间距。所以图 3.103 所示的仅仅是胞晶刚刚形成时的间距,胞晶间实际上是残余的液相,这些液相在随后的包晶反应中将形成包晶相,并且初生相的胞会发生部分溶解,即变细,但是胞晶间距并不发生改变,变化的只是两相之间的相对体积分数。

根据式(3.50)和(3.51),要想求得多相合金胞/枝晶间距随生长条件得变化规律,还需要确定一个变量,即胞的直径 d。在前面的分析中已经求得了胞晶凝固尖端曲率 R,如果找到 R 与 d 的关系,便可以求得 λ 的表达式。遗憾的是,虽然多相合金胞晶凝固时形态遵循 Saffman - Taylor 黏性指方程,但是胞晶尖端曲率并不遵循该方程给出的结果,式(2.9)也已证明这是由于 Saffman - Taylor 黏性指方程并没有考虑界面张力项引起的。由于胞端部的形状(Saffman - Taylor 黏性指形)非常类似旋转椭圆体,而偏离旋转抛物体,因此借用 Kurz 和 Fisher 及 Hunt 的假设,认为 R 与 d 之间满足以下关系:

$$R = \frac{d^2}{\Delta T'/G} = \frac{d^2 G}{\Delta T'} \tag{3.52}$$

式中 $\Delta T'$—— 包晶胞状共生生长过程中初生相 δ 胞顶端与胞晶间包晶相 γ 平面之间的温差:

$$\Delta T' = (C_0 - C_p)m_\alpha \tag{3.53}$$

联合式(3.50)和式(3.52)可得

$$\lambda = \left[\frac{\pi \Delta T'(1+\xi)}{2\sqrt{3}\xi}\right]^{0.5} G^{-0.5} R^{0.5} \tag{3.54}$$

将胞晶尖端的曲率半径 R(式(3.48))代入式(3.54)得

$$\lambda = \pi \left[\frac{\Delta T'(1+\xi)}{\sqrt{3}\xi}\right]^{0.5} \left(\frac{2D\Gamma}{k_0 \Delta T_0}\right)^{0.25} G^{-0.5} V^{-0.25} \tag{3.55}$$

将上式中的常数简化后得

$$\lambda = 2.84 \left[\frac{\Delta T'(1+\xi)}{\xi}\right]^{0.5} \left(\frac{D\Gamma}{k_0 \Delta T_0}\right)^{0.25} G^{-0.5} V^{-0.25} \tag{3.56}$$

多相合金的胞/枝凝固间距与单相合金非常类似,只是多相合金需要考虑两相的条件分数之比,这与另一多相生长过程——共晶共生生长是类似的。

图 3.105 所示为根据式(3.56)计算的 Fe−Ni 合金胞状共生生长间距与实验结果的比较,由图可以看到计算结果与实验结果吻合很好。特别是包晶合金定向凝固过程中宏观偏析的影响,实验的实际成分经常会偏离名义成分,但是由图 3.105(c)可以看到,在 Fe−4.0Ni 和 Fe−4.3Ni 合金中得到的实验结果正好落在两条曲线之间,这充分说明预测结果与实验结果吻合很好。图 3.105(d)所示为单相合金胞枝间距模型与本书的实验结果进行比较,由图可以看到,对多相合金定向凝固过程,传统的单相合金模型会产生很大的偏差。

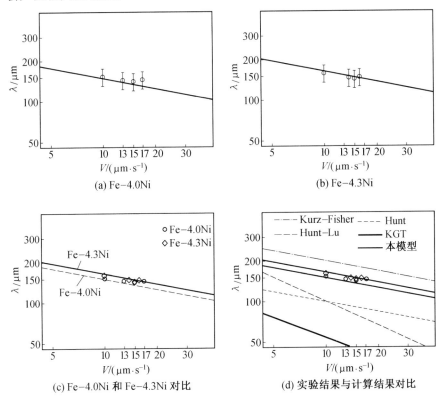

图 3.105　实验中观察到的胞状共生生长间距与各种模型的比较

从图 3.105 可以看到,对于两种包晶合金,随着凝固速度的增加,间距应该逐渐减小,而在最后,间距却都开始增加,似乎与理论相矛盾。事实上,这是因为随着凝固速度的增加,胞状初生相的生长开始变得不稳定,而有向枝晶组织转变的趋势,间距也随之发生变化,即逐渐增加以满足胞−枝转变条件,这在单相合金的定向凝固中早已得到证实。

需要注意的是,虽然上述推导的多相合金定向凝固胞/枝间距模型在预测 Fe-Ni 包晶合金胞状共生生长特征间距时取得了很好的结果,但是该模型在使用中具有以下局限性:

①假设固液界面处于局域平衡,这样两相的体积分数按照平衡相图计算,而实际的定向凝固过程是一个非平衡过程,所以两相的体积分数会与平衡相图产生一些偏差。因此,该模型在预测低速段的胞枝凝固时可能取得更好的结果。

②只能预测稳态多相合金的胞枝凝固特征间距。

③假设胞枝阵列为理想的六边形花样,而实际的胞枝阵列只是近似的六边形分布,一般带有较大的噪声,所以理论预测将会与实验结果产生一定的偏差。

虽然该模型具有上述的局限性,但是首次对预测多相合金胞/枝凝固特征间距随凝固速度变化规律所做的尝试,并且与 Fe-Ni 合金的实验结果吻合很好。由于多相合金具有类似的特征,因此该模型也应该适合共晶和偏晶合金的胞/枝凝固过程。

4. 稳定胞状共生生长的选择理论

在 3.6 节中已经证明对包晶系材料,通过定向凝固是完全可以制备规则排列的自生复合材料的,只是生长方式由共晶系的等温共生生长变为胞状共生生长。此外,由于维持胞状共生生长需要比等温共生生长低的 G/V 值,因此通过定向凝固制备包晶系原位自生复合材料比共晶系具有更高的效率,从而可以打破定向凝固制备这种材料效率很低的技术瓶颈。

在上节中,对胞状共生生长进行模型化,包括形态、特征间距的描述与预测,这对认识和控制胞状共生生长这种生长方式具有重要的意义,从而为规则排列的原位自生复合材料制备提供理论基础。然而,要利用胞状共生生长制备规则的包晶系原位自生复合材料,还有一个重要的问题没有解决,即胞状共生生长在什么条件下形成,它是否具有一个有实际意义的工艺窗口。为了解决这个问题,下面将主要研究包晶胞状共生生长的形成条件,即稳定的包晶胞状共生生长选择理论。

在实验中发现,对于稳定的胞状共生生长,当 G/V 减小,等价于 G 一定 V 不断增加时,胞状共生生长将不再稳定而向传统的包晶枝晶凝固转变。这是因为胞状共生生长是由初生相胞晶主导的弱耦合生长方式,当 G/V 减小,初生相枝晶必然不稳定而发生胞枝转变并终止胞状共生生长。当 G/V 增大,等价于 G 一定 V 不断减小时,已经通过实验证明,$L/\delta/\gamma$ 三相交接点处的包晶反应将会影响到初生相胞端部的凝固过程,使其偏离稳定状态,从而引起胞状共生生长的形态不稳定性。当胞状共生生长形态不稳定时,是无法制备出规则排列的两相组织。因此,对一个给定的合金 C_0,存在一个稳定的生长条件区间,在该区间内,胞状共生生长可以稳定存在而生长规则排列的两相组织,而在区间外,胞状共生生长是不稳定的或根本无法形成的。为使读者直观认识包晶合金胞状共生生长的稳定区间,将 Fe - Ni 合金的实验结果示于图 3.106 中。因此,包晶胞状共生生长选择理论就是找到给定成分包晶合金的稳定胞状共生生长的稳定存在区间,即确定包晶合金稳定胞状共生生长的 G/V 区间。

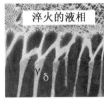 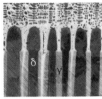 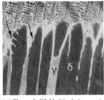 

(a)Fe-4.0Ni,V=10 μm/s (b)Fe-4.0Ni,V=15 μm/s (c)Fe-4.0Ni,V=16 μm/s (d)Fe-4.0Ni,V=20 μm/s

 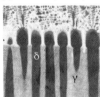 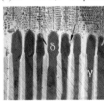 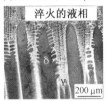

(e)Fe-4.3Ni,V=10 μm/s (f)Fe-4.3Ni,V=15 μm/s (g)Fe-4.3Ni,V=16 μm/s (h)Fe-4.3Ni,V=20 μm/s

图 3.106　Fe - Ni 包晶合金胞状共生生长随生长速度的变化规律

首先确定 G/V 上限,即 G 一定时,最小的生长速度 V_{min},当 $V > V_{min}$ 时,胞状共生生长可以避免直接受到三相交接点包晶反应的影响保持形态稳定。前面已经证明,对包晶胞状共生生长,存在一个临界的两相界面之间距离 l_c,当 $l > l_c$ 时,初生相胞端部可以免受三相交接点处包晶反应的影响而维持稳定状态,如图 3.107 所示。因此,确定了临界距离 l_c 就可以确定稳定胞状共生生长的生长速度下限 V_{min}。

由图 3.107 可知,根据胞状生长的几何特性,$2R$ 应该可以是 l_c 的一个可靠近似值,因为当 $l > 2R$ 时,三相交接点的胞已经处于尾部稳定区,远离胞顶端,可以保证包晶反应不直接影响到胞端部的凝固。为此,我们对稳定和不稳的胞状共生生长的距离 l 进行了测量,结果如图 3.108 所示。由图可以看到,$l_c = 2R$ 作为胞状共生生长形态稳定性的临界值在 Fe-Ni 合金中是非常合适的。为此,本书将 $2R$ 作为包晶胞状共生生长稳定性的临界值。

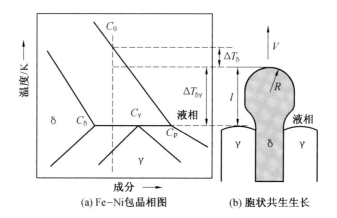

(a) Fe-Ni包晶相图　　　　(b) 胞状共生生长

图 3.107　包晶相图及胞状共生生长的示意图

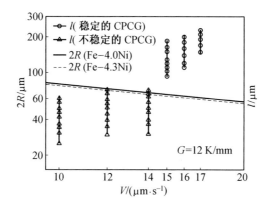

图 3.108　胞状共生生长初生相胞端部曲率的两倍与实验中测量的间距 l

下面简要介绍稳定胞状共生生长速度下限 $V_{\min}$ 的推导过程。在胞状共生生长,初生相胞的胞晶间包晶相界面距离对应于两相的温差 $\Delta T_{\delta\gamma} = T_{\delta}^{*} - T_{\gamma}^{*}$,其中 T_{δ}^{*},T_{γ}^{*} 分别为包晶两相的界面温度(图 3.107)。由于在胞状共生生长过程中,初生相 δ 胞状生长占据主导地位,胞顶端的生长过程与单相合金胞状生长是一致的,只是在胞侧面与胞晶间的包晶相产生溶质耦合,因此初生相胞顶端的温度可以根据 BBF 模型得到

$$T_{\delta}^{*} = T_{\mathrm{L}} - GD/V \tag{3.57}$$

由于胞状共生生长过程中,定向凝固系统的冷却速率近似为 GV,是非常小的(在本书的实验中约为 0.18 K/s),因此可以忽略包晶反应的过冷度,即三相交接点处的包晶反应近似在 T_{P} 进行,所以胞晶间包晶相的界面

温度就非常接近 T_P（图 3.107）。胞状共生生长时，包晶两相界面温度之差为

$$\Delta T_{\delta\gamma} = T_\delta^* - T_\gamma^* = T_L - GD/V - T_P \qquad (3.58)$$

对于稳定的胞状共生生长，两相界面间距离大于 $l_c = 2R$，则两相间的界面温度 $\Delta T_{\delta\gamma}$ 就大于 $Gl_c = 2GR$，将其代入式（3.58）中，可得

$$T_L - GD/V - T_P > 2GR \qquad (3.59)$$

将式（3.48）代入式（3.59）中，经过数学处理，可得

$$V > GD^2 m_\delta C_0 (1 - k_0)/[16G\pi^2\Gamma - Dm^2 C_0 (C_0 - C_p)(1 - k_0) -$$
$$4\pi\sqrt{16G\pi^2\Gamma^2 - 2GDm^2\Gamma C_0(C_0 - C_p)(1 - k_0)}\,] \qquad (3.60)$$

仔细分析式（3.60）发现，分母中 $16G\pi^2\Gamma$ 远小于 $-2GDm^2\Gamma C_0(C_0 - C_p)(1 - k_0)$，因此上式可以简化为

$$V > \frac{GD^2 m_\delta C_0 (1 - k_0)}{\Omega + 4\pi\sqrt{2\Gamma\Omega}} \qquad (3.61)$$

其中

$$\Omega = Dm_\delta^2 C_0 (1 - k_0)(C_0 - C_p)$$

当凝固速度满足式（3.61）时，对于给定的合金成分 C_0 和温度梯度 G，包晶胞状共生生长可以避免三相交接点处的包晶反应的直接影响而稳定存在，从而生长出规则排列的包晶相原位自生复合材料。

下面推导稳定胞状共生生长的生长速度的上限，即当合金成分 C_0 和温度梯度 G 一定时，胞状共生生长可以存在的最大生长速度 $V_{\max}$。对稳定的胞状共生生长，当凝固速度逐渐增大时，初生相胞状生长将不稳定而形成枝晶，如图 3.106 中箭头所示。因此，对稳定的胞状共生生长，其凝固速度应该低于初生相的胞-枝转变速度 V_{CD}。单相合金定向凝固中的胞-枝转变是凝固理论的一个重要研究对象，同时具有重要的工程意义，所以从 20 世纪 80 年代开始，定向凝固过程中的胞-枝转变吸引了很多实验和理论研究，在本节不再赘述。

2005 年，Billia 等人将在 Saffman-Taylor 黏性指理论上发展起来的理论引入到胞状凝固中，发现对有限的 k_0，胞-枝转变的临界速度为

$$V_{CD} = [\mathrm{Order}(1) + k] V_C/k_0 \qquad (3.62)$$

在实验中发现，包晶平台附近 Fe-Ni 合金的定向凝固的胞-枝转变与上式吻合得非常好：

$$V_{CD} = (1.1 + k) V_C/k_0 \qquad (3.63)$$

其中，$V_C = GDk_\delta/m_\delta C_0 (1 - k_\delta)$ 为初生相 δ 的平界面临界生长速度。

当凝固速度小于 V_{CD} 时,胞状共生生长不会发生胞-枝转变从而稳定进行,即对稳定的胞状共生生长,凝固速度应该满足

$$V < (1.1 + k) V_c / k_0 \qquad (3.64)$$

当凝固速度满足式(3.61)和(3.64)时,即

$$\frac{GD^2 m_\delta C_0 (1 - k_0)}{\Omega + 4\pi \sqrt{2\Gamma\Omega}} < V < (1.1 + k) V_c / k_0 \qquad (3.65)$$

胞状共生生长既可以免于三相交接点附近包晶反应的影响,同时又可以避免发生胞-枝转变,经过一定时间的演化,是可以达到稳定状态并维持下去,从而制备出规则排列的包晶系原位自生复合材料。

为了和包晶合金定向凝固过程中的相和组织选择图相结合,对式(3.65)求导,将其绘制到 NCU 组织选择图(图 3.28)中,并与实验结果进行比较,如图 3.109 所示。其中虚线 1 由式(3.61)确定,虚线 2 由式(3.64)确定,虚线 3 为胞状共生生长形成的成分界限,假设其为初生相的固溶体极限 C_δ,由上述三条线确定的区间为稳定胞状共生生长的可能存在区间。由图可以看到,实验结果与理论预测结果吻合得非常好,这说明,本书提出的模型在 Fe-Ni 包晶系中是非常适用的,是可以预测稳定胞状共生生长的形成条件和成分条件的,这为通过定向凝固制备包晶系规则排列原位自生复合材料提供了重要的工艺和理论基础。

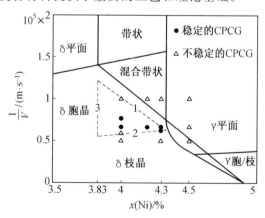

图 3.109　实验中得到的稳定胞状共生生长与理论预测之间的比较

虽然上述模型在 Fe-Ni 包晶系中取得了成功,但是仍需要在其他包晶系中对该模型进行验证,这是因为该模型主要是针对固溶体型包晶系合金提出的,且在推导过程中利用了一些假设,所以在使用中可能存在以下的局限:

①假设包晶反应的过冷度为很小,接近0,这样胞晶间包晶相的界面温度近似为T_P。虽然凝固速度不大时包晶反应的过冷度确实很小,但是肯定是存在的,所以上述假设可能会引入一定的偏差。

②包晶胞状共生生长归根到底仍然是多相生长方式,而在模型的推导过程中利用了建立在单相合金定向凝固理论上发展起来的胞端部曲率理论(式(3.48))和过冷度理论(式(3.58)),虽然已经证明这种假设是合理的,但是与实验结果比较时,仍然会引入一定偏差。

③近年来的研究发现,定向凝固过程中的胞-枝转变过程不仅受凝固条件的影响,还受到局部的间距影响,所以胞-枝转变不仅存在一个临界速度,还存在一个临界的特征间距。此外,胞-枝转变是一个超临界过程,所以是一个范围,而不是一个突变过程。因此,利用一个临界速度来预测胞-枝转变过程也可能带来一定的偏差。

④合金成分对包晶胞状共生生长具有重要影响。当合金成分非常接近初生相成分C_δ时,胞状共生生长是很难形成的,这主要是因为两相的体积分数相差太大,很难形成两相的耦合生长,而当合金成分接近包晶成分C_γ时,胞状共生生长却很容易形成(图3.109),这主要是因为在实际的定向凝固过程中包晶反应是很难进行完全的,所以初生相δ的体积分数总是高于平衡相图的计算值,接近包晶成分时胞状共生生长反而更容易形成,这在实验中也得到了证实(图3.109),这说明本书提出的模型在实际应用中应该稍微向高成分区域偏移。

虽然预测稳定包晶胞状共生生长的理论模型存在上述的局限性,与实验结果可能会出现一定的偏差,但是对于实际的工程控制过程,该模型可以预测出具有足够精度的结果,可以满足实际生产的控制需要。

参考文献

[1] PHELAN D,REID M,DIPPENAAR R. Kinetics of the peritectic reaction in an Fe－C alloy[J]. Mater. Sci. Eng. A,2007,477(1-2):226-232.

[2] SHIBATA H,ARAI Y,SUZUKI M. Kinetics of peritectic reaction and transformation in Fe－C alloys[J]. Metall. Trans. B,2000,31(5):981-991.

[3] 刘冬梅. Al－Ni包晶合金定向凝固组织演化及小平面包晶相生长机制[D]. 哈尔滨:哈尔滨工业大学,2013.

［4］骆良顺. Fe-Ni 包晶合金定向凝固过程中的组织演化规律［D］. 哈尔滨:哈尔滨工业大学,2008.

［5］傅恒志,魏炳波,郭景杰. 凝固科学技术与材料［J］. 中国工程科学,2003,5(8):5-19.

［6］安阁英. 铸件形成理论［M］. 北京:机械工业出版社,1989.

［7］闵乃本. 晶体生长的物理基础［M］. 上海:上海科学技术出版社,1982.

［8］KERR H W,KURZ W. Solidification of peritectic alloys［J］. Int. Mater. Rev. ,1996,41(4):129-164.

［9］傅恒志,郭景杰,苏彦庆,等. TiAl 金属间化合物的定向凝固和晶向控制［J］. 中国有色金属学报,2003,13(4):6-19.

［10］傅恒志,苏彦庆,郭景杰,等. 高温金属间化合物的定向凝固特性［J］. 金属学报,2002,38(11):9-14.

［11］RAMANUJAN R V. Phase transformations in gamma based titanium aluminides［J］. Int. Mater. Rev. ,2000,45(6):217-240.

［12］JOHNSON D R,INUI H,YAMAGUCHI M. Directional solidification and microstructural control of the TiAl/Ti_3Al lamellar microstructure in TiAl-Si alloys［J］. Acta. Mater. ,1996,44(6):2523-2535.

［13］KIM M C,OH M H,LEE J H,et al. Composition and growth rate effects in directionally solidified TiAl alloys［J］. Mater. Sci. Eng. A,1997,240:570-576.

［14］JOHNSON D R,INUI H,YAMAGUCHI M. Crystal growth of TiAl alloys［J］. Intermetallics,1998,6(7-8):647-652.

［15］刘永长. 快速凝固 Ti-Al 包晶合金的相选择与控制［D］. 西安:西北工业大学,2000.

［16］张永刚,韩雅芳,陈国良,等. 金属间化合物结构材料［M］. 北京:国防工业出版社,2001.

［17］LAPIN J,KLIMOVA A,VELISEK R. Directional solidification of Ni-Al-Cr-Fe alloy［J］. Scripta. Mater. ,1997,37(1):85-91.

［18］LEE J H,VERHOEVEN J D. Peritectic formation in the Ni-Al system［J］. J. Cryst. Growth,1994,144(3.4):353-366.

［19］LEE J H,VERHOEVEN J D. Eutectic formation in the Ni-Al system［J］. Cryst. Growth,1994,143(1-2):86-102.

［20］胡汉起. 金属凝固原理［M］. 北京：机械工业出版社，2000.

［21］BOETTINGER W J，SHECHTMAN J D，SCHAEFER R J，et al. The effects of rapid solidification velocity on the microstructure of Ag－Cu alloys［J］. Metal. Trans. A，1984，15：55-66.

［22］GREMAUD M，CARRARD M，KURZ W. The microstructure of rapidly solidified Al－Fe alloys subjected to laser surface-treatment ［J］. Acta. Metall. ,1990,38(12)：2587-2599.

［23］ZIMMERMANN M，CARRARD M，KURZ W. Rapid solidification of Al－Cu eutectic alloy by laser remelting［J］. Acta. Metall. ，1989，37(12)：3305-3313.

［24］马东，黄卫东. KF 稳定性判据的进一步分析［J］. 材料研究学报，1994，8(6)：501-506.

［25］KURZ W，FISHER D J. Dendrite growth at the limit of stability-tip radius and spacing［J］. Acta. Metall. ,1981,29(1)：11-20.

［26］苏云鹏. Zn－Cu 包晶合金激光快速定向凝固研究［D］. 西安:西北工业大学，2004.

［27］李新中. 定向凝固包晶合金相选择理论及其微观组织模拟［D］. 哈尔滨:哈尔滨工业大学,2006.

［28］丁国陆，黄卫东，周尧和. 定向凝固胞枝转变的历史相关性［J］. 自然科学进展,1997,7(5)：121-123.

［29］黄卫东，丁国陆，周尧和. 非稳态过程与凝固界面形态选择［J］. 材料研究学报,1995,9(3)：193-207.

［30］王猛. Zn－Cu 包晶合金定向凝固组织及相选择［D］. 西安:西北工业大学,2002.

［31］苏云鹏，王猛，林鑫，等. 激光快速熔凝 Zn－2%Cu 包晶合金的显微组织［J］. 金属学报,2005,41(1)：69-74.

［32］XU W，MA D，FENG Y P. Observation of lamellar structure in a Zn－rich Zn－6.3at. % Ag hyper-peritectic alloy processed by rapid solidification［J］. Scripta. Mater. ,2001,44(4)：631-636.

［33］MA D，LI Y，NG S C. Evaluation of composition region for peritectic coupled growth［J］. J. Cryst. Growth,2000,219(3)：300-306.

［34］SU Y Q，LUO L S，LI X Z,et al. Well-aligned in situ composites in directionally solidified Fe－Ni peritectic system［J］. Appl. Phys. Lett. ,2006,89(23)：031918.

［35］LOGRASSO T A, FUH B C, TRIVEDI R. Phase selection during directional solidification of peritectic alloys［J］. Metall. Trans. A, 2005, 36(5): 1287-1300.

［36］KURZ W, TRIVEDI R. Banded solidification microstructures［J］. Metall. Trans. A, 996, 27(3): 625-634.

［37］刘畅, 苏彦庆, 李新中, 等. Ti-(44-50)Al 合金定向包晶凝固过程中的组织演化［J］. 金属学报, 2005, 41(3): 38-44.

［38］黄卫东, 林鑫, 王猛, 等. 包晶凝固的形态与相选择［J］. 中国科学（E 辑）, 2002, 32(5): 3-9.

［39］苗传荣, 毛协民, 欧阳志英, 等. 超强磁场定向凝固试验装置的研制［J］. 中国铸造装备与技术, 2003, 5: 10-13.

［40］罗瑞盈, 杨彩丽, 王献辉, 等. 高梯度双区加热定向凝固装置的研制［J］. 航空制造技术, 1996, 4: 26-27.

［41］罗瑞盈, 王献辉, 史正兴, 等. 双区加热定向凝固液相温度梯度研究［J］. 热加工工艺, 1995, 4: 49-50.

［42］刘畅. Ti-Al 二元包晶合金定向凝固组织形成规律研究［D］. 哈尔滨:哈尔滨工业大学, 2007.

［43］SAHM P R, LORENZ M. Strongly coupled growth in faceted-nonfaceted eutectics of the monovariant type［J］. J. Mater. Sci., 1972, 7(7): 793-806.

［44］黄卫东, 林鑫, 李涛, 等. 单相合金凝固过程时间相关的界面稳定性（Ⅱ）实验对比［J］. 物理学报, 2004, 11: 352-357.

［45］林鑫, 李涛, 王琳琳, 等. 单相合金凝固过程时间相关的界面稳定性（Ⅰ）理论分析［J］. 物理学报, 2004, 11: 345-351.

［46］吕海燕. Cu-Sn 包晶合金定向凝固组织研究［D］. 西安:西北工业大学, 2004.

［47］李双明, 马伯乐, 吕海燕, 等. Cu-70％Sn 包晶合金高温度梯度定向凝固的组织及其尺度［J］. 金属学报, 2005, 4: 77-82.

［48］傅恒志. 航空航天材料定向凝固［M］. 北京:科学出版社, 2015.

［49］傅恒志. 先进材料定向凝固［M］. 北京:科学出版社, 2008.

［50］刘畅. Ti-Al 二元包晶合金定向凝固组织形成规律研究［D］. 哈尔滨:哈尔滨工业大学, 2007.

第4章 小平面包晶合金定向凝固

4.1 引 言

金属间化合物具有固溶度小、熔化熵高的特性,凝固时一般以特定晶面的小平面(光滑界面)方式生长,有很强的生长各向异性。已有的凝固理论的知识基础和实践经验,多植根于金属键为本质特性的金属材料,对于以混合键为主要键合特征的金属间化合物,尤其是它的凝固结晶特性,多数是不熟悉的。金属间化合物独特的界面生长特性显著影响合金定向凝固组织的变化。同时,基于包晶相为固溶体的包晶合金体系提出的相应的理论模型是否适于解释上述包晶体系在定向凝固过程中的相/组织选择,这都是值得考虑的问题。因此,对包晶相为金属间化合物的包晶合金体系在凝固过程中的组织演化以及包晶相的生长机制的研究,不仅可以丰富和发展现有建立在非小平面生长基础上的现代凝固理论,也有助于新材料的开发与制备。

材料的不同熔化熵对其凝固特性的影响极为显著,甚至根本改变了材料的结晶生长规律,本章将以包晶相和初生相都为金属间化合物相的典型 Al-Ni 包晶合金为例,系统地介绍定向凝固过程中包晶两相的组织演化。Al-Ni 包晶合金涉及两个典型的金属间化合物,即 Al_3Ni_2 和 Al_3Ni,如图 4.1 所示。其中,Al_3Ni_2 具有较小的固溶度,其固溶度范围为($37\%\sim 40\%$)Ni。Al_3Ni 为无任何固溶度、并且符合化学计量比的金属间化合物,其固相线为一垂线。通常条件下,对于金属间化合物,Jackson 因子介于 $2\sim 5$。此类物质在凝固过程中,其凝固特性,诸如界面结构、生长机制、结晶组织、生长特性等,都可能完全不同于 Jackson 因子小于 2 的纯金属或固溶体相。然而,已有的凝固理论基础多植根于 Jackson 因子小于 2 的材料,如纯金属或具有较大固溶度的固溶体相,对于金属间化合物材料的凝固结晶特性并不熟悉。

本书所要研究的包晶反应,$L+Al_3Ni_2\longrightarrow Al_3Ni$,在凝固过程中的组织演化必然涉及初生 Al_3Ni_2 相和包晶 Al_3Ni 相的析出和长大。然而,人们对于 Al_3Ni 相的凝固特性并不熟悉。因此,在分析定向凝固 Al-Ni 包晶合金组织演化以及包晶 Al_3Ni 相的生长机制之前,必须深入认识 Al_3Ni 相的凝固特性,例如 Al_3Ni 相作为初生相直接自液相析出长大时的凝固特性,Al_3Ni 相作为包晶相的形核和生长机制等。本章针对金属间化合物 Al_3Ni 相,首先从形核以及生长机制这两方面来论述其凝固特性。

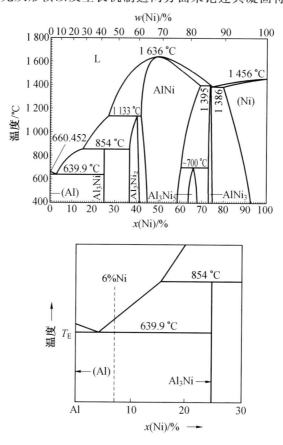

图 4.1　Al-Ni 合金相图及局部二元共晶相图

4.2　具小平面特性 Al_3Ni 相的形核及生长特性

材料的不同熔化熵对其凝固特性的影响极为显著,甚至从根本上改变了材料的结晶生长规律。本书研究的 Al-Ni 包晶合金涉及两个典型的金属间化合物,即 Al_3Ni_2 和 Al_3Ni。其中,Al_3Ni_2 具有一定固溶度,经计算,其熔化熵约为 40.18 J/(K·mol),Jackson 因子($\Delta S_m/R$)约为 4.83;Al_3Ni

相无任何固溶度,为典型的符合化学计量比的金属间化合物,其熔化熵约为 33.45 J/(K·mol),Jackson 因子($\Delta S_m/R$)约为 4.02。其中 ΔS_m 为熔化熵,可从热力学相关书籍获得不同相的具体值,R 为气体常数,为 8.314 J/(mol·K)。根据经典凝固理论,Jackson 因子介于 2~5 的物质,譬如,Al$_3$Ni$_2$,Al$_3$Ni 相,在其凝固过程中、界面结构、生长特性、结晶组织、生长机制都可能完全不同于具有低熔化熵的纯金属或固溶体相。然而,已有的凝固理论基础植根于具有低熔化熵材料,如纯金属或具有较大固溶度的固溶体相,对于金属间化合物材料的凝固结晶特性并不熟悉。

本书所研究的 Al-Ni(L+Al$_3$Ni$_2$ $\longrightarrow$ Al$_3$Ni)包晶合金在凝固过程中的组织演化涉及初生 Al$_3$Ni$_2$ 相和包晶 Al$_3$Ni 相的析出与长大,但人们对于 Al$_3$Ni 相的凝固特性并不熟悉。因此,在分析定向凝固 Al-Ni 包晶合金组织演化以及包晶 Al$_3$Ni 相的生长机制之前,必须深入认识 Al$_3$Ni 相的凝固特性。本节针对金属间化合物 Al$_3$Ni 相,首先从形核以及生长机制这两方面来论述其凝固特性。

4.2.1 定向凝固 Al-6Ni 合金中 Al$_3$Ni 相的生长机制

研究 Al-Ni 包晶合金在凝固过程中的组织演化以及 Al$_3$Ni 作为包晶相的生长机制之前,必须充分了解 Al$_3$Ni 相自液相独立形核并长大的过程;同时,定向凝固技术广泛应用于凝固基础理论的研究。因此,选择金属间化合物 Al$_3$Ni 相为初生相的非共晶点合金 Al-6Ni,利用定向凝固技术研究 Al$_3$Ni 相自液相直接析出并生长机制。图 4.1 为 Al-Ni 二元相图中共晶反应 L $\longrightarrow$ Al$_3$Ni+Al 附近的局部示意图。由图 4.1 可知,当 Al-6Ni 合金自液相线温度以上逐渐冷却凝固时,当温度降至 Al$_3$Ni 相液相线温度以下时,Al$_3$Ni 相自液相析出;随着温度逐渐降低,将温度降至共晶反应温度 T_E 时,剩余液相通过共晶反应 L $\longrightarrow$ Al+Al$_3$Ni 转变成共晶组织。

图 4.2 为 Al-6Ni 合金以 5 μm/s 定向凝固时试样的纵截面形貌,其中白亮相为 Al$_3$Ni 相。图 4.2(b)~(e)分别为不同区域局部放大图。由图 4.2(b)可以看出,在定向凝固过程中,当温度降至 Al-6Ni 合金液相线温度以下时,Al$_3$Ni 相自液相析出并长大。Al$_3$Ni 相的形态具有明显的棱角,呈现典型小平面生长特性。随着温度的进一步降至共晶温度时,液相通过共晶反应 L $\longrightarrow$ Al+Al$_3$Ni 形成(Al$_3$Ni+Al)共晶组织,如图 4.2(b)所示。对比图 4.2(b)~(e)可以看出,随着定向凝固距离的增加,Al$_3$Ni 形貌由

"回"字形逐渐演化成"V"字形，Al_3Ni 相的体积分数不断减小。

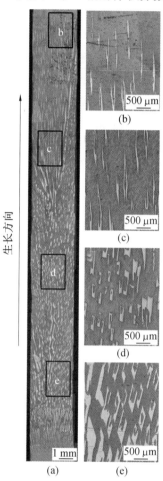

图 4.2 定向凝固 Al–6Ni 合金纵截面组织

($V=5\ \mu\text{m/s}, G=30\ \text{K/mm}$；其中图(b)~(e)为图(a)中相应的局部放大图)

图 4.3、4.4 分别为抽拉速度增加到 $100\ \mu\text{m/s}$ 时获得的定向凝固 Al–6Ni 合金纵截面、横截面组织。对比图 4.2 可以看出，随着抽拉速度的增加，即冷却速度的增加，Al_3Ni 相作为初生相自液相直接析出并长大时，其形态逐渐向由小平面生长向类似枝晶形貌转变。这表明，物质是按照非小平面长大还是按照小平面长大，仅仅由熔化熵值的大小决定是不够的，它还与溶液中的浓度及外界凝固条件有关。

为了深入分析定向凝固 Al–6Ni 合金中初生 Al_3Ni 相的形貌，利用 NaOH 溶液对定向凝固试样进行电解深腐蚀。图 4.5 为 Al–6Ni 定向凝

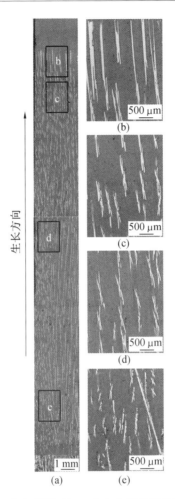

生长方向

图 4.3　定向凝固 Al - 6Ni 合金纵截面显微组织

($V=100\ \mu m/s,G=30\ K/mm$；其中图(b)～(e)为图(a)中相应的局部放大图)

固试样经电解深腐蚀后,利用扫描电子显微镜获得的初生 Al_3Ni 相的三维立体形貌。由图可知, Al_3Ni 相呈现复杂的立体形貌。在图 4.5(a)中, Al_3Ni 相由两部分呈一定角度的片状 Al_3Ni 相组成,这对应于图 4.2 中 Al_3Ni 相的"V"字形形貌;在图 4.5(b)和(c)中, Al_3Ni 相呈未闭合的中空长方体,这对应于图 4.2 中 Al_3Ni 相的未闭合的"回"字形形貌。

　　根据上述分析可知,在定向凝固过程中,当凝固速度较小时 ($V=5\ \mu m/s$), Al - 6Ni 合金中自液相直接析出的初生 Al_3Ni 相具有尖锐的棱角,呈现典型的小平面生长特征。众所周知,当物质呈现小平面生长时,液相原子向固相表面附着时需要较大的驱动力,即在其生长界面处应存在较大的界面动力学过冷度。

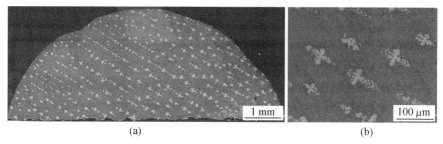

图 4.4　定向凝固 Al‐6Ni 合金横截面显微组织($V=100\ \mu\mathrm{m/s}, G=30\ \mathrm{K/mm}$)

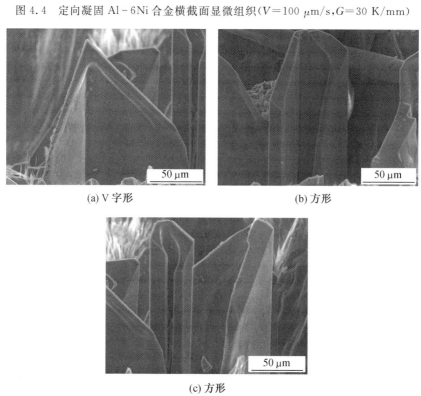

(a) V 字形　　　　　　　　　　　(b) 方形

(c) 方形

图 4.5　定向凝固 Al‐6Ni 合金初生相 Al_3Ni 相三维组织形貌

($V=5\ \mu\mathrm{m/s}, G=30\ \mathrm{K/mm}$)

关于金属合金深过冷的研究表明：对于固溶体相,晶体表面原子附着由原子碰撞控制；对于具有超晶格结构的金属间化合物而言,晶体表面的原子附着由扩散控制。综合各类金属材料在凝固时的生长动力学实验数据可知,纯金属及其固溶体的动力学系数的量级在 1～3 m/(s・K),而具有简单结构的金属间化合物在 $0.001 \sim 0.01$ m/(s·K)。在研究 TiB_2 的形核行为时,考虑了晶体界面动力学效应对形核行为的影响。此外,关于异质形核的研究表明:晶体生长时,较大的界面动力学效应将导致较大的形核过冷度。

在共晶合金中,当共晶组织中含有动力学系数较小的相时,例如金属间化合物或其他复杂结构的相时,动力学效应对共晶生长的影响作用非常明显。然而,当包晶凝固过程中涉及动力学系数较小的相时,如金属间化合物,该相的生长特性会给包晶凝固过程,例如包晶相的形核和生长带来何种影响,目前尚无深入确切的分析。

4.2.2 连续凝固过程中金属间化合物包晶相的形核及生长机制

如前所述,在凝固过程中,Al_3Ni 相呈现典型的小平面生长特性,这种生长方式完全不同于固溶体型包晶相。对于 Al - Ni 包晶合金,Al_3Ni 相的小平面生长的凝固特性是否给包晶 Al_3Ni 相的形核和生长带来影响,即金属间化合物的小平面生长特性会给由其参与的包晶反应以及包晶相的形核和生长带来何种影响,目前尚无明确报道。本书选择四种典型的包晶合金,Cu - 13Sn $(L + \alpha \longrightarrow \beta)$,Al - 2Cr $(L + Al_7Cr \longrightarrow Al)$,Al - 20Ni $(L + Al_3Ni_2 \longrightarrow Al_3Ni)$ 和 Al - 13Co $(L + Al_{13}Co_4 \longrightarrow Al_9Co_2)$,其包晶相图如图 4.6 所示。由图可知,Cu - Sn,Al - Cr 包晶合金中的包晶相具有较大固溶度,为典型的第 I 类包晶合金,Al - Ni,Al - Co 包晶合金中的包晶相为无任何固溶度并且符合化学计量比的金属间化合物,为典型的第 II 类包晶合金。

值得注意的是,每个相的固溶度范围可以反映在该相的吉布斯自由能曲线上,即固溶度范围的大小关联于该相的自由能曲线是"锐变"还是"平缓"。通常,固溶度较小时,吉布斯自由能曲线较为陡峭(sharp)。当固溶度较大时,吉布斯自由能曲线较为平缓(flat)。Kerr 等人通过根据包晶反应中各相的吉布斯自由能曲线特性,将包晶反应分为六类。上述四个包晶合金体系中的包晶反应、初生相及包晶相的类型见表 4.1。

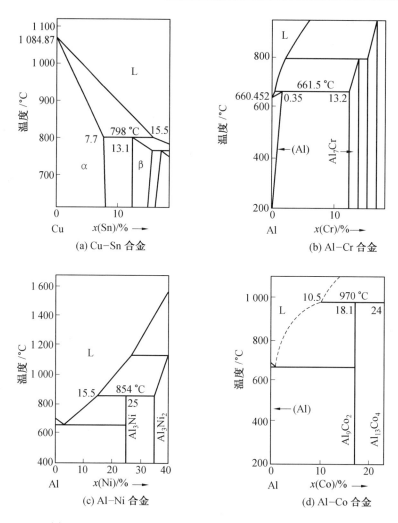

图 4.6　Cu - Sn,Al - Cr,Al - Ni 及 Al - Co 合金相图示意图

表 4.1　包晶反应中固相特性及包晶反应的类型

包晶反应	初生相	包晶相	包晶反应类型
$L + \alpha \longrightarrow \beta(Cu - Sn)$	固溶体	固溶体	$F_s F_s F_l$
$L + Al_7 Cr \longrightarrow Al$	金属间化合物 /一定固溶度	固溶体	$S_s F_s F_l$
$L + Al_3 Ni_2 \longrightarrow Al_3 Ni$	金属间化合物 /一定固溶度	金属间化合物 /无固溶度	$S_s S_s F_l$
$L + Al_{13} Co_4 \longrightarrow Al_9 Co_2$	金属间化合物 /无固溶度	金属间化合物 /无固溶度	$S_s S_s F_l$

注:F 为平缓的自由能曲线;S 为陡峭的自由能曲线;下脚标 s 为固相;下脚标 l 为液相。例如 S_s 表示在包晶反应中固相具有陡峭的自由能曲线

图 4.7 为这四种包晶合金典型的降温 DSC 曲线。DSC 曲线中的放热峰对应凝固过程中每个相变。随着温度的降低,第一个放热峰对应于初生相自液相析出,第二个放热峰对应于包晶相的形核。根据经典凝固理论,在低速冷却的条件下,包晶相的形核温度稍低于甚至等于平衡包晶反应温度。图 4.7 中虚线表示平衡包晶反应温度。由图 4.7 可以看出,在较低的冷却速度下,测得的 Cu – Sn,Al – Cr 包晶合金中与包晶反应对应的放热峰温度与平衡包晶反应温度几乎相同。而 Al – Ni,Al – Co 包晶合金中测得与包晶反应对应的放热峰温度则远远低于平衡包晶反应温度,即存在较大的过冷度。

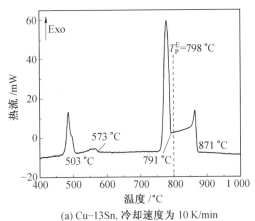

(a) Cu–13Sn,冷却速度为 10 K/min

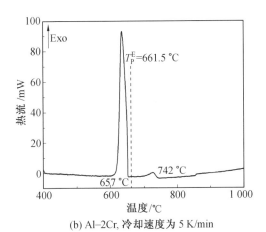

(b) Al–2Cr,冷却速度为 5 K/min

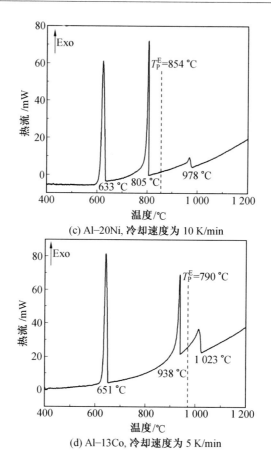

(c) Al−20Ni, 冷却速度为 10 K/min

(d) Al−13Co, 冷却速度为 5 K/min

图 4.7　Cu‑13Sn, Al‑2Cr, Al‑20Ni, Al‑13Co 包晶合金降温 DSC 曲线

　　表 4.2 为冷却速度为 1～10 K/min 时测得不同冷却条件下的包晶形核过冷度。图 4.28 为包晶形核过冷度与冷却速度的曲线。外推冷却速度至 0 K/min 通常作为确定近似平衡反应温度的有效方法。当外推冷却速度为零时, Al‑2Cr 与 Cu‑13Sn 包晶合金中包晶反应过冷度为零。而 Al‑20Ni 和 Al‑13Co 包晶合金中包晶反应过冷度分别为 32 ℃ 和 38 ℃。根据包晶反应相图, 当平衡凝固时, 包晶相的形核温度应为包晶反应温度。对于 Al‑Cr 与 Cu‑Sn 包晶合金, 包晶相形核温度等于包晶反应温度。但是, 对于 Al‑Ni 和 Al‑Co 包晶合金, 包晶相形核温度低于平衡包晶反应温度, 具有较大过冷度。

表 4.2 测得的各包晶合金中包晶相形核过冷度

冷却速度 /(K·min^{-1})	形核温度 T_N/℃	包晶过冷度 $\Delta T = T_P^E - T_N$(℃)
Cu-13Sn (L+α→β)平衡包晶温度 $T_P^E = 798$ ℃		
3	796	2
5	795	3
10	791	7
Al-2Cr(L+Al$_7$Cr→Al) 平衡包晶温度 $T_P^E = 661.5$ ℃		
5	657	4.5
10	652	9.5
Al-20Ni (L+Al$_3$Ni$_2$→ Al$_3$Ni) 平衡包晶温度 $T_P^E = 854$ ℃		
1	815	39
3	813	41
5	809	45
10	805	48
Al-13Co (L+Al$_{13}$Co$_4$→Al$_9$Co$_2$) 平衡包晶温度 $T_P^E = 970$ ℃		
3	938	32
5	938	32
10	938	32

注:T_P^E 为平衡包晶反应温度;T_N 为测量包晶相形核温度

根据经典包晶凝固理论可知,包晶相的形核过冷度取决于初生相作为包晶相形核衬底的有效程度。图 4.9 为 Al-20Ni 和 Al-13Co 包晶合金 DSC 试样的金相显微组织。由图可知,包晶相完全包裹初生相,并不存在类似 Zn-Ni,Al-Mn 包晶合金中包晶相局部包裹初生相的现象。由此表明,在 Al-Ni,Al-Co 包晶合金中初生相均可以作为包晶相的有效形核衬底,排除初生相作为包晶相的有效异质形核率低这一因素引起较大形核过冷度的可能。

值得注意的是,在图 4.9 中,包裹初生相的包晶相层厚度并不均匀,并呈现小平面生长特性。利用 TEM 分析了 Al-Ni 包晶合金 DSC 试样的显微组织,如图 4.10 所示。由图可以清晰地看出,包晶相 Al$_3$Ni 层由多个包晶相晶粒组成。这一现象在包晶相为金属间化合物的包晶合金体系中很常见,例如 Sb-Ni（L + NiSb ⟶ NiSb$_2$）和 Cd-Cu（L + Cu$_5$Cd$_8$ ⟶

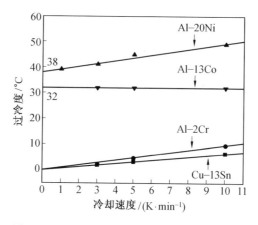

图 4.8　包晶相形核过冷度与冷却速度的曲线

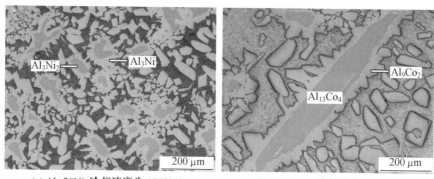

(a) Al-20Ni, 冷却速度为 10 K/min　　　(b) Al-13Co, 冷却速度为 10 K/min

图 4.9　Al-20Ni 和 Al-13Co 包晶合金 DSC 试样的金相显微组织

CuCd$_3$）包晶合金体系，如图 4.11 所示。根据 Maxwell－Hellawell 模型，稳态形核时，一旦形成一个晶胚，这个晶胚就迅速长大并完全包裹形核衬底，从而只形成一个晶粒。这表明在 Al-Ni，Al-Co 包晶合金体系中，已形成晶核的生长受到限制，从而使在初生相表面形成多个包晶相晶核成为可能。对于包晶相为固溶度很小甚至无固溶度的金属间化合物的包晶合金体系，例如 Al$_{72}$Ni$_{12}$Co$_{16}$ 合金，包晶层通常不连续。

　　研究乙酰胺－水杨酸包晶合金中包晶相的生长时，包晶相较小的界面生长动力学参数导致包晶相较大的形核过冷度。此外，在研究 6xxxAl 合金中的包晶反应时也重视了包晶相的界面动力学效应对于包晶相生长机制的影响。因此，在本书中，对包晶相的形核行为进行研究时需要从两方面考虑：一是由初生相作为包晶相形核衬底有效程度引起的形核过冷度；二是包晶相界面动力学效应引起的形核过冷度。早期关于包晶合金热分

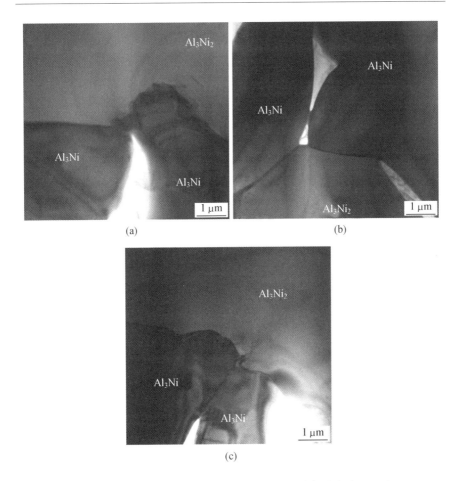

图 4.10　Al-20Ni 合金 DSC 试样 TEM 亮场相(冷却速度为 10 K/min)

析的研究表明:包晶相的形核温度取决于初生相与包晶相的液相线交点。而初生相与包晶相液相线的迁移由冷却速度与初生相作为包晶相形核基底的有效性两方面决定。但是,除此之外,仍需要考虑包晶相界面动力学效应对包晶相形核行为的影响。根据 Assadi 等人的研究,界面动力学过冷度将导致液相线向低温区平移。简化起见,忽略初生相液相线的迁移。那么实际包晶相的形核温度由初生相液相延伸线与包晶相亚稳液相线的交点决定,如图 4.12 所示。包晶相亚稳液相线由两方面因素决定:由有效形核率引起的液相线向低温区的平移以及由界面动力学过冷度引起的液相线向低温区的平移。在 Cu-Sn 和 Al-Cr 合金中,包晶相形核过冷度为零表明在这两个包晶合金体系中,初生相均可作为包晶相的有效形核衬

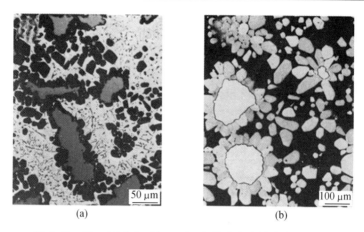

(a)　　　　　　　　　　　　(b)

图 4.11　Sb - 14Ni 和 Cd - 10Cu 包晶合金连续冷却显微组织

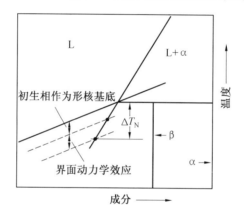

图 4.12　包晶相界面动力学效应对包晶相形核过冷度的影响

底,同时由于包晶相为具有较大固溶度的固溶体相,因此界面动力学过冷较小。但是,对于 Al - Ni 和 Al - Co 包晶合金,由显微组织可以看出,初生相可以作为包晶相的有效形核衬底,但是由于在这两个包晶合金中,包晶相为具有较小界面动力学参数的金属间化合物,因此包晶相在形核过程中界面动力学效应抑制了晶胚的迅速长大,引起了较大的形核过冷度。

4.2.3　连续冷却过程中包晶 Al_3Ni 相的形核过冷度

1. Ni 含量对包晶相形核过冷度的影响

如前所述,对于 Al - 20Ni 包晶合金($L + Al_3Ni_2 \longrightarrow Al_3Ni$),由于 Al_3Ni 为呈小平面长大的金属间化合物,其包晶相 Al_3Ni 的形核行为不同于固溶体型包晶相,表现为:多个包晶相晶粒包裹初生相;具有较大的形核过冷度。根据异质形核理论,形核过冷度与合金成分及冷却速度有关。为了深入分析 Al-Ni 包晶合金的合金成分及冷却速度对包晶 Al₃Ni 相形核过冷度的影响,对不同 Ni 含量的 Al-Ni 包晶合金进行了冷却速度为 1～100 K/min 的 DSC 实验。图 4.13 为不同 Ni 含量的 Al-Ni 包晶合金以 10 K/min 冷却时得到的 DSC 曲线。由图可以看出,当 Ni 原子数分数为 18%～35% 时,随 Ni 含量的增加,测得的包晶相的形核温度先升高后降低。图 4.14 为当冷却速度为 10 K/min 时,测得的 Al₃Ni 相形核过冷度与 Ni 含量的关系柱状图,由图可知,随合金中 Ni 含量逐渐增加,包晶相 Al₃Ni 的形核过冷度先减小后增大,在 Ni 原子数分数为 27% 时达到最小。值得注意的是,由 Al-Ni 相图可知,当 15% ≤ x(Ni) ≤ 27% 时,随温度逐渐减低,Al-Ni 包晶合金的凝固顺序为:L → (L→Al₃Ni₂) → (L+Al₃Ni₂→Al₃Ni) → (L→Al₃Ni+Al);当 Ni 原子数分数大于 27% 时,随温度逐渐减低,Al-Ni 包晶合金的凝固顺序为:L→(L→AlNi) → (L+AlNi→Al₃Ni₂)→(L+Al₃Ni₂→Al₃Ni)→(L→Al₃Ni+Al)。

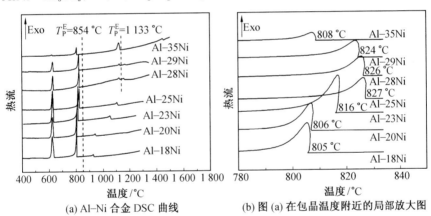

(a) Al–Ni 合金 DSC 曲线   (b) 图 (a) 在包晶温度附近的局部放大图

图 4.13   不同 Ni 含量 Al-Ni 包晶合金降温 DSC 曲线(10 K/min)

如前所述,包晶相 Al₃Ni 相的形核过冷度由两方面决定:由初生相作为包晶相形核衬底有效程度引起的形核过冷度;包晶相界面动力学效应引起的形核过冷度。针对 Al-Ni 合金在连续凝固过程中,随着 Ni 含量变化,包晶 Al₃Ni 相形核过冷度发生相应的变化,导致其发生的原因可能如下:

① 当 15% ≤ x(Ni) ≤ 27% 时,在相同的冷却速度下,随着 Ni 含量逐渐增加,先析出相 Al₃Ni₂ 相的体积分数将逐渐增大,这将显著提高包晶 Al₃Ni 相的有效形核位置。根据异质形核理论,先析出相 Al₃Ni₂ 相作为包晶

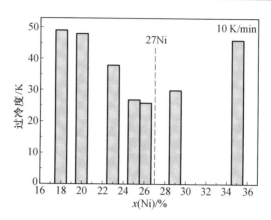

图 4.14　包晶 Al_3Ni 相形核过冷度与 Ni 含量关系图

Al_3Ni 相的有效形核率增加,这将降低 Al_3Ni 相的形核过冷度;当 Ni 原子数分数大于 27%时,凝固过程中先析出相为 AlNi 相,此时,Al_3Ni_2 相作为包晶反应 $L+AlNi \rightarrow Al_3Ni_2$ 的产物,Ni 含量的增加并不能直接导致 Al_3Ni_2 相体积分数的增加,因此 Ni 含量的增加并不能有效降低 Al_3Ni 相的形核过冷度。

②如前所述,对于具有超晶格结构的金属间化合物,其形核及晶胚进一步的生长过程由扩散控制。晶体在其生长过程中,合金熔体成分越接近晶体成分,晶体生长越容易,这意味着晶体生长过程中所必需的界面动力学过冷度将减小,从而有效降低 Al_3Ni 相的形核过冷度。所以在上述 $Al-Ni$ 合金中,熔体以 10 K/min 连续冷却时,测得的 $Al-25Ni$ 合金中包晶相 Al_3Ni 相的形核过冷度最小。

上述分析表明,当包晶相为金属间化合物时,尤其是符合化学计量比的无任何固溶度的金属间化合物,其在连续凝固过程中的形核行为将完全不同于固溶体型的包晶相。其形核过冷度不仅仅涉及初生相是否可以作为包晶相有效形核衬底,还将涉及包晶相在形核及晶胚长大过程中的界面生长过冷度。同时,后者将由合金原始成分、冷却条件等共同控制。

2. 恒温保温对包晶相形核过冷度的影响

为了考察第一方面因素,即初生相作为包晶相形核衬底,对包晶相形核过冷度的影响,进行了一组保温实验。选取 $Al-20Ni$ 包晶合金,将其缓慢加热至 1 300 ℃,使试样完全熔化,然后以 10 K/min 的冷却速度匀速降至 870 ℃,保温不同时间(0 min,15 min,30 min),然后再以 10 K/min 的冷却速度匀速降至室温,具体的实验工艺曲线如图 4.15 所示。图 4.16 为在不同实验条件下测得的 $Al-20Ni$ 合金降温 DSC 曲线。其中图 4.16(b)

为图 4.16(a)在对应包晶相形核放热峰附近的局部放大图。由图 4.16 可以看出,随着保温时间的增加,共晶反应对应的放热峰位置未发生任何变化,但对应包晶相形核的放热峰向高温区移动,如图 4.16(b)所示。合金熔体在 870 ℃经过 0 min,15 min 和 30 min 保温处理后,测得的包晶 Al₃Ni 相的形核温度分别为 806 ℃,808.5 ℃ 和 812 ℃。

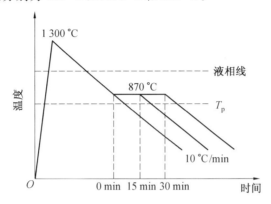

图 4.15 恒温保温 DSC 实验工艺曲线图

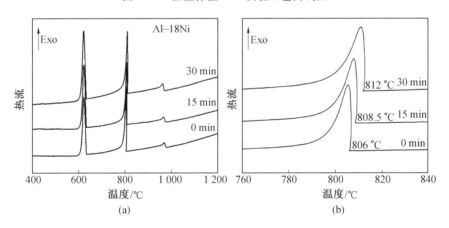

图 4.16 Al-20Ni 合金经 870 ℃保温不同时间后的降温 DSC 曲线

合金熔体在高于包晶反应温度 T_P,低于液相线温度 T_L 保温时,初生相 Al₃Ni₂ 自液相充分析出并长大,有效地增加包晶相的形核位置。但是,由图 4.16 可以看出,保温时间对包晶相形核过冷度的影响不明显。由此可以推断,对于 Al-Ni 包晶合金,影响包晶相形核过冷度的第一方面因素,即由初生相作为包晶相形核衬底有效程度引起的形核过冷度,在整体包晶相形核过冷度中所占权重并不大。引起 Al-Ni 包晶合金中包晶相

Al_3Ni 相较大形核过冷度的主要原因应为界面动力学效应。

3. 冷却速度对包晶相形核过冷度的影响

在常规凝固条件下,合金熔体以某一冷却速度连续冷却至室温的过程中,液相以及固相中元素的扩散不能完全进行,这是一种典型的非平衡凝固过程。因此,在连续冷却过程中,必须考虑非平衡凝固效应,即冷却速度对包晶相形核过冷度的影响。图 4.17 为不同冷却速度下,测得的 Al - Ni 包晶合金凝固过程中对应各个反应的过冷度与冷却速度关系图。由图 4.17 可以明显看出,冷却速度为 $0 \sim 100$ K/min 时,测得的对应如下两个液固相变的过冷度:$L + AlNi \rightarrow Al_3Ni_2$,$L \rightarrow Al_3Ni + Al$,随冷却速度的增加呈线性增加,当外推冷却速度为零时,其对应的过冷度基本为零。而对于包晶反应 $L + Al_3Ni_2 \rightarrow Al_3Ni$,测得的包晶相的形核过冷度随冷却速度的增加呈现两个阶段的线性变化规律。

对于 Al - Ni 包晶合金,当冷却速度为 $0 \sim 20$ K/min 时,过冷度与冷却速度满足以下关系:

$$Al - 20Ni: \Delta T_N = 0.8R + 38 \tag{4.1}$$
$$Al - 25Ni: \Delta T_N = 0.8R + 28 \tag{4.2}$$

当冷却速度为 $20 \sim 100$ K/min 时,过冷度与冷却速度满足以下关系:

$$Al - 20Ni: \Delta T_N = 0.25R + 51 \tag{4.3}$$
$$Al - 25Ni: \Delta T_N = 0.25R + 36 \tag{4.4}$$

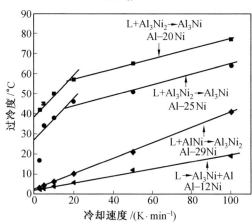

图 4.17　Al - Ni 包晶合金凝固过程中对应各个反应的过冷度与冷却速度关系图

图 4.18 为 Al - 20Ni 包晶合金不同冷却速度下得到 DSC 试样的显微组织。由图可知,冷却速度为 $5 \sim 100$ K/min 时,灰色的初生 Al_3Ni_2 相被白色的包晶 Al_3Ni 相完全包裹,表明:在此冷却速度范围内,初生 Al_3Ni_2 相

均可作为包晶 Al_3Ni 相的有效形核衬底。随冷却速度的增加,初生 Al_3Ni_2 相尺度逐渐减小,同时,包裹初生 Al_3Ni_2 相的包晶 Al_3Ni 相厚度逐渐减小。

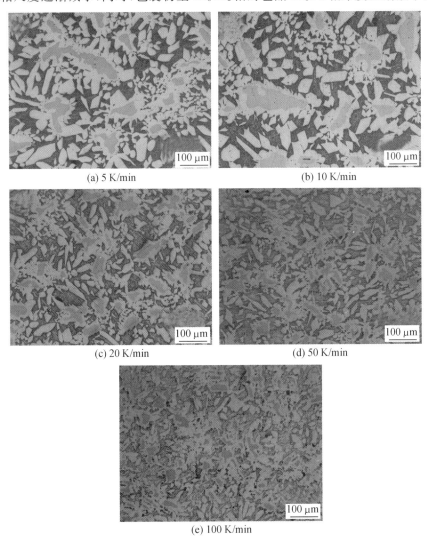

(a) 5 K/min

(b) 10 K/min

(c) 20 K/min

(d) 50 K/min

(e) 100 K/min

图 4.18　Al-20Ni 包晶合金 DSC 试样的显微组织

　　Al-Ni 共晶合金定向凝固组织演化表明,随冷却速度的增加,Al_3Ni 的生长方式逐渐由小平面生长向类似枝晶的非小平面转变。那么,在 Al-Ni 包晶合金连续冷却过程中,包晶 Al_3Ni 相的生长方式也将出现此种转变。当物质以非小平面生长时,其界面生长过冷度将减小。如上所述,Al-Ni 包晶合金在连续冷却过程中,随冷却速度的增加,包晶 Al_3Ni 相的形核过冷度与冷却速度的关系遵循两段线性关系，其原因可能是凝固过程中包晶 Al_3Ni 相的生长方式的改变所致。

4.3　包晶合金定向凝固初始固/液界面及熔体准备

在定向凝固过程中，随生长条件的变化，定向凝固固/液界面呈现平/胞/枝等形貌变化。Mullins – Sekerka 理论是定向凝固固/液界面的形态稳定性的主要判据。根据 Mullins – Sekerka 理论，定向凝固固/液界面的形态稳定性主要取决于合金成分 C_0、定向凝固系统温度梯度 G 以及定向凝固速度 V。Mullins – Sekerka 理论基于一个前提：定向凝固的初始界面为一平界面，并且液相中的溶质分布是均匀的。但是，在实验过程中，定向凝固初始于一个准备状态，即合金熔化后进行一定时间的热稳定处理，热稳定处理的时间通常为 30 min。在通常条件下，这个最初的状态在大多数情况下是不作为特征描述的，人们通常认为经历熔化及热稳定处理后，定向凝固初始固/液界面为一平界面。但是，在实际定向凝固实验过程中，这一最初状态可能会严重偏离假想的模型。

当包晶系统中的初生相和包晶相均为固溶体时，如早期广泛研究的 Fe – Ni，Pb – Bi，Sn – Cd 等，合金的凝固区间通常较小，只有几摄氏度到几十摄氏度。但是，当包晶系统中初生相和包晶相为金属间化合物时，如本书研究的 Al – Ni 包晶合金，其凝固区间（$T_L - T_E$）为 200～500 ℃。近期关于 Al – Ni，Al – Cu 共晶合金的研究表明，定向凝固过程中，在初始熔化及热稳定处理的过程，介于完全固相区及完全液相区，将形成一个由凝固区间决定的熔化糊状区，其中糊状的高温界面则为定向凝固的初始界面。随糊状区长度的增加，熔化糊状区的组织演化将更为复杂。在定向凝固过程中，当温度梯度一定时，糊状区的长度随合金凝固区间的增加而增加。这意味着，对于 Al – Ni 包晶合金，其糊状区组织演化将比诸如 Fe – Ni，Sn – Cd 等包晶合金更为复杂。

本节选取 Cu – 13Sn 包晶合金（第 Ⅰ 类包晶合金：包晶两相均为具有一定固溶度的固溶体，凝固区间 $\Delta T = 110$ K）与 Al – 18Ni 包晶合金（第 Ⅱ 类包晶合金：包晶两相均为固溶度较小或无固溶度的金属间化合物，凝固区间 $\Delta T = 320$ K），对比研究两类包晶合金定向凝固初始固/液界面及熔体准备过程中，糊状区的形成机制、糊状区在热稳定处理过程中的组织变化、定向凝固初始界面的形貌变化及界面前沿液相中的溶质分布，从而精确了解定向凝固过程中初始固/液界面形貌对随后定向凝固过程中的组织演化生长的影响,以提高对凝固微观结构的认识。

4.3.1 熔化过程中糊状区的形成机制

当合金试样在定向凝固炉中熔化时,合金试样纵向截面上存在外加的温度梯度。图 4.19 为一典型的包晶合金相图,其中的包晶反应为 L+α→β,此处本书使用共晶反应 L→β+γ 来标定凝固过程中液固相变的终止。考虑初始成分为 C_0 的过包晶合金,当温度高于液相线温度 T_L 时,合金完全熔化为液相;当温度处于包晶反应温度 T_P 与液相线温度 T_L 之间时,原始铸态组织中的共晶体及包晶相发生熔化,平衡组织由液相与初生相(L+α)组成;当温度处于共晶反应温度 T_E 与包晶反应温度 T_P 之间时,共晶体发生熔化,平衡组织由液相与包晶相(L+β)组成;当温度低于 T_E 时,其平衡组织为完全的固相。

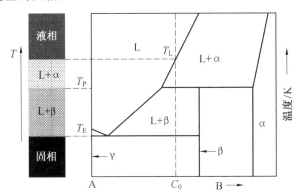

图 4.19　定向凝固熔化过程中糊状区的形成机制

1. Al - 18Ni 包晶合金

图 4.20 为 Al - 18Ni 包晶合金原始铸态组织,其中灰色相为初生 Al_3Ni_2 相,白亮相为包晶 Al_3Ni 相,黑色相为共晶组织(Al_3Ni+Al)。以 Al - 18Ni 合金为例,当该合金加热至高于合金熔点的某一温度,根据 Al - Ni 二元合金相图(图 2.1),在熔化过程中将发生以下固/液相变:

①当温度升至 T_E=640 ℃ 时,共晶反应的逆反应 Al_3Ni+Al→L 发生,共晶相发生熔化形成液相。

②当温度升至 T_P=854 ℃ 时,包晶反应的逆反应 Al_3Ni→L+Al_3Ni_2 发生,包晶 Al_3Ni 相熔化形成液相和初生 Al_3Ni_2 相。

③当温度升至 T_L 时,Al_3Ni_2 相溶解形成液相,合金完全熔化。

当 Al - 18Ni 合金圆棒在定向凝固炉中熔化时,合金试样纵向截面上

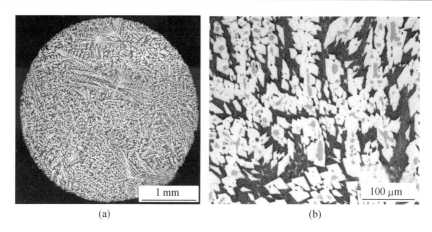

图 4.20　Al-18Ni 包晶合金原始铸态组织

存在一个温度梯度。假设外加的温度梯度是均匀、稳定的。基于上述分析,当温度低于共晶温度 T_E 时,不会发生任何固/液相变,试样保持固态。当温度介于 T_E 和 T_P 之间时,共晶相通过共晶反应的逆反应 $Al_3Ni+Al \rightarrow L$ 熔化形成液相。同时,由于发生包晶转变,初生相 Al_3Ni_2 相转变为包晶 Al_3Ni 相,因此,其平衡组织应为(Al_3Ni+L);当温度介于 T_P 和 T_L 之间时,共晶体通过共晶反应的逆反应 $Al_3Ni+Al \rightarrow L$,包晶相通过包晶反应的逆反应 $Al_3Ni \rightarrow L+Al_3Ni_2$ 发生熔化,形成大量的液相和初生 Al_3Ni_2 相,其平衡组织为(Al_3Ni_2+L);当温度高于 T_L 时,试样完全熔化转变为液相。因此,对于 Al-18Ni 合金,在定向凝固炉中熔化时,由于外加的温度梯度场,在完全熔化的液相区与未熔的固态区域之间形成一个糊状区,温度区间为 $T_E - T_L$。糊状区最上端的界面对应于定向凝固过程中的生长初始界面。

　　图 4.21 为 Al-18Ni 合金经不同时间热稳定处理后熔化糊状区纵截面的显微组织。如上所述,经熔化及热稳定处理后,在完全熔化区及未熔区之间形成了一个由两部分组成的糊状区。值得注意的是,在糊状区的两个部分中,在相对较高温度处,Al_3Ni_2/Al_3Ni 相平行于温度梯度方向择优生长。随热稳定时间的延长,Al_3Ni_2/Al_3Ni 相的择优生长扩展至整个糊状区,糊状区内的液相逐渐减少。

　　图 4.22 为 Al-18Ni 合金经 30 min 热稳定处理后低于定向凝固初始固/液界面以下 1 mm 处的横截面显微组织。对比图 4.20 可知,经热稳定处理后,糊状区的显微组织发生明显的变化。初生相 Al_3Ni_2 相的体积分数明显增大,而包晶相 Al_3Ni 与液相的体积分数明显减少。此外,如图 4.21

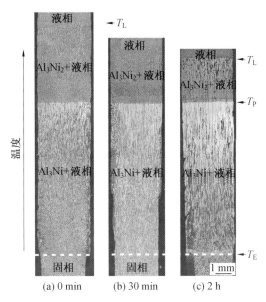

(a) 0 min   (b) 30 min   (c) 2 h

图 4.21   Al-18Ni 合金经不同时间热稳定处理后熔化糊状区纵截面的显微组织($G=$ 20 K/mm)

所示,随着热稳定时间的延长,伴随液相的逐渐减少,定向凝固初始固/液界面逐渐向较低温度移动。这意味着,随热稳定处理时间的延长,初始固/液界面前沿液相中的 Ni 含量在逐渐降低。针对这一现象我们将在后续部分进行详细讨论。

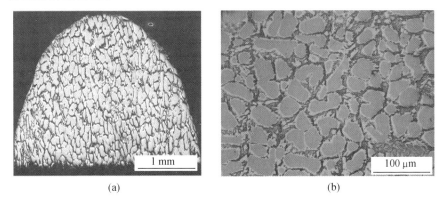

(a)   (b)

图 4.22   Al-18Ni 合金经 30 min 热稳定处理后低于定向凝固初始固/液界面以下 1 mm 处的横截面显微组织

图 4.23 为 Al-25Ni 包晶合金经熔化及热稳定处理后获得的糊状区

纵截面的显微组织。对于 Al - 25Ni 合金,在熔化过程中,由于外加的温度梯度场,在完全熔化的液相区与未熔的固态区域之间形成由两部分组成的糊状区。对比于 Al - 18Ni 合金,由于合金凝固区间($T_L - T_E$)的增加,糊状区长度增加。在热稳定处理过程中糊状区的组织演化规律与 Al - 18Ni 包晶合金类似,随热稳定处理时间逐渐增加,糊状区内液相体积分数逐渐减少,初始固/液界面向低温区移动。

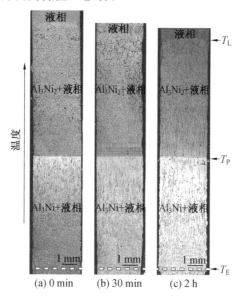

图 4.23　Al - 25Ni 包晶合金经熔化及热稳定处理后获得的
糊状区纵截面的显微组织(G=25 K/mm)

2. Cu - 13Sn 包晶合金

图 4.24 为 Cu - 13Sn 包晶合金原始铸态的显微组织,其中黑色相为初生相 α,灰色相为包晶相 β。由此可见,Cu - 13Sn 包晶合金的铸态组织由 α相＋β 相组成。Cu - 13Sn 试样在定向凝固炉中熔化,当温度低于包晶反应温度时,初生相 α 与包晶相 β 均不熔化,试样保持固态;当温度处于包晶反应温度与液相线温度之间时,铸态组织中的包晶相 β 熔化,形成由液相与初生相 α 组成的糊状区;当温度高于液相线温度时,试样完全熔化为液相。

图 4.25 为 Cu - 13Sn 包晶合金经不同时间热稳定处理后糊状区纵截面的显微组织。由图可以看出,在完全液相区和未熔固相区之间存在一个由初生相 α 与液相组成的糊状区。该糊状的上界面则对应后续定向凝固的初始固/液界面,糊状区的下界面则对应于包晶反应温度界面 T_P。随热稳定处理时间的增加,糊状区内液相的体积分数逐渐减少,对应的定向

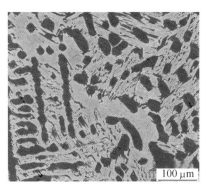

图 4.24 Cu－13Sn 包金合金的原始铸态显微组织(BSE)

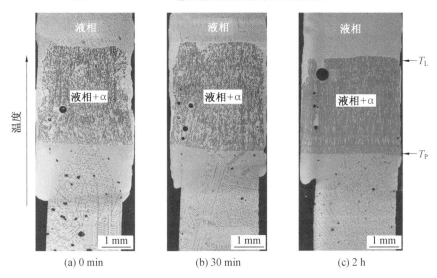

(a) 0 min　　　　　　(b) 30 min　　　　　　(c) 2 h

图 4.25 Cu－13Sn 包金合金经不同时间热稳定处理后糊状区纵截面的显微组织
（$G=30$ K/mm）

凝固的初始固/液界面逐渐向低温区移动。结合 Cu－Sn 二元合金相图可知，由于该合金溶质分配系数 $k<1$，意味着初始固/液界面前沿液相中的溶质元素 Sn 的浓度将逐渐增加。当热稳定处理时间长达 2 h 时，初始固/液界面仍然不是严格的平界面，这与定向凝固理论模型是相悖的。在这一点，Cu－13Sn 与 Al－Ni 包晶合金的实验结果是一致的，这意味着，随合金凝固区间的增加，必须充分重视定向凝固初始固/液界面的形貌变化。对比 Al－Ni 包晶合金热稳定处理后熔化糊状区的显微组织（图 4.21、4.23）可以看出，随热稳定处理时间的延长，定向凝固初始固/液界面向低温区迁移的距离明显相对较小，这意味着定向凝固初始固/液界面前沿液相中的

溶质浓度相对于原始铸态试样的溶质浓度变化较小。

3. 糊状区包晶温度界面处初生相重熔

图 4.26 为 Al-(18，25)Ni 合金经不同时间热稳定处理后包晶界面处的形貌。对比图 4.26(g)、(h)可知，在热稳定处理的过程，包晶反应温度界面处的初生相 Al_3Ni_2 相发生局部溶解，并且其溶解温度区间为 $T_P \sim T_P + \Delta T$，即初生相 Al_3Ni_2 相溶解温度高于 T_P。其中，$\Delta T = Gd$（d 为 Al_3Ni_2 相的溶解间距）。由图 4.26 可知，d 为 20～50 μm，结合热稳定处理过程中，G 为 20～25 K/mm，即 ΔT 为 0.4～1 K。根据 Al-Ni 平衡相图可知，当温度介于 T_P 至 T_L 之间时，（液相＋初生 Al_3Ni_2 相）为热力学稳态组织，即初生 Al_3Ni_2 相应稳定存在，常规条件下不具备初生 Al_3Ni_2 相溶解的

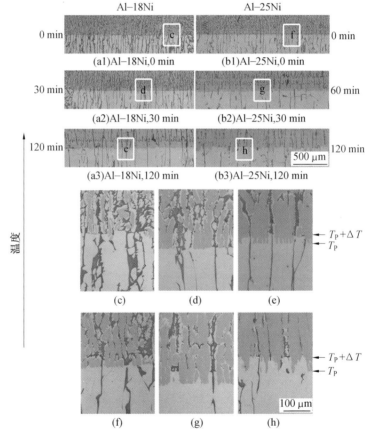

图 4.26　定向凝固 Al-(18，25)%合金经不同时间热稳定处理后包晶界面形貌

（图(c)～(h)为相应的局部放大图）

驱动力;当温度介于 T_E 至 T_P 时,(液相＋包晶 Al_3Ni 相)为热力学稳态组织。上述 Al_3Ni_2 相的重熔现象与经典的平衡凝固理论是相悖的。

为了分析初生相的溶解机制,对包晶界面附近进行成分分布分析,结果如图 4.27 所示。由图可知,包晶界面处初生相 Al_3Ni_2 相与包晶相 Al_3Ni 相两界面处成分发生突变,不存在溶质互扩散区域,这就排除了固相转变的可能。观察相图,根据溶质守恒的原理,固态相变 $Al_3Ni_2 \rightarrow Al_3Ni$ 不可能发生。同时,由(c)图可以看出,对于包晶界面处的液相通道,当温度处于 $T_P \sim T_P + \Delta T$ 区间时,液相中存在一个 Ni 元素的贫化区(Ni depleted zone);而当温度低于 T_P 时,液相通道中存在一个 Ni 元素的富集区(Ni riched zone)。

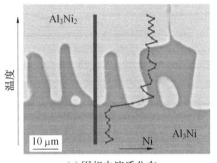

(a) 固相中溶质分布

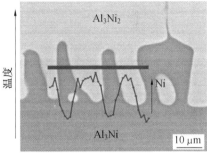

(b) 固相中溶质分布

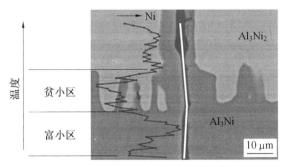

(c) 液相中溶质分布

图 4.27　Al-18Ni 合金经 2 h 热稳定处理后,包晶界面处的形貌及成分分析
（直线为线扫描测量位置,箭头代表成分增加的方向）

4. 定向凝固初始固/液界面形貌及熔体中的成分分布

在定向凝固的理论模型中,认为定向凝固的初始固/液界面为一平界面,并且界面前沿液相中的成分分布是均匀的。但是,在实验过程中,对于 Al-18Ni 合金,经 2 h 热稳定处理后定向凝固初始固/液界面并不是一个

平界面,如图 4.28 所示。同时,固/液界面前沿液相中的成分分析表明,固/液界面前沿液相中的 Ni 元素原子数分数为 16.9%,明显低于合金原始成分。图 4.29 为 Cu-13Sn 包晶合金经 2 h 热稳定处理后初始固/液界面形貌(BSE),经 2 h 热稳定处理后定向凝固初始固/液界面并不是一个平界面。同时,固/液界面前沿液相中的溶质元素 Sn 的原子数分数约为 13.14%,略高于合金的原始成分。

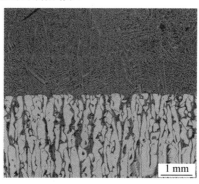

图 4.28　Al-18Ni 合金经 2 h 热稳定处理后定向凝固初始固/液界面形貌

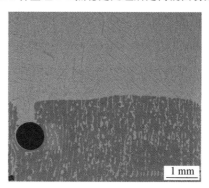

图 4.29　Cu-13Sn 包晶合金经 2 h 热稳定处理后初始固/液界面形貌(BSE)

4.3.2　糊状区成分分析

如前所述,在热稳定处理过程中,定向凝固初始固/液界面逐渐向低温区移动,这意味着初始固/液界面前沿中液相中溶质元素的浓度逐渐降低($k > 1$)或逐渐增加($k < 1$)。在实验过程中,试样中的溶质应该满足溶质守恒定律,那么,液相中的溶质分布必然与糊状区的溶质分布有关。

图 4.30 为 Al-25Ni 合金在定向凝固炉中经 2 h 热稳定处理后,熔化糊状区的 Ni 元素浓度分析结果。由图 4.30 可知,Ni 含量在糊状区内的

分布变化规律为：在未熔的固相区内除了一小部分散落的分布外，其余基本集中在 25% 左右，(L+Al$_3$Ni) 糊状区内随着距底部未熔区距离的增加固相分数明显增多且其 Ni 的含量基本为 25%；(L+Al$_3$Ni$_2$) 糊状区内 Ni 的含量则聚集分布在 37% 附近，且 Ni 含量随距包晶界面距离的增加而增加。结合 Al-Ni 相图，可以看出，糊状区内 Ni 的含量是随其固相线变化的。对完全液相区中 Ni 的含量进行区域分析，其浓度最终变为 23%Ni。由此可知，经热稳定处理后，熔化糊状区内的溶质均匀浓度明显偏离合金试样初始溶质浓度（18%Ni），根据溶质守恒定律，熔化糊状区成分的变化必将导致完全液相区内的溶质浓度发生变化。

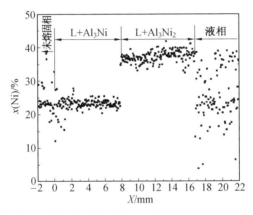

图 4.30 Al-25Ni 合金熔化并经过 120 min 热稳定处理后糊状区的 Ni 元素分布

基于上述实验结果，可得 Al-Ni 包晶合金熔化糊状区的温度、浓度及组织分布的示意图，如图 4.31 所示。由图可知，当糊状区完全转变为固相时，由于 Al$_3$Ni 与 Al$_3$Ni$_2$ 固相中 Ni 元素的原子数分数分别为 25% 和（37%~40%），均高于合金初始值（18%Ni）。根据溶质守恒定律，可知经热稳定处理后，完全液相区中熔体的成分必然低于初始值。

图 4.32 为 Cu-13Sn 包晶合金在定向凝固炉中经 2 h 热稳定处理后，熔化糊状区内 Sn 元素浓度分析结果。熔化糊状区的下界面，即包晶温度界面 T_P 的位置为 0，对应于此处的 Sn 的原子数分数约为 7.7%。由图可以看出，随着测量点逐渐远离包晶温度界面，固相中的 Sn 含量逐渐降低。对应于固/液界面处固相中的 Sn 的原子数分数约为 5%。结合 Cu-Sn 合金相图可知，糊状区内固相 α 中的 Sn 的含量是随 α 相的固相线变化的。

上述实验结果表明，糊状区内固相中的溶质随温度的变化关系均按照固相线变化。一方面，意味着糊状区内的固相成分，甚至糊状区的平均成

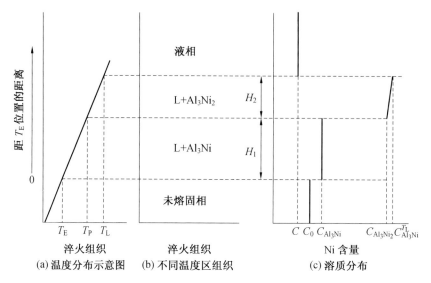

图 4.31 Al - Ni 包晶合金熔化糊状区的温度、浓度及组织分布的示意图

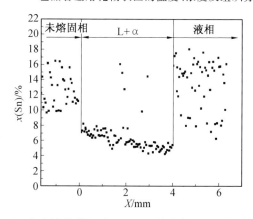

图 4.32 Cu - 13Sn 合金熔化并经过 120 min 热稳定处理后糊状区内 Sn 元素分布

分,偏离了原始合金试样的成分。按照溶质守恒定律,这必然引起完全液相区内溶质成分的变化,使之偏离原始合金试样的成分。另一方面,糊状区内固相中的成分梯度与温度梯度具有严格的对应关系,这可以用以测定定向凝固过程中固/液界面温度以及确定相图中的固相线。

Al - 18Ni,Cu - 13Sn 包晶合金在定向凝固炉中熔化并经热稳定处理后,糊状区内的组织发生了明显的变化。随着热稳定处理时间的延长,糊状区内的液相逐渐减少,糊状区逐渐向全固相区转变。Al - 1.5Ni 亚共晶合金在一定温度梯度下经不同时间的热稳定处理后,也观察到了类似的现象。法国学者 Thi 等人将其归因为 TGZM(temperature gradient zone melting)效应。在 Thi 等人提出的用于解释热稳定过程中糊状区组织演化的模型中,进行了以下假设:

①Al – Ni 共晶合金温度梯度作用下熔化时,熔化糊状区内的液相夹杂为被固相完全包围的液滴或横向的液相通道。

②热稳定处理过程中,由于 TGZM 效应,液滴不断上移,在液滴上移的过程中,忽略液滴尺寸的变化。

基于上述假设,当熔化糊状处于一定的温度梯度下时,随着热稳定处理时间的延长,糊状区内的液滴逐渐上移直至进入完全液相区,从而导致糊状区的液相逐渐减少。但是,对于 Al – 18Ni,Cu – 13Sn 包晶合金,当热稳定时间较短(0 min,30 min)时,除了液滴及横向的液相通道,糊状区内还存在大量的纵向液相通道,尤其是在糊状区的较高温度范围,因此,基于 TGZM 效应的模型不适合解释 Al – 18Ni 合金在热稳定过程中糊状区的组织演化。同时,TGZM 效应也无法解释热稳定过程中纵向液相通道的形成。因此,为了合理地解释 Al – Ni,Cu – Sn 包晶合金在热稳定过程中糊状区的组织演化以及完全液相熔体区域内的成分变化,本书提出了一个温度梯度下的溶质扩散模型。由于相对于 Cu – Sn 包晶合金,Al – Ni 包晶合金熔化糊状区内的组织及成分演化更加复杂,因此,以下的讨论主要针对 Al – Ni 包晶合金。当然,这个模型仍然适用于 Cu – Sn 包晶合金甚至是其他合金体系。

这个模型基于以下几点假设:

①糊状区内,任何温度下的固/液界面满足局部热力学平衡。

②Al$_3$Ni$_2$/Al$_3$Ni 相的液相线均为直线,并且其液相线斜率为一恒定值,即

$$dT/dC = m_L$$

③ 糊状区内的温度场是稳定的,并且温度梯度为一恒定值,即

$$dT/dx = G$$

④ 由于液相中溶质扩散速度远远高于固相中的溶质扩散速度,因此,忽略固相中的溶质扩散。

⑤ 忽略糊状区及完全液相区区域内因重力引起的对流。

基于假设①,在熔化及热稳定处理过程中,由于外加的温度梯度,糊状区区域内的液相内将形成溶质的浓度梯度,如图 4.33 所示。

液相内的 Ni 元素的浓度梯度可以按照如下公式计算:

$$\frac{dC}{dx} = \left(\frac{dC}{dT}\right)\left(\frac{dT}{dx}\right) = \frac{G}{m_L} \tag{4.5}$$

式中 m_L—— 液相线斜率；

       G—— 温度梯度。

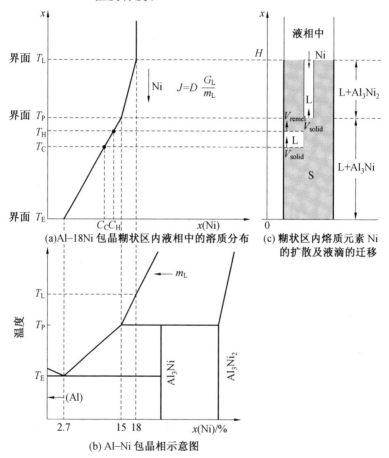

(a)Al–18Ni 包晶糊状区内液相中的溶质分布

(c) 糊状区内熔质元素 Ni 的扩散及液滴的迁移

(b) Al–Ni 包晶相示意图

图 4.33   Al–18Ni 包晶合金糊状区内液相中的溶质分布、Al–Ni 包晶相图示意图及糊状区内溶质元素 Ni 的扩散及液滴的迁移

在液相夹杂中建立了浓度梯度后，液相中的 Ni 将由高温向低温扩散。利用 Fick 第一定律计算 Ni 元素的扩散流：

$$J = -D\left(\frac{dC}{dx}\right) = -D\frac{G}{m_L} \tag{4.6}$$

式中 D—— 液相中 Ni 的扩散系数。

对于一个被固相包裹的高度为 H_0 的液相，例如液滴、横向液相通道，如图 4.33(c) 所示，Ni 元素将通过液相由 T_H 固／液界面向 T_C 固／液界面扩散，从而导致 T_H 固／液界面处的液相的 Ni 含量低于 C_H，而 T_C 固／液界面处液相的 Ni 含量高于 C_C，从而导致 T_C 固／液界面处液相凝固，T_H 固／液界面处固相熔化。

T_C 固／液界面处遵循溶质守恒，则

$$-D\frac{G}{m_L} = \frac{dx}{dt}(C_1 - C_S) \tag{4.7}$$

式中　　C_S——T_C 温度界面处固相中的 Ni 元素的浓度；

t—— 时间；

$\dfrac{dx}{dt}$—— 单位时间内生成的固相的厚度。

T_C 温度界面处的凝固速度为

$$V_{solid} = \frac{dx}{dt} = \frac{DG}{m_L(C_S - C_L)} \tag{4.8}$$

T_H 温度界面的熔化速度为

$$V_{remelt} = \frac{dx}{dt} = \frac{DG}{m_L(C_S - C_2)} \tag{4.9}$$

基于上述分析可知，对于被固相包裹的液相，随着热稳定时间的延长，较低温度界面不断凝固，较高温度界面不断熔化，似乎液相在固相中不断向上移动，这种现象类似 TGZM 效应。在 TGZM 效应中，假设液相夹杂中较低温度界面的凝固速度与较高温度界面的熔化速度相等，因此，在上移的过程中，液相夹杂的体积保持不变。对于本书提出的溶质扩散模型，由于 $(C_S - C_C) > (C_S - C_H)$，$T_C$ 温度界面处的凝固速度低于 T_H 温度界面的熔化速度，因此，液滴在不断上移的过程中，体积不断增大，直至液滴中的较高温度界面进入完全液相区，形成一个连贯完全液相区与糊状区的垂直液相通道。

本书提出的溶质扩散模型也适用于连贯完全液相区与糊状区的垂直液相通道，此时，必须考虑糊状区与完全液相区的溶质交换。针对此种情况，以一个连通糊状区与完全液相区纵向液相通道为例，如图 4.33(c) 所示。当温度介于 T_P 与 T_L 之间时，Ni 元素的扩散流为

$$J_1 = -D\frac{G}{m_L^{Al_3Ni_2}} \tag{4.10}$$

式中　　$m_L^{Al_3Ni_2}$——Al_3Ni_2 相的液相线斜率。

类似地，当温度介于 T_E 与 T_P 之间时，Ni 元素的扩散流为

$$J_2 = -D \frac{G}{m_{\mathrm{L}}^{\mathrm{Al_3Ni}}} \tag{4.11}$$

式中　$m_{\mathrm{L}}^{\mathrm{Al_3Ni}}$——$\mathrm{Al_3Ni}$ 相的液相线斜率。

对于连通完全液相区及糊状区的纵向液相通道,在热稳定初始过程中,由于外加的温度梯度,糊状区的液相中存在 Ni 元素的浓度梯度,导致 Ni 元素自完全液相区向糊状区扩散,导致糊状区的液相发生凝固。同时,T_{L} 温度界面处液相中 Ni 元素的浓度降低。为了保证 T_{L} 温度界面处固/液溶质平衡,完全液相区内 Ni 元素将向 T_{L} 温度界面处扩散,从而导致完全液相区域内 Ni 贫化区的形成,促使定向凝固初始固/液界面向较低温度移动。糊状区与完全液相区的溶质交换将持续至糊状区的液相完全转变为固相。

根据 Al-Ni 二元相图,在$(L + Al_3Ni_2)$ 糊状区内,随着温度的增高,$(C_S - C_L)$ 值不断减小,导致液滴或液相通道较低温度界面与较高温度界面的上移速度不断增加。因此,糊状区内较低温度处的液滴或液相通道刚开始向上移动,较高温度处的液相夹杂已经上移至完全液相区。这与较高温度处 Al_3Ni_2/Al_3N 相优先实现纵向择优生长是一致的。

为了解释初生相 Al_3Ni_2 在包晶界面附近的重熔现象(图 4.26),考虑一个跨越包晶界面的液相熔体,如图 4.34 所示。其中图 4.34(a) 为外界强加的温度场。如前所述,在该液相中,溶质分布如图 4.34(b) 所示,即存在一个稳定浓度梯度场。由于浓度梯度的存在,Ni 原子由高温区向低温区扩散,促使整个区域内实现 Ni 元素的均匀分布。类似的现象,例如(liquid film migration,LFM)和温度梯度区熔(temperature gradient zone melting,TGZM)都曾被发现过。对于图 4.34 中的液相通道,Ni 原子由 $T_P + \Delta T$ 向 T_P 扩散,从而导致 $T_P \sim T_P + \Delta T$ 区间内实际 Ni 含量低于热力学稳定值,低于 T_P 区实际 Ni 含量高于热力学稳定值。值得注意的是,由于液相中液相中溶质扩散速度远远高于固相中的溶质扩散速度,因此,忽略固相中的溶质扩散。液相中实际的 Ni 元素浓度如图中虚线所示。局部成分的变化将影响局部的平衡凝固温度。实际的局部平衡凝固温度如图 4.34(a) 所示。当温度处于$(T_P - \Delta T') \sim T_P$ 时,外界强加的温度低于局部平衡凝固温度,因此液相发生凝固,即 $L \rightarrow Al_3Ni$。而当温度处于 $T_P \sim T_P + \Delta T$ 时,外界强加温度高于局部平衡凝固温度,因此初生相发生局部溶解。在这种情况下,包晶反应 $L + Al_3Ni_2 \rightarrow Al_3Ni$ 发生,从而实现初生相的溶解。

基于温度梯度下糊状区内的溶质扩散模型(图 4.33)可知,糊状区在

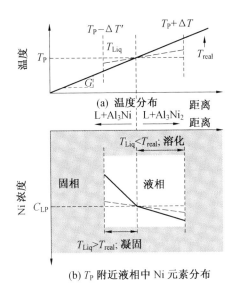

图 4.34 热稳定处理过程中包晶界面附近的溶质再分配

热稳定处理的过程中,熔化糊状区为一个非溶质保守系统。对于 Al-Ni 包晶合金,由于外加的温度梯度,溶质元素 Ni 将由完全液相区向糊状区扩散,导致糊状区液相体积分数逐渐减少并最终转变成完全固相区;这也将导致完全液相区内 Ni 元素浓度逐渐降低,由于 Al_3Ni_2 及 Al_3Ni 相的溶质分配系数 $k > 1$,其固/液界面对应的温度将降低,固/液界面向低温处移动,如图 4.21、4.23 所示。对于 Cu-Sn 包晶合金,由于初生 α 相的溶质分配系数 $k < 1$,溶质元素 Sn 将由糊状区向完全液相区扩散,导致糊状区液相体积分数逐渐减少并最终转变成完全固相区;这也将导致完全液相区内 Sn 元素浓度逐渐增加,同时,固/液界面对应的温度将逐渐降低,初始固/液界面的降低就是很好的证明,如图 4.25 所示。

如前所述,对于 Cu-13Sn 合金,经热稳定处理后,完全液相区内的溶质浓度相对试样初始浓度变化并不大,仅由初始的 13%Sn 变化为 13.14%Sn,前后差值仅为 0.14%Sn。但是,对于 Al-(18,25)Ni 包晶合金,经热稳定处理后,完全液相区的溶质浓度相对初始浓度相差 2%Ni。

4.4 热稳定处理对 Al-Ni 包晶合金熔体中溶质分布的影响

假设为了计算 Al-Ni 包晶合金经热稳定处理后完全液相区熔体中的 Ni 元素浓度,进行以下假设:

① 糊状区内的温度场是稳定的,并且温度梯度为一恒定值,即 $dT/dx = G$。

② 试样总长度为 100 mm,试样未熔区长度 10 mm。

③ Al_3Ni_2/Al_3Ni 相的液相线均为直线,并且其液相线斜率为一恒定值,即

$$dT/dC = m_L$$

其中, $m_L^{Al_3Ni_2} = 23$ K/%Ni, $m_L^{Al_3Ni} = 17$ K/%Ni。

④ 假设 Al_3Ni_2 的成分为 40%Ni, Al_3Ni 相的成分为 25%Ni。

⑤ 假设完全液相区内溶质元素 Ni 的分布是均匀的。

正如前面所述,当热稳定处理时间足够长时,糊状区的液相将全部转化为固相,同时液相中的溶质分布均匀,我们将其定义为最终稳定状态。当热稳定处理时间较短时,糊状区将由液相与固相组成,我们将其定义为中间状态。

4.4.1 糊状区转变为完全固相区

设合金的原始成分为 C_0,温度梯度为 G,其中 C_0 的取值范围为 (15% ~ 27%Ni)。

当达到最终稳态时,熔体中的成分没有偏离包晶平台时,$(L + Al_3Ni)$ 糊状区的长度为

$$H_1 = \frac{T_P - T_E}{G} \tag{4.12}$$

式中　　G——温度梯度;

T_P, T_E——包晶反应温度和共晶反应温度。

$(L + Al_3Ni_2)$ 糊状区的长度为

$$H_2 = \frac{(C - C_{LP}) \times m_L^{Al_3Ni_2}}{G} \tag{4.13}$$

式中　　C——熔体中 Ni 元素的浓度。

根据溶质守恒定律:

$$\frac{(C - C_{LP}) \times m_L^{Al_3Ni_2}}{G} \times C_{Al_3Ni_2} + \frac{T_P - T_E}{G} \times C_{Al_3Ni} +$$

$$\left[90 - \frac{(C - C_{LP}) \times m_L^{Al_3Ni_2}}{G} - \frac{T_P - T_E}{G} \right] \times C = 90 \times C_0 \tag{4.14}$$

式中　　C_0——试样的原始成分。

将 Al-Ni 相图中的各个参数带入式(4.14)中,可得

$$\frac{(C-15)\times 23}{G}\times 40 + \frac{854-640}{G}\times 25 +$$

$$\left[90 - \frac{(C-15)\times 23}{G} - \frac{854-640}{G}\right]C = 90\times C_0 \quad (4.15)$$

对上式进行计算,可得

$$C = \frac{-\sqrt{(1\ 051 + 90G)^2 - 92(8\ 450 + 90GC_0)} + 90G + 1\ 051}{46}$$

$$(4.16)$$

假设温度梯度 G 分别为 10 K/mm,20 K/mm,30 K/mm,对式(4.16) 作图,如图 4.35(a) 所示。由图可知,当达到最终稳定状态时,合金熔体的成分明显低于初始值,即

$$\Delta C = C_0 - C \quad (4.17)$$

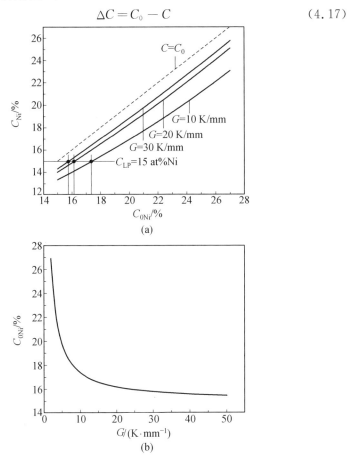

图 4.35　液相前沿中溶质浓度 C 与 C_0 及 G 的关系

由图可知,随温度梯度的增大,ΔC 逐渐减小。对于固定成分的 Al-Ni 包晶合金,ΔC 的值取决于糊状区的长度。随温度梯度的增加,糊状区长度减小,相应地,ΔC 值逐渐减小。 值得注意的是,对于包晶反应 $L + Al_3Ni_2 \rightarrow Al_3Ni$,其中液相的成分为 15%Ni。选择最终熔体成分为 15%Ni。对于不同的温度梯度,存在一个临界值 C'_0,即当合金成分低于这一临界值时,热稳定处理后糊状区转变为完全固相区时,合金熔体的成分将低于 15%Ni,即偏离包晶反应平台。

由图 4.35(a) 可知,对应于任何一个固定的温度梯度,均存在唯一对应的 C'_0,并且,温度梯度越大,试样原始 Ni 浓度的临界值越小。为了定量分析温度梯度 G 与临界值 C'_0 之间的关系,假设式(4.15)中 C 值为 15,从而可得 $C'_0 \sim G$ 关系,如图 4.35(b) 所示。可见,随温度梯度值增大,试样原始 Ni 含量临界值逐渐减小。

4.4.2 糊状区转变不完全

当糊状区转变不完全时,即当糊状区内仍存在液相时,糊状区内的 Ni 元素的总含量将低于完全转变时糊状区的 Ni 元素的总含量,因此引入一个影响因子 $\theta(0 < \theta < 1)$ 来表征液相的存在对热稳定处理过程中完全液相区 Ni 元素浓度的影响。应注意的是 θ 并不代表实际实验过程中液相 / 固相的体积分数。但是,θ 越接近于 1,表明糊状区越接近于最终稳定状态。因此,将 θ 引入式(4.15)中,可得

$$\theta\left[\frac{(C - C_{LP}) \times m_L^{Al_3Ni_2}}{G} \times C_{Al_3Ni_2} + \frac{T_P - T_E}{G} \times C_{Al_3Ni}\right] +$$

$$\left[90 - \frac{(C - C_{LP}) \times m_L^{Al_3Ni_2}}{G} - \frac{T_P - T_E}{G}\right] \times C = 90 \times C_0 \quad (4.18)$$

选择初始 Ni 含量为 18,温度梯度分别为 10 K/mm,20 K/mm,30 K/mm。将 Al-Ni 相图中的各个参数带入式(4.18)中,并计算得到完全液相区的 Ni 浓度与试样原始 Ni 浓度的关系,如图 4.36 所示。对于不同的温度梯度,曲线都相交与一点,此时,完全液相区的 Ni 含量为 18%,与初始值相等。这表明,此时的 θ 值对应的状态为合金试样熔化完毕未经热稳定处理。随着热稳定处理时间的延长,θ 值不断增加直至其值为 1,完全液相区内 Ni 元素的浓度也逐渐降低。结合 Al-Ni 合金相图可知,随热稳定处理时间的延长,定向凝固初始固 / 液界面将向低温处移动。上述模型定性地说明了热稳定处理过程中液相的存在对合金熔体成分的影响规律。

假设为了计算 Cu-Sn 包晶合金经热稳定处理后完全液相区熔体中的

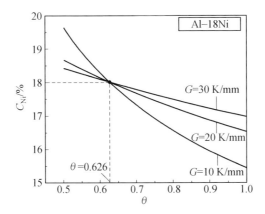

图 4.36 糊状区未完全转变时,完全液相区 Ni 元素含量与 θ 的关系曲线

Sn 元素浓度,进行以下假设:

① 糊状区内的温度梯度为一恒定值,即 $\mathrm{d}T/\mathrm{d}x = G$。

② 试样总长度为 100 mm,试样未熔区长度 10 mm。

③ 初生 α 相的液相线为直线,并且其液相线斜率为一恒定值,即

$$\mathrm{d}T/\mathrm{d}C = m_\mathrm{L};\text{其中 } m_\mathrm{L} = -18.5 \text{ K}/\%\mathrm{Ni}$$

④ 初生 α 相的固相线为直线,并且其固相线斜率为一恒定值,即

$$\mathrm{d}T/\mathrm{d}C_\mathrm{S} = m_\mathrm{S};\text{其中 } m_\mathrm{S} = -37.25 \text{ K}/\%\mathrm{Ni}$$

⑤ 初生 α 相中的 Sn 分布按照固相线变化。

⑥ 假设完全液相区内溶质元素 Sn 的分布是均匀的。

对了与 Al - Ni 包晶合金进行对比,这里只讨论糊状区完全转变为固相时,完全液相区内的溶质浓度。

4.4.3 糊状区转变为完全固相区

设合金的原始成分为 C_0,温度梯度为 G,其中 C_0 的取值范围为 $(7.6\% \sim 15.5\%)\mathrm{Sn}$。

当达到最终稳态时,熔体中的成分没有偏离包晶平台时,α 单相区的高度为

$$H = \frac{(C - C_\mathrm{LP}) \times m_\mathrm{L}}{G} \tag{4.19}$$

式中 C—— 完全液相区内的 Sn 浓度;

   C_LP—— 包晶温度下液相中的 Sn 浓度,为 15.5%Sn;

   G—— 温度梯度。

根据假设 ④ 可知,α 单相区内,α 相中 Sn 的浓度分布与温度的关系按

照 Cu - Sn 相图中 α 相固相线变化,即满足

$$C_\text{S} = \frac{G}{m_\text{S}}x + C_\text{Pa} \tag{4.20}$$

根据溶质守恒定律,可得

$$\int_0^{\frac{(C-C_\text{LP}) \times m_\text{L}}{G}} \left(\frac{G}{m_\text{S}}x + C_\text{Pα} \right) \mathrm{d}x + \left[90 - \frac{(C - C_\text{LP}) \times m_\text{L}}{G} \right] \times C = 90 \times C_0 \tag{4.21}$$

式中　　$C_\text{Pα}$——包晶温度下 α 相中的 Sn 浓度,为 7.7%Sn;

　　　　m_S——α 相固相线斜率。

将 Cu - Sn 相图中的各个参数带入式(4.21)中,并计算得到完全液相区的 Sn 浓度与试样原始 Sn 浓度的关系,如图 4.37 所示。

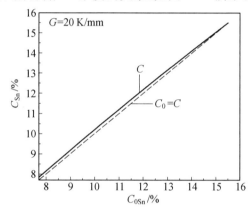

图 4.37　Cu - Sn 包晶合金糊状区完全转变时,完全液相区溶质浓度 C_Sn 与 $C_{0\,\text{Sn}}$ 的关系

由图可以看出,当熔化糊状区完全转变为固相时,完全液相区的 Sn 浓度将略高于合金试样初始成分。对比图 4.35 与图 4.37,可知,Cu - Sn 包晶合金中的浓度偏差明显小于 Al - Ni 包晶合金的浓度偏差。其主要原因为:相对 Al - Ni 包晶合金,Cu - Sn 包晶合金的凝固区间较小,在相同温度梯度下,Cu - Sn 包晶合金定向凝固熔化糊状区长度明显减小;Al - Ni 包晶合金包晶平台成分范围比较宽,这意味着初生 Al_3Ni_2 相与包晶 Al_3Ni 相与试样初始成分将偏差较大,糊状区完全转变为固相时,糊状区的成分与试样初始成分差距较大。而对于 Cu - Sn 包晶合金,其包晶平台成分范围较小,初生相 α 与包晶相 β 与试样初始成分将偏差较小,那么,糊状区完全转变为固相时,糊状区的成分与试样初始成分差距较小。同时,对于 $k<1$ 的合金体系而言,定向凝固糊状区完全转变为固相时,完全液相区的溶质成分将高

于试样初始值,对于 $k>1$ 的合金体系,完全液相区的溶质成分将低于试样初始值。

4.4.4 热稳定处理对后续定向凝固组织的影响

目前关于定向凝固合金组织演化的研究中,均设定合金试样在定向凝固炉中熔化后的初始热稳定处理时间为 30 min,并且假定定向凝固的初始固/液界面为平界面。定向凝固过程中随抽拉速度及温度梯度的改变,关于淬火固/液界面平 → 胞 → 枝演化的研究也是基于初始固/液界面为平界面这一前提的。但是,根据本书的研究,对于 Al‐18Ni($\Delta T=320$ K),Cu‐13Sn($\Delta T=110$ K)包晶合金,当热稳定初始时间为 30 ~ 120 min 时,定向凝固的初始固/液界面均不是严格的平界面。那么,当定向凝固过程初始固/液界面不是平界面时,初始固/液界面的形貌及糊状区内固相分布会对后续定向凝固过程中的组织产生何种影响?针对这一问题,通过改变初始热稳定处理的时间,从而改变定向凝固初始固/液界面的形貌,然后以相同抽拉速度进行合金的定向凝固,分析定向凝固过程中熔化糊状区的组织演化以及初始热稳定处理对后续定向凝固组织的影响规律。

1. 平面状生长

对于 Al‐Ni 包晶合金,实现定向凝固初始固/液界面为平界面需要相对较长的初始热稳定处理时间,这将给实验带来一定的难度。因此,为了考察平面状初始固/液界面与非平面状初始固/液界面对后续定向凝固组织的影响,我们选取 Cu‐13Sn 包晶合金为研究对象,分析不同初始固/液界面对后续定向凝固组织的影响。

图 4.38 为 Cu‐13Sn 合金以 10 $\mu m/s$ 的速度定向凝固 30 mm 后,分别静置保温 0 min,15 min,30 min,1 h 后的糊状区形貌。与未经静置保温的试样相比,随保温时间的延长,糊状区内的初生相 α 体积分数逐渐增大,糊状区液相逐渐减少,同时,初生相淬火界面逐渐由枝晶界面转变为平界面。即温度梯度作用下静置保温(热稳定处理)过程中,溶质通过糊状区内的液相实现扩散,导致糊状区内液相不断凝固直至糊状区完全转变为完全固相区。

图 4.39 为热稳定处理 1 h 后 Cu‐13Sn 试样糊状区内的溶质分布。由图可以看出,该分布规律与图 4.32 相同,即单相 α 区内的 Sn 元素分布遵循初生相 α 固相线。

图 4.40 为 Cu‐13Sn 合金经不同时间热稳定处理后,再以 1 $\mu m/s$ 的速度定向凝固后得到的试样纵截面显微组织。其中,图(a)、(b)、(c)中的

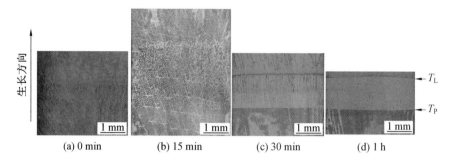

图 4.38　定向凝固 Cu‐13Sn 合金以 10 μm/s 抽拉 20 mm 后,经不同静置保温处理后淬火界面形貌($G=40$ K/mm)

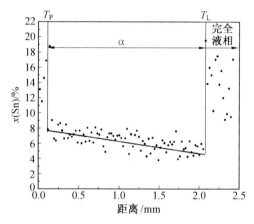

图 4.39　Cu‐13Sn 合金经过 1 h 热稳定处理后糊状区的 Sn 元素分布

定向凝固距离为 18 mm,图(d)的定向凝固距离为 14 mm。当初始热稳定处理时间较短,糊状区未完全转变为固相时,即对于图(a)、(b)、(c),定向凝固 Cu‐13Sn 合金的组织演化规律为:岛状组织(α 相为基体)→共生生长。而当热稳定处理时间较长,糊状区完全转变为固相时,即对于图(d),定向凝固 Cu‐13Sn 合金的组织演化规律为:单相 α→共生生长。值得注意的是,在图 4.40 中,无法判断定向凝固初始生长界面的位置,这将给该合金在定向凝固过程中的组织演化分析带来困难,甚至可能产生错误的认识。

图 4.41 为经不同时间热稳定处理后定向凝固 Cu‐13Sn 试样纵截面的成分分析。其中图(a)对应未经热稳定处理试样,图(b)为热稳定处理时间为 30 min 的试样,图(c)为热稳定处理时间为 1 h 的试样。由图可以看出,当热稳定处理(静置保温)时间较短时,随凝固距离的延长,α 相内的溶

质分布无明显的规律；而随着热稳定处理时间的延长，随凝固距离的延长，α 相内的 Sn 原子数分数先由 7.7% 降至 5%，然后再次增加至 7.7% 左右。对比图 4.39 可知，Sn 含量降低这一段距离对应于初始热稳定处理过程中形成的糊状区，而后续 Sn 浓度增加这一段距离对应于定向凝固过程中单相 α 区，Sn 浓度变化转折点对应于定向凝固初始固/液界面位置。

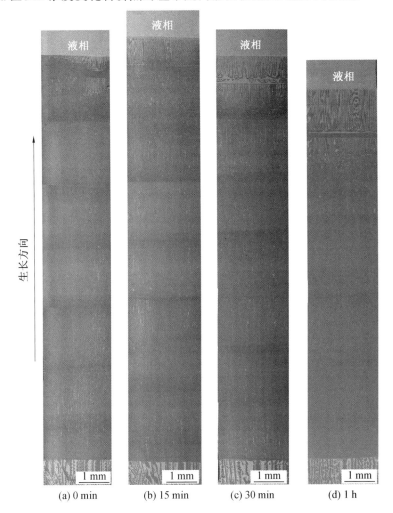

图 4.40　经不同时间热稳定处理后，定向凝固 Cu‐13Sn 包晶合金纵截面显微
　　　　组织($V=1\ \mu\mathrm{m/s}, G=45\ \mathrm{K/mm}$)

由图 4.40 可知，Cu‐13Sn 包晶合金以 1 μm/s 定向凝固过程，随着凝固距离的增加，均出现了初生相 α 和包晶相 β 的共生生长组织。但是，随

着初始热稳定处理时间的延长,实现共生生长时所需的凝固距离逐渐减小。结合图 4.40(d)与图 4.41(c)可知,定向凝固 Cu – 13Sn 包晶合金中,共生生长起源于 α 相单相生长,并且导致共生生长出现的原因应为定向凝固界面前沿的溶质分布。

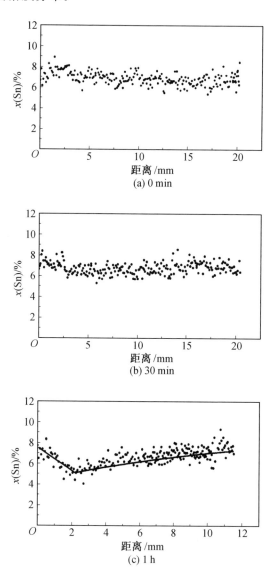

图 4.41　经不同时间热稳定处理后,定向凝固 Cu – 13Sn 包晶合金纵截面成分分析
　　　　（$V = 1\ \mu m/s$）

对于 Cu-13Sn 合金，α 相以平界面生长时的凝固速率满足

$$V \leqslant \frac{GD}{m_{\mathrm{L}}C_0} \frac{k}{(k-1)} \tag{4.22}$$

式中 G——温度梯度；

D——液相中的溶质扩散系数，$D = 5 \times 10^{-9}\,\mathrm{m}^2/\mathrm{s}$；

k——α 相溶质分配系数，$k = 0.53$；

m_{L}——α 相液相线斜率，$m_{\mathrm{L}} = -18.32\,\mathrm{K}/\%\mathrm{Sn}$；

C_0——Cu-Sn 合金原始溶质浓度。

由式(4.22)可知，当抽拉速度为 1 $\mu\mathrm{m/s}$ 时，α 相呈现平面状生长方式。

当 α 相以平界面定向生长时，α 相定向生长固/液界面前沿液相中的溶质浓度按照指数型增加：

$$C_{\mathrm{L}}^* = \left(\frac{C_0}{k}\right)\left[1 - (1-k)\exp\left(-\frac{kxV}{D}\right)\right] \tag{4.23}$$

当固/液界面前沿液相的成分达到并超过包晶反应平台液相的溶质浓度，$C_{\mathrm{LP}} = 15.5\%\mathrm{Sn}$，即 α 相中的溶质浓度达到并超过 $C_\alpha = 7.7\%\mathrm{Sn}$ 时，包晶相 β 自液相析出，并形成两相(α+β)共生生长的组织。但是，当初始热稳定处理时间较短，糊状区内仍存在液相，并且定向凝固初始固/液界面并不是平界面时，即使定向凝固速度低于由成分过冷判据给出的临界速度，后续定向凝固过程中初生相 α 并不是以平面状生长，所以在图 4.40(a)～(c)中呈现初生相 α 基体中存在岛状的 β 相。由于 β 相生长排出的溶质低于 α 相生长排出的溶质，因此当定向凝固 Cu-13Sn 呈现图 4.40(a)～(c)所示的生长形貌时，生长界面前沿的溶质富集将低于图 4.22(d)中的溶质富集，达到 $C_{\mathrm{LP}} = 15.5\%\mathrm{Sn}$，即实现两相共生生长则需要更长的凝固距离。

2. 非平面状生长

对于 Al-Ni 包晶合金，在定向凝固炉中熔化并进行热稳定处理时，糊状区的长度 L 为 10～20 mm。糊状区实现完全凝固所需时间为 L^2/D，为 10～20 h，这意味着在定向凝固实验中必须经历很长的时间，才能获得平面状的定向凝固初始固/液界面，同时也意味着实验成本的提高。在定向凝固抽拉过程中，当实验条件不具备平面状生长条件时，即 G/V 低于平面状生长临界值，定向凝固初始固/液界面是否为平界面会对后续定向凝固过程中的组织演化带来何种影响呢？

图 4.42 为 Al-18Ni 包晶合金经不同时间热稳定处理后以 10 $\mu\mathrm{m/s}$ 定向凝固 30 mm 得到的试样纵截面显微组织。由图可以明显地看出，试

样分为三部分,即熔化糊状区、定向凝固区及淬火液相区。关于熔化糊状区在热稳定处理过程中的组织演化的讨论使我们能够清晰地判断出定向凝固生长初始固/液界面的位置。对比图 4.42 中(a)~(d)可以明显地看出,随着热稳定时间的增加,在后续定向凝固过程中,液相的体积分数逐渐减少。

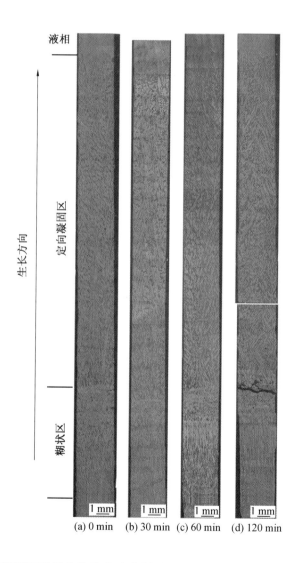

(a) 0 min　(b) 30 min　(c) 60 min　(d) 120 min

图 4.42　经不同时间热稳定处理后,定向凝固 Al‐18Ni 包晶合金纵截面显微组织
　　　　　($V = 10 \ \mu\text{m/s}$)

　　图 4.43 为与图 4.42 对应的各个试样的定向凝固淬火界面形貌。其中白亮相为初生 Al_3Ni_2 相,灰色相为包晶 Al_3Ni 相,黑色为淬火液相转变成的共晶组织。由图可知,初始热稳定处理时间不同时,虽然淬火界面形貌稍有差异,但并没有改变 Al - 18Ni 的凝固顺序。这意味着当定向凝固技术作为一种实验方法来研究包晶合金在定向凝固过程中各相的析出顺序、生长方式以及包晶反应/转变动力学时,在实验条件不具备平面状生长条件的前提下,定向凝固初始固/液界面是否为平面状对上述现象的研究影响较小。

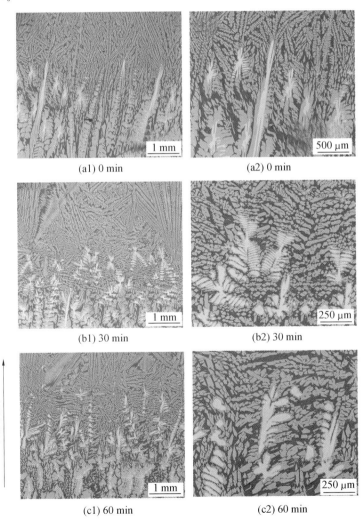

(a1) 0 min　　　　　　　　　　(a2) 0 min

(b1) 30 min　　　　　　　　　　(b2) 30 min

(c1) 60 min　　　　　　　　　　(c2) 60 min

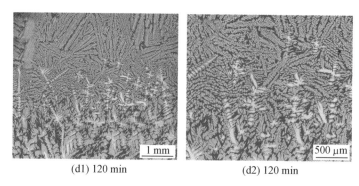

(d1) 120 min　　　　　　　　(d2) 120 min

图 4.43　经不同热稳定处理后定向凝固 Al-18Ni 包晶合金淬火界面形貌(V $=10\ \mu\text{m/s}$)

4.4.5　定向凝固过程中初始过渡区组织演化

图 4.44 为初始热稳定处理 30 min 后分别以 10 μm/s,50 μm/s 抽拉时得到熔化糊状区的纵截面显微组织。图 4.45 为位于 $T_\text{P}-T_\text{E}$ 区间的局部放大图。相对于未经抽拉的试样(即图 4.39),在定向凝固抽拉过程中,当抽拉速度为 10 μm/s 时,在($\text{L}+\text{Al}_3\text{Ni}_2$)区域内,初生 Al_3Ni_2 相被消耗,体积分数明显减少,同时,在该区域内形成了大量的包晶 Al_3Ni 相。当抽拉速度为 50 μm/s 时,经定向凝固后,($\text{L}+\text{Al}_3\text{Ni}_2$)区域内初生 Al_3Ni_2 相体积分数变化不明显,但是该区域内仍然形成了大量的包晶 Al_3Ni 相。这表明,在定向凝固抽拉过程,由于温度不断降低,在($\text{L}+\text{Al}_3\text{Ni}_2$)区域发生包晶反应/包晶转变,从而实现初生相的消耗以及包晶相的生长。抽拉速度越大,反应进行的程度越小,消耗的初生相越少,生成的包晶相越少。上述实验结果表明,在定向凝固过程中,熔化糊状区的组织演化是相对比较复杂的。定向凝固过程中的组织演化是由凝固历史决定的,因此,弄清楚定向凝固过程中熔化糊状区的组织演化规律是非常重要的。

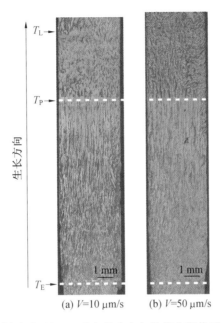

(a) V=10 μm/s   (b) V=50 μm/s

图 4.44 经定向凝固后，Al - 18Ni 包晶合金初始熔化糊状区的纵截面显微组织

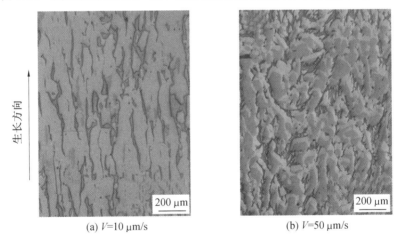

(a) V=10 μm/s   (b) V=50 μm/s

图 4.45 经定向凝固后，Al - 18Ni 包晶合金初始熔化糊状区局部放大图

4.5 Al‑Ni 包晶合金定向凝固组织演化及各相的生长机制

定向凝固技术是研究凝固理论的重要方法。针对包晶相为固溶体的包晶合金,利用定向凝固技术建立的凝固工艺参数与包晶合金显微组织及相选择之间的对应关系为最近 10 年凝固理论取得的最重要的研究进展之一。对于 Al‑Ni 包晶合金 $(L+Al_3Ni_2 \rightarrow Al_3Ni)$,包晶相 Al_3Ni 为无固溶度的金属间化合物,在常规凝固以及定向凝固条件下该相均呈现特定界面的小平面生长方式。包晶相这一完全不同于固溶体的生长特性将对包晶合金在定向凝固过程中的组织演化以及各相的生长带来何种影响是近年来人们开始关注的问题。同时,由于 Al‑Ni 包晶合金包晶相 Al_3Ni 相的固相线为一垂线,即其固相成分不随原始合金成分而改变,这一特性已经得到了充分的验证(图 4.28)。这意味着,Al_3Ni 相生长界面处的溶质分凝特性与固溶体合金体系有所不同。因此,在研究 Al‑Ni 包晶合金定向凝固组织演化之前,必须从理论上分析固相线为一垂线的金属间化合物在定向生长过程中的溶质分凝特性。本节通过对 Al‑Ni 包晶合金定向凝固组织演化的系统研究,分析合金中 Al_3Ni_2 和 Al_3Ni 相的界面生长特性,探讨 Al‑Ni 包晶合金定向凝固中的组织形成及各相的生长机制。

4.5.1 金属间化合物的溶质分凝特性

以 Al‑Ni 合金为例,其中涉及多个金属间化合物,如 $AlNi$,$AlNi_3$,Al_3Ni_5,Al_3Ni_2 和 Al_3Ni。金属间化合物按照其固溶度大小可以简单分为两类:具有较大固溶度的金属间化合物,如 $AlNi$;具有较小固溶度甚至无固溶度的金属间化合物,如 Al_3Ni。对于具有一定固溶度的金属间化合物,固相线随温度变化而变化,固相成分随原始合金成分而改变,特性类似于固溶体相,因此其溶质分凝特性可以参考固溶体相。而对于固溶度较小甚至无固溶度的金属间化合物,如 Al_3Ni,其固相线通常表现为一垂线,其固相成分不随原始合金成分改变,生长界面处的溶质分凝特性将与固溶体相有所不同。

针对固溶体相在凝固过程中的溶质分凝特性进行了广泛的研究。研究表明:对于单相固溶体合金,当其以平面状固/液界面进行定向凝固时,随着凝固的进行,固/液界面前沿将建立稳态边界层,即固/液界面前沿的溶质分布不随凝固进行而发生任何变化。稳态边界层的建立需要经历一段距离的初始过渡过程(initial transient)。对于溶质分配系数 $k < 1$,原始合金成分为 C_0 的单相固溶体合金,在初始过渡区,随凝固距离的增加,固/液界面处的液相从 C_0 增加到 C_0/k,其变化规律为

$$C_L^* = \left(\frac{C_0}{k}\right)\left[1 - (1-k)\exp\left(-\frac{kVx}{D}\right)\right] \tag{4.24}$$

式中　　x——凝固距离;

　　　　D——液相中溶质扩散系数;

　　　　C_L^*——固/液界面处的液相成分。

当凝固距离为 $4D/kV$,固/液界面前沿将建立稳态边界层。关于凝固过程中界面稳定性的经典理论多建立在液相中已经建立稳态边界层这一前提。在单相固溶体合金溶质再分配的理论分析模型中,假设固溶体相的溶质分配系数 k 为一常数。等温等压条件下,固/液界面处的平衡溶质分配系数可表示为

$$k = (C_S/C_L)_{T,P} \tag{4.25}$$

式中　　C_S, C_L——固相和液相中的平衡溶质浓度。

但是,对于固相线为一垂线的金属间化合物,参照式(4.25)可知,其溶质分配系数不再为一常数,而是随温度的变化而变化。由此可知,通常条件下,式(4.24)将不适合于描述金属间化合物的溶质分凝特性。

晶体的形态差异使凝固时的溶质再分配行为更为复杂,为了理解复杂生长形态下的溶质分凝行为,首先分析等截面的棒状试样以平面状固/液界面定向凝固时的溶质分凝特性,但需要先检验金属间化合物是否存在平面状生长形态。图 4.46 为 Al－18Ni 包晶合金以 1 μm/s 定向凝固时试样的纵截面形貌。由图可知,对于 Al$_3$Ni 相,确实存在平面状生长形态。

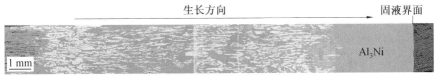

图 4.46　定向凝固 Al－18Ni 合金纵截面 BSE 显微组织($V = 1$ μm/s,$G = 40$ K/mm)

为了分析金属间化合物以平面状固/液界面定向生长时的溶质分凝特性,首先进行以下假设:

①定向生长过程中,固/液界面处于热力学平衡。

②相图中液固相线均为直线。

③由于液相中溶质扩散系数高于固相中溶质扩散系 3～4 个数量级,因此忽略固相中的溶质扩散。

④固/液界面处不存在任何过冷度。

⑤生长速度在凝固开始时就立刻增加到一个恒定值。

⑥液相中只存在扩散。

值得注意的是,金属间化合物多存在于多相合金相图中。我们先考虑一个含有无固溶度的金属间化合物的二元共晶体系,如图 4.47 所示。其中平衡溶质分配系数 $k > 1$,金属间化合物成分为 C_β,合金原始成分为 C_0。当金属间化合物 β 以平面状定向生长时,β 相中溶质成分保持 C_β 不变。由于,β 相中溶质成分大于液相中溶质成分,在 β 相定向生长过程中固/液界面前沿液相中将形成溶质贫化层。假设扩散进行得很快,足以保证溶质扩散层中存在着准稳态溶质分布,并且溶质分布满足如下规律:

$$C_L = C_0 + (C_L^* - C_0) \exp\left(-\frac{Vx'}{D}\right) \tag{4.26}$$

式中　　x' —— 距离固/液界面的距离;

V —— β 相定向生长速度;

D —— 液相中溶质扩散系数;

C_L^* —— 固/液界面处液相中的溶质成分。

式(4.26)是合理的,因为其满足

$$x' = 0, \quad C_L = C_L^*$$
$$x' = \infty, \quad C_L = C_0$$

根据溶质守恒定律可知,在图 4.47(b)中,固/液界面两侧阴影部分面积应该相同,可得

$$\int_0^x (C_0 - C_\beta)\,\mathrm{d}x = \int_0^\infty (C_L^* - C_0) \exp\left(-\frac{Vx'}{D}\right)\mathrm{d}x' \tag{4.27}$$

积分得

$$C_L^* = (C_0 - C_\beta)\frac{V}{D}x + C_0 \tag{4.28}$$

由于 $C_0 < C_\beta$,随着凝固距离的增加,固/液界面处液相溶质含量 C_L^* 呈线性降低,并且,对于无固溶度的金属间化合物,平面状定向生长过程中并不能建立稳态边界层,这一点与固溶体相是完全不同的。值得注意的是,Trivedi 提出的关于包晶合金中带状组织形成机制模型中,涉及初生相、包晶相的稳态生长,并且直接采用式(4.24)来描述包晶两相平面状生长时,生长界面前沿液相中的溶质变化规律。上述分析表明,当包晶合金中包晶两相为固相线为一垂线的符合化学计量比的金属间化合物时,Trivedi 模型将不再适合预测带状组织的形成,这一点将在后续章节详细

讨论。

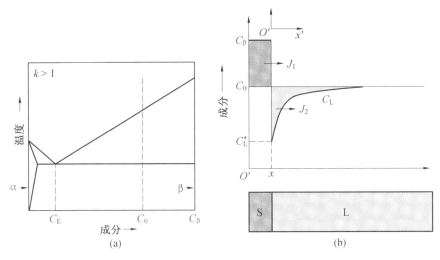

图 4.47　液相中为纯扩散时,金属间化合物平面状定向生长时的溶质分凝特性

4.5.2　定向凝固 Al - Ni 包晶合金组织演化

1. Al - Ni 包晶合金定向凝固过程

结合 Al - Ni 合金相图以及 DSC 热分析结果可知,Al - Ni 包晶合金自液相线温度以上逐渐冷却凝固过程中,当温度降至初生 Al_3Ni_2 相液相线温度以下时,初生 Al_3Ni_2 相自液相析出;随着温度进一步降低,当温度降至包晶反应温度 T_P 以下某一温度时,包晶 Al_3Ni 相形成并向液相中生长。以 Al - 25Ni 包晶合金为例,初生 Al_3Ni_2 相液相线与包晶平台的温度间隔约为 290 K,平衡凝固时初生 Al_3Ni_2 相的固 / 液界面将会远远领先包晶 Al_3Ni 相的固 / 液界面。图 4.48 为 Al - 25Ni 包晶合金以 10 μm/s 定向凝固时得到的试样纵截面淬火固 / 液界面形貌。其中灰色相为初生 Al_3Ni_2 相,白亮相为包晶 Al_3Ni 相。由此可以判断出,当 Al - 25% Ni 合金以 10 μm/s 定向凝固时,初生 Al_3Ni_2 相首先自液相析出,并呈现枝晶生长形貌。随着温度的逐渐降低并低于包晶温度 T_P 时,包晶 Al_3Ni 相自液相析出并完全包裹初生 Al_3Ni_2 相。由 Al - Ni 包晶合金 DSC 分析结果可知,在非平衡凝固过程中,包晶 Al_3Ni 相的析出温度将低于包晶反应温度,具有一定的过冷度,并且包晶相形核过冷度随 Al - Ni 合金成分以及冷却速度的变化而变化,所以在图 4.48 中包晶相析出界面对应的温度应该低于理论包晶反应温度。但是,为了讨论更加简便,我们假设包晶相析出界面对

应的温度等于理论包晶反应温度 T_P。

生长方向

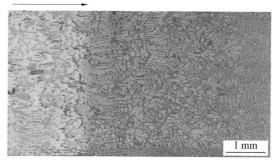

1 mm

图 4.48　Al - 25Ni 包晶合金定向凝固试样纵截面淬火固／液面形貌($V = 10\ \mu m/s$)

如上所述，Al - Ni 包晶合金中的初生 Al_3Ni_2 相为典型的金属间化合物相，其固溶度范围较小，为(37% ～ 40%)Ni。并且，其熔化熵约为 40.18 J/(K·mol)，Jackson 因子($\Delta S_m/R$)约为 4.83。根据凝固理论可知，对于 Jackson 因子处于 2～5 之间的物质，其长大方式是复杂的，它们是多种长大方式的混合。在本书的研究证明，对于 Al_3Ni_2 相，即使其具有较大的熔化熵以及较大的 Jackson 因子，但是，其在定向凝固过程中呈现为枝晶形貌。这可能与其具有一定的固溶度有关。

结合图 4.48 与经典包晶凝固理论，Al - Ni 包晶合金的定向凝固过程可以简单分为以下三个阶段：

①T_L(初生 Al_3Ni_2 相的液相线温度) — T_P(包晶平台温度)，此阶段为 Al_3Ni_2 相的单相凝固阶段。

②包晶反应阶段，当温度降至包晶反应温度 T_P 时，包晶反应 L + Al_3Ni_2 → Al_3Ni 发生，此阶段初生 Al_3Ni_2 相将发生溶解。按照经典包晶凝固理论并结合 DSC 实验分析结果，包晶 Al_3Ni 相将迅速完全包裹初生 Al_3Ni_2 相，至此，包晶反应将终止。

③初生 Al_3Ni_2 相一旦被包晶 Al_3Ni 相完全包裹，包晶 Al_3Ni 相的生长将通过固态包晶转变以及液相直接凝固来实现。根据经典包晶转变模型，当包晶相为无固溶度的金属间化合物时，其包晶转变的驱动力为 0。这意味着在凝固过程中，包晶转变并不发生。

但是，对比图 4.48 中包晶反应界面前后初生 Al_3Ni_2 相的形貌可知，在定向凝固过程中，大量的初生 Al_3Ni_2 相被消耗。但是，根据经典包晶凝固理论，对于金属间化合物型包晶相，定向凝固过程中初生相消耗的驱动力很小，即由包晶反应及包晶转变导致的初生相的消耗很少。那么，在这一点上而言,经典的包晶凝固理论将无法解释本书中初生 Al_3Ni_2 相被大量消耗这一现象。这也是本书后续要讨论的内容之一。

2. 定向凝固 Al-18%Ni 合金凝固界面形貌演化

根据定向凝固理论,对于 Al-Ni 包晶合金,当初生 Al_3Ni_2 相呈平面状生长时,假设生长界面前沿液相中的溶质分布满足式(4.26),则固/液界面处液相的溶质浓度梯度为

$$G_C = \frac{dC}{dx'} = (C_0 - C_L^*)\frac{V}{D} \tag{4.29}$$

式中　C_0——合金初始溶质浓度;

　　　V——凝固速度;

　　　D——液相中 Ni 原子扩散系数,约为 $1 \times 10^{-9}\ m^2/s$。

由式(4.28)可知,随凝固距离的增加,固/液界面处液相中的溶质浓度 C_L^* 不断减小,这意味着$(C_0 - C_L^*)$值不断增大,相应的固/液界面处液相中的溶质浓度梯度不断增大。当 $C_L^* = C_{LP} = 15\%Ni$ 时,G_C 将达到最大。

根据凝固理论可知,当

$$G < m_L G_C \tag{4.30}$$

时,界面前沿的液相处于成分过冷状态,即固相以平面状生长;否则,平界面将出现失稳,固/液界面呈现胞状/枝晶生长。

对于 Al-Ni 包晶合金,在定向凝固过程中,只有满足

$$G > m_L^{Al_3Ni_2}(C_0 - C_{LP})\frac{V}{D} \tag{4.31}$$

时,才能实现初生 Al_3Ni_2 相的平面状生长。

对于 Al-Ni 包晶合金,可得初生 Al_3Ni_2 相以平面状生长的临界凝固速度为

$$V < \frac{GD}{m_L^{Al_3Ni_2}(C_0 - C_{LP})} \tag{4.32}$$

将 Al-Ni 二元相图线性化,可得

$$m_L^{Al_3Ni_2}(C_0 - C_{LP}) = \Delta T = T_L - T_P \tag{4.33}$$

结合定向凝固实验结果可知,对于 Al-18Ni 包晶合金,当温度梯度为 50 K/mm 时,该临界凝固速度约为 0.5 $\mu m/s$。当凝固速度低于此临界速度时,初生 Al_3Ni_2 相将以平面状生长;当抽拉速度高于此临界速度时,初生 Al_3Ni_2 相将以胞状或枝晶生长。由此可见,对于包晶两相为金属间化合物的第Ⅱ类包晶合金体系,由于其具有较大的凝固区间,实现其平界面生长

是比较困难的。

包晶合金在定向凝固下的淬火界面可以直观地反映凝固过程中各相析出顺序、各相的形态以及生长方式。根据图 4.46 可知,对于 Al - 18Ni 包晶合金,当其以 1 μm/s 定向凝固 21.6 mm 后,淬火界面为包晶 Al_3Ni 相,这一现象是难以理解的。此外,当 Al - 18Ni 包晶合金以 5 μm/s 和 8 μm/s 速度定向凝固 35 mm 后得到的淬火界面也表现为包晶 Al_3Ni 相,如图 4.49 所示。按照式(4.32),当凝固速度为 5 μm/s 和 8 μm/s 时,淬火界面应该为初生 Al_3Ni_2 相的枝晶界面。实验结果与凝固理论之间的矛盾是后续要讨论的内容之一。

对比图 4.46 与图 4.49 可知,随凝固速度增加,Al - 18Ni 定向凝固过程中析出的包晶 Al_3Ni 相的形貌发生着明显的变化,由平界面向类似胞状以及类似枝晶形貌演化,同时,Al_3Ni 相的尺寸逐渐减小。定向凝固 Al - 18Ni 合金中析出的 Al_3Ni 相形貌明显不同于定向凝固 Al - Ni 共晶合金中析出的 Al_3Ni 相的形貌。由此可知,凝固过程中 Al_3Ni 相的形貌随合金成分以及外界凝固条件的变化而变化。因此,物质是按照非小平面界面长大还是按照小平面界面长大,以及其凝固形貌如何,单靠熔化熵或者 Jackson 因子来判断是远远不够的。它还和溶液中的浓度以及凝固条件有关。

当凝固速度进一步增加至 10 μm/s 和 50 μm/s 时,Al - 18Ni 包晶合金定向凝固 35 mm 后淬火界面组织如图 4.50 所示。灰色初生 Al_3Ni_2 相领先生长,呈现枝晶形貌,其中位于较高温度处的淬火界面为初生 Al_3Ni_2 相/液相界面,位于较低温度处的界面为包晶 Al_3Ni 相固/液界面。图 4.50(b)和(d)为包晶界面以下横截面显微组织,其组织由灰色初生 Al_3Ni_2 相、包裹初生相的白亮包晶 Al_3Ni 相以及液相组成。由图可以看出,包晶 Al_3Ni 相完全包裹初生 Al_3Ni_2 相。

3. 定向凝固 Al - 18Ni 合金与溶质分配有关的组织选择

为了分析定向凝固 Al - 18Ni 包晶合金低速包晶相领先的原因,对 Al - 18Ni 合金进行了 1 μm/s,8 μm/s 凝固速度下定向凝固不同距离的实验。图 4.51 为凝固速度为 1 μm/s,分别定向凝固 7.2 mm,10.8 mm 和 21.6 mm 得到的定向凝固试样纵截面 BSE 显微组织。BSE 显微组织中,白亮相为初生 Al_3Ni_2 相,灰色相为包晶 Al_3Ni 相。由图可以看出,当凝固距离为 7.2 mm 时,凝固过程中,初生 Al_3Ni_2 相首先自液相析出,当温度降至 T_P 时,包晶 Al_3Ni 相自液相析出,因此包晶 Al_3Ni 相的固/液界面低于初生 Al_3Ni_2 相的固/液界面,两相固/液界面的距离为 1 mm。在后续的凝

生长方向

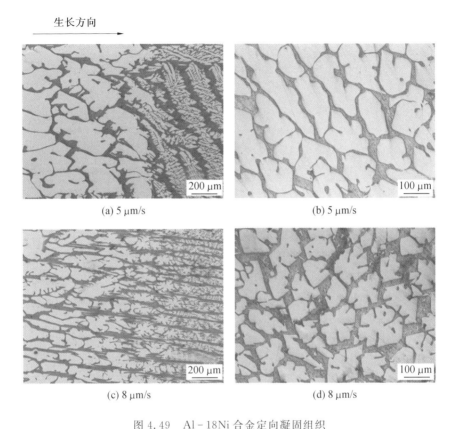

(a) 5 μm/s   (b) 5 μm/s

(c) 8 μm/s   (d) 8 μm/s

图 4.49   Al - 18Ni 合金定向凝固组织

(图(a)、(c)为纵截面固/液界面形貌,图(b)、(d)为相应的横截面形貌;$G=$ 50 K/mm(OM))

固过程中,包晶 Al_3Ni 相不断向过冷液相中生长直至液相被完全消耗,形成类似初生 Al_3Ni_2 相与包晶 Al_3Ni 相共生生长组织。当凝固距离增加至 10.8 mm 时,凝固顺序与凝固距离为 7.2 mm 的情况类似,但是初生 Al_3Ni_2 相固/液界面与包晶 Al_3Ni 相固/液界面之间的距离缩短为 $\leqslant 0.3$ mm。当凝固距离增加至 21.6 mm 时,淬火界面呈现为包晶 Al_3Ni 相固/液界面。利用 EDX 分析淬火界面前沿液相中的溶质成分,发现随凝固距离的增加,液相中 Ni 含量逐渐降低,分别为 16.50%,16.33% 和 13.93%。由此可见,Al - 18Ni 合金在以 1 μm/s 定向凝固过程中,随凝固距离的增加,生长界面前沿液相的 Ni 含量逐渐贫化。

根据公式(4.28)可知,定向凝固 Al - Ni 包晶合金中,当初生 Al_3Ni_2 相平界面生长时,生长界面前沿液相的溶质变化满足

生长方向

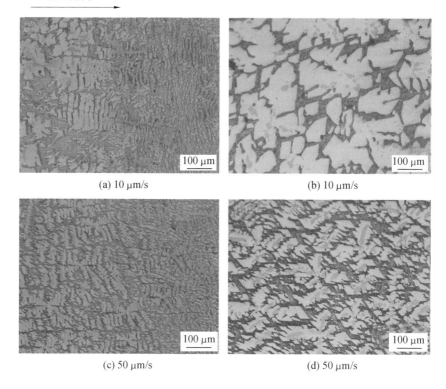

(a) 10 μm/s　　　　　　　　　　(b) 10 μm/s

(c) 50 μm/s　　　　　　　　　　(d) 50 μm/s

图 4.50　Al – 18Ni 包晶合金定向凝固组织

(图(a)、(c)为包晶相固/液界面处的纵截面组织,图(b)、(d)为相应的横截面组织, $G=50$ K/mm (OM))

$$C_{\mathrm{L}}^{*} = (C_0 - C_{\mathrm{Al_3 Ni_2}}) \frac{V}{D} x + C_0 \tag{4.34}$$

当包晶 $\mathrm{Al_3 Ni}$ 相平界面生长时,生长界面前沿液相的溶质变化满足

$$C_{\mathrm{L}}^{*} = (C_0 - C_{\mathrm{Al_3 Ni}}) \frac{V}{D} x + C_0 \tag{4.35}$$

其中, $C_{\mathrm{Al_3 Ni_2}} = 37\% \mathrm{Ni}$, $C_{\mathrm{Al_3 Ni}} = 25\% \mathrm{Ni}$, x 为凝固距离。

对于 Al – 18Ni 合金而言,无论是初生 $\mathrm{Al_3 Ni_2}$ 相还是包晶 $\mathrm{Al_3 Ni}$ 相以平面状生长时,随着凝固距离的增加,生长界面前沿液相中的 Ni 含量均线性降低。因此,对于图 4.51 中初生相与包晶相类共生长组织,由于初生相与包晶相中的 Ni 含量均高于试样原始 Ni 含量,根据溶质守恒定律,凝固界面前沿中液相的 Ni 含量将越来越低。当凝固界面前沿中液相的 Ni 含量高于 $C_{\mathrm{LP}} = 15\% \mathrm{Ni}$ 时,初生 $\mathrm{Al_3 Ni_2}$ 相将作为领先相自液相析出。但是,

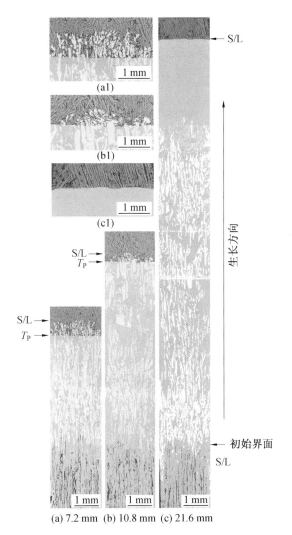

图 4.51　Al-18Ni 合金定向凝固不同距离后试样的纵截面显微组织(BSE)

（$V=1\ \mu m/s$，$G=40\ K/mm$，图(a1)、(b1)、(c1)分别为图(a)、(b)、(c)淬火界面局部放大图）

当凝固界面前沿中液相的 Ni 含量低于 $C_{LP}=15\% Ni$ 时，根据最高界面温度假设，包晶相将作为领先相自液相析出，出现图 4.51(c)中的情况。

当凝固速度增加至 8 $\mu m/s$ 时，改变凝固距离，得到的定向凝固试样纵截面固/液界面形貌如图 4.52 所示。当凝固距离为 20 mm 时，初生 Al_3Ni_2 相以枝晶形貌自液相析出，当温度降至 T_P 时，包晶 Al_3Ni 相自液相析出，因此包晶 Al_3Ni 相的固/液界面低于初生 Al_3Ni_2 相的固/液界面，两

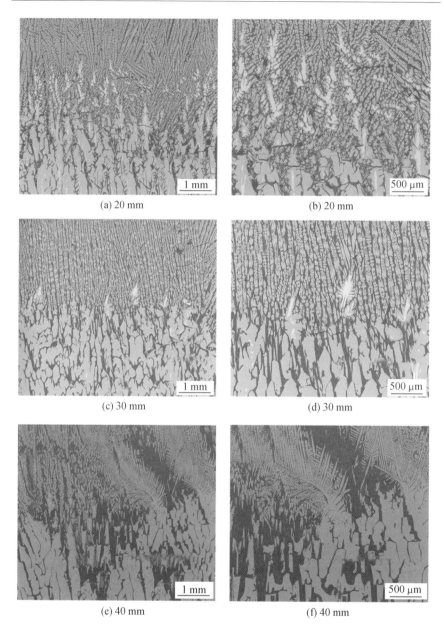

(a) 20 mm   (b) 20 mm

(c) 30 mm   (d) 30 mm

(e) 40 mm   (f) 40 mm

图 4.52　Al－18Ni 合金定向凝固不同距离后试样的固/液界面形貌(BSE)

(V=8 μm/s, G=40 K/mm)

相固/液界面的距离为 0.5 mm。当凝固距离增加至 30 mm 时,初生 Al₃Ni₂相枝晶在尺寸上明显退化,淬火界面处形成大量自液相直接析出的

包晶 Al_3Ni 相。当凝固距离进一步增加至 40 mm 时,淬火固/液界面呈现为包晶 Al_3Ni 相的固/液界面。

综上所述,对于 Al-18Ni 定向凝固包晶合金,当凝固速度较小,无论初生 Al_3Ni_2 相以类似胞状生长抑或枝晶生长,随着凝固距离的增加,生长界面前沿液相中的溶质浓度不断降低,从而导致初生 Al_3Ni_2 相领先→包晶 Al_3Ni 相领先这一转变。同时,由此可见,对于初生相与包晶相均为固溶度较小的包晶合金体系,无论是平界面、胞状界面甚至是枝晶生长界面,在定向凝固过程中,都不能简单假设定向生长达到稳态生长这一状态。

4. 定向凝固 Al-25%Ni 合金凝固界面形貌演化

根据式(4.32)、(4.33)可知,对于 Al-25Ni 包晶合金,当温度梯度为 50 K/mm 时,实现初生 Al_3Ni_2 相平界面生长的临界凝固速度约为 0.2 $\mu m/s$。由此可见,随着 Ni 含量的增加,Al-Ni 包晶合金的凝固区间进一步增大,实现初生相平界面生长更加困难。图 4.53 为 Al-25Ni 合金分别以 5 $\mu m/s$,10 $\mu m/s$,20 $\mu m/s$ 和 50 $\mu m/s$ 速度定向凝固 35 mm 后得到的纵截面显微组织。处于较高温度处的界面为初生相 Al_3Ni_2/L 固/液界面,初生 Al_3Ni_2 相呈枝晶领先生长。处于较低温度处的界面为包晶相 Al_3Ni/L 固/液界面。随着抽拉速度的增加,Al_3Ni_2/L 固/液界面与 Al_3Ni/L 固/液界面之间的距离不断增加。此外,由图可知,随凝固速度增加,初生 Al_3Ni_2 相枝晶逐渐细化。

图 4.54 为定向凝固 Al-25Ni 合金分别以 5 $\mu m/s$,20 $\mu m/s$,50 $\mu m/s$ 和 100 $\mu m/s$ 定向凝固 35 mm 后得到的 Al_3Ni_2/L 固/液界面与 Al_3Ni/L 固/液界面显微组织。其中左侧图为包晶相 Al_3Ni/L 固/液界面,右侧图为初生相 Al_3Ni_2/L 固/液界面。由图可以看出,包晶反应界面以后,包晶 Al_3Ni 相依附于初生 Al_3Ni_2 相表面析出。随着凝固速度的增加,生成的包晶相 Al_3Ni 层厚度逐渐减小。

根据 Al-Ni 合金相图,Al-25Ni 包晶合金的平衡凝固组织为单相包晶相 Al_3Ni。但是包晶合金定向凝固过程为非平衡凝固,包晶相变不完全。图 4.55 为不同凝固速度下 Al-25Ni 包晶合金定向凝固横截面显微组织。当凝固速度为 5 $\mu m/s$ 时,显微组织由灰色初生 Al_3Ni_2 相与白亮包晶 Al_3Ni 相组成,其中包晶 Al_3Ni 相连为一体,没有明显的晶界。当凝固速度增加至 20 $\mu m/s$ 时,显微组织出现少量的剩余液相,最终转变为共晶 $(Al+Al_3Ni)$。

生长方向

(a) V=5 μm/s

(b) V=10 μm/s

(c) V=20 μm/s

(d) V=50 μm/s

图 4.53　Al - 25Ni 合金定向凝固试样纵截面显微组织(OM)

生长方向

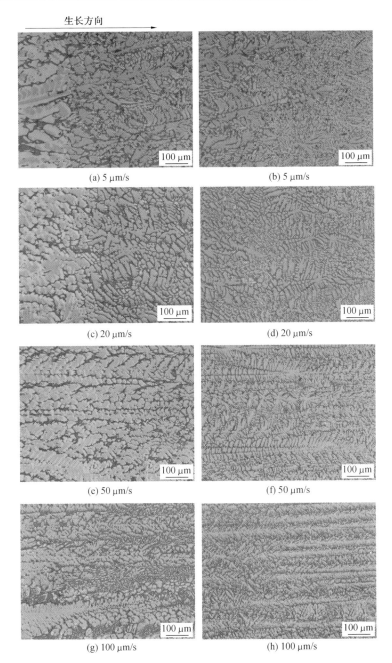

(a) 5 μm/s

(b) 5 μm/s

(c) 20 μm/s

(d) 20 μm/s

(e) 50 μm/s

(f) 50 μm/s

(g) 100 μm/s

(h) 100 μm/s

图 4.54 定向凝固 Al – 25Ni 合金不同抽拉速度下纵截面凝固界面形貌
（左侧图为包晶相固/液界面形貌，右侧图为初生相固/液界面形貌
（OM））

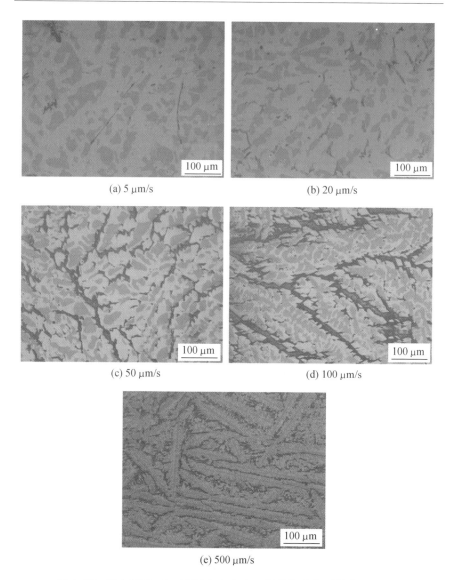

(a) 5 μm/s　　　　　　　　　　　(b) 20 μm/s

(c) 50 μm/s　　　　　　　　　　(d) 100 μm/s

(e) 500 μm/s

图 4.55　定向凝固 Al-25Ni 包金合金不同抽拉速度下横截面形貌

4.5.3　定向凝固 Al-Ni 包晶合金中的共生生长

　　包晶合金的共生生长通常在 Fe-Ni 和 Ni-Al 这些初生相结晶温度间隔小、包晶两相呈非小平面生长的第 I 类包晶合金体系中观察到。然而,对于结晶温度间隔较大、包晶两相为金属间化合物的第 II 类包晶合金体系中,并未发现包晶两相的共生生长。包晶合金中的共生生长可以简单分为两类:等温共生生长及非等温胞状共生生长。实现等温共生生长的前提条件为 G/V 值接近或高于维持初生相界面稳态生长的临界值时。但如前所述,对于 Al-Ni 包晶合金,由于初生 Al_3Ni_2 相的凝固区间较大,实现初生 Al_3Ni_2 相的平界面生长较为困难。当 G/V 值低于维持初生相平界面稳态生长的临界值时,可能出现包晶两相的"弱"胞状共生生长。

如图 4.51(a)、(b) 所示,对于 Al-18Ni 包晶合金,当凝固速度为 1 $\mu m/s$ 时,初生 Al_3Ni_2 相以深胞状生长,当温度低于包晶反应温度 T_P 时,残余液相全部转变为包晶 Al_3Ni 相,形成类似初生 Al_3Ni_2 相与包晶 Al_3Ni 相两相共生生长的组织。骆良顺等人在 Fe-Ni 包晶合金观察到的包晶两相(δ,γ)呈现"弱"胞状共生生长。"弱"胞状共生生长是胞状的初生 δ 相与平界面的包晶 γ 相,二者之间通过溶质之间的弱耦合形成共生生长,其中胞状的初生 δ 相稍微领先于平面状包晶 γ 相。对于 Fe-Ni 包晶合金,在胞状共生生长的过程中,$L/\delta/\gamma$ 三相交接点处发生明显的包晶反应,即初生 δ 相发生部分重熔。胞状共生生长的形态稳定性与 $L/\delta/\gamma$ 三相交接点附近的包晶反应密切相关。稳定的胞状共生生长要求 δ 胞顶端和 γ 相平界面之间的距离 l 既不能太大也不能太小。当 l 太大时,包晶两相生长变得不稳定;而当 l 太小时,则无法避免包晶反应对初生相胞晶顶端的影响。这意味着稳定的胞状共生生长只能维持在一个很窄的 l 范围内。对于 Fe-Ni 包晶合金,只有当 l 约为初生 δ 相胞端部曲率两倍时,才能实现稳定的胞状共生生长。在 Fe-Ni 包晶合金中,当 $G=12$ K/mm 时,l 值为 $100\sim300$ μm。然而,在 Al-Ni 包晶合金中,实现包晶两相类似共生生长时,初生 Al_3Ni_2 相的固/液界面与包晶 Al_3Ni 相的固/液界面距离较远,约为1 mm(图 4.51(a)),即两界面之间的温度差别很大。

4.5.4 定向凝固 Al-Ni 包晶合金带状组织预测

定向凝固包晶合金低速带状组织的形成机制对于理解包晶凝固起了很大的促进作用,因此包晶带状组织的形成机制备受关注。低速带状组织一般是在高 G/V 条件下得到,最初只在 Sn-Cd,Pb-Bi 等低熔点包晶合金体系中发现。后来,在 Ti-Al,Ni-Al 等高熔点合金体系中也观察到。值得注意的是,对于上述包晶合金体系,初生相的凝固区间都相对较小,并且均为典型的第一类包晶合金。低速带状组织往往紧随单相的平界面生长,对其形成机制存在不同的解释。最初,Ostrowski 等人认为是炉体运动的不稳定性导致的,Barker 等人提出形成低速带状组织的原因是溶质偏析,但后来 Brody 等人否定了这一观点。Bottinger 首先利用成分过冷原理定性解释了带状组织的形成机制。1995 年,Trivedi 根据包晶凝固的特点提出了纯扩散条件下带状组织的形成模型。虽然某些假设与机制未必合理清晰(如充分形核假设),但其基本思路可用来描述带状组织的形成过程,值得注意的是,该模型是针对包晶两相为固溶体的第Ⅰ类包晶合金体系提出的,因此初生相与包晶相在平面状生长过程中的溶质再分布是按照固溶体相建立的。但如前所述,对于金属间化合物,其在平面状定向生长过程中,其溶质再分布行为不同于固溶体相。因此,本书针对第Ⅱ类包晶合金体系,以金属间化合物为研究对象,利用 Trivedi 模型中的基本思路,考虑定向凝固 Al - Ni 包晶合金中是否会形成带状组织。同样,本书中模型进行以下假设:

①溶质传输仅靠液相中的扩散完成,液相中不存在对流。

②忽略固相中的扩散。

③假设生长条件满足包晶两相均以平面状进行。

值得注意的是,对于 Al - Ni 包晶合金中初生相具有较大的凝固区间,实现其在定向凝固过程中平面状生长必须要求实验过程中具有相对较高的温度梯度以及较小的凝固速度。

图 4.56 为 Al - Ni 包晶合金带状组织形成过程示意图,假设初生 Al_3Ni_2 相的固相线为一严格的垂线,即在凝固过程中析出初生相的成分不随温度及凝固距离的变化而变化。对于一初始成分为 C_0 的亚包晶合金,在凝固过程中,初生 Al_3Ni_2 相首先自液相析出并以平面状生长,其生长过程中,Al_3Ni_2/L 固/液界面处液相中的溶质浓度变化符合以下规律:

$$C_L^* = (C_0 - C_{Al_3Ni_2}) \frac{V}{D} x + C_0 \qquad (4.36)$$

由于 $C_0 < C_{Al_3Ni_2}$,随凝固距离增加,Al_3Ni_2/L 固/液界面处液相中的 Ni 浓度线性降低。凝固距离为

$$x = \frac{D}{V} \frac{C_{LP} - C_0}{C_0 - C_{Al_3Ni_2}} \qquad (4.37)$$

Al_3Ni_2/L 固/液界面处液相中的 Ni 浓度为 C_{LP},相应的 Al_3Ni_2/L 固/液界面对应的温度降低至 T_P,随界面温度进一步降低,当达到 M 点温度时,界面处的成分过冷已满足包晶 Al_3Ni 相形核过冷度的要求,包晶 Al_3Ni 相即可在初生 Al_3Ni_2 相前沿形核。此处,首先假设包晶 Al_3Ni 相充分形核,后续将进一步讨论包晶 Al_3Ni 相的生长特性及其形核机制对带状组织形成的影响。包晶 Al_3Ni 相形核后,Al_3Ni/L 固/液界面处液相中的溶质

浓度变化将符合以下规律：

$$C_{\mathrm{L}}^* = (C_0 - C_{\mathrm{Al_3Ni}}) \frac{V}{D} y + C_{\mathrm{M}} \tag{4.38}$$

式中　y——包晶 $\mathrm{Al_3Ni}$ 相凝固距离。

　　由于 $C_0 > C_{\mathrm{Al_3Ni}}$，随凝固距离增加，$\mathrm{Al_3Ni/L}$ 固/液界面处液相中的 Ni 浓度线性增加，相应的界面温度按照包晶 $\mathrm{Al_3Ni}$ 相液相线沿 $Q-O-N$ 变化。当界面温度超过包晶反应温度 T_{P} 时，界面前沿开始出现对初生 $\mathrm{Al_3Ni_2}$ 相的成分过冷并随温度的升高而增加。一旦该成分过冷达到初生 $\mathrm{Al_3Ni_2}$ 相形核所需过冷度，$\mathrm{Al_3Ni_2}$ 相即再次成核，此时界面处液相成分为 C_{N}。而一旦 $\mathrm{Al_3Ni_2}$ 相形核并生长，界面处液相成分将再次按照初生 $\mathrm{Al_3Ni_2}$ 相液相线变化，从而形成一个带状循环组织。

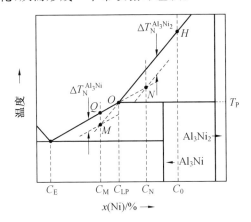

图 4.56　Al-Ni 包晶合金带状组织形成过程示意图

　　在 Trivedi 提出的关于带状组织形成过程模型中，如图 4.57 所示，初生相、包晶相均为具有一定固溶度范围的固溶体，在带状组织形成过程，假设初生相与包晶相的形核过冷度分别为 $\Delta T_{\mathrm{N}}^\alpha$ 和 $\Delta T_{\mathrm{N}}^\beta$。由这两个形核过冷度可以得出此条件下初生相与包晶相中临界溶质浓度，分别为 C_{S}^α 和 C_{S}^β。在定向凝固过程中带状组织的形成将涉及两方面的生长与形核的竞争：一方面，温度低于包晶反应温度 T_{P} 时，初生 α 相的稳态生长与包晶 β 相形核之间的竞争；另一方面，温度高于包晶反应温度 T_{P} 时，包晶 β 相的稳态生长与初生 α 相形核之间的竞争。如果合金初始成分高于 C_{S}^α（图 4.57），在低于包晶反应温度范围内，在未达到包晶 β 相充分形核之前，将实现初生 α 相的稳态生长，从而不能形成带状组织；如果合金初始成分低于 C_{S}^β（图 4.57），在高于包晶反应温度范围内，在未达到初生 α 相充分形核之前，

将实现包晶 β 相的稳态生长,也不能形成带状组织。由此可见,由于这两方面的竞争生长,可以确定形成带状组织的成分范围为 $C_S^\beta < C_0 < C_S^\alpha$。

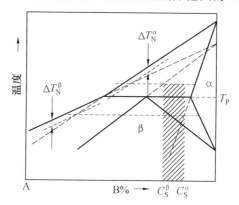

图 4.57　Trivedi 关于包晶合金带状组织形成过程示意图

对比图 4.56 和图 4.57 可知,对于包晶两相为固溶体的第 I 类包晶合金,带状组织的形成由包晶两相的稳态生长决定,因此其形成带状组织的合金必须满足成分范围限制。但是,对于包晶两相为无固溶度的金属间化合物的第 II 类包晶合金,由于对于无固溶度的金属间化合物,除非合金初始成分等于固相中的溶质浓度,平面状定向生长过程中并不存在稳态生长。因此,对于该类型包晶合金,从理论上讲,在整个亚包晶成分范围内均可形成带状组织,这一点完全不同于第 I 类包晶合金。

值得注意的是,Trivedi 模型中采用了包晶相/初生相充分形核的假设,即包晶相/初生相一旦在固/液界面前沿形核将迅速铺展并隔离原始固相与液相的接触。对于固溶体相,其生长过程中晶体表面原子附着由原子碰撞控制,晶胚一旦形成,将有可能快速长大。对于具有超晶格结构的金属间化合物而言,晶体表面的原子附着由扩散控制,晶胚的形成及生长将受到抑制,在形核率不高的前提下,将无法满足充分形核这一假设,从而可能形成更为复杂的组织。

在图 4.46、4.51(c)中,当凝固速度为 1 μm/s 时,随凝固距离的增加,形成了 $(Al_3Ni_2 + Al_3Ni) \rightarrow Al_3Ni$ 单个带状组织。这表明,在 Al - Ni 包晶合金定向凝固过程中,当生长界面前沿的溶质分布满足包晶 Al_3Ni 相的形核并生长的条件时,带状组织即有形成的可能性。

4.5.5　纯扩散条件下定向凝固相/组织选择图的建立

结合无固溶度金属间化合物的溶质分凝模型与定向凝固试验结果,获得 Al-Ni 合金定向凝固相/组织选择图,如图 4.58 所示。

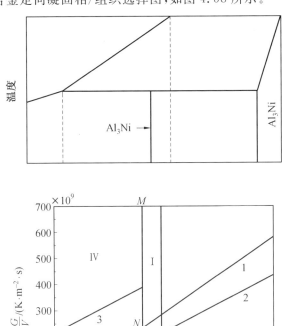

图 4.58　生长-竞争决定的 Al-Ni 合金定向凝固相/组织选择图

Ⅰ:周期带状(平面 Al$_3$Ni$_2$ + 平面 Al$_3$Ni),Ⅱ:混合带状(Al$_3$Ni$_2$ 胞/枝 + Al$_3$Ni 平面),Ⅲ:Al$_3$Ni$_2$ 胞/枝 + Al$_3$Ni 平面,Ⅳ:周期带状(Al$_3$Ni 平面 + 共晶),Ⅴ:Al$_3$Ni 胞/枝,Ⅵ:Al$_3$Ni$_2$ 胞/枝 + Al$_3$Ni 平面,Ⅶ:Al$_3$Ni$_2$ 胞/枝 + Al$_3$Ni 非平面,NP:Al$_3$Ni 平面

　　将 Al-Ni 相图线性化,其中 $m_{\mathrm{L}}^{\mathrm{Al_3Ni_2}} = 23\ \mathrm{K}/\%\mathrm{Ni}$,$m_{\mathrm{L}}^{\mathrm{Al_3Ni}} = 17\ \mathrm{K}/\%\mathrm{Ni}$。对于 Al-Ni 包晶合金,当初生 Al$_3Ni_2$ 相保持平界面生长时,根据式(4.32),可得直线 1。当 G/V 高于直线 1 时,可维持 Al$_3$Ni$_2$ 相 Ⅰ 作为单相以低速平界面定向生长。同样的,当 Al$_3$Ni 相作为包晶相依附初生 Al$_3$Ni$_2$ 相生长时,只有当

$$\frac{G}{V} \geqslant \frac{m_{\mathrm{L}}^{\mathrm{Al_3Ni}} V}{D}(C_0 - C_{\mathrm{LP}}) \tag{4.39}$$

时,可得直线 2,当 G/V 高于直线 2 时,可维持 Al$_3$Ni 相作为包晶相以低速

平界面定向生长。当 Al-Ni 合金成分处于 C_{LP} 和 C_{Al_3Ni} 之间时,根据金属间化合物平界面生长时溶质分凝特性,当初生 Al_3Ni_2 相保持平界面生长时,生长界面处 Ni 含量按 Al_3Ni_2 相液相线性降低,当界面处 Ni 含量达到 C_{LP} 时,Al_3Ni 相作为单相以低速平界面定向生长。根据式(4.39),由于 $C_0 < C_{Al_3Ni}$,随着 Al_3Ni 相凝固距离的进一步增加,生长界面处 Ni 含量按 Al_3Ni 相液相线性降低。当生长界面处 Ni 含量按 Al_3Ni 相液相线性降低至 C_E 时,界面处溶质浓度梯度增大至最大值,因此,只有当

$$\frac{G}{V} \geqslant \frac{m_L^{Al_3Ni}V}{D}(C_0 - C_E) \tag{4.40}$$

时,可得直线 3,当 G/V 高于直线 3 时,可维持 Al_3Ni 相作为单相以低速平界面定向生长。当生长界面处 Ni 含量降低至 C_E 时,共晶组织(Al + Al_3Ni)自液相析出。此时,固/液界面处由于共晶组织与液相中 Ni 溶解度不同,单位面积界面上的通量为

$$J_1 = V(C_L^* - C_E) = 0 \tag{4.41}$$

固/液界面处由于液相中 Ni 元素分布满足

$$C_L = C_0 + (C_E - C_0)\exp\left(-\frac{Vx'}{D}\right) \tag{4.42}$$

固/液界面处由于液相中浓度梯度所产生的通量:

$$J_2 = V(C_E - C_0) \tag{4.43}$$

那么

$$J_1 - J_2 = (C_0 - C_E)V > 0 \tag{4.44}$$

固/液界面处 Ni 含量将增加,并且 Al_3Ni 相自液相析出,由此形成共晶组织(Al + Al_3Ni)与平面状 Al_3Ni 相循环的带状组织,见区域Ⅳ。

当 G/V 低于直线 3 时,Al_3Ni 相作为单相以非平界面定向生长,见区域Ⅴ。在此区域内,可能维持 Al_3Ni 相作为单相以非平界面定向生长,也有可能形成共晶组织(Al + Al_3Ni)与非平面状 Al_3Ni 相循环的带状组织。

当 G/V 低于直线 1 时,初生 Al_3Ni_2 相以胞状/枝晶定向生长。当 G/V 值处于直线 1 和直线 2 之间时,可维持 Al_3Ni 相作为包晶相以平面状生长,此时可形成 Al_3Ni_2 相胞状/枝晶与平面状 Al_3Ni 相混合组织,见区域Ⅴ。

当 G/V 低于直线 2 时,初生 Al_3Ni_2 相与包晶 Al_3Ni 相均以非平面状定向生长,此时可形成 Al_3Ni_2 相胞状/枝晶与非平面状 Al_3Ni 相混合组织,见区域Ⅵ。

当合金成分为 25% Ni 时,即对应于图 4.58 中直线 MQ,当 G/V 值高

于直线 1 与直线 MQ 交点 N 时,定向凝固过程中则可维持 Al_3Ni 相作为单相的平面状生长。

值得注意的是,对于区域 V、VI,由于 Al_3Ni_2 相与 Al_3Ni 相中 Ni 浓度均大于合金初始成分,随凝固距离的增加,固/液界面前沿液相中的溶质变化与 Al – Ni 包晶合金定向凝固组织中各相(Al_3Ni_2 相、Al_3Ni 相和液相)体积分数息息相关。因此,在这两个区域内(图 4.58 中阴影区域),Al – Ni 包晶合金定向凝固组织更加复杂。本书中 Al – 18Ni 合金在 $V < 8~\mu m/s$ 时获得的组织演化则是处于此区域。

4.5.6　定向凝固过程中包晶 Al_3Ni 相生长机制

图 4.59 为 Al – Ni 合金局部相图及其示意图。T_P 平衡包晶反应温度。图(b)中各符号对应包晶相图中的各种成分点。其中 C_P 为包晶温度下包晶相成分;C_{LP} 为包晶平台中液相平衡成分;$C_{Al_3Ni}^L$ 为与液相保持热力学平衡时包晶相 Al_3Ni 的成分;$C_{Al_3Ni_2}^L$ 为液相保持热力学平衡时初生相 Al_3Ni_2 的成分;$C_L^{Al_3Ni_2}$ 为与初生相保持热力学平衡时液相的成分;$C_L^{Al_3Ni}$ 为与包晶相保持热力学平衡时液相的成分。

包晶合金的凝固涉及包晶相的生长。根据包晶凝固理论,包晶相的生长通常通过三种方式,即液固包晶反应、固固包晶转变和液相直接凝固。根据包晶合金的凝固特点可知,初生相与液相发生包晶反应后,在初生相表面覆盖一层包晶相,从而阻碍初生相与液相的直接接触,使包晶反应终止。后续包晶相的生长将通过包晶转变以及液相直接凝固向初生相和液相中进行。包晶转变发生时,溶质原子通过包晶相层进行扩散,从而实现初生相的溶解以及包晶相的生长。值得注意的是,只有包晶反应和包晶转变依赖于初生相进行,从而实现初生相的溶解。在实验过程中,即使包晶反应进行迅速,但如上所述包晶反应在实验过程中受到较大程度的抑制,因此通常认为由于包晶反应消耗的初生相及生成的包晶相很少。初生相的消耗主要取决于包晶转变进行的程度,而生成包晶相的数量取决于包晶转变及液相直接凝固。

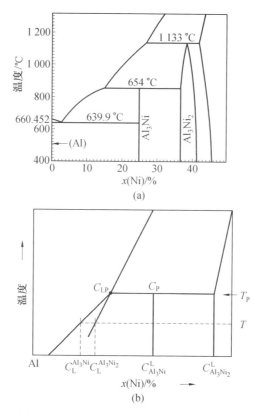

图 4.59 Al – Ni 合金局部相图及其示意图

4.5.7 定向凝固 Al – 25Ni 包晶合金实验结果分析

结合包晶凝固理论与 Al – Ni 包晶合金特性可知,由于包晶反应及包晶转变进行的驱动力较小,因此凝固过程中初生相的消耗应该很小。但是,在定向凝固实验结果中,却发现了截然相反的现象。图 4.60 为定向凝固 Al – 25Ni 合金以 20 μm/s 抽拉时获得试样纵截面显微组织。对比图(b)和图(d)可知,在定向凝固过程中,大量的初生相 Al_3Ni_2 被消耗。

对定向凝固 Al – 25Ni 包晶合金试样采用金相切片技术,获得自包晶界面以下不同位置的横截面金相显微组织,各横截面位置如图 4.60 所示,每个横截面之间的间距为 500 μm。在恒定温度梯度条件下,相邻每个横截面之间的温度差为 $\Delta T = Gd$(d 为相邻横截面之间的间距)。由此可知,对于 $V = 20$ μm/s,$G = 50$ K/mm 的试样,相邻两个横截面的温度差为 25 K。采用光学显微镜观察对应不同温度横截面的显微组织,如图 4.61

所示。

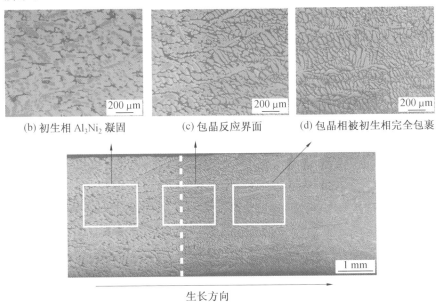

(b) 初生相 Al₃Ni₂ 凝固   (c) 包晶反应界面   (d) 包晶相被初生相完全包裹

生长方向

(a) 纵截面整体形貌

图 4.60　定向凝固 Al - 25Ni 合金纵截面显微组织

($V = 20\ \mu\text{m/s}, G = 50\ \text{K/mm}$)

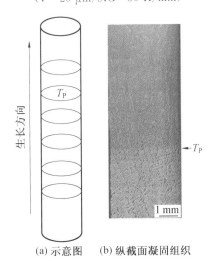

(a) 示意图　(b) 纵截面凝固组织

图 4.61　Al - 25Ni 包晶合金定向凝固试样

($V = 20\ \mu\text{m/s}, G = 50\ \text{K/mm}$)

由图 4.62 可以看出，当温度高于 T_P 时(879 ℃)，合金的显微组织由初生 Al_3Ni_2 相和液相组成。在包晶反应界面处(854 ℃)，如图 4.61(b)所示，初生 Al_3Ni_2 相周围形成连续的包晶 Al_3Ni 相层，其厚度为 $5\sim10~\mu m$。随着温度的不断降低，包晶 Al_3Ni 相层的厚度不断增加，而初生 Al_3Ni_2 相的尺寸不断减小。当温度降至并低于 779 ℃时，随温度的降低，试样横截面的显微组织不再有明显变化。这意味着，在定向凝固过程中，当温度到达 779 ℃时，初生相的溶解终止。

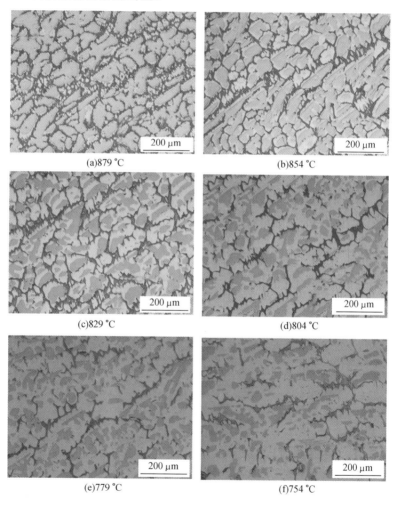

(a)879 ℃

(b)854 ℃

(c)829 ℃

(d)804 ℃

(e)779 ℃

(f)754 ℃

(g)729 ℃　　　　　　　　　　　(h)705 ℃

图 4.62　定向凝固 Al-25Ni 合金不同凝固温度的横截面显微组织

($V=20\ \mu$m/s,$G=50$ K/mm)

在定向凝固过程中,凝固时间为 $\Delta T/GV$。Al-25Ni 以 $V=20\ \mu$m/s 定向凝固时,温度自 T_P 降至 779 ℃所需时间为 75 s。此外,在图 4.62(b) 和(c)中,发现存在包晶相局部包裹初生相的现象,如图 4.63 所示。其中 箭头标示部位处,初生 Al_3Ni_2 相两侧包晶相层厚度明显不同。利用金相图 形分析软件,测量初生 Al_3Ni_2 相、包晶 Al_3Ni 相与液相的体积分数。图 4.64 为试样对应不同凝固温度横截面处各相体积分数变化曲线。由图可 知,随凝固温度的下降,初生 Al_3Ni_2 相体积分数逐渐减小,包晶 Al_3Ni 相体 积分数逐渐增加。随凝固温度的降低,各相体积分数变化幅度逐渐减小, 当凝固温度到达 780 ℃时,各相的体积分数几乎达到稳定。

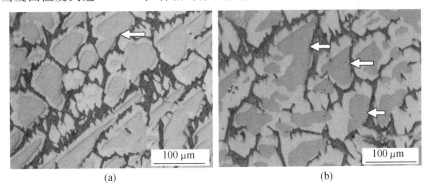

(a)　　　　　　　　　　　　　(b)

图 4.63　图 4.62(b)和(c)的局部放大图

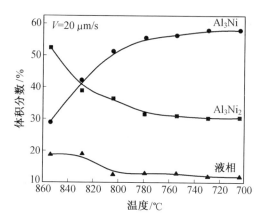

图 4.64 不同凝固温度横截面初生相 Al₃Ni₂ 相、包晶 Al₃Ni 相与液相的体积分数
$(V=20\ \mu m/s, G=50\ K/mm)$

图 4.65 为定向凝固 Al-25Ni 合金以 50 $\mu m/s$ 抽拉时获得试样纵截面显微组织。对该试样采用金相切片技术,获得自包晶界面以下不同位置的横截面金相显微组织,每个横截面之间的间距为 500 μm。在恒定温度梯度条件下,相邻每个横截面之间的温度差为 $\Delta T=Gd$(d 为相邻横截面

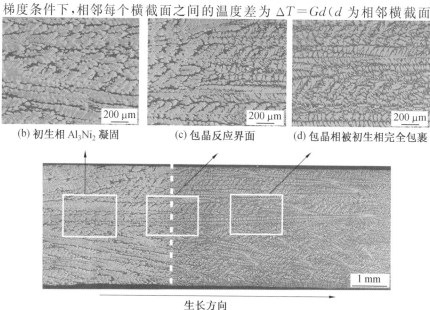

(b) 初生相 Al₃Ni₂ 凝固　　(c) 包晶反应界面　　(d) 包晶相被初生相完全包裹

图 4.65 定向凝固 Al-25Ni 合金纵截面显微组织
$(V=50\ \mu m/s, G=40\ K/mm)$

之间的间距)。由此可知,对于 $V=50\ \mu\mathrm{m/s}, G=40\ \mathrm{K/mm}$ 的试样,相邻两个横截面的温度差为 20 K。采用光学显微镜观察对应不同温度横截面的显微组织,如图 4.66 所示。

图 4.67 为试样对应不同凝固温度横截面处各相体积分数变化曲线。由图可知,随凝固温度的下降,初生 $\mathrm{Al_3Ni_2}$ 相体积分数变化不大,但是包晶 $\mathrm{Al_3Ni}$ 相体积分数明显增加,同时,液相体积分数明显减小,这表明在定向凝固过程中包晶相的形成机制为自液相直接凝固。

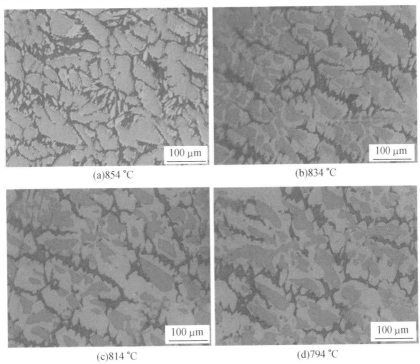

(a)854 ℃ (b)834 ℃

(c)814 ℃ (d)794 ℃

图 4.66 定向凝固 Al-25Ni 合金不同凝固温度的横截面显微组织

($V=50\ \mu\mathrm{m/s}, G=40\ \mathrm{K/mm}$)

4.5.8 Al-Ni 包晶合金中包晶反应生成包晶相厚度计算

Fredriksson 等人认为:包晶相沿初生相/液相界面的生长速度可采用最大生长速度假设获得。对于板状包晶相 $\mathrm{Al_3Ni}$ 相,其厚度为 $S^{\mathrm{Al_3Ni}}$,生长速度满足

$$V=(9/8\pi)(D_{\mathrm{L}}/S^{\mathrm{Al_3Ni}})\Omega^{'2} \tag{4.45}$$

$$\Omega'=\Omega/[1-(2\Omega/\pi)-(\Omega^2/2\pi)] \tag{4.46}$$

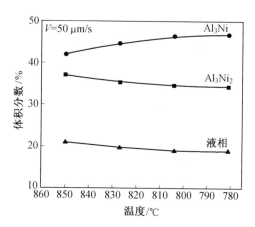

图 4.67　不同凝固温度横截面初生相 Al_3Ni_2 相、包晶 Al_3Ni 相与液相的体积分数

$(V=50\ \mu m/s, G=40\ K/mm)$

$$\Omega = (C_L^{Al_3Ni} - C_L^{Al_3Ni_2}) / (C_L^{Al_3Ni} - C_{Al_3Ni}^L) \tag{4.47}$$

式中　　D_L——液相中的溶质扩散系数，$D_L \approx 1 \times 10^{-9}\ m^2 \cdot s^{-1}$；

Ω——过饱和度。

其余各成分符号参见表 4.3。

表 4.3　包晶相图中各种成分点

符号	参数
C_p	包晶点
C_{LP}	包晶温度液相
$C_{Al_3Ni}^L$	Al_3Ni 相成分
$C_{Al_3Ni_2}^L$	Al_3Ni_2 相成分
$C_L^{Al_3Ni_2}$	Al_3Ni_2/L 边界平衡液相成分
$C_L^{Al_3Ni}$	Al_3Ni/L 边界平衡液相成分
$C_{Al_3Ni_2}^{Al_3Ni}$	与初生相 Al_3Ni_2 对应的包晶 Al_3Ni 相成分
$C_{Al_3Ni_2}^{Al_3Ni}$	与初生相 Al_3Ni 对应的包晶 Al_3Ni_2 相成分

简单起见，将 Al - Ni 相图线性化。其中初生相液相线斜率 $m_L^{Al_3Ni_2} = 14.5\ K/\%$，包晶相液相线斜率为 $m_e^{Al_3Ni} = 10\ K/\%$。结合 Al - Ni 合金相图，在低于包晶反应温度时有

$$C_L^{Al_3Ni} = C_L - \frac{\Delta T}{m_L^{Al_3Ni}} \tag{4.48}$$

$$C_{\mathrm{L}}^{\mathrm{Al_3Ni_2}} = C_{\mathrm{L}} - \frac{\Delta T}{m_{\mathrm{L}}^{\mathrm{Al_3Ni_2}}} \tag{4.49}$$

式中 ΔT——包晶相生长的过冷度。

过饱和度可表示为

$$\Omega = (9\Delta T)/[29(100 + \Delta T)] \tag{4.50}$$

在定向凝固过程中,温度梯度和等温线的强制移动速度是外部控制因素,因此,将包晶 $\mathrm{Al_3Ni}$ 相的生长速度 V 视为定向凝固抽拉速度。DSC 实验结果表明冷却速度为 10 K/min 时,Al-25Ni 包晶合金中,包晶 $\mathrm{Al_3Ni}$ 相过冷度约为 30 K。因此,假设 ΔT 为 1 K,10 K,20 K 和 50 K,将其分别带入公式(4.45)~(4.51)中,可计算不同过冷度下包晶 $\mathrm{Al_3Ni}$ 相厚度 $(2r)$ 与生长速度(V) 的变化关系,如图 4.68 所示。从图中可以看出,当抽拉速度在 5 μm/s~1 mm/s 范围内变化时,凝固速度越慢,包晶反应阶段生成包晶 $\mathrm{Al_3Ni}$ 相厚度最大值约为 5 μm。当 V=20 μm/s,ΔT=20 K 时,理论预测包晶反应下生成包晶相厚度仅为 1 μm 左右。由此可以推断,通过包晶反应消耗的初生相的厚度约为几微米。然而,在定向凝固实验过程中,初生相被消耗的厚度大约为几十微米。这表明,在定向凝固过程中,传统包晶反应机制对最终凝固组织中初生 $\mathrm{Al_3Ni_2}$ 相的溶解贡献很小,可以忽略不计。定向凝固过程中初生 $\mathrm{Al_3Ni_2}$ 相的溶解以及包晶 $\mathrm{Al_3Ni}$ 相的生长应该是通过其他机制实现的。

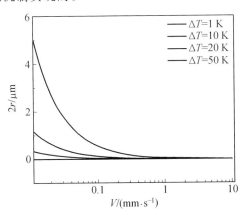

图 4.68 Al-25Ni 合金包晶反应机制下生成包晶 $\mathrm{Al_3Ni}$ 相厚度与生长速度的关系

4.5.9 Al-Ni 包晶合金中包晶转变动力学

根据 St John 和 Hogan 的研究,对于 Al-Ni 包晶合金,通过包晶层的

溶质通量为

$$\int_{C_{Al_3Ni_2}^{Al_3Ni}}^{C_{Al_3Ni}^L} DdC = \frac{(C_{Al_3Ni} - C_{Al_3Ni_2}^{Al_3Ni})(C_{Al_3Ni}^L - C_{Al_3Ni})}{C_L^{Al_3Ni} - C_{Al_3Ni_2}^{Al_3Ni}} \frac{\Delta^2}{2t} \qquad (4.51)$$

式中

$$C_{Al_3Ni} = \frac{C_{Al_3Ni_2}^{Al_3Ni} + C_{Al_3Ni}^L}{2} \qquad (4.52)$$

式中　　D—— 包晶相 Al_3Ni 中的溶质扩散系数;

　　　　Δ—— 包晶相 Al_3Ni 层的厚度;

　　　　t—— 包晶转变时间。

式中各成分对应的位置如图 4.60 所示,其物理名称见表 4.3。

根据 Al-Ni 合金相图(图 4.60)可知,Al_3Ni 为无任何固溶度范围的金属间化合物,这意味着

$$C_{Al_3Ni_2}^{Al_3Ni} = C_{Al_3Ni}^L = C_{Al_3Ni} \qquad (4.53)$$

将式(4.53)带入式(4.51),可知由包晶转变形成包晶相的厚度为零,即 Al-Ni 合金中根本不可能发生包晶转变。

由此可见,基于经典包晶凝固理论给出的关于 Al-Ni 包晶合金中包晶转变动力学,包晶转变给定向凝固 Al-Ni 包晶合金的组织演化带来的影响被简单的忽略。在近期关于 Al-Ni 包晶合金凝固过程偏析行为的研究中,均认为 Al_3Ni 相层不存在任何固相扩散,有效地抑制了包晶转变的发生。Yang 等人证明:由于 Al_3Ni 相不具有任何固溶度,当温度处于 800~1 200 ℃ 时,Al_3Ni 中不存在任何固相扩散。这与经典包晶转变理论及近期 Ha 等人的研究是一致的。但是,金属间化合物中的扩散行为更为复杂,Garg 等人引入热力学互扩散系数来描述无固溶度金属间化合物中的固相扩散。并且,关于金属间化合物的研究表明,Al_3Ni 中确实存在固相扩散,610 ℃ 时,其热力学互扩散系数为 2.646×10^{-15} m²/s。上述研究表明:在 Al-Ni 包晶合金中,相对固溶体相而言,Al_3Ni 相中的固相扩散更为复杂,不能简单忽略包晶转变的进行,需要进一步的实验来检验 Al-Ni 包晶合金中包晶转变是否进行。因此,对 Al-Ni 包晶合金进行常规凝固条件下的静置保温,研究等温热处理过程中包晶转变动力学。在 Al-25Ni 合金铸锭中切取 ϕ10 mm×10 mm 圆柱形试样,在 DSC 设备上进行热处理实验。

图 4.69 为包晶转变动力学实验工艺示意图。将试样缓慢升温至 1 350 ℃,保证试样完全熔化,以 20 ℃/min 匀速降温至 950 ℃,保温 30 min,使初生相充分析出并长大,然后以 20 ℃/min 匀速降温至低于包

晶温度 $T_P=854$ ℃高于共晶温度 $T_E=639.9$ ℃的某一温度（770 ℃，800 ℃，830 ℃），保温 15～90 min，再以 20 ℃/min 匀速降至室温。

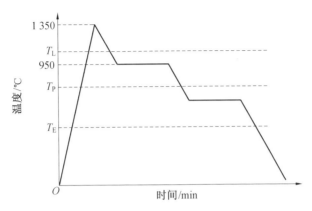

图 4.69　包晶转变动力学实验工艺示意图

图 4.70 为 Al-25Ni 合金经不同工艺热稳定处理后得到的显微组织。由图可以看出，在初生相周围均包裹一定厚度的包晶相层，这表明在恒温热处理过程中，包晶反应将不能发生，初生相的消耗仅能通过包晶转变来进行。当保温时间相同，随保温温度增加，Al-25Ni 显微组织并没有明显变化，这表明，保温温度对包晶转变动力学影响并不明显。当保温温度一定时，随热处理时间的增加，包晶相数量明显增多，但是初生相形貌及体积分数变化并不明显，这表明，在恒温热处理过程中，包晶转变进行缓慢。值得注意的是，当保温时间增加到 90 min 时，初生相 Al_3Ni_2 的形貌有一定的变化，体积分数有一定量的减少，这表明，在恒温热处理过程中确实发生了包晶转变，从而消耗了部分初生相，这和 Garg 等人的研究是一致的。以上说明，在定向凝固过程中固态包晶转变机制对最终凝固组织中初生 Al_3Ni_2 相的溶解贡献很小，可以忽略不计。定向凝固过程中初生 Al_3Ni_2 相的溶解以及包晶 Al_3Ni 相的生长应该是通过其他机制实现的。

如前所述，对于 Al-25Ni 包晶合金，在定向凝固过程中，当抽拉速度为 20 μm/s，温度由 854 ℃降至 779 ℃，即凝固时间为 75 s（$t=\Delta T/GV$）时，便可实现初生 Al_3Ni_2 相的大量溶解，如图 4.60、4.62 所示。根据经典包晶凝固理论以及恒温包晶转变实验结果表明，无论是包晶反应还是包晶转变，都无法解释定向凝固过程中大量初生 Al_3Ni_2 相被消耗这一实验现象。究其原因如何，这是本书下面要讨论的内容。

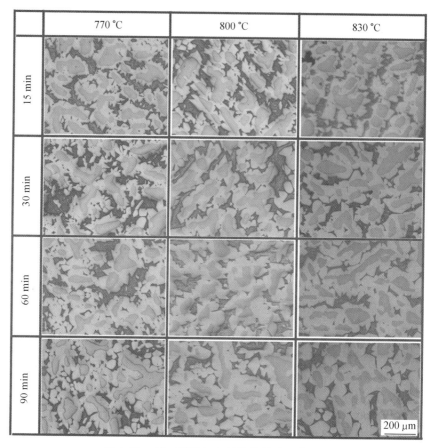

图 4.70　Al－25Ni 合金经热处理后显微组织

4.6　TGZM 效应引起的一种新型包晶反应机制

　　针对定向凝固 Al－Ni 包晶合金组织演化的研究结果表明,在定向凝固过程中,初生 Al_3Ni_2 相被大量消耗。但基于经典包晶凝固理论,包晶反应和包晶转变均不足以解释初生 Al_3Ni_2 相被大量消耗这一现象,即基于经典包晶凝固的理论分析与实验结果之间存在矛盾,其原因究竟是什么? 本节将就此展开实验研究及理论分析,从而解释并计算定向凝固过程中的初生 Al_3Ni_2 相的溶解动力学。

4.6.1　定向凝固 Al－Ni 包晶合金中分离式包晶反应机制

　　图 4.71 为定向凝固 Al－Ni 包晶合金包晶反应界面形貌,箭头为定向

凝固过程中晶体生长方向。显微组织中,灰色相为初生相 A_3Ni_2 相,白亮相为包晶 A_3Ni_2 相,黑色区域为淬火液相形成的共晶组织。图(a1)~(d1)中白色虚线为包晶反应界面位置。图(a2)~(d2)为图(a1)~(d1)的局部放大图。由图可以看出,初生 A_3Ni_2 相呈现为枝晶形貌,当温度低于 T_P 时,初生 A_3Ni_2 相二次枝晶臂上部形成一定厚度的包晶 Al_3Ni 相,而二次枝晶臂下部却无任何包晶相形成。这种现象在定向凝固 Al-18Ni、Al-23Ni 和 Al-25Ni 合金均可以观察到。值得注意的是,随着温度的进一步降低,在后一个二次枝晶臂上部形成的包晶 Al_3Ni 相层将会逐渐增厚并将赶上前一个初生 A_3Ni_2 相二次枝晶臂下部,如图(a2)~(d2)中低温区域所示。

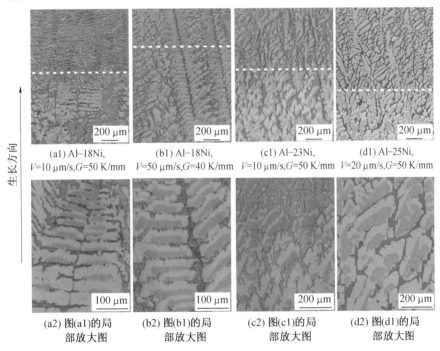

(a1) Al–18Ni,
V=10 μm/s,G=50 K/mm

(b1) Al–18Ni,
V=50 μm/s,G=40 K/mm

(c1) Al–23Ni,
V=10 μm/s,G=50 K/mm

(d1) Al–25Ni,
V=20 μm/s,G=50 K/mm

(a2) 图(a1)的局部放大图

(b2) 图(b1)的局部放大图

(c2) 图(c1)的局部放大图

(d2) 图(d1)的局部放大图

生长方向

图 4.71　定向凝固 Al-Ni 包晶合金包晶反应界面形貌

图 4.72 为 Al-Ni 包晶合金中这一特殊的包晶相生长机制的示意图。其中图 4.72(a)为包晶相生长形貌的示意图,图 4.72(c)为局部 Al-Ni 包晶相图示意图。假设在定向凝固过程中,局部固/液界面满足局部热力学平衡。结合图(a)和图(c)可得定向凝固过程中各相间 Ni 元素的分布,如图 4.72(b)所示。由图可知,在二次枝晶间的液相层中,存在 Ni 元素的浓度梯度。那么,在实验过程中,由于 Al_3Ni_2/液相界面处的 Ni 含量 $C_L^{Al_3Ni_2}$

高于 Al_3Ni/液相界面处的 Ni 含量 $C_L^{Al_3Ni}$,Ni 元素通过二次枝晶间的液相层由 Al_3Ni_2/液相界面向 Al_3Ni/液相界面扩散,导致 Al_3Ni_2/液相界面处 Ni 含量低于初始热力学平衡值,从而引起界面处 Al_3Ni_2 的溶解;相反,Ni 元素的再分布将导致 Al_3Ni/液相界面处包晶相 Al_3Ni 的凝固。从宏观上看,在连续冷却的过程中,初生相 Al_3Ni_2 不断溶解,维持这包晶相 Al_3Ni 的生长。包晶相的这种生长模式类似于经典包晶凝固理论中包晶反应。但是,此时溶解的初生相与生长的包晶相无任何接触,并且初生相的溶解温度略高于包晶相的生长温度,因此,我们将其定义为一种分离式包晶反应机制。

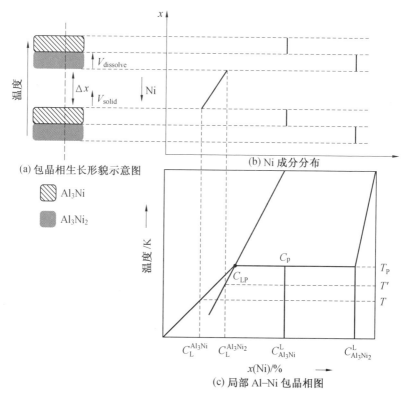

图 4.72　定向凝固 Al-Ni 包晶合金中包晶相生长机制示意图

近期 Sha 等人在研究中发现了一种类似分离式包晶反应机制。其中,包晶相包裹初生相形核并生长,但是在包晶反应过程中,初生相的溶解温度高于包晶相的生长温度,宏观上表现为初生相的溶解界面与包晶相的生长界面分离。本书中的分离式包晶反应机制完全不同于以前所观察到的

任何一种包晶反应机制。在某些程度上,这种分离式包晶反应机制类似于
YBCO 中观察到的包晶反应机制。在 YBCO 中 211 初生相不能作为 123
包晶相的有效形核衬底,123 包晶相在液相中直接形核,其前沿的 211 相
逐渐溶解,经液相扩散将溶质传输至 123 相,从而维持 123 相的持续生长。
但是,Al-Ni 合金中初生相 Al_3Ni_2 可以作为包晶相 Al_3Ni 的有效形核衬
底,那么引起这种特殊的分离式包晶反应的机制究竟是什么原因。接下来
将就这种分离式包晶反应机制作为研究对象,分析其形成的原因及其对定
向凝固过程中包晶相的生长机制带来的影响。

4.6.2　TGZM 效应对凝固过程中包晶相生长机制的影响

针对上述分离式包晶反应的形成机制,我们首先想到,是否由包晶相
的形核引起如此特殊现象。在定向凝固过程中,初生相以枝晶形式生长,
随着定性凝固的进行,试样向低温区抽拉,应该是初生相二次枝晶的下部
首先达到包晶相的形核温度,因此包晶相的形核应该首先在初生相二次枝
晶臂下侧形核并长大,而不是二次枝晶臂上侧,如图 4.73 所示。因此,可
以排除包晶相形核这一因素。在 Al-Ni 包晶合金定向凝固过程,应该在
初生 Al_3Ni_2 相二次枝晶表面形成完全包裹初生相的包晶 Al_3Ni 相层。

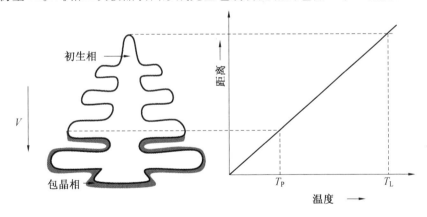

图 4.73　定向凝固过程中包晶相的形核

在定向凝固过程中,由于温度梯度的存在,在液固两相区内 TGZM 效
应将引起一系列复杂的组织变化,譬如糊状区区域内液滴向高温区的移
动,单相合金凝固过程中二次枝晶臂向高温区的移动等。TGZM 效应引
起的二次枝晶臂的迁移的实质是:在 TGZM 效应作用下,二次枝晶臂下侧
(back edge)发生溶解,二次枝晶臂上侧(front edge)发生凝固。结合观察

到的现象可以推测,在包晶合金定向凝固过程中,低于包晶反应温度时,由于 TGZM 效应,初生相二次枝晶臂下侧形成的包晶相溶解至完全消失,而初生相二次枝晶臂上侧形成的包晶相逐渐生长。

图 4.74 为包晶合金枝晶定向凝固时初生相及包晶相的生长机制示意图。图 4.74(a)为二元包晶合金相图,由图可知,该包晶合金在凝固过程中涉及两个等温液固转变:包晶反应 $L+\alpha\rightarrow\beta$ 和共晶反应 $L\rightarrow\beta+\gamma$。图 4.74(b)为试样上的温度分布。图 4.74(c)为定向凝固生长形貌示意图。当温度低于液相温度 T_L 高于包晶反应温度 T_P 时,初生相以枝晶形式自液相析出,此为 Stage Ⅰ。当温度降至 T_P,由于发生包晶反应,包晶相依附初生相形核并完全包裹初生相。但是由于 TGZM 效应,初生相二次枝晶臂下侧的包晶相不断溶解直至完全消耗,此为 Stage Ⅱ。当初生相二次枝

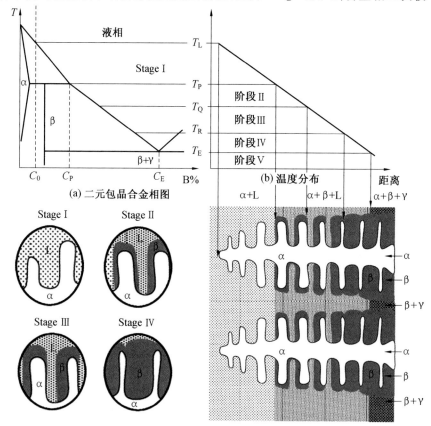

(a) 二元包晶合金相图

(b) 温度分布

(d) 对应于包晶相生长的四个阶段局部放大图

(c) 枝晶生长示意图

图 4.74　包晶合金枝晶定向凝固过程中初生相及包晶相的生长机制示意图

晶臂下侧的包晶相被完全消耗时,则会出现定向凝固 Al－Ni 包晶合金中观察到的分离式包晶反应模式。在此分离式包晶反应过程中,初生相二次枝晶臂不断溶解,形成与二次枝晶臂上侧的包晶相不断生长,由于包晶相的生长速度高于初生相的溶解速度,最终,枝晶间液相将被完全消耗,此过程为 Stage Ⅲ。当枝晶间液相被完全消耗之后,后续包晶相的生长将通过包晶转变及液相直接凝固形成。以上定性地叙述了包晶合金定向凝固过程中分离式包晶反应模式形成的原因。为了定量地描述包晶相生长的各个阶段,从而确定其生长/溶解的驱动力,首先进行以下假设:

①定向凝固过程中糊状区内固/液界面保持热力学平衡。

②Al_3Ni_2/Al_3Ni 的液相线为直线,即 $dT/dC = m_L$。

③温度梯度 $G = dT/dx$ 为一恒定值。

④由于液相中的溶质扩散系数比固相中的溶质扩散系数高 3～4 个数量级,因此,在 Stage Ⅰ～Ⅲ 中,忽略固相中的溶质扩散。

⑤忽略糊状区内固相、液相之间的密度差。

⑥在凝固过程中,忽略由 Ostwald 效应带来的二次枝晶的粗化现象。

图 4.75 为定向凝固过程中随温度变化由 TGZM 效应引起的二次枝晶臂的熔化/凝固现象。由图可以看出,在定向凝固过程中 TGZM 效应的存在对初生相及包晶相生长模式的改变,以及各个阶段反应的驱动力。图中的 $C_L^{\alpha,T}$ 和 $C_L^{\beta,T}$ 分别为温度为 T 时,α/L 和 β/L 界面处液相中的成分。

(1)阶段Ⅰ。

当温度处于液相线温度 T_L 和包晶反应温度 T_P 之间时,初生相以枝晶形式自液相析出。结合图 4.75 中对应于阶段 Ⅰ 阶段的示意图,我们只考虑两个初生相的二次枝晶臂,温度梯度方向向上。由图可知,对应于较高温度处的二次枝晶臂下侧液固界面处的温度为 T_1,对应于较低温度处的二次枝晶臂上侧液固界面处的温度为 $T_2(T_1 > T_2)$。结合二元合金相图与假设 ① 可得,T_1 固/液界面处液相成分为 C_L^{α,T_1},T_2 固/液界面处液相成分为 C_L^{α,T_2}。由于 $C_L^{\alpha,T_2} > C_L^{\alpha,T_1}$,溶质原子 B 通过二次枝晶间液相由 T_2 向 T_1 处扩散,这将导致 T_1 处初生相的溶解以及 T_2 处液相的凝固。根据假设 ① ～ ③,液相中的溶质浓度梯度如下式:

$$\frac{dC}{dx} = \frac{dC}{dT}\frac{dT}{dx} = \frac{G}{m_L^{\alpha}} \tag{4.54}$$

式中　　G——温度梯度;

　　　　m_L^{α}——α 相液相线斜率。

假设 T_1 处初生相的溶解厚度为 dl^{α},根据 Fick 第一扩散定律以及溶质

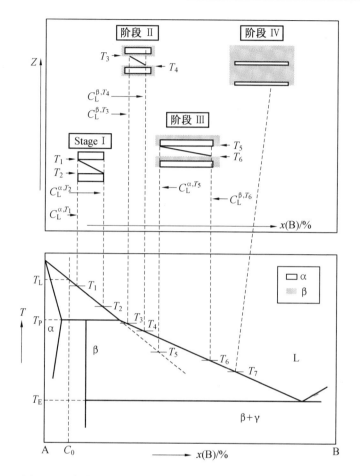

图 4.75　定向凝固过程中二次枝晶臂的熔化/凝固现象示意图

守恒公式，可得

$$-D\frac{\mathrm{d}C}{\mathrm{d}x}=\frac{\mathrm{d}l^{\alpha}}{\mathrm{d}t}(C_{\alpha}^{\mathrm{L},T_1}-C_{\mathrm{L}}^{\alpha,T_1})\qquad(4.55)$$

式中　　$C_{\alpha}^{\mathrm{L},T_1},C_{\mathrm{L}}^{\alpha,T_1}$——$T_1$ 温度下 α/L 界面处 α 相与液相中的溶质浓度；

　　　　t——转变时间。

那么，初生 α 相在 T_1 温度下的溶解速度为

$$\left.\frac{\mathrm{d}l^{\alpha}}{\mathrm{d}t}\right|_{T_1}=\frac{DG}{m_{\mathrm{L}}^{\alpha}(C_{\mathrm{L}}^{\alpha,T_1}-C_{\alpha}^{\mathrm{L},T_1})}\qquad(4.56)$$

T_2 温度下液相的凝固速度为

$$\left.\frac{\mathrm{d}l^{\alpha}}{\mathrm{d}t}\right|_{T_2}=-\frac{DG}{m_{\mathrm{L}}^{\alpha}(C_{\mathrm{L}}^{\alpha,T_2}-C_{\alpha}^{\mathrm{L},T_2})}\qquad(4.57)$$

式中　　C_{α}^{L,T_2}，C_L^{α,T_2}——T_2 温度下 α/L 界面处 α 相与液相中的溶质浓度。

由此可知，在阶段 Ⅰ，初生相的溶解／生长速度的计算式为

$$\frac{\mathrm{d}l^{\alpha}}{\mathrm{d}t} = \frac{DG}{m_L^{\alpha}(C_L^{\alpha} - C_{\alpha}^L)} \tag{4.58}$$

（2）阶段 Ⅱ。

当温度到达 T_P 时，包晶相通过包晶反应在初生相表面形成连续的包晶层，如图 4.75 中阶段 Ⅱ 所示。由图可知，对应于较高温度处的二次枝晶臂下侧液固界面处的温度为 T_3，对应于较低温度处的二次枝晶臂上侧液固界面处的温度为 $T_4(T_3 > T_4)$。结合二元合金相图与假设 ① 可得，T_3 固／液界面处液相成分为 C_L^{β,T_3}，T_4 固／液界面处液相成分为 C_L^{β,T_4}。由于 $C_L^{\beta,T_3} < C_L^{\beta,T_4}$，溶质原子 B 通过二次枝晶间液相由 T_4 向 T_3 处扩散，这将导致 T_3 处包晶相的溶解以及 T_4 处液相的凝固。根据假设 ① ～ ③，液相中的溶质浓度梯度如下式：

$$\frac{\mathrm{d}C}{\mathrm{d}x} = \frac{\mathrm{d}C}{\mathrm{d}T}\frac{\mathrm{d}T}{\mathrm{d}x} = \frac{G}{m_L^{\beta}} \tag{4.59}$$

式中　　m_L^{β}——β 相液相线斜率。

假设 T_3 处包晶相的溶解厚度为 $\mathrm{d}l^{\beta}$，根据 Fick 第一扩散定律以及溶质守恒公式，可得

$$-D\frac{\mathrm{d}C}{\mathrm{d}x} = \frac{\mathrm{d}l^{\beta}}{\mathrm{d}t}(C_{\beta}^{L,T_3} - C_L^{\beta,T_3}) \tag{4.60}$$

式中　　C_{β}^{L,T_3}，C_L^{β,T_3}——T_3 温度下 β/L 界面处 β 相与液相中的溶质浓度；

　　　　t——转变时间。

那么，初生 β 相在 T_3 温度下的溶解速度为

$$\frac{\mathrm{d}l^{\beta}}{\mathrm{d}t}\bigg|_{T_3} = \frac{DG}{m_L^{\beta}(C_L^{\beta,T_3} - C_{\beta}^{L,T_3})} \tag{4.61}$$

T_4 温度下液相的凝固速度为

$$\frac{\mathrm{d}l^{\beta}}{\mathrm{d}t}\bigg|_{T_4} = \frac{DG}{m_L^{\beta}(C_L^{\beta,T_4} - C_{\beta}^{L,T_4})} \tag{4.62}$$

式中　　C_{β}^{L,T_4}，C_L^{β,T_4}——T_4 温度下 β/L 界面处 β 相与液相中的溶质浓度。

由此可知，在阶段 Ⅱ，包晶相的溶解／生长速度的计算式为

$$\frac{\mathrm{d}l^{\beta}}{\mathrm{d}t} = \frac{DG}{m_L^{\beta}(C_L^{\beta} - C_{\beta}^L)} \tag{4.63}$$

随着温度的降低，由于 TGZM 效应，初生相二次枝晶臂下侧形成的包晶相逐渐溶解至完全消失，我们定义此温度为 T_Q。

（3）阶段 Ⅲ。

当初生相二次枝晶臂下侧的包晶相完全溶解消失时，即温度低于 T_Q 时，将出现定向凝固 Al-Ni 包晶合金中观察到的分离式包晶反应模式，见图 4.75 中阶段 Ⅲ。由图可知，初生相 α/L 界面对应的温度为 T_5，包晶相 β/L 界面对应的温度为 T_6，$T_5 > T_6$。结合包晶合金相图，可知 α/L 界面处液相溶质成分为 C_L^{α,T_5}，β/L 界面处的液相溶质成分为 C_L^{β,T_6}。根据相图可知

$$C_L^{\beta,T_6} - C_L^{\alpha,T_5} = \frac{T_P - T_6}{m_L^\beta} - \frac{T_P - T_5}{m_L^\alpha} = (T_P - T_5)\left(\frac{1}{m_L^\beta} - \frac{1}{m_L^\alpha}\right) + \frac{GL}{m_L^\beta} \tag{4.64}$$

式中 L——二次枝晶间液相层的厚度。

同样，溶质原子通过二次枝晶间液相由 T_6 界面向 T_5 界面扩散液相中的扩散通量为

$$J = -D\frac{C_L^{\beta,T_6} - C_L^{\alpha,T_5}}{L} \tag{4.65}$$

由于 TGZM 效应引起的溶质原子在分布将导致 T_5 界面的初生 α 相溶解，T_6 界面的液相凝固形成包晶 β 相。

假设 T_5 处初生相的溶解厚度为 $\mathrm{d}l^\alpha$，可得

$$-D\frac{C_L^{\beta,T_6} - C_L^{\alpha,T_5}}{L} = \frac{\mathrm{d}l^\alpha}{\mathrm{d}t}(C_\alpha^{l,T_5} - C_L^{\alpha,T_5}) \tag{4.66}$$

T_5 处初生相的溶解速度为

$$\frac{\mathrm{d}l^\alpha}{\mathrm{d}t} = \frac{D}{L(C_L^{\alpha,T_5} - C_\alpha^{L,T_5})}\left[(T_P - T_5)\left(\frac{1}{m_L^\beta} - \frac{1}{m_L^\alpha}\right) + \frac{GL}{m_L^\beta}\right] \tag{4.67}$$

可得 T_6 处包晶相的生长速度为

$$\frac{\mathrm{d}l^\beta}{\mathrm{d}t} = \frac{D}{L[C_L^{\beta,T_6} - C_\alpha^{L,T_6}]}\left((T_P - T_5)\left(\frac{1}{m_L^\beta} - \frac{1}{m_L^\alpha}\right) + \frac{GL}{m_L^\beta}\right) \tag{4.68}$$

根据经典包晶凝固理论，包晶反应过程中初生相的溶解速度为

$$\frac{\mathrm{d}l^\alpha}{\mathrm{d}t} = \frac{D}{L(C_L^{\alpha,T_5} - C_\alpha^{L,T_5})}(T_P - T_5)\left(\frac{1}{m_L^\beta} - \frac{1}{m_L^\alpha}\right) \tag{4.69}$$

对比式（4.67）、（4.69）可以看出，在分离式包晶反应模式中，包晶反应的驱动力，即两固／液界面处的浓度差，包括两部分：$(T_P - T_5) \cdot \left(\frac{1}{m_L^\beta} - \frac{1}{m_L^\alpha}\right)$，为传统包晶反应的驱动力；$\frac{GL}{m_L^\beta}$，为温度梯度引起的浓度差。

（4）阶段 Ⅳ。

当二次枝晶臂间的液相被完全消耗时，包晶转变就开始了，并且在初

生相的消耗上占据主要地位,包晶转变依靠包晶相中溶质原子的长程扩散来进行。随着温度进一步降低,当温度降至共晶温度 T_E 时,剩余液相通过共晶反应转变成共晶体,凝固过程中初生相的溶解及包晶相的生长终止。

4.6.3 定向凝固 Al-Ni 包晶合金分离式包晶反应动力学

如前所述,在定向凝固过程中,随温度的降低,初生相 Al_3Ni_2 的体积分数变化应该不大。但由于定向凝固过程中的 TGZM 效应,Al-Ni 包晶合金中出现一种特殊的包晶反应模式:分离式包晶反应模式。下面将结合上述模型来确定定向凝固过程中各个步骤的临界转变温度以及初生相 Al_3Ni_2 溶解动力学,将其与实验结果对比,从而检验模型的准确性。由于我们关注的是由包晶反应/包晶转变消耗的初生相的厚度,对阶段 I 不做重点讨论。

结合上述理论模型、实验结果以及 Al-Ni 二元合金相图,在阶段 II 中,公式(4.63)转变如下:

$$\frac{\mathrm{d}l^{Al_3Ni}}{\mathrm{d}t} = \frac{D_L G}{m_L^{Al_3Ni}(C_L^{Al_3Ni} - C_{Al_3Ni}^L)} \tag{4.70}$$

式中 D—— 液相中的溶质扩散系数,由下式决定

$$D_L = D_0 \exp(-Q/RT) \tag{4.71}$$

式中 D_0—— 与合金成分相关的物理常数;

R—— 气体常数;

Q—— 溶质 Ni 原子的扩散激活能。

D_0, Q, R 的值分别为 $2.5 \times 10^{-6}\,\mathrm{m^2/s}$,76 489 J/mol 和 8.314 J/(mol·K)。$m_L^{Al_3Ni}$ 为 10 K/% ,$C_{Al_3Ni}^L$ 为 25%Ni,G 为 50 K/mm。

将 Al-Ni 合金相图线性化,则有

$$C_L^{Al_3Ni} = C_{LP} + \frac{T - T_P}{m_L^{Al_3Ni}} = 15 + \frac{T - T_P}{10} \tag{4.72}$$

将其带入公式(4.70),可得

$$\frac{\mathrm{d}l^{Al_3Ni}}{\mathrm{d}t} = \frac{D_L G}{m_L^{Al_3Ni}\left(\dfrac{T - T_P}{10} - 10\right)} \tag{4.73}$$

公式(4.73)变化如下

$$\frac{\mathrm{d}l^{Al_3Ni}}{\mathrm{d}T}\frac{\mathrm{d}T}{\mathrm{d}t} = \frac{D_L G}{m_L^{Al_3Ni}\left(\dfrac{T - T_P}{10} - 10\right)} \tag{4.74}$$

在定向凝固过程中,有

$$\frac{\mathrm{d}T}{\mathrm{d}t} = GV \tag{4.75}$$

式(4.74)变化如下:

$$\frac{\mathrm{d}l^{\mathrm{Al_3Ni}}}{\mathrm{d}T} = \frac{D_{\mathrm{L}}}{m_{\mathrm{L}}^{\mathrm{Al_3Ni}} V \left(\dfrac{T - T_{\mathrm{P}}}{10} - 10 \right)} \tag{4.76}$$

将各个参数带入式(4.76)并对其进行积分,可得包晶相厚度与凝固温度的关系。当凝固速度为 20 μm/s 时,经过包晶反应生成包晶相的厚度非常薄,由于 TGZM 效应导致的包晶相层的溶解可以在很快时间内完成,这也和实验中观察到的现象是一致的。因此,假设阶段 Ⅲ 的初始反应温度为 T_{P}。

结合上述模型中的阶段 Ⅲ 以及图 4.72,可知对于 Al - Ni 包晶合金,对于相邻二次枝晶臂间的液相,热端($\mathrm{Al_3Ni_2}/\mathrm{L}$ 界面)与冷端($\mathrm{Al_3Ni}/\mathrm{L}$ 界面)浓度差为

$$\frac{\mathrm{d}C}{\mathrm{d}x} = \frac{C_{\mathrm{L}}^{\mathrm{Al_3Ni_2}} - C_{\mathrm{L}}^{\mathrm{Al_3Ni}}}{\Delta x} \tag{4.77}$$

式中 Δx—— 二次枝晶臂间液相的厚度。

根据 Al - Ni 合金二元相图,可得

$$C_{\mathrm{L}}^{\mathrm{Al_3Ni}} = C_{\mathrm{LP}} - \frac{T_{\mathrm{P}} - T}{m_{\mathrm{L}}^{\mathrm{Al_3Ni}}} \tag{4.78}$$

$$C_{\mathrm{L}}^{\mathrm{Al_3Ni_2}} = C_{\mathrm{LP}} - \frac{T_{\mathrm{P}} - T'}{m_{\mathrm{L}}^{\mathrm{Al_3Ni_2}}} \tag{4.79}$$

式中 $m_{\mathrm{L}}^{\mathrm{Al_3Ni_2}}, m_{\mathrm{L}}^{\mathrm{Al_3Ni}}$—— 初生相 $\mathrm{Al_3Ni_2}$ 与包晶 $\mathrm{Al_3Ni}$ 相的液相线斜率;

T—— 对应于 $\mathrm{Al_3Ni_2}/\mathrm{L}$ 固 / 液界面的温度;

T'—— 对应于 $\mathrm{Al_3Ni}/\mathrm{L}$ 固 / 液界面的温度。

将 Al - Ni 相图线性化,并且假设 $m_{\mathrm{L}}^{\mathrm{Al_3Ni_2}} = 14.5$ K/%,$m_{\mathrm{L}}^{\mathrm{Al_3Ni}} = 10$ K/%。两界面之间液相中的浓度差为

$$C_{\mathrm{L}}^{\mathrm{Al_3Ni_2}} - C_{\mathrm{L}}^{\mathrm{Al_3Ni}} = \frac{T_{\mathrm{P}} - T}{m_{\mathrm{L}}^{\mathrm{Al_3Ni}}} - \frac{T_{\mathrm{P}} - T'}{m_{\mathrm{L}}^{\mathrm{Al_3Ni_2}}} = \frac{T_{\mathrm{P}} - T}{m_{\mathrm{L}}^{\mathrm{Al_3Ni}}} - \frac{T_{\mathrm{P}} - T}{m_{\mathrm{L}}^{\mathrm{Al_3Ni_2}}} + \frac{G\Delta x}{m_{\mathrm{L}}^{\mathrm{Al_3Ni_2}}}$$

$$\tag{4.80}$$

参照 Al - Ni 相图可知,当温低于包晶反应温度 T_{P} 时,$\mathrm{Al_3Ni_2}/\mathrm{L}$ 固 / 液界面处的 Ni 元素的浓度高于 $\mathrm{Al_3Ni}/\mathrm{L}$ 固 / 液界面处的 Ni 元素的浓度。因此,Ni 原子由 $\mathrm{Al_3Ni_2}/\mathrm{L}$ 固 / 液界面向 $\mathrm{Al_3Ni}/\mathrm{L}$ 固 / 液界面扩散,液相中单位面积的 Ni 元素的扩散通量为

$$J = -D_{\mathrm{L}} \left(\frac{\mathrm{d}C}{\mathrm{d}x} \right) = -D_{\mathrm{L}} \frac{C_{\mathrm{L}}^{\mathrm{Al_3Ni_2}} - C_{\mathrm{L}}^{\mathrm{Al_3Ni}}}{\Delta x} \tag{4.81}$$

这将导致 Al_3Ni_2/L 固／液界面处的 Ni 浓度低于初始热力学平衡浓度,从而引起 Al_3Ni_2/L 固／液界面处初生 Al_3Ni_2 相的熔化,即 $Al_3Ni_2 \rightarrow L$。相反的,Al_3Ni/L 固／液界面处的 Ni 浓度将高于初始热力学平衡浓度,从而引起 Al_3Ni/L 固／液界面处液相发生凝固,由于该处对应的温度低于 T_P,液相将凝固形成包晶相,即 $L \rightarrow Al_3Ni$。这与经典包晶凝固理论中包晶反应的机制非常类似,因此,我们将其定义为分离式包晶反应。

当液固两相区处于温度梯度下时,温度梯度的存在将导致一系列特殊的现象,诸如 TGZM 效应、LFM(liquid-film-migration)机制等。这两种机制常见于温度梯度下的凝固／熔化过程,它表现为温度梯度作用下液滴／液膜热端的熔化以及冷端液相的凝固,整体表现为液膜的迁移。本书中分离式包晶反应机制与上述机制非常类似。在 TGZM、LFM 机制中,液滴、液膜迁移的驱动力为温度梯度引起的溶质浓度差异。但是,在本书中的分离式包晶反应机制中,由式(4.80)可以看出,其驱动力主要由两部分组成,即 $\left(\dfrac{T_P - T}{m_L^{Al_3Ni}} - \dfrac{T_P - T}{m_L^{Al_3Ni_2}} \right)$ 和 $\dfrac{G\Delta x}{m_L^{Al_3Ni_2}}$。其中,$\left(\dfrac{T_P - T}{m_L^{Al_3Ni}} - \dfrac{T_P - T}{m_L^{Al_3Ni_2}} \right)$ 为相同温度下 Al_3Ni_2/L 固／液界面与 Al_3Ni/L 固／液界面处的浓度差,此项主要是由初生 Al_3Ni_2 相与包晶 Al_3Ni 相液相线斜率不同导致的,其为传统包晶凝固理论中包晶反应的驱动力;$\dfrac{G\Delta x}{m_L^{Al_3Ni_2}}$ 是由 Al_3Ni_2/L 固／液界面与 Al_3Ni/L 固／液界面之间的温度差异导致的,即 TGZM 效应的驱动力。

$Al-25Ni$ 包晶合金在 $V = 20~\mu m/s$ 定向凝固过程中,Al_3Ni_2/L 固／液界面与 Al_3Ni/L 固／液界面之间的间距约为 $70~\mu m$。由此可知,$\dfrac{G\Delta x}{m_L^{Al_3Ni_2}}$ 约为 $0.24\%Ni$。并且,随着温度的逐渐降低,Al_3Ni_2/L 固／液界面与 Al_3Ni/L 固／液界面之间的间距逐渐减小,这意味着 $\dfrac{G\Delta x}{m_L^{Al_3Ni_2}}$ 的值逐渐减小。对于 $\left(\dfrac{T_P - T}{m_L^{Al_3Ni}} - \dfrac{T_P - T}{m_L^{Al_3Ni_2}} \right)$,根据 $Al-Ni$ 相图可知,随着温度的逐渐降低,这一项对应的值将逐渐增大。因此,分离式包晶反应中的主要驱动力为 $\left(\dfrac{T_P - T}{m_L^{Al_3Ni}} - \dfrac{T_P - T}{m_L^{Al_3Ni_2}} \right)$。因此,式(4.80)变化如下:

$$C_L^{Al_3Ni_2} - C_L^{Al_3Ni} = \frac{T_P - T}{m_L^{Al_3Ni}} - \frac{T_P - T}{m_L^{Al_3Ni_2}} \tag{4.82}$$

初生 Al_3Ni_2 相的溶解速度为

$$V_{dissolve} = \frac{dl^{Al_3Ni_2}}{dt} = -\frac{D_L}{\Delta x} \left(\frac{C_L^{Al_3Ni_2} - C_L^{Al_3Ni}}{C_{Al_3Ni_2}^{L} - C_L^{Al_3Ni}} \right) \tag{4.83}$$

将式(4.82)带入上式,可得

$$\mathrm{d}l^{\mathrm{Al_3Ni_2}} = -\frac{D_{\mathrm{L}}}{\Delta x}\left(\frac{C_{\mathrm{L}}^{\mathrm{Al_3Ni_2}} - C_{\mathrm{L}}^{\mathrm{Al_3Ni}}}{C_{\mathrm{Al_3Ni_2}}^{\mathrm{L}} - C_{\mathrm{L}}^{\mathrm{Al_3Ni_2}}}\right)\frac{\mathrm{d}T}{GV} \tag{4.84}$$

同理,包晶 $\mathrm{Al_3Ni}$ 相的凝固速度为

$$\mathrm{d}l^{\mathrm{Al_3Ni}} = -\frac{D_{\mathrm{L}}}{\Delta x}\left(\frac{C_{\mathrm{L}}^{\mathrm{Al_3Ni_2}} - C_{\mathrm{L}}^{\mathrm{Al_3Ni}}}{C_{\mathrm{Al_3Ni}}^{\mathrm{L}} - C_{\mathrm{L}}^{\mathrm{Al_3Ni_2}}}\right)\frac{\mathrm{d}T}{GV} \tag{4.85}$$

根据 Al - Ni 相图,可知

$$C_{\mathrm{Al_3Ni}}^{\mathrm{L}} = C_{\mathrm{p}} = 25\% \mathrm{Ni} \tag{4.86}$$

$$C_{\mathrm{Al_3Ni_2}}^{\mathrm{L}} = 37\% \mathrm{Ni} \tag{4.87}$$

将式(4.87)、(4.86)带入式(4.84)、(4.85)中,可得

$$\frac{\mathrm{d}l^{\mathrm{Al_3Ni}}}{\mathrm{d}l^{\mathrm{Al_3Ni_2}}} = \frac{C_{\mathrm{Al_3Ni_2}}^{\mathrm{L}} - C_{\mathrm{L}}^{\mathrm{Al_3Ni_2}}}{C_{\mathrm{Al_3Ni}}^{\mathrm{L}} - C_{\mathrm{L}}^{\mathrm{Al_3Ni}}} \approx \frac{37-15}{25-15} = 2.2 \tag{4.88}$$

因此,当凝固温度为 T 时,二次枝晶臂间液相层的厚度为

$$\Delta x = \Delta x_{\mathrm{initial}} + \int_{T_{\mathrm{P}}}^{T} \mathrm{d}l^{\mathrm{Al_3Ni_2}} - 2.2\int_{T_{\mathrm{P}}}^{T}\mathrm{d}l^{\mathrm{Al_3Ni_2}} = \Delta x_{\mathrm{initial}} - 1.2\int_{T_{\mathrm{P}}}^{T}\mathrm{d}l^{\mathrm{Al_3Ni_2}}$$

$$\tag{4.89}$$

式中　　$\Delta x_{\mathrm{initial}}$ —— 凝固温度为 T_{P} 时,二次枝晶臂间液相层的厚度;

　　　　$\int_{T_{\mathrm{P}}}^{T} \mathrm{d}l^{\mathrm{Al_3Ni_2}}$ —— 温度为 T 时初生 $\mathrm{Al_3Ni_2}$ 相熔化的厚度。

因此

$$\int_{T_{\mathrm{P}}}^{T} \mathrm{d}l^{\mathrm{Al_3Ni_2}} = l_{T_{\mathrm{P}}}^{\mathrm{Al_3Ni_2}} - l^{\mathrm{Al_3Ni_2}} \tag{4.90}$$

式中　　$l_{T_{\mathrm{P}}}^{\mathrm{Al_3Ni_2}}$ —— 凝固温度为 T_{P} 时,初生 $\mathrm{Al_3Ni_2}$ 相的厚度;

　　　　$l^{\mathrm{Al_3Ni_2}}$ —— 温度为 T 时初生 $\mathrm{Al_3Ni_2}$ 相的厚度。

可得

$$\Delta x = \Delta x_{\mathrm{initial}} - 1.2(l_{T_{\mathrm{P}}}^{\mathrm{Al_3Ni_2}} - l^{\mathrm{Al_3Ni_2}}) \tag{4.91}$$

由上式可知,随着温度的降低,二次枝晶臂间液相层的厚度逐渐减小。

将式(4.92)带入式(4.86)中,可得

$$\mathrm{d}l^{\mathrm{Al_3Ni_2}} = -\frac{D_{\mathrm{L}}}{\Delta x_{\mathrm{initial}} - 1.2(l_{T_{\mathrm{P}}}^{\mathrm{Al_3Ni_2}} - l^{\mathrm{Al_3Ni_2}})}\left(\frac{C_{\mathrm{L}}^{\mathrm{Al_3Ni_2}} - C_{\mathrm{L}}^{\mathrm{Al_3Ni}}}{C_{\mathrm{Al_3Ni_2}}^{\mathrm{L}} - C_{\mathrm{L}}^{\mathrm{Al_3Ni_2}}}\right)\frac{\mathrm{d}T}{GV}$$

$$\tag{4.92}$$

通过计算,可得

$$\left[\Delta x_{\text{initial}} - 1.2\left(l_{T_P}^{Al_3Ni_2} - l^{Al_3Ni_2}\right)\right] dl^{Al_3Ni_2} = -\frac{(T_P - T)}{GV}\left(\frac{1}{m_L^{Al_3Ni}} - \frac{1}{m_L^{Al_3Ni_2}}\right) \cdot$$

$$\left[\frac{1}{(C_{Al_3Ni_2}^L - C_{LP}) + \dfrac{T_P - T}{m_L^{Al_3Ni_2}}} D_0 \exp(-Q/R(T+273))\, dT\right]$$

$$(4.93)$$

式中　　$\Delta x_{\text{initial}}$——试样中测量的最大初生 Al_3Ni_2 相二次枝晶间距,其值

为 $70\ \mu m$;

$l_{T_P}^{Al_3Ni_2}$——试样中测量的初生 Al_3Ni_2 相最大的二次枝晶的厚度,为

$70\ \mu m$。

将各数值带入式(4.93)中,可得

$$(1.2l^{Al_3Ni_2} - 14)\, dl^{Al_3Ni_2} = 1\ 125\ 000\left(\frac{T - 854}{1\ 173 - T}\right)\exp\left(-\frac{9\ 200}{273 + T}\right) dT$$

$$(4.94)$$

可得

$$\int_{l_{T_P}^{Al_3Ni_2}}^{l} (1.2l^{Al_3Ni_2} - 14)\, dl^{Al_3Ni_2} =$$

$$\int_{854}^{T} 1\ 125\ 000\left(\frac{T - 854}{1\ 173 - T}\right)\exp\left(-\frac{9\ 200}{273 + T}\right) dT \quad (4.95)$$

对上式进行积分,并将其作图,如图 4.76 所示。根据图 4.62 可知,当
温度达到 769 ℃ 时,初生相的溶解终止,但此时初生 Al_3Ni_2 相未完全溶
解,其厚度为 $13.3\ \mu m$。此后,随着温度的继续降低,初生 Al_3Ni_2 相的厚度
保持不变,由此可知,769 ℃ 对应于二次枝晶间液相被完全消耗的温度。
图 4.76(a) 中各点对应于实验中测量的各个温度下初生 Al_3Ni_2 相的厚度,
由图可知,实验测量值与理论计算值误差较小。图 4.76(b) 为对图(a)进
行微分得到的初生 Al_3Ni_2 相的溶解速度与凝固温度对应关系。由图可
知,随凝固温度的降低,初生 Al_3Ni_2 相的溶解速度逐渐增加。如前所述,
随温度降低,初生 Al_3Ni_2 相的溶解驱动力 $\left(\dfrac{T_P - T}{m_L^{Al_3Ni}} - \dfrac{T_P - T}{m_L^{Al_3Ni_2}}\right)$ 逐渐增加,
从而导致初生相溶解速度不断增加。

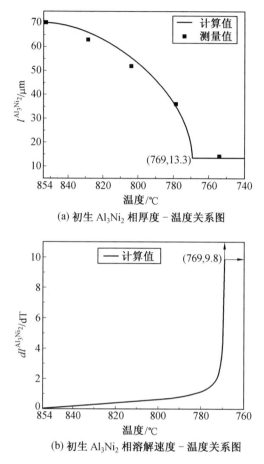

(a) 初生 Al₃Ni₂ 相厚度－温度关系图

(b) 初生 Al₃Ni₂ 相溶解速度－温度关系图

图 4.76　初生 Al₃Ni₂ 相厚度－温度关系图及初生 Al₃Ni₂ 相溶解速度－温度关系图

4.6.4　合金特性、实验参数对分离式包晶反应机制形成的影响

　　对于 Al－Ni 包晶合金,根据经典的包晶凝固理论,包晶反应及包晶转变对凝固过程中初生 Al₃Ni₂ 相的溶解及包晶 Al₃Ni 相的生长贡献都很小,这意味着在凝固过程中,包晶 Al₃Ni 相的生长方式主要为液相直接凝固,由包晶反应及包晶转变导致的初生 Al₃Ni₂ 相的溶解量也应该很小。但是,针对定向凝固 Al－25Ni 合金的组织演化的分析表明,在定向凝固过程中,包晶界面前后,初生 Al₃Ni₂ 相体积分数变化很大,这表明在定向凝固过程中存在较大的初生 Al₃Ni₂ 相溶解驱动力。经过本章的分析表明,在定向凝固过程中,TGZM 效应将导致一系列初生 Al₃Ni₂ 相与包晶 Al₃Ni 相的重熔/凝固现象的发生,并且导致在定向凝固过程中形成一种全新的分离式

包晶反应的机制。这种分离式包晶反应机制将导致在定向凝固过程中初生 Al_3Ni_2 相的快速溶解。

从上述关于 TGZM 效应对包晶合金在定向凝固过程中组织演化及各相生长机制影响的阐述中可以发现，即使在连续冷却的过程中，TGZM 效应将导致固相的重熔。然而，究竟在何种情况下才会发生 TGZM 效应导致的重熔现象发生呢？在定向凝固枝晶生长过程中，对于二次枝晶臂及其二次枝晶臂间的液相而言，将涉及两个过程：①由于外部强制连续冷却，二次枝晶臂间液相的冷端和热端同时凝固，这将导致二次枝晶臂前沿及后部液相的同时凝固，二次枝晶臂不断长大；②由于 TGZM 效应，二次枝晶臂间液相的冷端凝固，热端处的固相发生重熔，即二次枝晶臂前沿液相发生凝固，二次枝晶臂后端固相发生重熔。只有当 TGZM 效应占据主导地位，包晶合金在定向凝固过程中才会发生上述初生相/包晶相的重熔/凝固现象以及特殊的分离式包晶反应机制，从而引起初生 Al_3Ni_2 相的快速溶解。

Hunt 等人认为，只有当

$$\frac{VL}{2D} \ll 1 \tag{4.96}$$

时，TGZM 效应才能占据主导地位，才能发生上述初生相/包晶相的重熔/凝固现象。这意味着，只有当凝固速度较小，二次枝晶间液相厚度较小，同时液相中扩散系数较大时，才能发生上述特殊的分离式包晶反应机制，导致大量初生 Al_3Ni_2 相的快速溶解。对于 Al-25Ni 合金，随着凝固速度进一步增大至 $50~\mu m/s$ 时，并未发现明显的分离式包晶反应的现象，在定向凝固过程中，包晶界面前后，初生 Al_3Ni_2 相体积分数的变化不大。

参考文献

[1] KURZ W，FISHER D J. Fundamentals of solidification[M]. Switzerland：Trans. Pub. Ltd. ，1998.

[2] 傅恒志，郭景杰，刘林，等. 先进材料定向凝固[M].北京：科学出版社，2008.

[3] LANGER J S. Chance and matter，lectures on the theory of pattern formation[M]. North Holland：Amsterdam Pub. Ltd. ，1987.

[4] KESSLER D A，KOPLIK J，LEVINE H. Pattern selection in fingered growth phenomena[J]. Advances in Physics，1988，37(3)：255-339.

[5] KARMA A，RAPPEL W J. Qyabtitative phase field modeling of dendritic growth in two and three dimensions[J]. Physical Review E，1998，57(4):4323-4339.

[6] NAGASHIO K，KURIBAYASHI K. Growth mechanism of twin-related and twin-free facet Si dendrites[J]. Acta Materialia，2005，53(10):3021-3029.

[7] NAPOLITANO R，MECO H，JUNG C. Facted solidification morphologies in low-growth-rate Al－Si eutectics[J]. JOM，2004:16-21.

[8]ASTA M，BECKERMANN C，KARMA A，et al. Solidification microstructures and solid-state parallels: recent developments，future directions[J]. Acta Materialia，2009，57(4):941-971.

[9] 陈钟敏，邹光荣，史正兴，等. 定向凝固条件下 Nd－2Fe－(14)B 枝晶的择优生长方向[J]. 航空学报，1991，12(3):210-212.

[10] 陈钟敏，邹光荣，史正兴，等. NdFeB 永磁合金单向柱晶的制备与特性[J]. 材料科学进展，1990，4(6):522-525.

[11] MASSALSKI T B. Phase diagram[M]. 2nd ed. OH: ASM International，Materials Park，1990.

[12] 巴发海，沈宁福，虞钢. Ni－(25)Al－(75)合金快速凝固过程中的包晶反应与凝固进程[J]. 中国有色金属学报，2003(02):335-338.

[13] 巴发海，沈宁福. 快速凝固 Ni－Al 合金中的组成相[J]. 金属学报，2001(8):845-851.

[14] POHLA C，RYDER P L. Crystalline and quasicrystalline phases in rapidly solidified Al－Ni alloys[J]. Acta Materialia，1997，45(5):2155-2166.

[15] MUKASYAN A S，WHITE J D E，KOVALEV D Y，et al. Dynamics of phase transformation during thermal explosion in the Al－Ni system: Influence of mechanical activation[J]. Physica B: Condensed Matter，2010，405(2):778-784.

[16] SIQUIERI R，DOERNBER E，EMMERICH H，et al. Phase-field simulation of peritectic solidification closely coupled with directional solidification experiments in an Al－36 wt% Ni alloy [J]. Journal of Physic: Condens Matter，2009，21:464112-464117.

[17] SIQUIERI R，EMMERICH H. Morphology-dependent crossover

effects in heterogeneous nucleation of peritectic materials studied via the phase-field method for Al – Ni [J]. Journal of Physic：Condens Matter，2009，21：464105-464111.

[18] 孙建俊. Al – Ni 包晶系合金液固相关性的研究[D]. 济南：山东工业大学，2005.

[19] 孙建俊，田学雷，夏继梅. 非平衡凝固时包晶反应滞后现象的研究[J]. 特种铸造及有色合金，2009(8)：754-756.

[20] 孙建俊，田卫星，侯纪新，等. 不同冷却速率下包晶合金 Al – 3Ni 凝固组织的变化[J]. 铸造，2005(6)：553-555.

[21] 孙建俊，田学雷，陈熙琛，等. Ni – Al 系包晶合金的常规凝固[J]. 特种铸造及有色合金，2005(3)：129-131.

[22] THI H N, DREVET B, DEBIERRE J M, et al. Preparation of the initial solid-liquid interface and melt in directional solidification[J]. Journal of Crystal Growth，2003，253(1-4)：539-548.

[23] THI H N, REINHART G, BUFFET A, et al. In situ and real-time analysis of TGZM phenomena by synchrotron X-ray radiography [J]. Journal of Crystal Growth，2008，310(11)：2906-2914.

[24] BÖSENBERG U, BUCHMANN M, RETTENMAYR M. Initial transients during solid/liquid phase transformations in a temperature gradient[J]. Journal of Crystal Growth，2007，304(1)：281-286.

[25] BUCHMANN M, RETTENMAYR M. Microstructure evolution during melting and resolidification in a temperature gradient[J]. Journal of Crystal Growth，2005，284(3-4)：544-553.

[26] LIU X J, WANG C P, OHNUMA I, et al. Experimental investigation and thermodynamic calculation of the phase equilibria in the Cu – Sn and Cu – Sn – Mn systems[J]. Metallurgical and Materials Transactions A-Physical Metallurgy and Materials Science，2004，35：1641-1653.

[27] BRRANDES E A, BROOK G B. Smithells metals reference book [M]. Oxford：Reed Educational and Professional Publishing Ltd，1992.

[28] 叶大伦. 实用无机物热力学数据手册[M]. 北京：冶金工业出版社，1981.

[29] TURNBULL D. Metastable structure in metallurgy[J]. Metallurgical and Materials Transactions A, 1981, 12:695-708.

[30] LIU R P, VOLKMANN T, HERLACH D M. Undercooling and solidification of Si by electromagnetic levitation[J]. Acta Materialia, 2001, 49(3):439-444.

[31] LI M, YODA S, KURIBAYASHI K. Comments on the work by Wei and co-workers on free eutectic and dendritic solidification from undercooled metallic melts[J]. Scripta Materialia, 2006, 54(7): 1427-1432.

[32] LI M, KURIBAYASHI K. Nucleation-controlled microstructure and anomalous eutectic formation in undercooled Co – Sn and Ni – Si eutectic metals[J]. Metallurgical and Materials Transactions A, 2003, 34:2999-3008.

[33] LI J F, ZHOU Y H. Eutectic growth in bulk undercooled melts [J]. Acta Materialia, 2005, 53(8):2351-2359.

[34] LI J, ZHOU Y H. Kinetic undercooling in eutectics[J]. Science in China Ser. E., 2005, 48:361-371.

[35] GREER A L, BUNN A M, TRONCHE A, et al. Modelling of inoculation of metallic melts: application to grain refinement of aluminium by Al – Ti – B[J]. Acta Materialia, 2000, 48(11):2823-2835.

[36] QUESTED T E, GREER A L. Athermal heterogeneous nucleation of solidification[J]. Acta Materialia, 2005, 53(9):2683-2692.

[37] 李金富, 周尧和. 界面动力学对共晶生长过程的影响[J]. 中国科学E 辑: 工程科学・材料科学, 2004, 35(5):449-458.

[38] ZHU Z, DU Y, ZHANG L, et al. Experimental identification of the degenerated equilibrium and thermodynamic modeling in the Al – Nb system[J]. Journal of Alloys and Compounds, 2008, 460(1-2):632-638.

[39] MAXWELL I, HELLAWELL A. A simple model for grain refinement during solidification[J]. Acta Metallurgica, 1975, 23(2):229-237.

[40] LIU Y C, GUO X F, YANG J H, et al. Decagonal quasicrystal growth in the undercooled Al72Ni12Co16 alloy[J]. Journal of Crys-

tal Growth，2000，209(4)：963-969.

[41] YASUDA H，OHNAKA I，MATSUNAGA Y，et al. In-situ observation of peritectic growth with faceted interface[J]. Journal of Crystal Growth，1996，158(1-2)：128-135.

[42] ASSADI H，GREER A L. The interfacial undercooling in solidification[J]. Journal of Crystal Growth，1997，172(1-2)：249-258.

[43] MULLINS W，SEKERKA R F. Stability of a planar interface during solidification of a dilute binary alloy[J]. Journal of Applied Physics，1964，35：444-451.

[44] NGUYEN THI H，DABO Y，DREVET B，et al. Directional solidification of Al－1.5wt％ Ni alloys under diffusion transport in space and fluid-flow localisation on earth[J]. Journal of Crystal Growth，2005，281(2-4)：654-668.

[45] LOSERT W，SHI B Q，CUMMINS H Z. Evolution of dendritic patterns during alloy solidification：Onset of the initial instability [J]. Pro. Natl. Acad. Sci. USA，1998，95：431-438.

[46] TILLER W A，JACKSON K A，RUTTER J W，et al. The redistribution of solute atoms during the solidification of metals[J]. Acta Metallurgica，1953，1(4)：428-437.

[47] 胡汉起. 金属凝固原理[M]. 北京：机械工业出版社，2000.

[48] TITCHENER A P，SPITTLE J A. The microstructures of directionally solidified alloys that undergo a peritectic transformation [J]. Acta Metallurgica，1975，23(4)：497-502.

[49] YASUDA H，NOTAKE N，TOKIEDA K，et al. Periodic structure during unidirectional solidification for peritectic Cd－Sn alloys[J]. Journal of Crystal Growth，2000，210(4)：637-645.

[50] TOKIEDA K，YASUDA H，OHNAKA I. Formation of banded structure in Pb－Bi peritectic alloys[J]. Materials Science and Engineering：A，1999，262(1-2)：238-245.

[51] LUO W，SHEN J，MIN Z，et al. A band microstructure in directionally solidified hypo-peritectic Ti－45Al alloy[J]. Materials Letters，2009，63(16)：1419-1421.

[52] OSTROWSHI A，LANGER E W. Unidirectional solidification of peritectic alloy：solidification and casting of metals[M]. London：

Metal Society，1979.

[53] BARKER N J，HELLAWELL A. Peritectic reaction in the system Pb–Bi[J]. Metal Science，1974，8：353-362.

[54] BRODY H D，DAVID S A. Controlled solidification of peritectic alloys：solidification and casting of metals[M]. London：Metals Society，1979.

[55] YANG T Y，WU S K，SHIUE R K. Interfacial reaction of infrared brazed NiAl/Al/NiAl and Ni3Al/Al/Ni3Al joints[J]. Intermetallics，2001，9(4)：341-347.

[56] HA H P，HUNT J D. A numerical and experimental study of the rate of transformation in three directionally grown peritectic systems[J]. Metallurgical and Materials Transactions A，2000，31：29-34.

[57] GARG S P，KALE G B，PATIL R V，et al. Thermodynamic interdiffusion coefficient in binary systems with intermediate phases[J]. Intermetallics，1999，7(8)：901-908.

[58] LADISLAV Č，LENKA K，JIŘL Š. Diffusion in Al-Ni and Al-NiCr Interfaces at Moderate Temperatures[J]. Defect Diffusion Forum，2010,297-301：771-777.

[59] ZHANG L，DU Y，STEINBACH I，et al. Diffusivities of an Al–Fe–Ni melt and their effects on the microstructure during solidification[J]. Acta Materialia，2010，58(10)：3664-3675.

[60] DU Y，CHANG Y A，HUANG B，et al. Diffusion coefficients of some solutes in fcc and liquid Al：critical evaluation and correlation[J]. Materials Science and Engineering：A，2003，363(1-2)：140-151.

[61] 傅恒志，郭景杰，苏彦庆，等. TiAl 金属间化合物的定向凝固和晶向控制[J]. 中国有色金属学报，2003(4)：797-810.

[62] 吕海燕. Cu–Sn 包晶合金定向凝固组织演化[D]. 西安：西北工业大学，2004.

[63] 吕海燕. 小平面包晶合金定向凝固组织及相竞争生长研究[D]. 西安：西北工业大学，2009.

[64] 钟宏. 定向凝固 Nd–Fe–B 合金组织演化及包晶相生长机制研究[D]. 西安：西北工业大学，2009.

［65］贺谦. NdFeB 永磁材料定向凝固组织研究［D］. 西安:西北工业大学,2005.

［66］王猛,林鑫,苏云鹏,等. 包晶凝固研究进展［J］. 材料科学与工程,2002(1):111-114.

［67］傅恒志,骆良顺,苏彦庆,等. 包晶合金定向凝固中的共生生长［J］.中国有色金属学报,2007(3):349-359.

［68］骆良顺. Fe－Ni 包晶合金定向过程中组织演化规律［D］. 哈尔滨:哈尔滨工业大学,2008.

［69］SU Y Q, LUO L S, GUO J J, et al. Spacing selection of cellular peritectic coupled growth during directional solidification of Fe-Ni peritectic alloys［J］. Journal of Alloys and Compounds,2009,474 (1-2):L14-L17.

［70］LUO L S, SU Y Q, GUO J J, et al. Peritectic reaction and its influences on the microstructures evolution during directional solidification of Fe-Ni alloys［J］. Journal of Alloys and Compounds,2008, 461(1-2):121-127.

［71］刘冬梅. Al－Ni 包晶合金定向凝固组织演化及小平面包晶相生长机制［D］. 哈尔滨:哈尔滨工业大学,2013.

第5章　包晶合金形态演化规律与组织形成模拟

5.1　二元合金液固相变"广义"相场模型构造

本节采用相场法模拟合金在液固相变过程单相生长的微观组织演化。目前,国内外液固相变相场模型主要是针对理想溶液或稀溶液合金的凝固微观组织模拟,即 WBM 相场模型和 KKS 相场模型,这是因为这些合金的凝固体系相场自由能构造相对简单,这对于相场法在本身计算量相当大且当前单个计算机数值处理能力有限情况下的应用是十分有利的,而且,这类合金如Ni‐Cu,Al‐Cu,Al‐Si 和 Fe‐C 等在实际生产中也有广泛的应用。然而,对于大多数合金溶液,均具有较为复杂的溶液模型,我们称这样的合金为"复杂合金",例如 Ti‐Al 合金溶液具有亚规则溶液模型。因此,很有必要拓宽相场法的应用范围,建立能对各种溶液模型合金液固相变微观组织演化进行模拟的"广义"相场模型。

5.1.1　当前液固相变相场模型的构造

液态金属转变为晶体的过程称为液态金属的结晶,即液固相变或一级相变,这个相变需要一定的驱动力。图 5.1 所示为纯金属和二元合金液固相变驱动力示意图。液固相变相场模型的构造就是基于相变过程体系能量的降低、溶质的守恒和热量的守恒,若不考虑熔体体积的变化,该能量为吉布斯自由能。

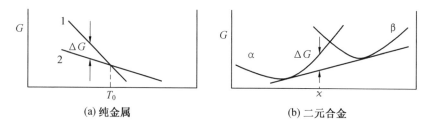

(a) 纯金属　　　　　　　　　(b) 二元合金

图 5.1　纯金属和二元合金液固相变驱动力示意图

1. WBM 相场模型

WBM 相场模型是一种适合理想溶液和规则溶液合金凝固微观组织模拟的模型。该模型假设每个固液界面点都是均一成分点,即每个固液界面点的固相成分和液相成分是相等的,而在液固相变过程中,组元在每个界面点的固相化学势和液相化学势不相等。

WBM 模型控制方程如下:

$$F = \int_V \left[f(c, \varphi, T) + \frac{\varepsilon^2}{2} \mid \nabla \varphi \mid^2 \right] \mathrm{d}V \tag{5.1}$$

$$\frac{\partial \varphi}{\partial t} = -M_\varphi \frac{\partial F}{\partial \varphi} \tag{5.2}$$

$$\frac{\partial c}{\partial t} = \nabla \cdot \left[M_c (1-c) \nabla \left(\frac{\partial F}{\partial c} \right) \right] \tag{5.3}$$

$$f(c, \varphi, T) = (1-c) f_A(\varphi, T) + c f_B(\varphi, T) +$$
$$\frac{R_g T}{v_m} \left[c \ln c + (1-c) \ln(1-c) \right] +$$
$$c(1-c) \left\{ \Omega_L \left[1 - p(\varphi) \right] + \Omega_S p(\varphi) \right\} \tag{5.4}$$

$$\frac{\partial T}{\partial t} = \frac{\lambda}{\rho c_p} \nabla^2 T + \frac{L}{c_p} \sum \bar{A} \cdot \frac{\partial \varphi}{\partial t} \tag{5.5}$$

式中　F——凝固体系吉布斯自由能;

c——溶质成分;

φ——相场变量;

T——温度;

$f(c, \varphi, T)$——体系自由能密度,它是相场模型构造的关键;

ε——相场梯度能量系数;

t——时间;

M_φ, M_c——相场动力学参数;

R_g——气体常数;

v_m——摩尔体积;

Ω_L, Ω_S——正规溶液参数,当它们同时取零时,式(5.4)表示理想溶液自由能密度,否则为正规溶液自由能密度;

$g(\varphi), p(\varphi)$——将相场和成分场关联的双井函数,通常 $g(\varphi) = \varphi^2 (1-\varphi)^2$,$p(\varphi) = \varphi^3 (6\varphi^2 - 15\varphi + 10)$;

λ——热导率;

ρ——密度;

c_p——比热容;

L—— 合金凝固潜热；

A—— 微观相场单元面积与宏观温度场单元面积比值；

$f_A(\varphi, T)$，$f_B(\varphi, T)$—— 与相场耦合的纯组元 A 和 B 的自由能密度，可表示为

$$f_A(\varphi, t) = W_A g(\varphi) + L_A \frac{T_m^A - T}{T_m^A} p(\varphi) \tag{5.6}$$

其中　W_A—— 能垒；

L_A—— 纯组元 A 的凝固潜热；

T_m^A—— 纯组元 A 的熔点。

$f_B(\varphi, T)$ 有类似的形式。

通过薄界面限制（thin interface limit）渐进分析，可以获得与合金热物性参数相联系的相场参数：

$$\varepsilon^2 = 6.0 \sigma_A \delta_A \tag{5.7}$$

$$W_A = 3.0 \frac{\sigma_A}{\delta_A} \tag{5.8}$$

$$M_\varphi = (1 - c) M_\varphi^A + c M_\varphi^B \tag{5.9}$$

$$M_\varphi^A = \frac{\beta_A T_m^A}{6 \delta_A L_A} \tag{5.10}$$

$$M_c = \frac{[1 - p(\varphi)] D_S + p(\varphi) D_L}{(R_g T / v_m)} \tag{5.11}$$

式中　σ_A—— 纯组元 A 的表面能；

δ_A—— 界面厚度，作为外部输入量；

β_A—— 线性界面动力学黏滞系数；

D_S，D_L—— 溶质在固相和液相的扩散系数。

W_B 和 M_φ^B 分别具有与方程（5.8）和（5.10）类似的形式。

从方程（5.4）可以看出，WBM 模型对合金体系自由能密度的构造是建立在对纯组元自由能密度的"弱"耦合基础上，而规则溶液自由能密度的构造也只是在理想溶液自由能密度的基础上简单地加入补偿项，存在很大的近似，因此，当前 WBM 模型主要应用在对理想溶液合金微观组织的简单模拟。

2. KKS 相场模型

KKS 相场模型的提出在很大程度上是对 WBM 模型的发展，它定义了更为合理的固液界面，认为每个固液界面点均是无限小的固相点和液相点的混合体，每个固液界面点均有固相成分和液相成分，在局部平衡状态，组

元在每个点的固相化学势和液相化学势相等,其控制方程如下:

$$\frac{\partial \varphi}{\partial t} = M_\varphi \left[\nabla \cdot (\varepsilon^2 \nabla \varphi) - f_\varphi \right] \tag{5.12}$$

$$\frac{\partial c}{\partial t} = \nabla \cdot \left[\frac{D(\varphi)}{f_{cc}} \nabla f_c \right] \tag{5.13}$$

$$c = p(\varphi) c_S + (1 - p(\varphi)) c_L \tag{5.14}$$

$$f^S_{c_S}(c_S, T) = f^L_{c_L}(c_L, T) \tag{5.15}$$

$$f(c, \varphi, T) = p(\varphi) f^S(c_S, T) + [1 - p(\varphi)] f^L(c_L, T) + W g(\varphi) \tag{5.16}$$

式中　　M_φ——相场动力学系数;

c——固液界面点液相溶质成分 c_L 和固相溶质成分 c_S 的平均成分;

$f(c, \varphi, T)$——体系自由能密度;

f_φ, f_c——体系自由能密度对相场和平均成分的一阶偏导;

f_{cc}——对平均成分的二阶偏导;

$D(\varphi)$——耦合相场的溶质扩散系数,$D(\varphi) = p(\varphi) D_S + (1 - p(\varphi)) D_L$;

$f^L(c_L, T), f^S(c_S, T)$——液相自由能密度和固相自由能密度,可从合金相图热力学数据获得;

W——能垒。

方程(5.15)表示在固液界面处出现局部液固相变平衡时,溶质组元的固相化学势和液相化学势相等。

KKS 相场模型对固液界面的定义比 WBM 相场模型更为合理,而且,方程(5.16)对体系自由能密度的构造是基于合金原始相图,理论上能真实模拟合金凝固微观组织。然而,在数值处理方面,因为要求在每个时间步长内在每个固液界面点对方程(5.14)和(5.15)进行循环迭代求解,将会带来惊人的运算量。在当前的计算能力条件下,只能进行一维计算或极小区域的二维简单计算。 为此,构造了稀溶液近似(dilute solution approximation)的 KKS 相场模型,控制方程如下:

$$\frac{1}{M_\varphi} \frac{\partial \varphi}{\partial t} = \nabla \cdot (\varepsilon^2 \nabla \varphi) + \frac{dp(\varphi)}{d\varphi} \frac{R_g T}{v_m} \ln \frac{(1 - c^e_S)(1 - c_L)}{(1 - c^e_L)(1 - c_S)} - W \frac{dg(\varphi)}{d\varphi} \tag{5.17}$$

$$\frac{\partial c}{\partial t} = \nabla [D(\varphi) \nabla c] + \nabla \left[D(\varphi) \frac{dp(\varphi)}{d\varphi} (c_L - c_S) \nabla \varphi \right] \tag{5.18}$$

$$c = p(\varphi)c_S + [1 - p(\varphi)]c_L \tag{5.19}$$

$$\frac{c_S^e c_L}{c_L^e c_S} = \frac{(1 - c_S^e)(1 - c_L)}{(1 - c_L^e)(1 - c_S)} \tag{5.20}$$

式中　c_L^e, c_S^e——平衡液相和固相成分。

通过薄界面限制渐进分析可以获得相应的相场参数:

$$W = \frac{3.3\sigma}{\delta} \tag{5.21}$$

$$\varepsilon^2 = \frac{3\sigma\delta}{2.2} \tag{5.22}$$

$$M_\varphi = \frac{v_m}{R_g T} \frac{m_e}{1 - k_e} \frac{\sigma}{\varepsilon^2 \beta} \tag{5.23}$$

式中　m_e——液相线斜率;

　　　k_e——平衡溶质分配系数。

目前,WBM 相场模型只能模拟理想溶液二元合金液固相变微观组织的演化,而 KKS 相场模型受当前计算机处理能力的限制,只适合模拟稀溶液合金液固相变微观组织演化,因此,建立一种普适性较强的"广义相场模型",能对更宽范围的合金熔体液固相变凝固微观组织进行模拟是当前相场法发展的主要趋势之一。而且,当前相场模型的构造对原始合金相图进行了较大程度的简化,如构造 WBM 相场模型时,将合金相图简化为类似棱镜的相图(即匀晶相图),而稀溶液近似的 KKS 相场模型的构造则将曲线相图直接简化为直线相图,这就使得它们在模拟不同初始成分或温度的合金熔体凝固微观组织时,需要重新对相场计算参数进行渐进分析,也会给模拟结果带来较大的误差。因此,基于合金原始相图建立相场模型也极为重要。

3."广义相场模型"构造

从上面分析可知,WBM 相场模型虽然对固液界面的定义有不合理之处,而且不能处理复杂合金溶液,但它避免在每个计算步长内对每个固液界面点迭代求解固相和液相成分,具有数值处理方便、显著减小运算量的优点;而 KKS 相场模型在理论上比较完善,包括对固液界面的处理及体系自由能密度的构造,但计算量太大,只能处理稀溶液合金。综合起来考虑,如果采用 KKS 相场模型中基于合金原始相图的体系自由能密度构造方法,同时结合 WBM 相场模型中不区分界面点的固、液相成分,以减少计算量的处理,我们就可以建立当前计算能力允许条件下,对各种溶液模型二元合金液固相变微观组织演化进行模拟的相场模型。其自由能密度具有

如下形式:

$$f(c,\varphi,T) = [(1-c)W_A + cW_B]g(\varphi) + p(\varphi)f^S(c,T) + [1-p(\varphi)]f^L(c,T) \tag{5.24}$$

式中右边第一项是能垒势,它的构造参照 WBM 模型中的式(5.6),第二和第三项是与相场耦合的固相和液相自由能密度,参照 KKS 相场模型中的式(5.16)获得。由此,方程(5.1)、(5.2)、(5.3)、(5.5)和(5.24)构成了"广义"相场模型的控制方程,它既能恢复为 WBM 相场模型或 KKS 相场模型,还能处理具有复杂溶液模型的二元合金。而且,该模型既紧密联系到合金原始相图,又在精度允许范围内对固液界面做出合理的近似处理,保证了数值计算的可行性。

通过薄界面限制可以获得与方程(5.7)~(5.11)一致的相场参数。

5.1.2 Ti-Al 合金液固相变自由枝晶生长的相场模拟

Ti-(40~50)Al 存在 L+β→α 包晶反应,其中,无序相 L,β 和 α 可视为亚规则溶液(sub regular solution),其吉布斯自由能可表示为

$$G = X_{Ti}G_{Ti}^0 + X_{Al}G_{Al}^0 + R_g T[X_{Ti}\ln X_{Ti} + X_{Al}\ln X_{Al}] + X_{Ti}X_{Al}[G_0 + G_1(X_{Ti} - X_{Al})] \tag{5.25}$$

式中　　X_i——纯金属组元 i(Ti,Al)的摩尔分数;

　　　　G_i^0——纯金属组元 i 的标准吉布斯自由能;

　　　　T——绝对温度;

　　　　R_g——气体常数;

　　　　G_0,G_1——补偿吉布斯自由能作用系数。

通过优化热力学参数可以得到它们的值,见表5.1。以纯组元 Ti 和 Al 的液态自由能为参考点,将表5.1的数据代入方程(5.25),可获得无序固溶体 L,β 和 α 相的自由能表达式。根据相平衡原理,每个组元在共存两相中的化学势相等,苏彦庆等人采用共切线构造法计算了不同温度下两相平衡时的成分,获得了 Ti-(40~50)Al 在包晶平台附近的部分相图,如图5.2所示。

表 5.1　无序相 L,β 和 α 的热力学参数

相	G_{Ti}^0 /(J · mol^{-1})	G_{Al}^0 /(J · mol^{-1})	参数 /(J · mol^{-1})
L	0.0	0.0	$G_0 = 41.113\,78T - 112\,570$ $G_1 = -7\,950.8$
β	$7.288T - 141\,460$	$6.659\,8T - 628.0$	$G_0 = 40.063\,1T - 129\,396.7$ $G_1 = 0.0$
α	$10.898\,4T - 18\,318.0$	$9.617\,8T - 5\,151.4$	$G_0 = 33.209\,02T - 123\,788.5$ $G_1 = 12.182\,72T - 16\,034.9$

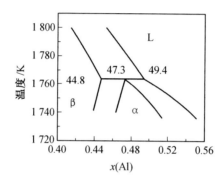

图 5.2　Ti－(40－50)Al 合金的部分相图

采用上述"广义"相场模型,我们对具有复杂溶液模型的 Ti -(40 - 50)Al 合金,发生液固相变 L→β 过程微观组织的演化进行模拟,以验证该模型的有效性及准确性。根据表 5.1 中热力学数据,液相 L 和固相 S(即 β)的自由能密度可表示为

$$f^L(c,T) = \left\{ \begin{array}{l} cG_{Al}^L + (1-c)G_{Ti}^L + RT\left[c\ln c + (1-c)\ln(1-c)\right] + \\ c(1-c)\left[G_0^L + G_1^L(1-2c)\right] \end{array} \right\} / v_m$$

$$(5.26)$$

$$f^S(c,T) = \left\{ \begin{array}{l} cG_{Al}^S + (1-c)G_{Ti}^S + RT\left[c\ln c + (1-c)\ln(1-c)\right] + \\ c(1-c)\left[G_0^S + G_1^S(1-2c)\right] \end{array} \right\} / v_m$$

$$(5.27)$$

式中　　G_{Al}^L——对应表 5.1 中液相 L 的 G_{Al}^0;

G_0^L——对应表 5.1 中液相 L 的 G_0;

G_1^L——对应表 5.1 中液相 L 的 G_1,其他参数类似。

方程(5.1)、(5.2)、(5.3)、(5.5)、(5.24)、(5.26) 和(5.27) 构成了

Ti - Al复杂合金液固相变相场模型,方程(5.7)～(5.11)为相应的相场计算参数。

1. 自由能密度函数的合理分布

体系自由能密度函数的构造必须满足在远场条件下(即远离固液界面区域),以溶质成分和相场变量为自变量的体系自由能密度函数没有空间张量,即

$$\frac{\partial f(c,\varphi,T)}{\partial \varphi} = 0 \qquad (5.28)$$

$$\frac{\partial f(c,\varphi,T)}{\partial c} = \text{constant} \qquad (5.29)$$

也就是说,在远离固液界面区域,没有相变的发生,体系为纯固相或纯液相,溶质成分保持平衡成分不变。为此,体系自由能密度函数必须满足在远场条件下具有最低的能量密度,而在固液界面区域则具有较高的能量密度,即具有如图5.3(a)所示的"双井"分布,而图5.3(b)则是不合理的自由密度函数分布。选取 Ti - Al 合金液 — 固相线间的任意温度及合理的固液界面厚度,采用表 5.1 和 5.2 中的热力学参数,通过方程(5.7)～(5.11)、(5.24)、(5.26) 和(5.27),均可计算获得具有"双井"形式的自由能密度函数,说明当前构造的体系自由能密度函数的合理性。

表 5.2　Ti-(40－50)Al 合金热力学参数

$T_\text{m}^\text{Ti}/\text{K}$	1 933	$T_\text{m}^\text{Al}/\text{K}$	933.37
$\sigma_\text{Ti}/(\text{J} \cdot \text{cm}^{-2})$	3.45×10^{-5}	$\sigma_\text{Al}/(\text{J} \cdot \text{cm}^{-2})$	1.902×10^{-5}
$\beta_\text{Ti}/(\text{cm} \cdot \text{s}^{-1} \cdot \text{K}^{-1})$	0.387	$\beta_\text{Al}/(\text{cm} \cdot \text{s}^{-1} \cdot \text{K}^{-1})$	0.441
$D_\text{L}/(\text{cm}^2 \cdot \text{s}^{-1})$	2.8e^{-6}	k_e	0.648 4
$D_\text{S}/(\text{cm}^2 \cdot \text{s}^{-1})$	3e^{-9}	$v_\text{m}/(\text{cm}^3 \cdot \text{mol}^{-1})$	23.4
$\rho/(\text{g} \cdot \text{cm}^{-3})$	3.8	$c_p/(\text{J} \cdot (\text{mol} \cdot ℃)^{-1})$	33.732
$\lambda/(\text{W} \cdot (\text{cm} \cdot ℃)^{-1})$	0.23	$L/(\text{J} \cdot \text{cm}^{-3})$	1 654.52

另外,相场法是对固液界面的计算,固液界面厚度 δ 的选取对自由密度函数分布有一定影响。当前计算结果表明,对于 Ti - Al 合金,当取 $\delta <$ 8.5×10^{-6} cm 时,计算可获得在远场条件同时满足式(5.28)和(5.29)的"双井"分布体系自由能密度函数。而当选取 $\delta \geqslant 1.0 \times 10^{-5}$ cm 时,获得了与图 5.3(b)类似的不合理自由能密度函数分布。

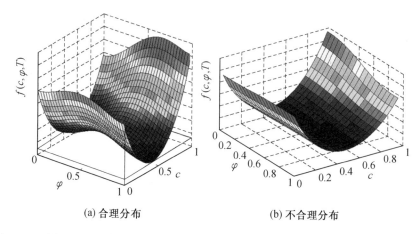

（a）合理分布　　　　　　　　（b）不合理分布

图 5.3　以成分和相场为自变量的自由能密度函数分布（见彩图）

2. 各向异性及扰动的引入

各向异性和随机扰动的引入对产生真实的枝晶形态至关重要。通常界面各向异性的引入是通过将梯度能量系数 ε 设置为

$$\varepsilon = \bar{\varepsilon}\eta = \bar{\varepsilon}(1 + \gamma\cos k\theta)\qquad(5.30)$$

式中　$\bar{\varepsilon}$——常数梯度能量系数；

　　　γ——各向异性强度；

　　　k——各向异性模数（对于金属合金，常取 4 或 6），$\theta = \arctan\left(\dfrac{\partial\varphi/\partial y}{\partial\varphi/\partial x}\right)$。

由此，方程（5.2）可表示为

$$\frac{\partial\varphi}{\partial t} = -M_\varphi\left[-\bar{\varepsilon}^2\,\nabla\cdot(\eta^2\,\nabla\varphi) + \bar{\varepsilon}^2\frac{\partial}{\partial x}\left(\eta\eta'\frac{\partial\varphi}{\partial y}\right) - \right.$$
$$\left.\bar{\varepsilon}^2\frac{\partial}{\partial y}\left(\eta\eta'\frac{\partial\varphi}{\partial x}\right) + \frac{\partial f(c,\varphi,T)}{\partial\varphi}\right]\qquad(5.31)$$

式中，$\eta' = \mathrm{d}\eta/\mathrm{d}\theta$。

另外，

$$\theta_x = \frac{\varphi_x\varphi_{xy} - \varphi_y\varphi_{xx}}{|\nabla\varphi|^2},\ \theta_y = \frac{\varphi_x\varphi_{yy} - \varphi_y\varphi_{xy}}{|\nabla\varphi|^2}\qquad(5.32)$$

扰动的引入通过将方程（5.3）左边设置为

$$\frac{\partial c}{\partial t} \to \frac{\partial c}{\partial t} - \left[16g(\varphi)\right]\chi\dot{\omega}\qquad(5.33)$$

式中　χ——噪声强度；

　　　$\dot{\omega}$——从 -1 到 1 的随机数。

3. 数值求解方法

采用有限差分方法对该相场模型中的相场控制方程(5.1)、成分控制方程(5.3)和温度场控制方程(5.5)进行离散求解,其中一阶偏导采用精度较高的中心差分格式进行离散,即

$$\frac{\partial \varphi}{\partial x} = \frac{\varphi_{i+1,j}^{n} - \varphi_{i-1,j}^{n}}{2\Delta x}; \frac{\partial \varphi}{\partial y} = \frac{\varphi_{i,j+1}^{n} - \varphi_{i,j-1}^{n}}{2\Delta y} \tag{5.34}$$

式中 i,j—— 网格位置;

n—— 时刻。

为了便于程序的编制,计算体系离散成均匀网格,即 $\Delta x = \Delta y$。

温度及成分的一阶离散与式(5.34)类似。

相场控制方程的求解是在固液界面区域和固液界面周围有限液相区域内进行的,控制计算域,减少无谓计算,是提高相场控制方程计算效率的有效方法。传统的方法是:以等轴晶为例,如图 5.4 所示,在每个时间步长内,跟踪枝晶晶轴尖端,然后在晶轴尖端作垂直于晶轴的垂线,四垂线所包围的矩形区域即为计算域,简称"矩形计算域"。显然,对于各向异性生长的晶体,该区域包括许多远离固液界面的液相点,在该时间步长内,它们是没有必要计算的,但由于这些液相点在计算域中,需对它们进行求解判断,这就浪费了计算时间和计算机系统资源。"薄液相区"的处理方法可以用来减少计算域,提高计算效率,其原理是:对上面确定的"矩形计算域"进行扫描,找出固液界面区域(该区域由许多固液界面点构成,如图 5.4 所示),然后在液相中设定 4 ~ 6 层近邻固液界面的"薄液相区"作为液相区和固液界面区的过渡,而且"薄液相区"是在当有固液界面点转变为固相时才重新设定的,这种方法将计算域控制在固液界面区和"薄液相区"内,显然能有效减少无谓计算。

本书在求解相场控制方程的过程中,采用"邻界面点相场大梯度计算域控制法",其原理是:对上面确定的"矩形计算域"进行扫描,找出固液界面区域,然后在固液界面周围找出最近邻固液界面的液相点,简称"邻界面点"(图 5.4),在一个时间步长内,"邻界面点"最有可能转变为固液界面点,也就是成为需要计算的点,因此在该时间步长内,计算域初步确定在固液界面区域和"邻界面点"内;同时我们认为,只有那些相场梯度(即 $(\partial\varphi/\partial x)$ 或 $(\partial\varphi/\partial y)$)较大的"邻界面点"才需要计算。也就是说,液相点转变为固液界面点要满足具有较大的相场梯度条件。因此,可事先设定"临界相场梯度",若某"邻界面点"的相场梯度大于该"临界相场梯度",则该"邻界面点"需要计算,否则该点就不计算。该法将计算域控制在固液界

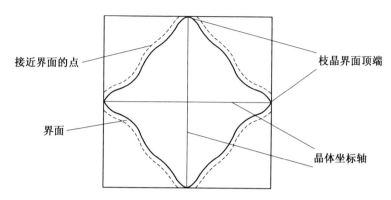

图 5.4　相场控制方程求解时计算域示意图

面区域和那些具有较大相场梯度"邻界面点"内,将那些对相变影响较小的"点"排除出计算域,从而提高计算效率。而且,在"矩形计算域"中每个时间步长内找出"邻界面点",要比先判定是否有固液界面点向固相转变,然后对"薄液相区"的不定期设定更方便。显然,"临界相场梯度"设置得越小,计算误差则越小,但计算量会相应增大。经过对多组程序的调试比较发现,该梯度取 $(5e^{-4})/\Delta x$ 时,兼顾高的计算效率和极小的计算误差。

该方法仅适用于控制相场方程的计算域,而成分场和温度场方程的计算域则为整个网格空间。

4. 初始条件和边界条件

假设在过冷熔体中有一个半径为 r 的初始核心,则 $x^2 + y^2 \leqslant r^2$ 时,$\varphi = 1$;由于相场控制方程有自调节过程,在 $x^2 + y^2 > r^2$ 时,可直接设置 $\varphi = 0$,不需要设置固液界面的过渡。初始,假设整个计算区域内溶质成分和温度呈均匀分布,即 $c = c_0$ 和 $T = T_0$。

在计算区域的边界上对相场、成分和温度均采用无张量 Neumann 边界条件,即 $\dfrac{\partial \varphi}{\partial n} = 0$,$\dfrac{\partial c}{\partial n} = 0$,$\dfrac{\partial T}{\partial n} = 0$。

5. 计算稳定性

为了保持数值计算的稳定,首先,网格尺寸 Δx 的取值必须小于固液界面厚度 δ,通常取 $\delta = (1 \sim 2)\Delta x$。本章首先将 Δx 作为一个外部输入参量,在满足获得"双井"分布体系自由能密度函数的情况下,取 $\Delta x = 3.0 \times 10^{-6}$ cm。其次,由于采用有限差分法离散求解整个相场模型,时间步长必须满足 $\Delta t \leqslant \Delta x^2/5D_L$。

5.1.3 模拟结果及分析

1.等温枝晶生长模拟

首先,我们采用上述"广义"相场模型,模拟 Ti-Al 合金发生液固相变 L → β 的等温凝固过程,单个晶粒生长的微观组织演化。选择初始熔体温度分别为 1 780 K 和 1 765 K,初始溶质成分分别为 45Al 和 43Al。对于等温凝固,溶质过饱和度是晶体生长的驱动力。图 5.5 所示为计算获得上述初始条件对应的溶质过饱和度(Ω)的过程,可看出,小的初始溶质成分或熔体温度,对应大的溶质过饱和度。

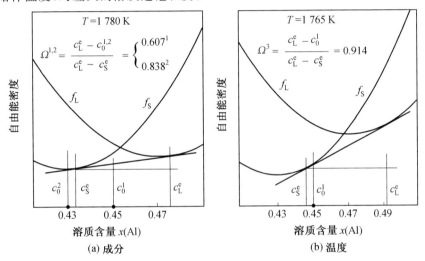

图 5.5 Ti-Al 合金不同初始成分和温度的溶质过饱和度求解示意图

图 5.6 给出了模拟获得四个时刻,Ti-45Al 合金在 1 780 K 等温熔体中,单个晶粒(β)生长的溶质成分分布。可清晰地观察到:

① 枝晶具有四重对称结构,这是根据实验观察到的晶粒生长属性(详见第 6 章),事先定义各向异性模数 $k = 4$。

② 枝晶主干和枝晶臂的心部溶质成分均较低,而枝晶臂之间的区域溶质成分较高,即存在微观偏析。

③ 枝晶臂尖端的相互竞争生长有利于其他侧枝的粗化和新侧枝的出现。

④ 枝晶臂刚开始生长时并不垂直于枝晶主干,但后来却"努力"朝与枝晶主干垂直的方向生长,其根部存在明显的颈缩。

⑤ 在相邻或发生碰撞的枝晶臂间存在相互融合的趋势。这些现象与

在金属合金凝固实验中观察到的相吻合。图 5.6 中枝晶主干的最后生长长度大约为 28.8 μm。

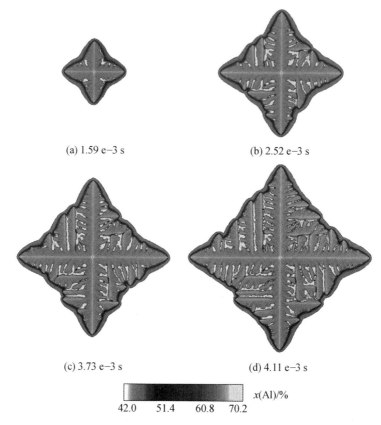

(a) 1.59 e−3 s　　　　　　　　(b) 2.52 e−3 s

(c) 3.73 e−3 s　　　　　　　　(d) 4.11 e−3 s

x(Al)/%

42.0　　51.4　　60.8　　70.2

图 5.6　四个时刻，Ti‐45Al 合金在 1 780 K 等温熔体中单个晶粒生长的溶质成分分布（见彩图）

　　图 5.7 给出了模拟获得 Ti‐43Al 合金在 1 780 K 等温熔体中，单个晶粒生长的溶质成分分布。与图 5.6 中结果对比可以看出，当前模拟的等轴晶无论是主干还是枝晶臂都明显变细；侧枝明显变得发达，出现了多次枝晶臂的分枝，枝晶臂间距也明显减小。这是因为初始溶质成分的降低，导致溶质过饱度（Ω）增大，即相变驱动力增大，因此，枝晶尖端生长速率将增大，根据 Ivanstov 理论，在大的 Peclet 数（ $P_e = RV_p/2D_L$ ）条件下，$\Omega \approx 1 - \dfrac{1}{2P_e}$，溶质过饱和度越大，溶质 Peclet 数越小，枝晶的尖端半径就越小。反映到枝晶生长过程中，就是枝晶尖端不断衍生出新的侧枝，形成细而密的枝晶臂。图 5.7 中枝晶主干的最后生长长度大约为 29.18 μm。

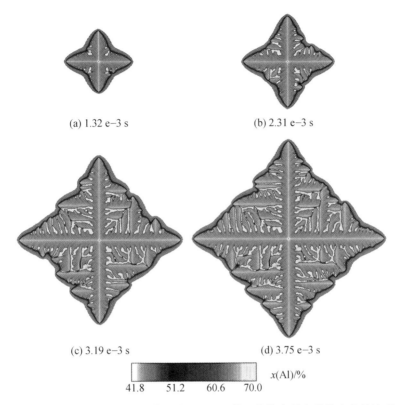

(a) 1.32 e−3 s   (b) 2.31 e−3 s

(c) 3.19 e−3 s   (d) 3.75 e−3 s

x(Al)/%
41.8   51.2   60.6   70.0

图 5.7   四个时刻,Ti−43Al 合金在 1 780 K 等温熔体中单个晶粒生长的溶质
成分分布(见彩图)

图 5.8 给出了模拟获得 Ti−45Al 合金在 1 765 K 等温熔体中,单个晶
粒生长的溶质成分分布。熔体温度的降低导致溶质过饱和度的显著增大,
也就是枝晶尖端生长速率的显著增大和尖端半径的急剧减小,形成比图
5.7 更细且更密的枝晶形态。图 5.8 中枝晶主干的最后生长长度大约为
$29.51~\mu$m。

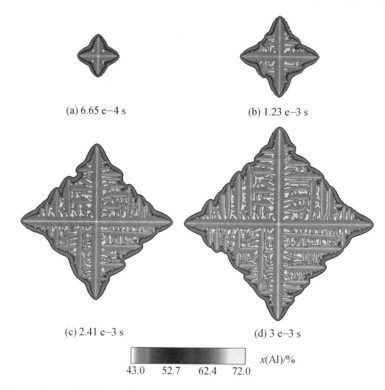

(a) 6.65 e−4 s　　　　　　　(b) 1.23 e−3 s

(c) 2.41 e−3 s　　　　　　　(d) 3 e−3 s

$x(\mathrm{Al})/\%$

43.0　52.7　62.4　72.0

图 5.8　四个时刻,Ti−45Al 合金在 1 765 K 等温熔体中单个晶粒生长的溶质成分分布(见彩图)

2. 非等温枝晶生长模拟

对于大多数的金属合金,在凝固过程中均会释放潜热。在相场模型中,方程(5.5)是考虑潜热释放的温度场控制方程,由于热传导系数通常是溶质扩散系数的好几百倍,因此对它的求解应该建立在宏观网格上,本书取温度场网格为相场网格的 10 倍。图 5.9 给出了模拟获得 Ti−43Al 合金在初始熔体温度为 1 780 K 时,单个晶粒非等温生长的溶质成分分布,与图 5.7 中的等温生长模拟结果相比,可以看出:

① 枝晶臂变得更不发达,尽管也有三次枝晶臂的出现,但三次臂明显变得更为粗大。

② 枝晶臂间存在更大的液相区域,且液相中的最高溶质成分变小,这是因为熔体内部的热交换使熔体成分变得均匀,微观偏析程度降低。

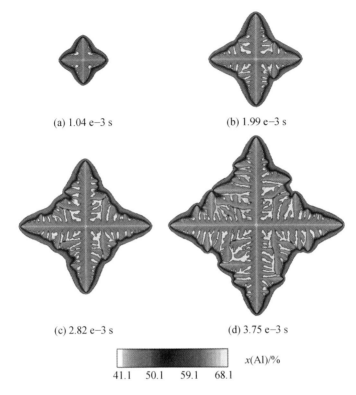

(a) 1.04 e-3 s   (b) 1.99 e-3 s

(c) 2.82 e-3 s   (d) 3.75 e-3 s

x(Al)/%

41.1   50.1   59.1   68.1

图 5.9   四个时刻,Ti-43Al 合金在初始熔体温度为 1 780 K 的单个晶粒非等温生长的溶质成分分布(见彩图)

图 5.10 给出了与图 5.9(d) 上半部分枝晶结构相对应的温度场。图 5.11 为随时间变化的凝固体系最高温度。可以看出,由于存在较大的曲率,枝晶尖端温度最低,凝固体系局部高温出现在那些枝晶臂发生碰撞的地方,因此这些地方容易形成包裹液相,而包裹液相的热量与周围液相隔离而传播缓慢;凝固体系的最高温度随凝固空间和时间变化;凝固潜热释放使体系的温度升高小于 2 K,变化幅度不大,但相对于当前的微观尺度计算空间,温度梯度则变化剧烈。

3. 枝晶尖端溶质分布

可以作两条过枝晶主轴尖端的直线来研究枝晶尖端(固液界面处)的溶质分布,其中一条通过枝晶主轴心部,即沿图 5.12 中的 y 方向;另一条垂直于枝晶主轴,即沿图 5.12 中的 x 方向。图 5.13 给出了上述不同生长条件最后凝固时刻,沿这两条直线的枝晶尖端溶质分布,可以看出,溶质在枝晶尖端液相中富集,并呈近似指数分布,经过溶质扩散层厚度 δ_c 逐步衰减

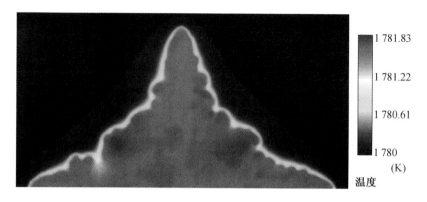

图 5.10　与图 5.9(d) 上半部分枝晶结构相对应的温度分布(见彩图)

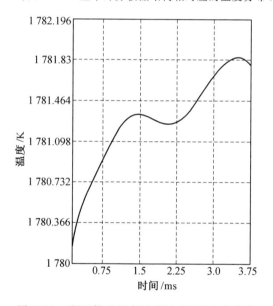

图 5.11　凝固体系最高温度随时间的变化曲线

为初始成分 c_0,溶质沿枝晶固相呈近似 U 形分布,U 形跨度(L_t) 的大小反映了枝晶的粗细,在枝晶心部的溶质成分最低,且受引入噪声的影响出现轻微波动。表 5.3 给出了从图 5.13 中统计的 δ_c,L_t、稳态液相成分 c_0/k_e、枝晶尖端液相成分 c_{tip} 和体系最大成分 c_{max},可以看出:

①在等温凝固过程中,小的初始溶质成分或熔体温度对应小的溶质扩散层厚度,这是因为 $\delta_c \propto D_L/V$,其中 V 为枝晶尖端生长速率;小的 U 形跨度;界面固相成分更接近于初始成分 c_0,界面液相成分则更接近于 c_0/k_e,k_e 为溶质平衡分配系数,即晶体更接近稳态生长;体系最大液相成分偏离

初始成分越大,即体系微观偏析变得相对严重。

② 在非等温凝固过程中,潜热的释放将增加熔体温度,导致熔体内出现热流的交换,因此,界面处存在较长的扩散层厚度,而且,熔体温度的升高使得相图中的操作点向左移动,界面处固液相成分较等温凝固过程均要相应减小。

上述不同生长条件下枝晶尖端溶质分布和经典凝固理论中的溶质分配规律完全符合,说明"广义"相场模型计算结果的准确性。

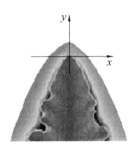

图 5.12   枝晶主轴尖端示意图及过尖端的两条相互垂直的直线

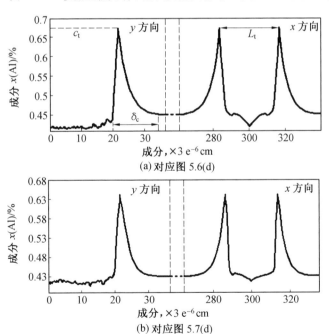

349

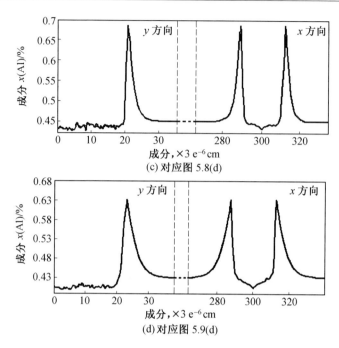

(c) 对应图 5.8(d)

(d) 对应图 5.9(d)

图 5.13　不同生长条件下，沿图 5.12 中 x 方向和 y 方向的枝晶尖端溶质分布

表 5.3　图 5.13 中枝晶尖端溶质分布物理量的统计结果

初始条件	$\delta_c (\times \Delta x)$	$L_t (\times \Delta x)$	c_0/k_e $x(Al)/\%$	c_{tip} $x(Al)/\%$	c_{max} $x(Al)/\%$
Ti－45Al 1 780 K	14.1	18.04	69.402	67.52	70.2
Ti－43Al 1 780 K	11.2	12.1	66.312	64.6	70.0
Ti－45Al 1 765 K	9.03	10.06	69.402	69.28	72.0
Ti－43Al 1 780 K	17.5	12.87	66.312	63.23	68.1

5.2　定向凝固 Ti－Al 合金液固相变微观组织模拟

在单相定向凝固条件下，初始平界面失稳及随后微观结构的演化是基本而又重要的问题。借助 M－S 界面稳定性理论和第 2 章构造的相选择理论模型可知，在固定的温度梯度下，随着抽拉速度的增大，凝固系统对平界

面失稳偏离加大,界面形态要经历:平界面 → 粗胞晶 → 枝晶 → 细胞晶 → 平界面转变,而且还可以计算出各种转变的临界速度。然而,要详细研究定向凝固条件下界面形态和微观结构演化的全过程,涉及自由界面的跟踪等高度非线性问题,当前,必须采用数值模拟技术,而相场法在这方面的研究中具有明显的优势。

本节采用"广义"相场模型,仍以 Ti-(40-50)Al 合金为例,首先,模拟其在 Bridgman 定向凝固条件下,发生液固相变 L→β 过程,界面形态和微观结构的动态演化。由于生长速度越小,溶质扩散层越厚,计算所需的空间越大,这就要求计算机要有高容量的内存,而且,要消耗大量的运算时间。采用当前最先进的自适应网格计算技术,对抽拉速度为 0.007 812 5 cm/s 的定向凝固过程进行模拟,在 3.0 GHz P4-CPU 的单个 PC 机上运算 3 周后,固液界面仍保持为平界面,没有观察到任何界面失稳的迹象,说明运行时间严重不足。因此,本节主要针对快速 Bridgman 定向凝固过程进行模拟,而这对研究非平衡效应有十分重要的意义;对该合金在另一种十分具有工程应用价值的过冷定向凝固(supercooling directional solidification)过程进行模拟,研究微细柱状晶结构的形成机理。

5.2.1 快速定向凝固 Ti-Al 合金液固相变微观组织模拟

对于如图 5.14 所示的一个高为 H、宽为 W 的 Bridgman 定向凝固体系,从上往下以速度 V_P 进行垂直抽拉,从正面看,该体系最上端类似存在物质的连续"注入",而最下端类似存在物质的连续"流出"。为此,必须在"广义"相场模型的相场控制方程(5.2)和成分场控制方程(5.3)中考虑体系的移动,通常是将这两个方程的左边设置为

$$\frac{\partial \varphi}{\partial t} \rightarrow \frac{\partial \varphi}{\partial t} - V_P \frac{\partial \varphi}{\partial y} \tag{5.35}$$

$$\frac{\partial c}{\partial t} \rightarrow \frac{\partial c}{\partial t} - V_P \frac{\partial c}{\partial y} \tag{5.36}$$

对于温度场控制方程,在定向凝固条件常采用"冷却温度近似法"(frozen temperature approximation method),即忽略体系的横向温度扩散而只考虑存在纵向的一维温度扩散,这种近似只有在非常高的温度梯度下才成立,由此,体系温度场可表示为

$$T(y) = T_C + Gy - GV_P \tag{5.37}$$

式中　　G——温度梯度,$G = (T_H - T_C)/H$;

T_H, T_C——体系最顶端和最低端的温度,如图 5.14 所示。

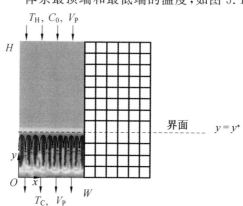

图 5.14　Bridgman 定向凝固体系示意图及其离散网格

本节采用"广义"相场模型,其中的相场、溶质场和温度场控制方程经方程 (5.35)、(5.36) 和 (5.37) 进一步修正,对 Ti-45Al 合金在发生液固相变 L → β 的快速定向凝固条件下,界面形态和微观结构的演化进行模拟。在金属合金的单相凝固中,维持高速平界面生长的绝对稳定速度可表示为

$$V_{ab} = \frac{m_L c_0 (k-1) D_L}{k^2 \Gamma} \tag{5.38}$$

对于 Ti-45Al 合金,取 $m_L = 8.006$ K/%,$k = 0.648$,$D_L = 2.8e^{-5}$ m²/s,$\Gamma = 1.5e^{-5}$ cm·K,可获得其绝对稳定速度约为 5.62 cm/s。模拟选择较高的温度梯度为 800 K/cm;低于绝对稳定速度的八个抽拉速度,分别为 0.055 cm/s,0.08 cm/s,0.125 cm/s,0.3 cm/s,0.45 cm/s,1.5 cm/s,3.0 cm/s 和 5.0 cm/s。矩形计算域为 $(2.7×10^{-3}$ cm$)×(3×10^{-3}$ cm$)$,划分成 900×1 000 的均匀网格。初始,在凝固体系底端设置 4 ~ 6 层的网格作为从固相到液相的过渡层,其中相场值按步进函数给出:

$$\varphi = \frac{1}{2} \left[1 + \tanh\left(\frac{y - y^*}{2\sqrt{2}}\right) \right] \tag{5.39}$$

由于相场模型的计算有自调节过程,因此,可设置整个熔体的初始成分为均一成分 c_0;根据方程 (5.39) 事先设置初始固液界面的位置 ($\varphi = 0.5$),假设该处的初始温度为 c_0 成分对应的合金液相线温度,可根据给定的温度梯度计算出 T_H 和 T_C 的值,由此确定体系的初始温度场。

在凝固体系的左右两侧对相场、溶质场和温度场强加无张量 Numann 边界条件,而在体系的最上端设置 $\varphi = 0$,$c = c_0$;体系最下端设置 $\varphi = 1$,$c = $

c_S^e, c_S^e 为平衡固相成分。

5.2.2 胞状树枝晶的形成及向细胞晶的转变

图 5.15 给出了模拟获得 Ti－45Al 合金在生长速度为 0.055 cm/s 的定向凝固过程六个时刻的溶质分布情况。在显示的计算框架内,受扰动的影响,初始平界面失稳形成许多细的胞晶,同时,在界面及其前沿液相中出现溶质的富集和薄的溶质扩散层,如图 5.15(a)所示;这些细胞晶在一段凝固距离内剧烈地竞争生长,导致只有有限几个细胞晶能幸存下来,我们称为"幸存胞",而大部分的细胞晶则或被淹没或被抑制生长,如图5.15(b)所示;"幸存胞"将不断地向前方液相中生长,并逐渐地粗化,不久,在"幸存胞"的尖端附近开始出现侧枝,如图 5.15(c)和 5.15(d)所示;随着凝固继续进行,这些侧枝不断粗化,然而,由于"幸存胞"尖端的正温度梯度和较大的生长速度,以及"幸存胞"之间存在激烈的竞争生长,这些侧枝并不能发展得像等轴晶的枝晶臂那样发达,最终形成胞状树枝晶结构,如图 5.15(e)和 5.15(f)所示。图中还能清晰地观察到在胞晶间存在较多的液相,且溶质成分较高。

图 5.16 给出了模拟获得 Ti－45Al 生长速度为 0.08 cm/s 的溶质分布情况。与图 5.15 中结果相比可看出,由于生长速度的增大,界面扰动的波长减小,但振幅增加,导致初始平界面失稳加剧,形成了更多的细胞晶;这些细胞晶要经历更长一段凝固距离的竞争生长才能出现稳定生长的"幸存胞",而且,数量明显增多且更细,胞晶间距则相应减小;随着"幸存胞"向前方液相中的进一步生长,其尖端出现轻微的侧枝,最终形成"弱"的胞状树枝晶结构。当生长速度进一步增至 0.125 cm/s 时,形成无枝晶倾向的细胞晶结构,但胞晶之间仍存在较多高溶质成分的液相,如图 5.17 所示。

图 5.18 给出了模拟获得 Ti－45Al 生长速度为 0.3 cm/s 的溶质分布情况。从图中可看出,初始平界面失稳形成许多细的胞晶,这些细胞晶在很长一段凝固距离内剧烈地竞争生长,然而与图 5.15～5.17 中结果不同的是,大部分的细胞晶均能"幸存",即使有少数的细胞晶最终被抑制生长,但其仍然要经历很长一段的凝固距离;而且,图中能清晰观察到有许多液滴被卷入到胞晶根部,形成"包裹液滴",它们在凝固后具有较高的溶质成分;胞晶间的液相分数明显比上面几种情况小,相应地,胞晶也变得更细且更密。图 5.19 给出了生长速度为 0.45 cm/s 的模拟结果,可观察到比图 5.18 中胞晶间距更为一致以及体系溶质分布更为均一的细胞晶结构。

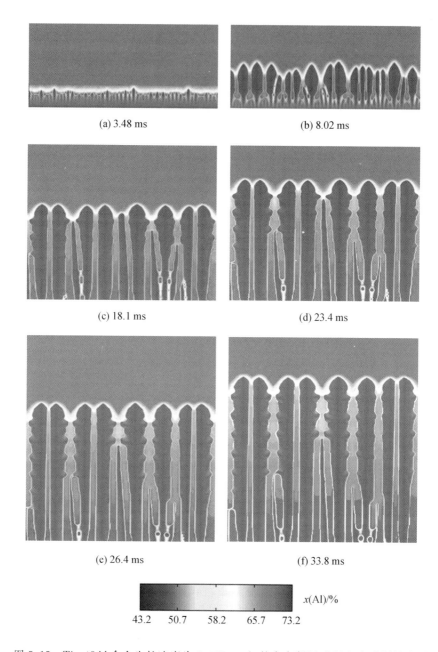

(a) 3.48 ms

(b) 8.02 ms

(c) 18.1 ms

(d) 23.4 ms

(e) 26.4 ms

(f) 33.8 ms

$x(Al)/\%$

43.2　50.7　58.2　65.7　73.2

图 5.15　Ti - 45Al 合金生长速度为 0.055 cm/s 的定向凝固过程六个时刻的溶质
　　　　分布(见彩图)

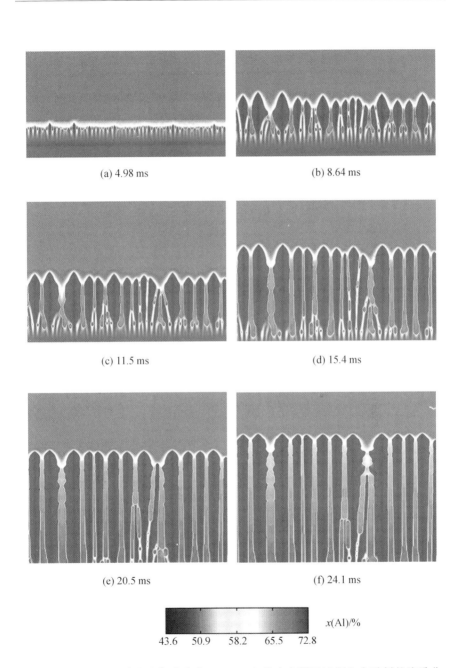

图 5.16 Ti - 45Al 合金生长速度为 0.08 cm/s 的定向凝固过程六个时刻的溶质分
布(见彩图)

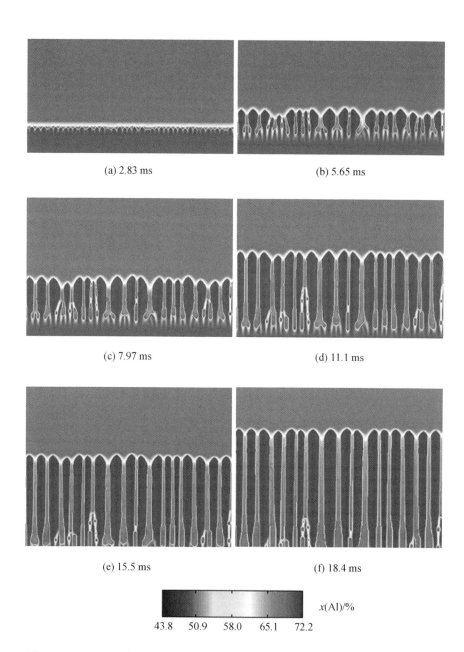

(a) 2.83 ms

(b) 5.65 ms

(c) 7.97 ms

(d) 11.1 ms

(e) 15.5 ms

(f) 18.4 ms

$x(Al)/\%$

43.8　50.9　58.0　65.1　72.2

图 5.17　Ti - 45Al 合金生长速度为 0.125 cm/s 的定向凝固过程六个时刻的溶质
　　　　分布(见彩图)

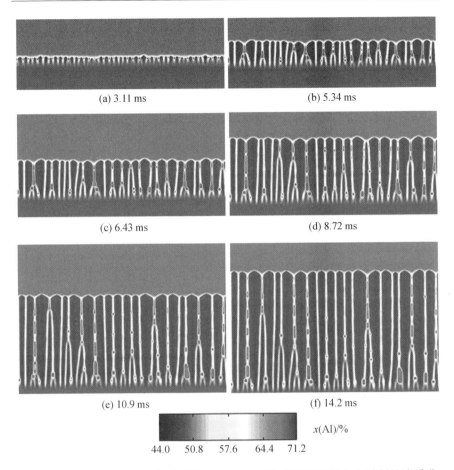

(a) 3.11 ms   (b) 5.34 ms

(c) 6.43 ms   (d) 8.72 ms

(e) 10.9 ms   (f) 14.2 ms

$x(\mathrm{Al})/\%$

44.0   50.8   57.6   64.4   71.2

图 5.18 Ti-45Al 合金生长速度为 0.3 cm/s 的定向凝固过程六个时刻的溶质分布（见彩图）

以上五个模拟结果充分表明,在生长速度低于绝对稳定速度的快速定向凝固过程中,随着生长速度的增大,存在胞状树枝晶结构向细胞晶结构的转变,这种转变伴随着胞晶间距的减小和溶质分布的更加均一。

5.2.3 高速平界面的恢复

在单相合金近绝对稳定的高速定向凝固过程中,由于固液界面处发生溶质截流,会出现低微观偏析或甚至无偏析的凝固结构,对它详细的形成过程研究无论在理论上还是在实际应用上,都有十分重要的意义。由于生长速度较大以及当前实行移动网格算法,我们将初始固液界面的位置(即图 5.14 中的 y^*)设置得比图 5.15～5.19 中的更大,以便能在计算框架内尽量完整地展示凝固界面形态和微观结构。图 5.20 给出了模拟获得 Ti - 45Al合金在生长速度为 1.5 cm/s 的溶质分布情况。从图中可以看出,在高速定向凝固条件下,初始平界面失稳形成许多既细又密的细胞晶,它们要经历一段凝固距离的竞争生长,最后出现稳定生长的"幸存胞"。与图 5.19 中结果相比,虽然生长速度显著增大,但"幸存胞"的数量却没有明显的增多,只是胞晶间距变得更为一致;而胞晶之间的液相分数减小且溶质成分富集程度降低,也观察不到有液滴被卷入到胞晶根部形成高溶质成分的"包裹液滴"。当生长速度增大至 3.0 cm/s 时,稳定生长的"幸存胞"的数量略有增多,胞间距则相应减小,如图 5.21 所示。

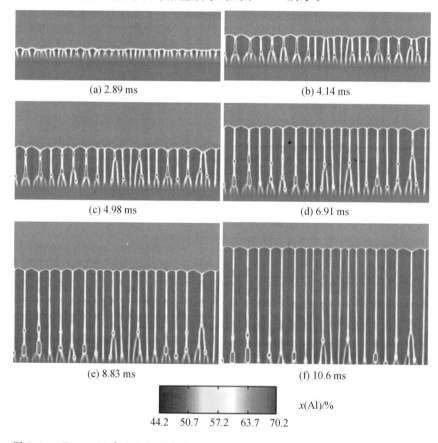

(a) 2.89 ms

(b) 4.14 ms

(c) 4.98 ms

(d) 6.91 ms

(e) 8.83 ms

(f) 10.6 ms

$x(Al)/\%$

44.2 50.7 57.2 63.7 70.2

图 5.19 Ti - 45Al 合金生长速度为 0.45 cm/s 的定向凝固过程六个时刻的溶质分布(见彩图)

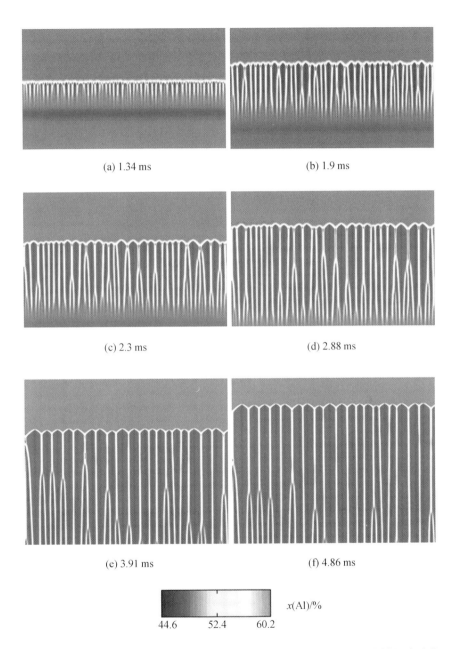

(a) 1.34 ms　　　　　　　　　　(b) 1.9 ms

(c) 2.3 ms　　　　　　　　　　(d) 2.88 ms

(e) 3.91 ms　　　　　　　　　　(f) 4.86 ms

$x(\text{Al})/\%$

44.6　　52.4　　60.2

图 5.20　Ti - 45Al 合金生长速度为 1.5 cm/s 的定向凝固过程六个时刻的溶质分布（见彩图）

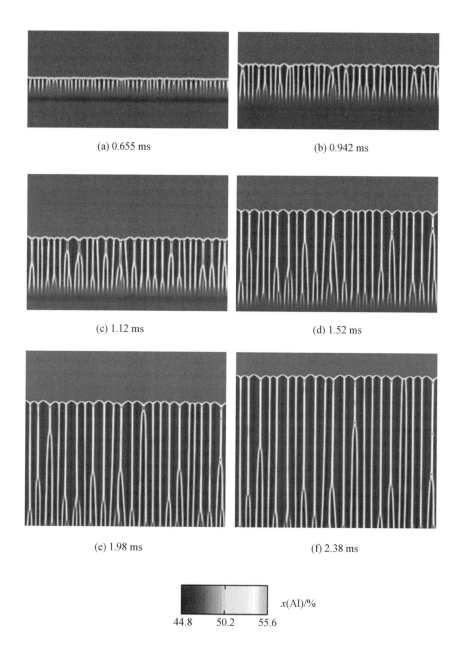

(a) 0.655 ms　　　　　　　　　　(b) 0.942 ms

(c) 1.12 ms　　　　　　　　　　(d) 1.52 ms

(e) 1.98 ms　　　　　　　　　　(f) 2.38 ms

$x(\text{Al})/\%$

44.8　　50.2　　55.6

图 5.21　Ti - 45Al 合金生长速度为 3.0 cm/s 的定向凝固过程六个时刻的溶质分
　　　布(见彩图)

图 5.22 给出了生长速度为 5.0 cm/s 时的溶质分布情况,可以看出,生长速度的显著增大导致界面扰动波长的明显减小以及振幅的剧烈增大,初始平界面失稳后形成极其细小的细胞晶,如图 5.22(a)所示;它们的生长过程伴随着向前方液相的逐渐推进和向侧向的不断粗化,初始由于前者的生长速度比后者的大很多,胞晶之间存在一定的液相,但其溶质富集程度很低,如图 5.22(b)、(c)、(d)所示;随后,细胞晶尖端不断向前方液相和侧向生长,界面处出现溶质的截流,相应地,胞晶间的液相分数明显减小,如图 5.22(e)所示;随着凝固的继续进行,界面溶质截流程度加大,胞晶间

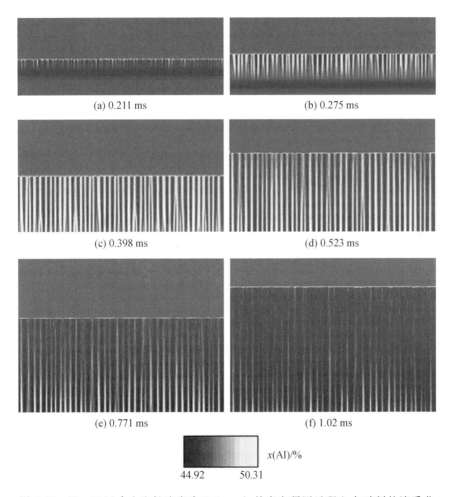

图 5.22 Ti - 45Al 合金生长速度为 5.0 cm/s 的定向凝固过程六个时刻的溶质分布(见彩图)

没有液相存在,最终固液界面再次恢复为平界面,如图 4.9(f)所示。当前恢复为高速平界面的生长速度略低于采用方程(5.39)估计的值,这是因为该方程中溶质分配系数设为常数,但实际上,在高速凝固条件下,它是生长速度的函数,并且生长速度越大,溶质分配系数越逼近为 1。

5.2.4　微观偏析及溶质截流模式

图 5.23 给出了上述不同生长速度条件下,在图 5.15~5.22 中的最后凝固时刻,沿胞晶尖端与根部中线的侧向(即垂直于生长方向)溶质分布曲线。从图中可以看出,溶质沿每个晶胞呈近似 U 形分布,U 形的跨度反映了胞晶的粗细,高度反映了体系的微观偏析程度,U 形中心之间的距离即为胞晶间距;在胞晶的心部附近,溶质贫乏,而在胞晶之间溶质成分则最大;随着生长速度的增大,U 形的数量逐渐增多,相应地,跨度则逐渐减小,而且,胞晶心部溶质成分逐渐增大且向初始成分逼近,胞晶间的溶质成分逐渐减小,因而 U 形的高度逐渐减小,即体系微观偏析程度逐渐降低;当生长速度达到 5.0 cm/s 时,U 形消失,侧向溶质在初始成分附近的小范围内上下波动,空间成分差极小,如图 5.23(h)所示,说明体系的微观偏析程度极低。

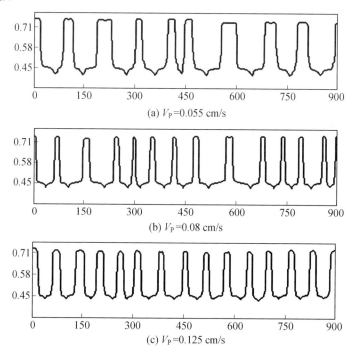

(a) V_P=0.055 cm/s

(b) V_P=0.08 cm/s

(c) V_P=0.125 cm/s

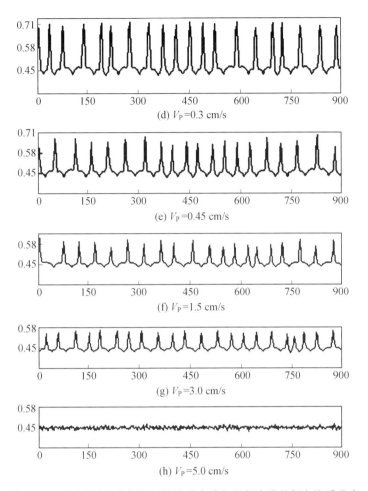

图 5.23　不同生长速度条件下沿胞晶尖端与根部中线的侧向溶质分布

图 5.24 给出了不同生长速度条件下,胞晶尖端的固相和液相溶质成分以及溶质分配系数。从图中可以看出,随着生长速度的增大,胞晶尖端的固相溶质成分逐渐增大,而液相成分则逐渐减小,并且,后者的变化幅度更大,因而,溶质的分配系数逐渐增大,并向 1 逼近,说明固液界面处出现溶质的截流,这也是非平衡凝固效应的一个典型体现。根据快速定向凝固条件下的非平衡溶质分配模型,可进一步简化为

$$k(V_P) = \frac{k_e + V_P/V_D}{1 + V_P/V_D} \tag{5.40}$$

$$V_D \sim \left(1 + \frac{D_S}{D_L}\right) \left[\frac{\ln(1/k_e)}{1 - k_e}\right] \left(\frac{D_L}{\delta_c}\right) \tag{5.41}$$

采用方程(5.40)对上述溶质分配系数进行拟合,表明,取 $V_D =$ 0.595 5 cm/s时,拟合效果最好(即误差最小),如图 5.24 所示,而该值与通过方程(5.41)计算的值基本一致。

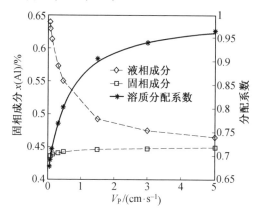

图 5.24　随生长速度变化的胞晶尖端固相和液相成分及溶质分配系数

5.2.5　TiAl 合金液固相变过冷定向凝固微观组织模拟

上节阐述的是采用"广义"相场模型对最常见的 Bridgman 定向凝固过程界面形态及微观结构的演化模拟。Bridgman 定向凝固最显著的特点就是固液界面前沿液相温度梯度 $G_L > 0$。因此,热流的扩散只能依靠已经凝固的固相,显然,凝固初期固相分数小,热流扩散就慢,随着凝固的进行,固相分数逐渐增多,热流扩散也逐渐加快,这就使得定向凝固速率随抽拉距离发生变化;另外,Bridgman 定向凝固很难达到较高的温度梯度。近年来,随着深过冷凝固技术的发展,出现了过冷定向凝固(supercooling directional solidification)技术,它综合了深过冷和 Bridgman 定向凝固技术的优点,在固液界面前沿液相温度梯度 $G_L < 0$,因此,热流的扩散可通过已经凝固的固相和界面前沿液相。过冷定向凝固是制备微细柱状晶和单晶的理想手段。图 5.25 给出了上述两种定向凝固技术的比较。

假设计算域边界存在较大的热交换张量,采用 KKS 模型模拟了 Fe－C 合金在过冷定向凝固过程的胞/枝晶转变。本节采用"广义"相场模型和假设计算域底部边界上存在非零 Numann 边界条件,即 $\alpha(\partial T / \partial n) = Q$($\alpha$ 是热导,Q 为热交换张量),其他边界则强加无张量 Numann 边界条件;并取较小的 Q 值和较大的初始熔体过冷度,模拟 Ti－44Al 合金在过冷定向凝固条件下发生液固转变 L→β 过程及细枝晶结构的形成。

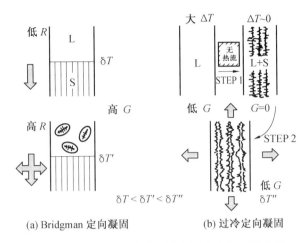

(a) Bridgman 定向凝固   (b) 过冷定向凝固

图 5.25　Bridgman 定向凝固和过冷定向凝固的比较

（图中箭头指示为热流方向）

δT—界面过冷度；ΔT—过冷度；G—温度梯度；R—抽拉速度

选择计算域为 144 μm × 144 μm 的正方形，相场和成分场离散为 3 000×3 000 的均匀网格，温度场则为 300×300 的均匀网格。假设初始熔体从液相线温度 1 830 K 过冷 28 K，并且经过多次反复净化来剔除异质形核，导致计算域底部边界上只存在两个初始核心（这在过冷定向凝固过程中极为常见）。界面各向异性和噪声的引入与上节的类似。

图 5.26 给出了边界热交换张量 $Q=37.5$ W/cm^2 时，模拟获得的 Ti-44Al 合金在六个时刻的溶质分布。从图中可以看出，初始核心优先朝两个方向生长，一个是向熔体内部，另一个是向两个侧向，由于熔体底部存在连续的散热，后者的生长速度比前者大，如图 5.26(a) 所示；不久，界面干扰开始起作用，出现了与晶体主轴垂直的侧枝，如图 5.26(b) 所示；随着侧枝的不断发展，朝熔体内部生长与朝两侧向生长的侧枝之间将出现竞争生长，直至发生碰撞，尽管前者的生长速度比后者大，但由于熔体底部的热交换张量较小，只有有限几个朝熔体内部生长的侧枝能幸存下来，并演化成细胞晶，我们称为"幸存胞"，而朝两侧向生长的侧枝均被"幸存胞"抑制生长，如图 5.26(c) 所示；随着枝晶主轴（又称为"领先臂"）和"幸存胞"朝熔体内部的进一步生长，主轴尖端周围不断衍生新的侧枝，但这些新侧枝的发展受到不断生长的"幸存胞"的抑制，明显比其根部的细小，另外，还可以观察到有些"幸存胞"逐渐演化成胞状树枝晶，如图 5.26(d) 和 5.26(e) 所示；最终，形成了一种胞/枝晶共存的结构，如图 5.26(f) 所示。图中还能清

晰地观察到固液界面的溶质富集和体系的微观偏析模式。

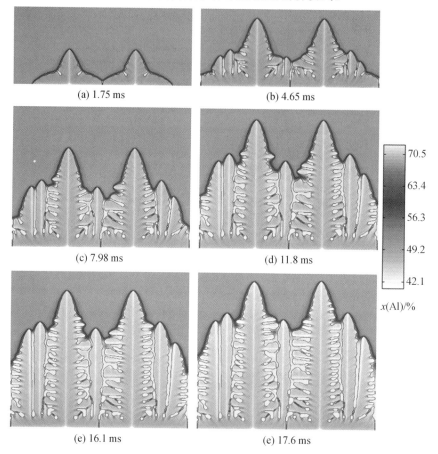

(a) 1.75 ms　　　　　　　　　　(b) 4.65 ms

(c) 7.98 ms　　　　　　　　　　(d) 11.8 ms

70.5
63.4
56.3
49.2
42.1

$x(Al)/\%$

(e) 16.1 ms　　　　　　　　　　(e) 17.6 ms

图 5.26　Ti-44Al 合金过冷定向凝固过程六个时刻的溶质分布,$Q=37.5$ W/cm²
（见彩图）

　　图 5.27 给出了与图 5.26（d）相对应的温度场分布。从图中可以看出,由于底部边界的热交换张量较小,凝固体系空间温度差只有 2.12 K,凝固潜热的释放使熔体温度升高,但不超过 2 K;温度最高的区域出现在"幸存胞"尖端附近的液相,这是因为"幸存胞"与"领先臂"的侧枝持续的竞争生长,倾向于形成"包裹液滴",温度最低的区域出现在底部边界,但只比初始熔体温度低大约 0.26 K。图 5.28 给出了沿生长方向过"领先臂"和"幸存胞"尖端在六个时刻的温度分布。从图中可以看出,在"领先臂"和"幸存胞"尖端液相前沿一直存在负的温度梯度,表明它们是单向自由生长;在"幸存胞"尖端的固相前沿只存在负的温度梯度,这是因为其尖端周

围是高温区;在凝固初始阶段,"领先臂"尖端的固相前沿同样存在负的温度梯度,然而,随着凝固的进行,在靠近"幸存胞"尖端周围高温区的"领先臂"固相中出现了局部高温区(图 5.27),导致"领先臂"尖端的固相前沿出现了局部正温度梯度。

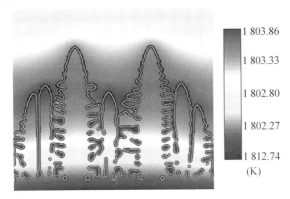

图 5.27　与图 5.26(d)中枝晶对应的温度分布(见彩图)

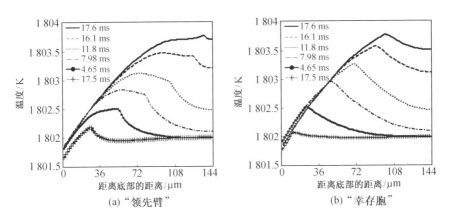

图 5.28　沿生长方向过"领先臂"和"幸存胞"尖端在六个时刻的温度分布

这个局部正温度梯度的出现使得"领先臂"尖端周围的侧枝的生长受到抑制,只能形成细小的枝晶臂(图 5.26),因此,"幸存胞"能一直持续地生长,因为前方不会出现发达的"领先臂"的侧枝来阻挡它们;当"领先臂"尖端生长至靠近凝固区域末端时,由于大量潜热集中在该处,其尖端的固相前沿再次只存在负的温度梯度。由此可见,"领先臂"尖端的固相前沿局部正温度梯度的出现有助于形成胞/枝晶共存的微细结构。

图 5.29 给出了随凝固时间变化的"领先臂"尖端固相和液相溶质成分及溶质分配系数。从图中可以看出,随着凝固的进行,界面固相和液相溶

质成分均略有减小,但后者减小的程度更大,导致溶质分配系数比平衡条件的略有增加。这些变化均可归因于凝固潜热的释放使得熔体温度升高,导致相图上的操作点向左移动。

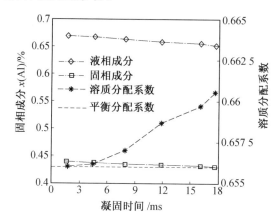

图 5.29　随凝固时间变化的"领先臂"尖端固相和液相溶质成分及溶质分配系数

图 5.30 给出了热交换张量为 54.2 W/cm^2 时,模拟获得 Ti-44Al 合金在六个时刻的溶质分布。与图 5.26 相比可以看出,边界热交换张量的增大使得"幸存胞"数量明显增多,"领先臂"侧枝明显变得细小;在图 5.26(f)中平均胞晶间距为 9.36 μm,而图 5.30(f)中平均胞晶间距为 4.32 μm。

在图 5.26 和图 5.30 中事先设置两个初始核心的距离均为 54 μm,这是根据初始过冷度、胞/枝晶尖端生长速率和二次臂间距关系近似确定的;如果将初始核心的距离设置过大,则必须在模拟中再现尖端分裂这一定向凝固实验常观察到的现象,反映枝晶臂间距的选择性。通过设置初始核心的不对称形状,并减小各向异性强度,来再现枝晶尖端的分裂现象。

图 5.31 给出了边界热交换张量为 45.8 W/cm^2,初始核心距离为 72 μm 时,模拟获得的溶质分布情况,可以看出,初始核心在生长过程中枝晶尖端分裂成两个胞晶,其中一个沿与底部垂直的方向生长,另一个则稍微偏离该方向生长;随着凝固的进行,它们逐步演化成胞状树枝晶,图 5.31(f)中平均胞晶间距为 5.16 μm。图 5.32 给出了当边界热交换张量进一步增大至 72 W/cm^2,其他条件与上面相同时的模拟结果,与图 5.32 相比可以看出,"幸存胞"数量明显增多,枝晶生长倾向明显减弱,没有观察到"幸存胞"演化成胞状树枝晶;"领先臂"的侧枝也不发达;图 5.32(f)中平均胞晶间距为 2.08 μm,这说明边界热交换张量的增大会导致胞状树枝晶

向细胞晶结构转变。

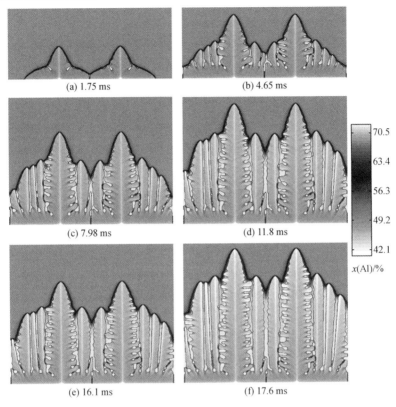

(a) 1.75 ms

(b) 4.65 ms

(c) 7.98 ms

(d) 11.8 ms

(e) 16.1 ms

(f) 17.6 ms

70.5
63.4
56.3
49.2
42.1

$x(\text{Al})/\%$

图 5.30　Ti - 44Al 合金过冷定向凝固过程六个时刻的溶质分布，$Q =$
54.2 W/cm² (见彩图)

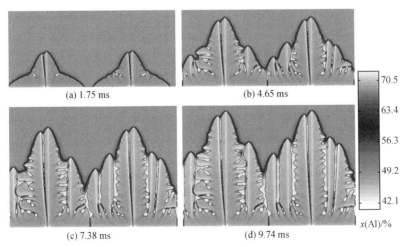

(a) 1.75 ms

(b) 4.65 ms

(c) 7.38 ms

(d) 9.74 ms

70.5
63.4
56.3
49.2
42.1

$x(\text{Al})/\%$

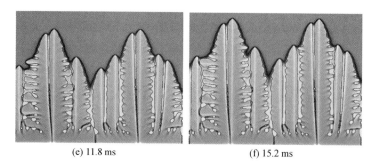

(e) 11.8 ms　　　　　　　　　　(f) 15.2 ms

图 5.31　Ti - 44Al 合金过冷定向凝固过程六个时刻的溶质分布，$Q=45.8$
　　　　W/cm² (见彩图)

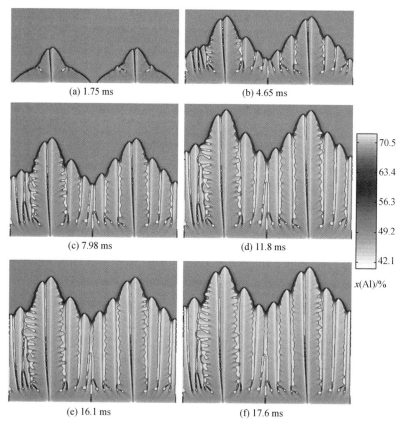

(a) 1.75 ms　　　　　　　　　　(b) 4.65 ms

(c) 7.98 ms　　　　　　　　　　(d) 11.8 ms

(e) 16.1 ms　　　　　　　　　　(f) 17.6 ms

图 5.32　Ti - 44Al 合金过冷定向凝固过程六个时刻溶质分布
　　　　($Q=72.0$ W/cm²) (见彩图)

5.3 定向凝固包晶相变微观组织的相场模拟

本节对合金两固相竞争生长过程组织形态的详细演化进行模拟。相场法通过引入多个相场变量(φ_1，φ_2，…)表示包晶相变过程相互作用的多个相，并基于相变过程体系能量的降低以及溶质的守恒建立多相场模型，十分适合模拟多相生长过程的微观组织演化。然而，由于包晶合金系的复杂性，而且涉及三相交节点的迁移，是高度非线性且多维空间的张量求解问题，很难构造普适性较强的凝固体系自由能，当前的包晶相变多相场模型主要针对假想合金的模拟，例如，假设包晶合金相图是两匀晶相图的简单复合，假设合金两相液固相线为互相平行的直线进行的模拟。本节采用假设与合金两相液固相线为互相平行的直线进行的模拟类似的体系自由能构造方式，但对其中的"特征参数"进行优化，建立了能对具体包晶合金两固相竞争生长过程组织形态演化进行模拟的多相场模型，并以典型合金 Ti -(40 - 50)Al 为例，模拟其在包晶平台附近及高 G/V_P 值的定向凝固条件下的两相微观组织演化。

5.3.1 当前包晶相变相场模型的构造

与液固相变情况一样，包晶相变相场模型的构造也是基于相变过程凝固体系能量的降低以及溶质的守恒，其中，体系自由能的构造十分关键。在该相变过程中，可将体系划分成如图 5.33 所示的七个区域：液相 L 区；初生相 α 区；包晶相 β 区；L 与 α 的界面区；L 与 β 的界面区；α 与 β 的界面区；L，α 和 β 三相交接点。体系自由能的构造实际上就是对上述七个区域中能量的"有机组合"过程。组合方式的差异也就导致相场模型的不同。

当前，典型的包晶相变相场模型有两类：一类是在理想溶液液固相变相场模型（即 WBM 相场模型）的基础上建立的 Nestler 模型；另一类是通过假设包晶合金两相液固相线为互相平行的直线而构造的 Lo 模型。这两类模型对体系自由能的构造均存在较大的假设，而且构造方式也有很大差异。本小节给出它们的基本构造方法，并对其合理性进行分析。

1. Nestler 模型

Nestler 模型引入三个相场变量 $\varphi_i(i = 1,2,3)$：$\varphi_1 = 1$ 表示初生相 α；$\varphi_2 = 1$ 表示包晶相 β；$\varphi_3 = 1$ 表示液相 L。它们在凝固体系空间任何一点均满足

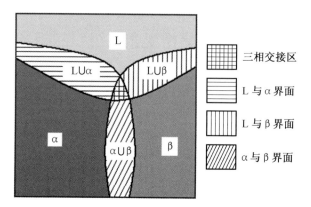

图 5.33　包晶相变过程的相界面及三相交接点示意图

$$\sum_{i=1}^{3} \varphi_i = 1 \qquad (5.42)$$

该模型的控制方程如下:

$$F(c, \varphi, T) = \int_V \left[f(c, \varphi, T) + \frac{1}{2} \sum_{i=1}^{3} \sum_{j=1}^{j=i} \varepsilon_{i,j} \mid r_{i,j} \mid^2 \right] dV \qquad (5.43)$$

$$\frac{\partial \varphi_j}{\partial t} = -M_1(\varphi, \nabla \varphi) \frac{\partial F}{\partial \varphi_j} (j = 1, \cdots, 3) \qquad (5.44)$$

$$\frac{\partial c}{\partial t} = \nabla \cdot \left\{ M_2(\varphi) \left[c(1-c) \nabla \left(\frac{\partial F}{\partial c} \right) \right] \right\} \qquad (5.45)$$

$$f(\varphi, c, T) = \sum_{i=1}^{3} \sum_{j=1}^{i} g_{i,j}(\varphi, c) + \sum_{i=1}^{3} \left[h_i(c, T) + \lambda \varphi_i \right] +$$
$$\frac{RT}{v_m} \left[c \ln(c) + (1-c) \ln(1-c) \right] \qquad (5.46)$$

式中　　$F(c, \varphi, T)$ —— 体系自由能;

$\quad\quad c$ —— 溶质成分;

$\quad\quad \varphi$ —— $(\varphi_1, \varphi_2, \varphi_3)$;

$\quad\quad T$ —— 温度;

$\quad\quad f(c, \varphi, T)$ —— 体系自由能密度,可表示为方程(5.46);

$\quad\quad \varepsilon_{i,j}$ —— 相 i 和相 j 间的梯度能量系数;

$\quad\quad r_{i,j}$ —— 表面能各向异性,当它取下式时,表示表面能各向同性:

$$r_{i,j} = \varphi_i \nabla \varphi_j - \varphi_j \nabla \varphi_i \qquad (5.47)$$

$M_1(\varphi, \nabla \varphi)$ 和 $M_2(\varphi)$ 是相场动力学参数;方程(5.46)中双阱势可表示为

$$g_{i,j}(\varphi, c) = \frac{1}{4} W_{i,j}(c) \varphi_i^2 \varphi_j^2 \qquad (5.48)$$

式中　　$W_{i,j}(c) = cW_{i,j}^{B} + (1-c)W_{i,j}^{A}$；

$W_{i,j}^{B}, W_{i,j}^{A}$——纯溶质组元 B 和纯溶剂组元 A 的能垒；

$h_i(c, T)$——相 i 的体自由能密度，可表示为

$$h_i(c, T) = (1-c)h_i^{A}(T) + ch_i^{B}(T) \qquad (5.49)$$

式中

$$h_i^{A}(T) = L_{A}\left(\frac{T - T_i^{A}}{T_i^{A}}\right) \qquad (5.50)$$

式中　　L_{A}——纯组元 A 的凝固潜热；

T_i^{A}——相 i 对应的纯组元 A 的熔点，$h_i^{B}(T)$ 有类似的形式；

R——气体常数；

v_{m}——摩尔体积；

λ——Lagrange 约束算子，用来强制各相场变量在空间任何位置的任何时刻均满足方程(5.42)。

将方程(5.43)代入方程(5.44)和(5.45)，可获得 Nestler 模型的相场和成分场控制方程：

$$\frac{1}{M_1}\frac{\partial \varphi_i}{\partial t} = \sum_{j=1, j\neq i}^{3}\{-\varepsilon_{i,j}^{2}[\nabla \cdot (\boldsymbol{r}_{i,j}\varphi_j) + \boldsymbol{r}_{i,j} \cdot \nabla\varphi_j]\} - \sum_{j=1, j\neq i}^{3}\frac{1}{2}W_{i,j}(c)\varphi_i\varphi_j^{2} - [ch_i^{B}(T) + (1-c)h_i^{A}(T)] - \lambda \qquad (5.51)$$

$$\frac{\partial c}{\partial t} = \nabla \cdot \left\{ \begin{array}{l} M_2 c(1-c)\nabla\left[\displaystyle\sum_{i<j}\frac{1}{4}(W_{i,j}^{B} - W_{i,j}^{A})\varphi_i^{2}\varphi_j^{2} + \right. \\ \left. \displaystyle\sum_{i=1}^{3}(h_i^{B}(T) - h_i^{A}(T))\varphi_i\right] + D(\varphi)\nabla c \end{array} \right\} \qquad (5.52)$$

式中

$$\lambda = \frac{1}{3}\sum_{i=1}^{3}\left[\begin{array}{l} \displaystyle\sum_{j=1, j\neq i}^{3}\{\varepsilon_{i,j}^{2}[\nabla \cdot (\boldsymbol{r}_{i,j}\varphi_j) + \boldsymbol{r}_{i,j} \cdot \nabla\varphi_j]\} + \\ \displaystyle\sum_{j=1, j\neq i}^{3}\frac{1}{2}W_{i,j}(c)\varphi_i\varphi_j^{2} + [ch_i^{B}(T) + (1-c)h_i^{A}(T)] \end{array} \right] \qquad (5.53)$$

$$M_2(\varphi) = \frac{v_{m}}{RT}D(\varphi) \qquad (5.54)$$

$$D(\varphi) = \sum_{i=1}^{3}D_i\varphi_i \qquad (5.55)$$

式中　　D_i——相 i 的液相溶质扩散系数。

当取 $T_1^{A} > T_2^{A} > T_2^{B} > T_1^{B}$ 和其他合理参数时，通过方程(5.46)可获

得液相、初生相和包晶相的自由能密度曲线,进一步采用共切线构造法就可计算出与其对应的包晶相图,如图 5.34 所示。从图中可以看出,该相图实际上是由两个匀晶相图的简单复合而成的。显然,对于任何一种具体包晶合金的相图,都很难通过这种方式获得,而且这种简单复合并没有实际的物理意义。所以,Nestler 模型实际上只适合对假想包晶合金的两相微观组织演化进行模拟。

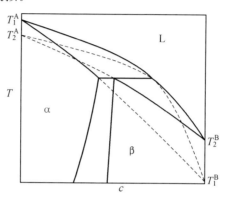

图 5.34　由 Nester 模型获得的典型包晶合金示意相图

2. Lo 模型

Lo 模型引入两个相场变量,φ 用来区分固液相,即 $\varphi = 1$ 表示固相,$\varphi = -1$ 表示液相;ψ 用来区分初生相 α 和包晶相 β,即 $\psi = 1$ 表示 α 相,$\psi = -1$ 表示 β 相,并且强制在液相中 $\psi = 0$。该模型的控制方程如下:

$$F = \int_V \left\{ \frac{1}{2} W_\varphi^2 \, |\nabla\varphi|^2 + \frac{1}{2} W_\psi^2 \, |\nabla\psi|^2 + f(\varphi, \psi, c) \right\} dV \quad (5.56)$$

$$\tau_\varphi \frac{\partial\varphi}{\partial t} = -\frac{\partial F}{\partial\varphi} \quad (5.57)$$

$$\tau_\psi \frac{\partial\psi}{\partial t} = -\frac{\partial F}{\partial\psi} \quad (5.58)$$

$$\frac{\partial c}{\partial t} = \nabla \cdot \left[M(\varphi) \, \nabla \frac{\partial F}{\partial\varphi} \right] \quad (5.59)$$

$$f(\varphi, \psi, c) = \frac{\lambda}{2} \left\{ c + A_1 h(\varphi) + \frac{1}{2} A_2 \left[1 + h(\varphi) \right] h(\psi) \right\}^2 -$$

$$\lambda \left\{ B_1 h(\varphi) + \frac{1}{2} B_2 \left[1 + h(\varphi) \right] h(\psi) \right\} + g(\varphi) +$$

$$\frac{1}{2} \left[1 + h(\varphi) \right] g(\psi) + \frac{1}{2} \left[1 - h(\varphi) \right] \psi^2 \quad (5.60)$$

式中　F——体系自由能;

　　　W_φ, W_ψ——梯度能量系数;

$f(\varphi,\psi,c)$ —— 体系自由能密度;

τ_φ,τ_ψ —— 相场动力学参数;

$M(\varphi)=D_{\mathrm{L}}(1-\varphi)/2\lambda$,其中,$D_{\mathrm{L}}$ 为液相溶质扩散系数;

λ —— 正的补偿常数;

A_1,A_2,B_1,B_2 —— "特征参数",它们的取值取决于相图热力学参数。

方程(5.60)中双井函数表示为

$$g(\varphi)=\frac{1}{4}-\frac{\varphi^2}{2}+\frac{\varphi^4}{4} \tag{5.61}$$

$$h(\varphi)=\frac{3}{2}\left(\varphi-\frac{\varphi^3}{3}\right) \tag{5.62}$$

函数 $g(\varphi)$ 和 $h(\varphi)$ 可表示为与上面两方程类似的形式。

方程(5.60)对包晶相变体系自由能密度的构造方式借助了许多固态相变相场模型中体系能量密度的构造方法。这种构造方法只适合于扩散控制的相变体系,但它具有一个显著优点,就是体系能量密度的特征参数(即 A_1,A_2,B_1 和 B_2)可以根据计算精度与效率的要求,通过相图热力学参数灵活确定,而这在当前计算能力条件下的多相场计算中是尤为重要的。例如,在包晶反应温度附近,通常可以将复杂的曲线包晶相图简化成直线相图,此时,在构造该体系的自由能密度时,它的特征参数就可以取得相对简单。显然,Lo 模型的构造比 Nestler 模型更具灵活性,且物理意义更为明确。利用该模型,成功地模拟了模型合金在包晶平台附近高 G/V_P 值的定向凝固中,带状组织以及两相共生生长组织的形成。然而,在该模拟中,方程(5.60)的特征参数 A_1,A_2,B_1 和 B_2 的取值是温度的一阶逼近函数,这就使得采用方程(5.60)计算获得的包晶合金相图的两相液固相线为互相平行的直线,如图 5.35 所示,和实际情况不相符。因此,Lo 模型和 Nestler 模型一样,只适合对假想包晶合金的模拟。

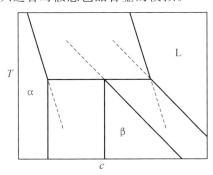

图 5.35　由 Lo 模型获得的典型包晶合金示意相图

5.3.2　具体合金包晶相变相场模型构造

根据相图中包晶相区的特征可以将包晶合金划分为三类,如图 5.36 所示。在 A 类中,固溶转变线 c_β^α 与包晶相 β 的固相转变线 c_S^β 的斜率符号相同,如图 5.36(a) 所示;B 类中两线的斜率符号相反,如图 5.36(b) 所示;而 C 类中 β 相只在一个相当窄或单一的成分范围内存在,如图 5.36(c) 所示。其中,B 类相图是比较常见的,如 Fe－Ni,Ti－Al,Pb－Bi 和 Zn－Cu 等包晶合金都属于这一类。本节以此类相图为例,采用与 Lo 模型类似的体系自由能构造方法,建立能对具体合金包晶相变微观组织演化进行模拟的多相场模型。

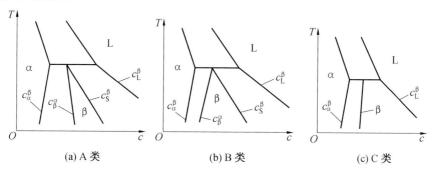

图 5.36　典型二元包晶反应相图

从方程(5.60) 中可获得液相、初生相和包晶相的自由能密度表达式:

$$f_L = f(-1, 0, c) = \frac{\lambda}{2}(c - A_1)^2 + \lambda B_1 \tag{5.63}$$

$$f_\alpha = f(1, 1, c) = \frac{\lambda}{2}(c + A_1 + A_2)^2 - \lambda(B_1 + B_2) \tag{5.64}$$

$$f_\beta = f(1, -1, c) = \frac{\lambda}{2}(c + A_1 - A_2)^2 - \lambda(B_1 - B_2) \tag{5.65}$$

通过共切线构造法,可获得固－液和固－固平衡成分:

$$c_L^{\alpha,\beta} = \frac{B_1 \pm \frac{1}{2}B_2}{A_1 \pm \frac{1}{2}A_2} + A_1 \tag{5.66}$$

$$c_S^{\alpha,\beta} = \frac{B_1 \pm \frac{1}{2}B_2}{A_1 \pm \frac{1}{2}A_2} - A_1 \mp A_2 \tag{5.67}$$

$$c_{S,s}^\alpha = \frac{B_2}{A_2} - A_1 - A_2 \tag{5.68}$$

$$c_{S,s}^\beta = \frac{B_2}{A_2} - A_1 + A_2 \tag{5.69}$$

特征参数 A_1, A_2, B_1 和 B_2 是温度的函数,对它们的构造通常是采用多项式逼近的方式,多项式的系数直接联系到相图的热力学参数,而特征参数的取值是温度的一阶函数,导致产生相图的两相液固相线为互相平行的直线,与实际情况不符合。本节对 A_1 和 A_2 采用一阶温度函数逼近,而 B_1 和 B_2 则采用二阶温度函数逼近,即假设

$$A_1 = A_{11} + A_{12}T \tag{5.70}$$

$$A_2 = A_{21} + A_{22}T \tag{5.71}$$

$$B_1 = B_{11} + B_{12}T + B_{13}T^2 \tag{5.72}$$

$$B_2 = B_{21} + B_{22}T + B_{23}T^2 \tag{5.73}$$

对于如图 5.37 所示的包晶合金简化相图,直线 $1 \sim 4$ 分别可描述为 $T - c$ 的函数形式,即

$$T_1 = T_P + m_L^\alpha(c - c_p) \tag{5.74}$$

$$T_2 = T_P + m_S^\alpha(c - c_\alpha) \tag{5.75}$$

$$T_3 = T_P + m_L^\beta(c - c_p) \tag{5.76}$$

$$T_4 = T_P + m_S^\beta(c - c_p) \tag{5.77}$$

式中　　T_P——包晶温度;

$m_L^\alpha, m_S^\alpha, m_L^\beta, m_S^\beta$——初生相和包晶相的液相线和固相线的斜率。

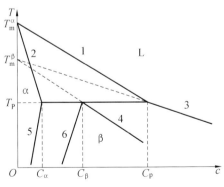

图 5.37　包晶合金简化相图

将方程(5.74)和(5.76)对应到方程(5.66),方程(5.75)和(5.77)对应到方程(5.67),即可建立参数 $A_{11}, A_{12}, A_{21}, A_{22}, B_{11}, B_{12}, B_{13}, B_{21}, B_{22}$ 和 B_{23} 与相图热力学参数 $C_\alpha, C_\beta, C_p, m_L^\alpha, m_S^\alpha, m_L^\beta$ 和 m_S^β 的函数关系。由此,通

过方程(5.68)和(5.69)可进一步求出图5.37中的固－固转变线5和6的 $T-c$ 函数表达式,它和实际相图中的 $T-c$ 函数并不完全一致,但并不会影响到当前的计算结果。由此,通过对体系自由能密度的特征参数采用高阶多项式逼近的方式,结合 Lo 模型建立了能对具体合金包晶相变凝固微观组织演化进行模拟的相场模型,即方程(5.56)～(5.62)以及方程(5.70)～(5.73)。

5.3.3　定向凝固 Ti－Al 合金包晶相变微观组织模拟

本小节采用 Lo 模型和 5.3.2 节中体系自由能密度的构造方法,模拟该合金在定向凝固条件下的两相生长行为。

1.计算参数的选取及数值求解问题

取方程(5.56)中 $W_\varphi = W_\psi = W$,方程(5.57)和(5.58)中 $\tau_\varphi = \tau_\psi = \tau$,且它们满足

$$\frac{\tau D_{\mathrm{L}}}{W^2} = 1 \tag{5.78}$$

式中　D_{L}——液相溶质扩散系数。

方程(5.60)中补偿常数 $\lambda = 2.5$,特征参数 A_1, A_2, B_1 和 B_2 中的各个参量通过 Ti -(40～50)Al 合金直线简化相图的热力学参数计算获得,见表 5.4。

表 5.4　自由能密度特征参数

A_{11}	A_{12}	A_{21}	A_{22}	B_{11}
35.157 3	7.092 9	－7.130 8	－0.003 3	9 385.5

B_{12}	B_{13}	B_{21}	B_{22}	B_{23}
1 578.7	－51.440	－7 685.5	－1 124.4	0.692 6

选取定向凝固温度梯度为 $G = 200$ K/cm,生长速度为 $V_{\mathrm{P}} = 0.1$ μm/s,以确保包晶两相的平界面生长,抽拉方向为竖直方向(即 y 方向),则体系温度场控制方程可表示为

$$T = T_0 + G(y - V_{\mathrm{p}}t) \tag{5.79}$$

式中　T_0——参考温度。

在纯扩散条件下,热扩散长度 l_{T}^v(v 表示 β 或 α)和溶质扩散长度 l_{D} 可表示为

$$l_{\mathrm{T}}^v = \frac{\left| m_{\mathrm{L}}^v \right| (c_p - c_v)}{G} \tag{5.80}$$

$$l_D = D_L / V_P \tag{5.81}$$

为此,必须选择足够的计算域高度 H 以确保热流和溶质的充分扩散,取

$$H = 10 l_D = 2\ 000 W \tag{5.82}$$

另外,计算域宽度(即定向凝固试样直径):

$$L = N l_D \tag{5.83}$$

式中　　N—— 正的实数。

采用有限差分法求解方程(5.57)、(5.58) 和(5.59),将矩形计算域离散成均匀网格,取网格尺寸 $\Delta x = 0.8\,W$,时间步长 $\Delta t = 0.1\tau$,长度尺度以 l_D 为标准,时间尺度则以扩散时间 $t_D = l_D / V_P$ 为标准。在计算域的边界强制无张量 Numann 边界条件。

2. 三相交接点的动态延伸

首先模拟定向凝固包晶相变过程,单个包晶相核心依附初生相表面的生长行为,即三相交接点的动态延伸。选择 Ti - 45.5Al 合金,计算域宽度 $L = 0.6 l_D$,包晶相形核过冷度 $\Delta T_\alpha = 2.0$ K。假设初始计算域底部存在一定固相分数的初生相β,并以平界面方式生长,当其界面前沿溶质富集达到包晶相 α 可以形核的临界成分时,在 β 相界面和计算域侧面交界处设置一个 α 相核心。模拟结果如图 5.38 所示,可以看出,形核后的包晶相依附于初生相表面同时沿水平和竖直方向生长,由于前者的生长速率明显比后者大,三相交接点从左侧向右侧延伸,导致包晶相总是"努力"地包覆初生相且呈现"凸形"界面,而且,在三相交接点附近界面曲率最大;同时,尚没有被包晶相包覆的初生相保持平界面沿竖直方向向熔体内部生长,"努力"地避免被包晶相包覆,但由于其生长速率低于三相交接点的水平方向延伸速率,经过一段时间的竞争生长,最终,初生相被包晶相完全包覆,形成离散带状组织。

当取试样宽度 $L = 0.4 l_D$,而其他条件与图 5.38 中相同时,模拟结果展示了另外一种典型的包晶两相生长行为,如图 5.39 所示,初始,包晶相依附初生相表面生长,三相交接点从左向右延伸。然而,随着凝固的进行,三相交接点的延伸方向发生转变,从右向左延伸,导致形成包晶相完全被初生相包覆住的岛屿带状组织。

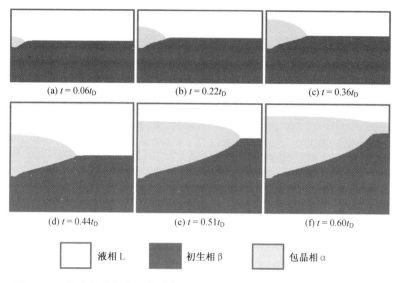

(a) $t = 0.06t_D$　　　　(b) $t = 0.22t_D$　　　　(c) $t = 0.36t_D$

(d) $t = 0.44t_D$　　　　(e) $t = 0.51t_D$　　　　(f) $t = 0.60t_D$

　液相 L　　　　初生相 β　　　　包晶相 α

图 5.38　单个包晶相核心依附初生相表面生长形成"离散"带状组织过程

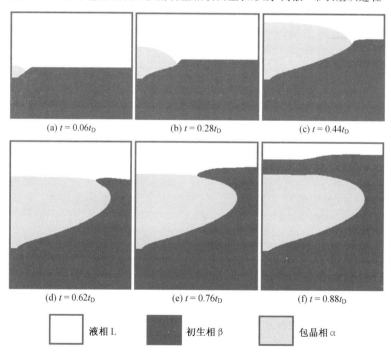

(a) $t = 0.06t_D$　　　　(b) $t = 0.28t_D$　　　　(c) $t = 0.44t_D$

(d) $t = 0.62t_D$　　　　(e) $t = 0.76t_D$　　　　(f) $t = 0.88t_D$

　液相 L　　　　初生相 β　　　　包晶相 α

图 5.39　单个包晶相核心依附初生相表面生长形成"岛屿"带状组织过程

　　上述两个模拟结果充分说明,定向凝固包晶相变过程组织形态的演化与三相交接点的动态延伸密切相关,它的延伸轨迹反映了初生相和包晶相的竞争生长过程。为了定量地描述三相交接点的延伸特性,我们把三相交接点沿水平方向的延伸速度记为 V_S,如图 5.40 所示,从左向右延伸为正,反之则为负。V_S 同时反映了包晶相包覆初生相的能力。

　　图 5.41 记录了模拟获得的随凝固时间变化的三相交接点水平方向延伸速度,其中,图 5.41(a) 为 Ti-45.5Al 及 $\Delta T_a = 2$ K,在不同计算域宽度 L 时的情况;图 5.41(b) 为 Ti-45.5Al 及 $L = 0.6l_D$,在不同包晶相形核过冷度 ΔT_a 下的情况;图 5.41(c) 为 $L = 0.6l_D$ 及 $\Delta T_a = 2$ K,在不同初始成分 C_∞ 的情况。可以看出,V_S 随凝固时间的变化可以分

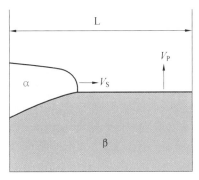

图 5.40　初生相和包晶相竞争生长示意图

为两个典型的阶段,第一个阶段是形核后的包晶相生长初期,V_S 随凝固时间缓慢地增大,其中,ΔT_a 对其影响显著,ΔT_a 越大,V_S 越大并且增大得也相对更快,这是因为较大的包晶相形核过冷度相当于大的溶质过饱和度;但 V_S 几乎与 L 及 C_∞ 无关。第二个阶段是包晶相高速生长期,V_S 随凝固时间呈近似线性增长,L 越小,V_S 越小且增长速度越慢,当 L 减小到一定程度,V_S 增大至某一值后,延伸方向发生转变,朝相反方向变化,如图 5.41(a) 所示,这是因为计算域宽度的减小导致包晶相界面前沿溶质扩散的"倒流",减小了相界面的溶质成分梯度,而该梯度是纯扩散生长条件相生长的驱动力;初始成分 C_∞ 对 V_S 有类似的影响,c_∞ 越小即包晶相所占体积分数越小,V_S 越小且增长速度越慢,当初始成分减小到一定程度,V_S 则朝相反方向变化,如图 5.41(c) 所示,但整体而言,初始成分对 V_S 的影响没有 L 对 V_S 的影响显著;ΔT_a 越大,V_S 越大,但增长速度几乎与 ΔT_a 无关,如图 5.41(b) 所示。

　　可见,计算域宽度 L、包晶相形核过冷度 ΔT_a 和初始成分 C_∞ 直接影响到定向凝固包晶合金三相交接点的延伸,也就影响到其最终的微观组织形态。图 5.42 给出了相场模拟定向凝固 Ti-Al 合金,在两个形核过冷度及不同初始成分和计算域宽度下,单个某相核心依附另相生长获得的微观组织图,可以看出:

　　① 在固定的 ΔT_a 下,存在一临界成分 C^*,当初始成分 C_∞ 小于该成分

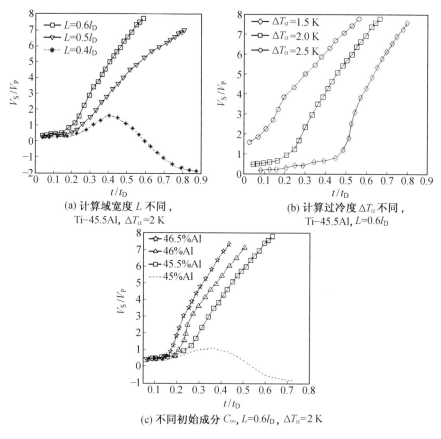

(a) 计算域宽度 L 不同,
Ti–45.5Al, ΔT_α=2 K

(b) 计算过冷度 ΔT_α 不同,
Ti–45.5Al, L=0.6l_D

(c) 不同初始成分 C_∞, L=0.6l_D, ΔT_α=2 K

图 5.41　随凝固时间变化的三相交接点水平方向延伸速度

时,即 $C_\infty < C^*$,始终形成岛屿带状组织;ΔT_α 的增大将导致 C^* 的减小。

② 在固定的 ΔT_α 下,当 $C_\infty > C^*$ 时,存在临界计算域宽度 L_c,如图 5.42 中虚线所示。如果包晶相所占的体积分数小于 0.65 时,即初始成分满足 $(1-0.65)C_\beta + 0.65C_\alpha \geqslant C_\infty > C^*$,当 $L > L_c$,形成离散带状组织;当 $L < L_c$,形成 α 岛屿带状组织,而且,C_∞ 或 ΔT_α 的增大将导致 L_c 的减小。如果包晶相所占的体积分数大于 0.65 时,即 $C_\infty > (1-0.65)C_\beta + 0.65c_\alpha$,当 $L > l_c$,形成 β 岛屿带状组织;当 $L < L_c$,形成离散带状组织,而且,c_∞ 或 ΔT_α 的增大将导致 L_c 的增大。

上述分析表明,在该情况下,计算域宽度越大则越容易形成 β 组织;反之,则形成离散带状组织,这和初生相占大量体积分数时的微观组织形成规律相反。对于当前定向凝固条件下的 Ti - Al 合金,包晶相占大量体积分数对应初始溶质成分约大于或等于 46.5%。

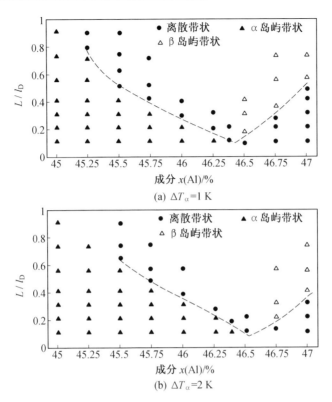

图 5.42 定向凝固 Ti-Al 合金在两个形核过冷度及不同初始成分和计算域宽度下
单个某相核心依附第二相生长模拟获得的微观组织图

3. 小直径试样连续形核控制的微观组织

上面阐述的是单个某相核心形核后依附第二相表面的生长行为。实际上,对于定向凝固的包晶合金,会出现相的不断形核和生长,导致形成各种各样的微观组织。由于形核对最终凝固组织形态有决定性的影响,我们常称为形核控制的微观组织。处理相的形核首先是要确定形核的条件和位置,由第 2 章的分析可知,在纯扩散生长条件下的定向凝固包晶合金,某相生长界面前沿溶质成分达到第二相形核的临界成分时,就可能发生第二相的形核,该临界成分与形核相的形核过冷度有关;对于包晶合金,我们假设形核的最佳位置是位于固液界面处。另外,相的形核是典型的随机事件,当前,经典形核理论对其的处理是给出单位时间和空间的形核概率的确定性模型,即确定性地给出形核率模型并同时考虑随机因素。显然,空间越大,形核处理就会变得越复杂。本节先考虑小直径(计算域宽度)试样($L < l_D$)连续形核的简单情况,而大直径试样($L \gg l_D$)的多重形核问题将在

下节考虑。

　　对于小直径试样,可以认为形核发生在靠近试样侧面墙壁的固液界面处,由于试样尺寸较小,在模拟过程中,我们将形核的核心始终固定在试样一侧的墙壁上。另外,只要某相生长界面前沿溶质成分达到第二相形核临界成分,第二相则迅速形核,假定形核相一旦形成,直到该相完全延伸形成离散或岛屿状带,才可能出现该相的进一步形核,即连续形核(continuous nucleation)。

　　图 5.43 给出了相场模拟 Ti - 45.5Al 合金小试样在不同直径和形核过冷度下获得的微观组织,其中,黑区为初生相 β,亮区为包晶相 α。可以看出,对于直径稍大的试样,在定向凝固过程中,当初生相和包晶相的形核过冷度均较大时,从上节分析可知,三相交接点将具有较大的水平方向延伸速率,而且,该条件下的临界尺寸 L_c 较小,导致形核相能依附另相完全延伸,形成两相交替生长的离散带状组织,如图 5.43(a)所示;在相同的试样直径下,减小包晶相的形核过冷度时,导致 V_s 减小以及临界尺寸 L_c 增

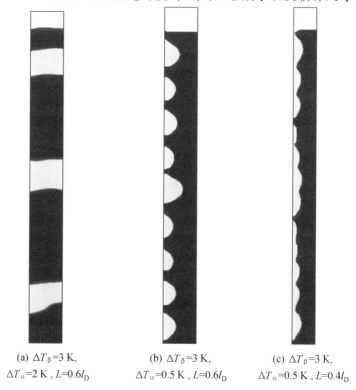

(a) ΔT_β=3 K,　　　　(b) ΔT_β=3 K,　　　　(c) ΔT_β=3 K,
ΔT_α=2 K , L=0.6l_D　　ΔT_α=0.5 K , L=0.6l_D　　ΔT_α=0.5 K , L=0.4l_D

图 5.43　Ti - 45.5Al 合金小试样在不同直径和形核过冷度下模拟获得的微观组织

大,包晶相依附初生相表面生长,但不能完全延伸,最终形成岛屿带状组织,如图 5.43(b)所示;当同时减小试样直径和包晶相形核过冷度时,模拟获得了包晶两相协同生长的组织,如图 5.43(c)所示。在图 5.43(b)和图5.43(c)中,三相交接点水平延伸速度缓慢增大至一定值后,延伸方向均发生变化,但在随后朝相反方向的延伸过程中,前者的延伸速率比后者的大,因此,在图 5.43(b)中初生相较快地包覆住了包晶相,而在图 5.43(c)中,初生相和包晶相则持续竞争生长,导致界面处溶质成分较易满足包晶相形核条件,形成类似共晶合金中的共生生长组织。

上述模拟结果再次说明,在小直径试样的定向凝固过程中,试样直径和相形核过冷度对三相交接点的延伸速度有极大影响,而该速度的差异将对应形成离散或岛屿带状和共生生长等典型组织。

4. 大直径试样多重形核控制的微观组织

在大直径试样的定向凝固过程中,在单位时间和空间的某相固液界面处可能同时出现第二相的形核,即多重形核(multiple nucleation),它区别于上述小直径试样的连续形核。在经典形核理论中引入形核率来反映多重形核的程度,经典的形核率模型中有许多物理参数几乎无法测定,如自由能障等,为此提出了一个在数值处理上很有效的形核率模型,即每隔Δt_N时间扫描某相生长固液界面,假设间距为Δs_N的界面处为可能出现第二相形核的测试点,当测试点的界面成分达到第二相形核临界成分时,每个测试点的形核概率可表示为

$$I = \frac{w(T)}{\Delta t_N \Delta s_N} \qquad (5.84)$$

式中　w——无量纲界面温度函数,可表示为

$$w = \begin{cases} w_0 \exp\left[-A/(T-T_P)\right], & T < T_P \\ 0, & T \geqslant T_P \end{cases} \qquad (5.85)$$

式中　w_0——形核参数,其取值越大,形核率则越大;

　　　A——约束参数,两者满足

$$w_0 \exp\left[-A/(T_m^\alpha - T_P)\right] = 1 \qquad (5.86)$$

对于成分达到另一相形核临界成分的那些测试点,当$w > 1$时,该处出现形核相的核心;当$w < 1$时,假设一随机因子$\xi(0 < \xi < 1)$,只有当$w > \xi$时,测试点处才出现形核相的核心。可见,该形核率模型既考虑了形核的确定性因素,也考虑了随机性影响。

假设试样直径(计算域宽度)$L = 2.634 l_D$,两相形核过冷度均为2.0 K,采用上述形核模型,我们对定向凝固 Ti-Al 合金在三个不同初始成分和

五个形核参数 w_0 下的微观组织进行模拟,获得如图 5.44 所示的微观组织图。可以看出,随着形核率的增大,当初始成分为较小的 45.5%Al 时,即包晶相所占体积分数约为 0.28,微观组织演变为:离散带状→过渡带状→岛屿带状组织,这里的过渡带状组织形态上类似离散带状组织,但有部分带发生断裂,形成岛屿状。当初始成分增大至 46%Al 时,即包晶相所占体积分数约为 0.48,微观组织演变为:离散带状→α 岛屿过渡带状→共生生长组织;当初始成分进一步增大至 46.5%Al 时,包晶相所占体积分数约为 0.68,微观组织演变为:共生生长→β 岛屿过渡带状→离散带状组织。可见,只有当包晶相所占体积分数较大时,并且经过初生相或包晶相的岛屿带状组织过渡,才可能形成两相共生生长组织。而且,当两相体积分数相当时,该组织的形成是在较高的形核率情况下发生的;当包晶相体积分数比初生相体积分数大很多时,只有在低形核率的情况下才能形成该组织。

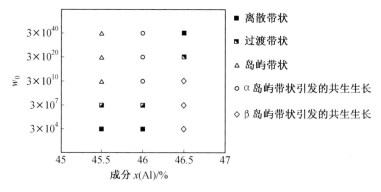

图 5.44　Ti-Al 合金大直径试样在不同初始成分和形核参数下模拟获得的微观组织图

　　图 5.45 给出了相场模拟 Ti-45.5Al 合金在定向凝固过程中,随着形核率增大的微观组织演化,其中,黑区为初生相 β,亮区为包晶相 α。可以看出,形核率很低时,由于形核距离要大于临界尺寸 L_c,由图 5.42(b)可知,此时某相能依附另一相完全延伸,形成初生相和包晶相交替生长的离散带状组织,如图 5.45(a)所示,图中两相接触面呈现由许多 V 形构成的锯齿状形态,其中,每个 V 形表示该处发生相的形核。当形核率增大,形核距离减小并逐渐逼近临界尺寸 L_c 时,形成一种介于离散带状和岛屿带状之间的过渡带状组织,如图 5.45(b)所示,图中的大多数包晶相不像图 5.45(a)中的那样能完全延伸形成独立的带,而是好像发生了带的“断裂”,出现局部孤立的岛屿状包晶相。由于与初生相的持续竞争生长,两相接触面也由多个 V 形构成,但这些 V 形略比图 5.45(a)中的小。随着形核率的

(a) $w_0 = 3 \times 10^4$　　(b) $w_0 = 3 \times 10^7$　　(c) $w_0 = 3 \times 10^{10}$

(d) $w_0 = 3 \times 10^{20}$　　(e) $w_0 = 3 \times 10^{40}$

图 5.45　Ti－45.5Al 合金在五个形核参数下模拟获得的带状组织

进一步增大,形核距离则相应减小至小于临界尺寸 L_c 时,包晶相依附初生相生长,但很快被初生相包覆住,形成典型的岛屿带状组织,如图 5.45(c)～(e)所示。与图 5.45(b)相比,图 5.45(c)中岛屿状包晶相的底部呈现多个细 V 形,说明后者是由多个形核核心"融合"在一起构成的,而前者的是由单个核心构成的。当形核参数 w_0 显著增大至 3×10^{20} 时,形成比图 5.45(c)中明显更多且更细小的孤立岛屿状包晶相,如图 5.45(d)所示,图中出现少量由许多形核核心"融合"在一起构成的包晶相。

　　然而,当形核参数 w_0 进一步显著增大至 3×10^{40} 时,孤立岛屿状包晶相的数量只是略有增加且稍微变细,如图 5.45(e)所示,说明当形核率增大至一定程度时,定向凝固包晶合金的微观组织形态受形核率影响很小。图 5.46 给出了相场模拟 Ti－46Al 合金在定向凝固过程中,在两个较大形核参数下的微观组织形态。从图可以看出,由于形核率较大,形核间距明显比临界尺寸 L_c 小,因而包晶相倾向于被初生相包覆而呈现岛屿状,然而与图 5.45 中不同的是,当前成分下对应的包晶相体积分数较大,因而,局部三相交接点延伸速度将在逐步增大至较大的值之后,才发生延伸方向的变化,即此时初生相包覆住包晶相需经历较长一段凝固距离或时间,而在形核率较大的情况下,下述情形往往出现,即在初生相尚未完全包覆住包晶相时,固液界面处就出现新的包晶相核心,从而出现多个岛屿状包晶相在纵向的连续"粘联",形成包晶两相局部共生生长的组织,尤其是在形核率极大时,如图 5.46(b)所示。

(a) $w_0 = 3 \times 10^{20}$　　　　(b) $w_0 = 3 \times 10^{40}$

图 5.46　Ti－46Al 合金在两个形核参数下模拟获得的微观组织

图 5.47 给出了相场模拟 Ti - 46.5Al 合金在定向凝固过程中,两个形核参数下的微观组织形态。从图可以看出,在包晶相占大量体积分数的情况下,当形核率极大,形核距离明显比临界尺寸 L_c 小时,由图 5.42(b) 可知,此时倾向于形成离散带状组织,如图 5.47(a) 所示。图中,初生相界面上出现大量细而密的 V 形,这是由于初始成分较大,包晶相很容易在初生相界面前沿形核;而包晶相界面上则呈现较大的 V 形,说明,尽管当前形核率极高,但初生相在包晶相界面上的形核却显得相对困难。这与图 5.45(a) 中在初生相占大量体积分数及低形核率的情况下形成的离散带状组织有明显不同。另外,图 5.47(a) 中初生相的带宽比包晶相带宽小,而且,带间距也明显比图 5.45(a) 中的小。当形核率较小,形核距离比临界尺寸 L_c 大时,由图 5.42(b) 可知,此时倾向于出现初生相岛屿带状组织,如图 5.47(b) 所示,可以看出,初生相界面上出现许多细而密的 V 形,说明尽管当前形核率较低,但初始成分较大,初生相界面上仍出现许多包晶相的形核。初生相在包晶相界面形核后的生长形态呈现岛屿状,其顶端由许多细而密的 V 形而低端则由较大的 V 形构成,这与图 5.45 和 5.46 中的岛屿状包晶相明显不同。图中还观察到,在包晶相尚未完全包覆住初生相

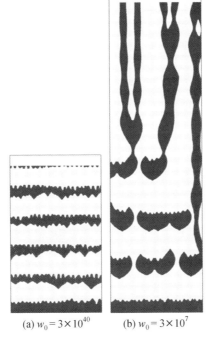

(a) $w_0 = 3 \times 10^{40}$ (b) $w_0 = 3 \times 10^7$

图 5.47　Ti - 46.5Al 合金在两个形核参数下模拟获得的微观组织

时,固液界面处就出现新的初生相核心,导致多个岛屿状初生相在纵向连续"粘连",形成包晶两相局部共生生长的组织,这与图 5.46 中类似。

参考文献

[1] PROVATAS N,GOLDENFELD N,DANTZIG J A. Adaptive grid methods in solidification microstructure modeling. modeling of casting, welding and advanced solidification processes[M]. TMS,Warrendale,PA,1998,Ⅷ:533-540.

[2] WHEELER A A,BOETTINGER W J,MCFADDEN G B. Phasefield model of solute trapping during solidification[J]. Phys. Rev. E,1993,47(3):1893-1909.

[3] BOETTINGER W J,WARREN J A. The phase-field method:simulation of alloy dendritic solidification during recalescene[J]. Metall. Mater. Trans,1996,27A:657-669.

[4] WARREN J A,BOETTINGER W J. Prediction of dendritic growth and microsegregation patterns in a binary alloy using the phase-field Method[J]. Acta. Metall,1995,43(2):689-703.

[5] PENROSE O, JIN Y. Thermodynamically consistent models of phase-field type for the kinetics of phase transitions[J]. Phys. D, 1990,43:44-62.

[6] BOETTINGER W J, WARREN J A. Simulation of the cell to plane front transition during directional solidification at high velocity[J]. J. Cryst. Growth,1999,200:583-591.

[7] ZHIQIANG B,SEKERKA R F. Phase field modeling of shallow cells during directional solidification of a binary alloy [J]. J. Crys. Growth,237:138-143.

[8] GEORGE W L,WARREN J A. A parallel 3D dendritic growth simulator using the phase-field method[J]. J. Comp. Phys,2002,177:264-283.

[9] LAN C W,CHANG Y C. Efficient adaptive phase field simulation of directional solidification of a binary alloy[J]. J. Cryst. Growth, 2003,250:525-537.

[10] BOETTINGER W J,WARREN J A,BECKERMANN C,et al.

Phase-field simulation of solidification[J]. Annu. Rev. Mater. Res,2002, 32: 163-194.

[11] KIM S G,KIM W T, SUZUKI T. Phase-field model for binary alloys[J]. Phy. Rev. E,1999, 60(6): 7186-7197.

[12] KIM S G,KIM W T,SUZUKI T. Interfacial compositions of solid and liquid in a phase-field model with finite interface thickness for isothermal solidification in binary alloys[J]. Phys. Rev. E,1998, 58(3): 3316-3323.

[13] ODE M,SUZUKI T,KIM S G, et al. Phase-field model for solidification of Fe-C Alloys[J]. Science and Technology of Advanced Materials,2000, 1: 43-49.

[14] KIM S G,KIM W T. Phase-Field modeling of rapid solidification [J]. Mater. Sci. Eng. ,2001, A304: 281-286.

[15] ODE M,SUZULI T. Numerical simulation of initial microstructure evolution of Fe-C alloys using a phase-field model[J]. ISIJ Int. , 2002, 42: 368-374.

[16] ODE M,KIM S G,KIM W T, et al. Phase-field simulation of microstructure evolution during the initial stage of rapid solidification of alloys[J]. Int. J. Cast Metals Res,2002, 15: 247-250.

[17] LOGINOVA L,AGREN J,AMBERG G. On the formation of widmanstatten ferrite in binary Fe-C -phase-field approach[J]. Acta Mater,2004, 52: 4055-4063.

[18] KIM S G,KIM W T,SUZUKI T. Phase-field model with a reduced interface diffusenes[J]. J. Crys. Growth,2004, 263: 620-628.

[19] TIADEN J,NESTLER B,DIEPERS H J, et al. The multiphase-field model with an integrated concept for modeling solute diffusion [J]. Phys. D,1998, 115: 73-86.

[20] NESTLER B. A multiphase-field model: sharp interface asymptotics and numerical simulations of moving phase boundaries and multijunctions[J]. J. Crys. Growth,1999, 204: 224-228.

[21] LEE J S,KIM S G, KIM W T. Numerical simulation of peritectic reactions using a multiphase-field model[J]. ISIJ International, 1999, 39(7): 730-736.

[22] NESTLER B,WHEELER A A. A Multi-Phase-field model of eu-

tectic and peritectic alloys: numerical simulation of growth structures[J]. Phys. D,2000, 138: 114-133.

[23] NESTLER B,WHEELER A A,RATKE L. Phase-field model for solidification of a monotectic alloy with convection[J]. Phys. D, 2000, 141: 133-154.

[24] NESTLER B,WHEELER A A. Multi-phase-field model of peritectic, eutectic and monotectic solidification[M]. Aachen: Modeling of Casting, Welding and Advanced Solidification Processes, 2000.

[25] NESTLER B, WHEELER A A. Phase-field modeling of multi-phase solidification[J]. Computer Physics Communications,2002, 147: 230-233.

[26] APEL M,BOETTINGER B,DIEPERS H J,et al. 2D and 3D phase-field simulation of lamella and fibrous eutectic growth[J]. J. Cryst. Growth,2002, 237: 154-158.

[27] KIM S G,KIM W T,SUZUKI T, et al. Phase-field modeling of eutectic solidification[J]. J. Cryst. Growth,2004, 261: 135-158.

[28] ARTERMEV A,WANG Y U,KHACHETURYAN A G. Three-dimensional phase field model of low-symmetry martensitic transformation in multilayer systems under applied stresses[J]. Acta. Mater,2000, 48: 2503-2518.

[29] ARTEMEV A,JIN Y M,KHACHATURYAN A G. Three-dimensional phase field model of proper martensitic transformation[J]. Acta. Mater,2001, 49: 1165-1177.

[30] JIN Y M,ARTEMEV A,KHACHATURYAN A G. Three-dimensional phase field model of low-symmetry martensitic transformation in polycrystal: simulation of ξ'_2 martensite in aucd alloys[J]. Acta. Mater,2001, 49: 2309-2320.

[31] GURTIN M E,LUSK M T. Sharp-interface and phase-field theories of recrystallization in the plane[J]. Phys. D,1999, 130, 133-154.

[32] KAZARYAN A,WANG Y U,PATEON B R. Generalized phase field approach for computer simulation of sintering: incorporation of rigid-body motion[J]. Scripta Mater,1999, 41(5): 487-492.

[33] GRAVE U,BOTTGER B,TIADEN J. Coupling of multicomponent thermodynamic databases to a phase field model: application to so-

lidification and solid state transformations of superalloys[J]. Scripta Mater,2000，42：1179-1186.

[34] VAITHYANATHAN V,CHEN L Q. Coarsening of δ'-Al$_3$Li precipitates：phase-field simulation in 2D and 3D[J]. Scripta Mater，2000，42：967-973.

[35] FAN D,CHEN S P,CHEN L Q, et al. Phase-field simulation of 2D ostwald ripening in the high volume fraction regime[J]. Acta. Mater,2002,50：1895-1907.

[36] LI D Y,CHEN L Q. Shape evolution and splitting of coherent particles under applied stresses[J]. Acta. Mater,1999，47(1)：247-257.

[37] HUH J Y,HONG K K,KIM Y B, et al. Phase field simulations of imc growth during soldering reactions[J]. Journal of Electronic Materials,2004，33(10)：1161-1170.

[38] HU S Y,CHEN L Q. Solute segregation and coherent nucleation and growth near a dislocation-a phase-field model integrating defect and phase microstructures[J]. Acta. Mater,2001，49：463-472.

[39] KOSLOWSKI M，CUITION A M，ORTIZ M. A phase-field theory of dislocation dynamics，strain hardening and hysteresis in ductile single crystals[J]. Journal of Mechanics and Physics of Solids,2002，50：2597-2635.

[40] NI Y，HE L H. Spontaneous ordering of composition pattern in an epitaxial monolayer by subsurfacial dislocation array[J]. Thin Solid Films,2003，440：285-292.

[41] GLAZOFF M V，BARLAT F. WEILAND H. Continuum physics of phase and defect microstructures bridging the gap between physical metallurgy and plasticity of aluminum alloys[J]. International Journal of Plasticity,2004，20：363-402.

[42] 李文珍. 铸件凝固过程微观组织及缩孔缩松形成的数值模拟研究[D]. 北京:清华大学,1995.

[43] 赵海东. 球墨铸铁微观组织形成及收缩缺陷预测数值模拟的研究[D]. 北京:清华大学,2001.

[44] 熊伟. 铝合金微观组织模拟研究[D].北京:清华大学,1999.

[45] 王旭东. 铝合金微观组织多相场方法的模拟研究[D].北京:清华大

学,2000.

[46] 王同敏. 金属凝固过程的微观模拟研究[D]. 大连:大连理工大学,
2000.

[47] 于艳梅,吕衣礼,张振忠,等. 相场法凝固组织模拟的研究进展[J].
铸造,2000(9):507-511.

[48] 于艳梅,杨根仓,赵文达. 冷熔体中枝晶生长的相场法数值模拟[J].
物理学报,2001,50(12):2423-2427.

[49] 于艳梅,杨根仓,赵文达. 相场法模拟过冷熔体枝晶生长的界面厚度
参数的取值[J]. 自然科学进展,2001,11(11):1192-1197.

[50] TILLER W A. The science of crystallization:macroscopic phenom-
ena and defect generation[M]. Cambridge:Cambridge University
Press,1991.

[51] SU Y Q,LIU C,LI X Z, et al. Microstructure selection during the
directionally peritectic solidification of Ti－Al binary system[J].
Intermetallics,2005,13:267-274.

[52] UMEDA T,OKANE T. Solidification microstructure selection of
Fe－Cr－Ni and Fe－Ni Alloys[J]. Science and Technology of Ad-
vanced Materials,2001,2:231-240.

[53] LORIA E A. Gamma titanium aluminicles as prospective structural
materials[J]. Intermetallics,2000,8:1339-1345.

[54] 李成功,傅恒志,于翘. 航空航天材料[M]. 北京:国防工业出版社,
2002.

[55] BOWER T F,BRODY H D,FLEMINGS M C. Solute redistributu-
ion in dendritic solidification[J]. Trans. TMS-AIME,1966,236:
624-631.

[56] 徐祖耀. 相变原理[M]. 北京:科学出版社,2000.

[57] KIM Y W, WAGNER R, YAMAGUCHI M. Gamma titanium alu-
minides[M]. Warrendale, TMS, 1995.

[58] 刘永长. 快速凝固 Ti－Al 包晶合金的相选择与控制[D]. 西安:西北
工业大学,2000.

[59] 胡汉起. 金属凝固原理[M]. 北京:机械工业出版社,2000.

[60] FU H Z,XIE F Q. The solidification characterics of near rapid and
supercooling directional solidification[J]. Science and Technology
of Advanced Materials,2001,2:193-196.

[60] 常国威，王建中. 金属凝固过程中的晶体生长与控制[M]. 北京：冶金工业出版社，2002.

[61] LI M，MORI T，IWASAKI H. Effects of solute convection on primary arm spacings of Pb – Sn binary alloys during upward directional solidification[J]. Mat. Sci. Eng. A，1999，265：217-223.

[62] MURRAY B T，WHEELER A A，GLICKSMAN M E. Simulation of experimentally observed dendritic growth behavior using a phasefield model[J]. J. Cryst. Growth，1995，154：386-400.

[63] LO T S，KARMA A，PLAPP M. Phase-field modeling of microstructural pattern formation during directional solidification of peritectic alloys without morphological instability[J]. Phys. Rev. E，2001，63(031504)：1-15.

[64] KERR H W，KURZ W. Solidification of peritectic alloys[J]. Internaltional Materials Reviews，1996，41(4)：129-164.

[65] JOHN D H S，HOGAN L M. A simple prediction of the rate of the peritectic transoformation[J]. Acta. Metall Mater，1987，35(1)：171-179.

[66] 陈瑞润. 钛基合金电磁冷坩埚连续熔铸与定向凝固研究[D]. 哈尔滨：哈尔滨工业大学，2005.

[67] JUNG I S，KIM M C，LEE J H，et al. High temperature phase equilibria near Ti – 50 at% Al composition in Ti-Al system studied by directional solidification[J]. Intermetallics，1999，7：1247-1253.

[69] 李新中. 定向凝固包晶合金相选择理论及其微观组织模拟[D]. 哈尔滨：哈尔滨工业大学，2006.

第6章　包晶合金电磁冷坩埚定向凝固与组织控制

6.1　电磁冷坩埚定向凝固原理

电磁冷坩埚定向凝固技术是哈尔滨工业大学发明的一项新技术,它是一种将熔炼、连续铸造和定向凝固结合在一起的连续定向凝固装置。图6.1为电磁冷坩埚定向凝固装置图。整个装置系统由主体系统和辅助系统组成,主体系统包括炉体、电磁冷坩埚、电源、感应线圈和镓铟合金冷却系统,辅助系统包括水冷系统、真空系统和控制系统。它的工作原理是:感应线圈与电源相连,围绕在具有开缝结构的电磁冷坩埚外面,坩埚和线圈内通冷却水,坩埚上部为上送料机构,原料深入坩埚内部能被感应线圈感应到的位置,坩埚底部为下抽拉机构,拉锭深入坩埚内部;当感应线圈内通入高频交变电流时,产生高频磁场,磁场通过开缝进入坩埚内部与原料自身感应电流交互作用使原料熔化,熔化后的原料因重力作用与引锭结合在一起,液态原料会在电磁推力作用下与坩埚内壁出现软接触状态,当电磁推力与液态金属表面张力大于液态金属的静压力时会形成驼峰,且由于引锭底部的镓铟合金的强烈冷却作用,会沿轴向形成一定的温度梯度,在控制侧向散热的条件下获得定向凝固条件,调节上送料和下抽拉速度可进行连续铸造。

该设备主要是在炉体内进行加料、熔化、凝固和成形,所以主体系统包括炉体、电磁冷坩埚、电源、感应线圈和镓铟合金冷却系统。

炉体是用不锈钢板焊接而成的,它的尺寸为 $100\ cm \times 90\ cm \times 80\ cm$,炉门用密封圈密封,以使炉体内形成一定的真空度,炉体和炉门内通冷却水,炉体分固定送料系统、抽拉系统,并与真空系统和电源连接。

电磁冷坩埚固定在炉体内,内部通冷却水,外部加感应线圈,感应线圈通过电极与电源相连,电源能提供频率为 $10\ kHz$,$20\ kHz$,$50\ kHz$ 和 $100\ kHz$,功率为 $0 \sim 100\ kW$。炉体底部有一容器,下抽拉杆从中穿过,容器内盛装镓铟合金液,引锭与抽拉杆连接,随抽拉杆移动进入镓铟合金中对连续凝固的铸锭冷却。

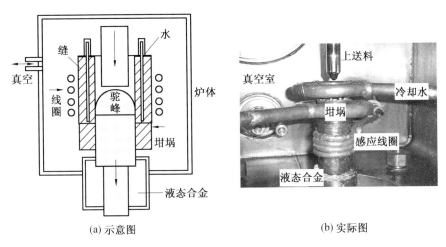

(a) 示意图   (b) 实际图

图 6.1 电磁冷坩埚定向凝固装置图

在实验过程中,钛基合金特别容易氧化,必须有一定的真空度和气体保护,因此有真空和气体保护系统;由于感应线圈的电磁感应,会对感应线圈本身和炉体产生感应加热,电源自身损耗产生大量热量,需水循环冷却系统;对线圈施加功率大小、送料速度和抽拉速度都需要调节,设控制系统。

真空系统由机械泵和扩散泵组成,极限真空度为 5×10^{-3} Pa。气体保护系统通过气阀与氩气瓶相连接,在必要的时候充入高纯氩气。水冷循环系统是水泵将冷却水箱的水通过水管供应到需要冷却的系统,如电源、线圈、坩埚、炉体、上送料杆、下抽拉杆、机械泵和真空泵等,水量的大小可通过水阀控制。控制系统是根据实验要求控制对感应线圈施加功率的大小,根据实验的铸造速度的大小可以分别控制上送料和下抽拉的速率,上送料的运动速率为 $10 \sim 2\,000$ $\mu m/s$,下抽拉的运动速率为 $0.1 \sim 20\,000$ $\mu m/s$,并且下抽拉带有淬火功能。图 6.2 为冷坩埚电磁定向凝固整体设备。

6.2 籽晶的制备与片层取向控制

在 TiAl 合金籽晶法定向凝固控制中,籽晶的制备是至关重要的一步。能不能制备出合格的籽晶会直接影响最终组织中片层的取向和分布。因此,必须对籽晶的制备进行进一步的研究,以做出适合于水冷铜坩埚定向凝固实际应用的籽晶。

在第 1 章中已经对 Yamaguchi,Johnson 和 Kim 等人提出的用籽晶法

图 6.2　冷坩埚电磁定向凝固设备

制备 γ/α_2 片层组织的方法做了初步介绍,其中 Kim 所采用的籽晶制备方法具有明显的优点。用 Kim 法制备的籽晶基本消除了横截面上承载能力的各向异性。

一个合格的籽晶的宏观组织应该是由柱状晶穿晶组织构成的。由于 α 相的优先生长方向为(0001)向,因此柱状晶的片层往往垂直于柱状晶的轴向。所以定向凝固的晶体生长方向应该是籽晶中柱状晶的侧向,这样定向凝固中的 α 相就会从籽晶的片层上直接长出而平行于定向凝固方向。因此,要求籽晶中各柱状晶晶粒的轴向要垂直于定向凝固方向。籽晶宏观组织中应避免中心等轴晶的产生,而由完全的柱状穿晶构成。

对于一个合格的籽晶,其微观组织应该是由垂直于柱状晶轴向的片层所构成的,这就要求籽晶中柱状晶的生长方向是竞争生长保留下来的 [0001]。铸型激冷能力强有利于柱状晶的竞争生长,因此,制备籽晶应尽量选用激冷能力比较强的铸型。

本章的主要目的是制备可用于籽晶法的具有柱状晶组织的籽晶。为了简化籽晶法定向凝固过程并解决其中的一些如切割定位、加工过程污染等问题,本书提出了一种新的籽晶制备方法——冷坩埚断电激冷法。冷坩埚的强激冷能力有助于产生较大尺寸的穿晶组织(本实验中获得了直径为 $\phi 30$ mm 的籽晶,而籽晶尺寸为 $\phi 20$ mm),这会有利于籽晶法在实际生产中的应用。用该方法制备的籽晶截面形状与冷坩埚的内腔截面相同,因而不需加工就可以直接用于定向凝固。籽晶中的柱状晶晶粒是从四周向中心生长的,可消除径向的各向异性。

要形成可用于籽晶法的柱状晶组织,需要合适的化学成分。如果成分不合适,则凝固后大多数的片层取向将不平行于随后的定向凝固方向。

图 6.3 为 Ti‐Al 二元合金相图。由图 6.3 可以看出,如果 Al 含量低于 C_2,则在籽晶重熔时会产生 β 相,这样在定向凝固时析出的 α 相就不是直接从籽晶的 α 相上生长出来的。另一方面,如果 Al 含量高于 C_4,则制备的籽晶会在冷却中进入完全的 γ 相区。尽管随温度的降低 $α_2$ 相会重新出现,但要在 γ 相上重新形核,这样片层取向平行于定向凝固方向的可能性仅为 1/4。

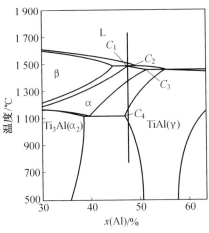

图 6.3 Ti‐Al 二元合金相图

从图 6.3 可以看到,即使是 Al 含量稍微低于 C_1,其凝固组织仍然会进入完全的 γ 相区。这意味着籽晶材料应该是多元合金,而且其成分应该严格控制。适合于做籽晶的成分也应该在包晶点附近的过包晶区,并保证在冷却过程中 α 相不完全消失。表 6.1 列出了几种适合做籽晶的合金成分。

表 6.1 适合做籽晶的 TiAl 合金成分

合金系	籽晶原子数分数/%
Ti‐Al‐Si	Ti‐43Al‐3Si
Ti‐Al‐Mo‐Si	Ti‐46Al‐1.5Mo‐1Si
	Ti‐46Al‐1.5Mo‐1.5Si

本书选取了两种成分的合金进行籽晶制备研究。这两种合金的设计成分分别为 Ti‐43Al‐3Si 和 Ti‐46Al‐1.5Mo‐1.2Si。首先制备做籽晶的材料,籽晶材料是用海绵钛(99.79% Ti)、纯铝(99.99% Al)、纯钼

(99.95%Mo)和结晶硅(99.6%Si)配制的。炉料是在真空感应炉中熔化并浇注的。表 6.2 列出了本实验所用的两种材料的设计成分和实测成分，籽晶制备实验中共设计了四个试样，其编号分别为 A,B,C,D 本书选用的籽晶成分。

表 6.2　本书选用的籽晶成分

试样组别编号	设计成分(原子数分数)/%	化学分析成分(原子数分数)/%
A,B,C	Ti-43Al-3Si	Ti-42.62Al-2.96Si
D	Ti-46Al-1.5Mo-1.2Si	Ti-46.33Al-1.58Mo-1.16Si

6.2.1　籽晶制备

如前所述，要制备合格的籽晶，就必须保证凝固形成穿晶组织，这就要求铸型有很强的激冷能力以及较低的液态金属温度。将液态金属直接浇入圆柱形的金属型中，由于金属型壁的激冷作用，因此柱状晶粒由外向内生长形成穿晶组织。而这些柱状穿晶的生长轴线在横断面上的分布是均匀的，其取向各异，由外壁指向中心轴。

根据柱状晶的形成原理，铸型的激冷能力越强，柱状晶就越发达。因此，要形成发达的柱状晶，需要铸型有较大的激冷能力。铸型的激冷能力可以用铸型材料的蓄热系数来衡量。材料的蓄热系数 b 与材料的密度 ρ、比热 C 和传热系数 λ 有关：

$$b = \sqrt{\rho C \lambda} \tag{6.1}$$

铸型的蓄热系数越大，其激冷能力就越强。普通铸钢的蓄热系数为 1.3×10^{-4} J·(m²·℃·s^{1/2})⁻¹，而纯铜的蓄热系数为 3.67×10^{-4} J·(m²·℃·s^{1/2})⁻¹，接近铸钢的 3 倍。由于冷坩埚在水冷作用下，其传热速度更快，这相当于增大了材料传热系数 λ，从而比纯铜具有更大的蓄热系数。

本书中用水冷铜坩埚进行定向凝固研究，由于冷坩埚采用电磁感应加热，可以对尺寸相对较大试样进行定向凝固，这将有利于实际生产中的应用。根据本实验设备的能力，试样的尺寸设计为 $\phi30$ mm 的圆柱形，这就要求制备出尺寸更大的籽晶。本书决定采用水冷铜坩埚来作为激冷铸型。

籽晶制作与定向凝固工艺示意图如图 6.4 所示。首先，根据所要求的籽晶试样的尺寸，将籽晶材料置于冷坩埚中的适当位置(图 6.4(a))。这里需要准确定位的主要是试样顶端与线圈上端之间的相对位置。只要这两个位置之间的距离固定了,整个试样在线圈中的位置也就固定了,因而,在一定加热功率下试样所熔化的量也就相对固定了,实验数据才可靠。

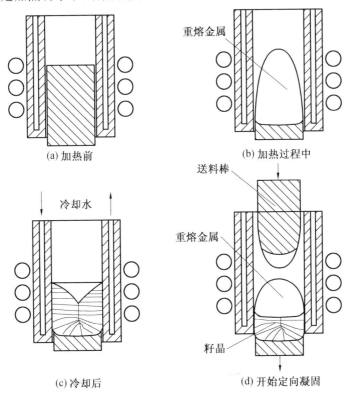

图 6.4　籽晶制作与定向凝固工艺示意图

　　实验中是通过控制熔化金属的体积来控制籽晶尺寸的。为便于随后的定向凝固实验,控制所做籽晶试样的尺寸为 $\phi 30 \times (25 \sim 30)$ mm。

　　籽晶的制备是在一个主要用作定向凝固的真空感应电炉中进行的。对试样 A 的熔化电源功率为 60 kW。经过多次实验发现,当电源功率加到 $16 \sim 20$ kW(电流为 $190 \sim 200$ A,电压为 $85 \sim 90$ V)时,试样开始熔化。这时如果熔化速度太快,大量的液态金属突然接触冷坩埚壁就会导致液态金属的飞溅。因此,当电源功率加到 14.5 kW 左右时就缓慢增加电源功率。当电源功率增大到 35 kW 以后可以较快地将功率加到设定值。具体来说就是:从 $0 \sim 14.5$ kW 用 2 min 左右,从 $14.5 \sim 35$ kW 用 $15 \sim 20$ min,从 $35 \sim 60$ kW 用 5 min 左右。

　　当电源功率增加到设定值 60 kW 后,保持 5 min 左右以使炉料充分熔化和均匀混合(图 6.4(b))。然后突然切断电源,让液态金属在冷坩埚中迅速凝固。这样就得到了一个籽晶试样(图 6.4(c))。图 6.4(c)是用于原位籽晶定向凝固的示意图。

将制备的籽晶试样打磨抛光后用体积分数为 4％HF、4％HNO₃ 加 92％H₂O 的腐蚀液进行腐蚀,以观察其宏观组织。图 6.5(a)是试样 A 的纵剖面宏观组织。由图 6.5(a)可以看出,在断电后的激冷凝固组织中,柱状晶从型壁垂直向内生长,直到中心部位。由于中间部位缩孔过大,因此两边的柱状晶没能相遇形成穿晶组织。

形成这一缩孔的原因在于高温液态金属凝固时的体积收缩。这一缩孔的存在使得该试样不能用作定向凝固的籽晶。从图 6.5(a)还可以看到,由于籽晶下部的材料没有熔化,因而有晶粒通过下部向上或倾斜生长,这一部分晶粒由于取向不垂直于型壁,因此也不适合用作定向凝固的籽晶。这一部分可以称为倾斜柱状晶区。

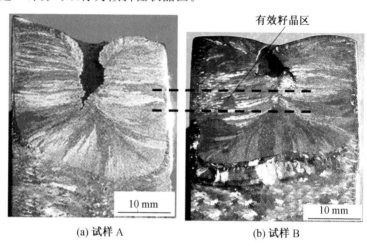

(a) 试样 A　　　　　　(b) 试样 B

图 6.5　籽晶试样纵剖面宏观组织

合格的籽晶中必须有从外向内的穿晶组织存在,这样的部分可以称为有效籽晶区。根据这一标准,试样 A 中不存在有效籽晶区,因而不是合格的籽晶。有效籽晶区应该位于中心缩孔与倾斜柱状晶区之间。因此,有效籽晶区可以用下式来计算:

$$l_e = l_0 - l_t - l_s \qquad (6.2)$$

式中　l_e——有效籽晶长度;

　　　l_0——籽晶总长度;

　　　l_t——下部倾斜区长度;

　　　l_s——上部缩孔区长度。

根据式(6.2)，要增加有效籽晶区长度需要采取以下三方面措施：

① 增加籽晶总长度 l_0。

② 减小下部倾斜区长度 l_t。

③ 减小缩孔体积 l_s。

由于冷坩埚尺寸的限制，籽晶的总长度不可能增加太多。如果要增加籽晶的长度，就必须预先增加籽晶材料在感应圈内的高度，或是增大熔炼功率。预先增加籽晶材料在感应圈内的高度不能超出感应线圈，否则会在材料刚开始熔化时出现飞溅。而如果增大熔炼功率，在强磁力作用下，就会使较多的液态金属被推离坩埚壁，当突然断电时，大量液态金属突然与冷坩埚壁接触也会造成液态金属的飞溅。这样就会造成两方面的不利：一方面，由于液态金属的飞溅使残留在冷坩埚内的液态金属量减少，残留液态金属量反而比不增加总量时更少；另一方面，由于飞溅出的液态金属量无法准确预计，致使籽晶的长度和有效区间不能准确预计，这给随后的定向凝固实验造成困难。因此，增加籽晶长度是很有限的。经过实验，籽晶长度仅能从 23.3 mm 增加到 25.3 mm，约为 13%。

缩孔体积与合金的液态收缩和凝固收缩直接相关，液态收缩和凝固收缩越大，则缩孔的体积就越大。凝固收缩与合金成分有关，成分选定后凝固收缩就确定了，因此无法改变选定合金的凝固收缩。对一定的合金而言，液态收缩与合金的过热度有关，过热度越大，液态收缩就越大。因此，可以通过适当降低液态金属过热度的方法来减小液态收缩。液态金属温度的降低，可以通过减小熔化功率的方法来实现。在本实验中，根据籽晶尺寸和电源功率，最终确定熔化籽晶材料的功率为 55 kW。

下部倾斜区的长度与断电后籽晶底部晶体的向上生长速度 V_u、晶体从外部向中心的生长速度 V_L 及籽晶试样半径 r 有关：

$$l_t = r \frac{V_u}{V_L} \tag{6.3}$$

根据式(6.3)，要减小 l_t 需要减小籽晶半径 r、减小籽晶基体籽晶的向上生长速度 V_u 或增加侧向晶体向中心的生长速度 V_L。由于我们的目的是制备尺寸比较大的籽晶，因此不到万不得已不能减小籽晶半径 r；由于冷坩埚的激冷能力基本稳定，V_L 也不会有明显的增大，因此只能设法减小 V_u。减小 V_u 的方法是通过对籽晶基体材料进行预热来实现的。

试样 B，C，D 是改进后的籽晶制备工艺。相对于试样 A 进行了以下变动：

① 将籽晶基体材料向感应圈内多送 3 mm，相当于使 l_0 增加 10%～

13%。

②先缓慢增加电源功率到 60 kW,保持 3 min 左右再将电源功率降至 55 kW,保持 5 min 后切断电源。在 60 kW 和 55 kW 的保温相当于对籽晶基体材料的加热,使籽晶底部晶体的向上生长速度 V_u 减小,从而减小 l_t;电源功率从 60 kW 调到 55 kW 可以降低液态金属的过热度。

③制备籽晶时,晶基体材料的下端不与 Ga－In－Sn 冷却剂接触,这样可以有效地降低籽晶材料的冷却能力,使籽晶底部晶体的向上生长速度 V_u 减小。

图 6.5(b)是试样 B 的纵剖面,由图 6.5(b)可见,试样 B 中的缩孔尺寸明显小于图 6.5(a)中试样 A 的缩孔尺寸,形成了大约有 4 mm 的有效籽晶区。这一区间可用作定向凝固的籽晶区。

图 6.6 是试样 C 在有效籽晶区内的横断面。通过试样 C 在有效籽晶区内的横截面的宏观组织可以看出,在有效籽晶区内的整个截面全部为柱状穿晶组织。柱状穿晶从四周向中心生长,这样的片层组织可以有效地消除径向的各向异性。这种组织分布是用于籽晶法定向凝固的理想组织,用这种宏观组织的籽晶定向凝固后获得的片层组织类似于树的年轮,可以有效地消除径向承载能力的各向异性。

10 mm

图 6.6　利用冷坩埚制备的籽晶的横断面

利用扫描电镜(JSM－6360LV)对籽晶试样 B 的有效籽晶区进行了微观组织观察,图 6.7 是其微观组织照片。由图 6.7 可以看出,试样 B 在有效籽晶区内的柱状晶层片组织的取向基本平行于拟进行定向凝固的方向。由此可见,采用本书的籽晶制备方法制备的籽晶无论是宏观组织还是微观组织都适合于作为籽晶。

一个合格的籽晶不但在室温下的宏观组织和微观组织要符合一定的

条件,而且这种组织还必须在加热到部分重熔区也能保持其稳定性。因此,宏观组织、微观组织和重熔稳定性是衡量一个籽晶是否合格的三要素。为了考察柱状穿晶组织的稳定性,将试样 D 的有效籽晶区进行了部分重熔,并定向凝固了一小段。图 6.8 为试样 D 重熔界面部位的宏观组织照片。由图 6.8 可以看出,部分重熔后,重熔界面处的柱状组织能够保留下来。图 6.9 是图 6.8 重熔界面 A 处的逐级放大照片。

图 6.7　籽晶试样 B 中的柱状晶微观组织

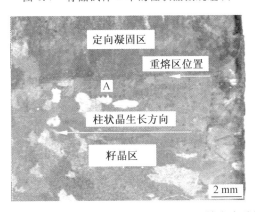

图 6.8　试样 D 籽晶区与重熔区间的界面(A 区域含有重熔界面)

由图 6.9 可以看出,在重熔界面处定向凝固组织中的层片可以直接从籽晶的层片上长出。这说明该籽晶是合格的,同时也说明该籽晶制备方法也是成功的。

由于籽晶是在定向凝固感应炉中利用冷坩埚制备的,因此可以不用加工就直接用于定向凝固,也可以消除由于加工对籽晶带来的污染。此外,由于该方法将籽晶制备与定向凝固合并成了一体,如图 6.4(d)所示,这可明显简化了整个籽晶法定向凝固的过程,这会使该法在工业上的推广具有潜在的价值。

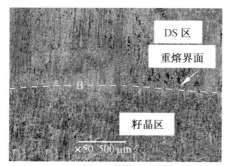

(a) 图 6.8 中的 A 区域

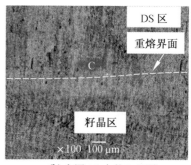

(b) 本图 (a) 中的 B 区域

(c) 本图 (b) 中的 C 区域

图 6.9 试样 D 籽晶区与重熔区间界面的扫描电镜照片

6.2.2 籽晶法定向凝固片层取向控制

在用籽晶法进行 TiAl 合金的定向凝固时,凝固工艺不同,其片层的形成机理也会不同。Johnson 等人在用籽晶法进行 TiAl 合金的定向凝固时,采用的是激光加热的定向凝固方式。他们得出的结果是:当定向凝固速度大于 7 mm/h 时,初生相是 β 相枝晶,α 相在 β 相的枝晶间生长。β 相枝晶间的 α 相直接从籽晶上开始生长,并保持籽晶的片层方向。在一次凝固过程中,α 相和 β 相以类似共生的方式生长。在随后的固态冷却过程中,β 相逐渐消失,α 相逐渐长大;当生长速度小于 7 mm/s 时,初生相 α 直接从籽晶上生长(图 6.10),并一直保持下来。

要满足这种凝固方式,需要凝固界面前沿有较大的成分过冷,这样才能保证初生的 β 相以枝晶方式生长。合金在凝固初始析出 β 相时,由于还没有包晶相析出,可以看成是单相合金的结晶。根据单相合金结晶的成分

过冷判据,出现成分过冷时就满足以下条件:

$$\frac{G_{\rm L}}{R} < -\frac{mC_0(1-k_0)}{D_{\rm L}k_0} \qquad (6.4)$$

式中 　$G_{\rm L}$—— 凝固界面前沿液相中的温度梯度;

　　　R—— 凝固速度;

　　　m—— 液相线斜率(对于 $k_0 < 1$ 的合金,m 一般为负值);

　　　C_0—— 合金成分;

　　　k_0—— 溶质平衡分配系数;

　　　$D_{\rm L}$—— 溶质在液相中的扩散系数。

由此可见,对于一定成分的合金来说,可以通过控制凝固界面前沿液相中的温度梯度 $G_{\rm L}$ 和凝固速度 R 来控制晶体的生长方式。温度梯度 $G_{\rm L}$ 的减小或凝固速度 R 的增大都有利于枝晶方式生长。

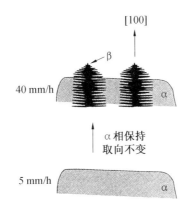

图 6.10　定向凝固中可能出现的 α 相和 β 相形貌示意图

从理论上来说,对于定向凝固,以平面状方式生长晶体组织最完整。如果晶体以枝晶方式生长,则在 β 相二次分枝消失处的 α 相中会遗留横向的晶界。如图 6.10 所示,在 β 相以枝晶方式生长的同时,α 相也以枝晶方式生长,两相的二次分枝彼此交错。当开始包晶转变时,β 相的二次分枝逐渐消失,α 相的二次分枝逐渐长大。这样在 α 相的相邻二次分枝交界处由于杂质及位错等的存在,就会形成横向的界面。这些横向界面的存在,会使 α 片层在生长方向上的连续性受到破坏,从而影响其承载能力。

在籽晶制备完成以后,首先仿照 Yamauchi 等学者的方法,利用刚玉陶瓷管为铸型进行了籽晶法定向凝固实验研究。图 6.11 是实验中所用陶瓷管的外观照片,陶瓷管的内径为 6 mm,壁厚为 0.5 mm。如序论中所述,钛合金在高温下化学性质非常活泼,几乎可以与所有的铸型发生反应。因而,现有的铸型材料不适合做长时间的慢速定向凝固实验。为了解决这一难题,哈尔滨工业大学发明了一种与钛合金液反应能力极低的涂料,将该涂料涂覆于陶瓷管内壁,使钛合金液与陶瓷管不直接接触。这样既能有效地避免陶瓷型的反应破坏,又可减少合金的污染。

图 6.11　实验中所用陶瓷管的外观照片

图 6.12 是本实验的装置示意图,在实验中为了尽可能地与 Yamaguchi等人的研究条件相近,首先要消除感应电场对液态金属造成的电磁搅拌作用。为此,在感应圈与陶瓷管之间加一石墨套,用电磁感应先加热石墨套,然后让石墨套产生的热量以辐射传热的方式来加热陶瓷管内的钛合金。由于感应线圈具有一定的高度,热量又是通过石墨套传递的,因此其陶瓷管内金属的高度可达 60 mm 以上。从这方面来看与 Yamaguchi 等人的研究条件不一致。但从生长机理上来看,由于本实验液态金属的量比较多,在凝固过程中更容易形成成分过冷,因而晶体就易于以枝晶的形式生长。

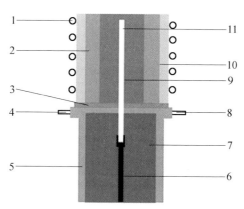

图 6.12　陶瓷管定向凝固实验装置示意图

1—感应线圈;2—石墨套;3—隔热板;4,8—冷却水出入口;5—冷却室;6—抽拉杆;7—Ga—In—Sn 冷却剂;9—刚玉陶瓷管;10—石棉隔热层;11—试样棒为了防止石墨套的热量向外散失,在石墨套与感应线圈之间加一层石棉隔热板。实验中所采用的冷却剂由 Ga,In 和 Sn 配制而成,室温下即为液态,其熔点为 5 ℃左右。采用水冷的方法在冷却室内对 Ga－In－Sn 冷却剂进行冷却。

实验前先在制备的籽晶试样上切取 $\phi 5.8$ mm×30 mm 左右的圆柱体籽晶,将切取的籽晶置于陶瓷管内的下端,上部放与籽晶成分相同 $\phi 5.8$ mm×60 mm 左右的料棒。调整好试样在熔化室内的高度,使熔化时籽晶部分熔化 5 mm 左右。

实验时,首先用机械式真空泵对炉内抽真空。为了使炉内氧气的浓度尽量降低,当炉内真空度达到 0.7 Pa 以下时,对炉内充高纯氩 (99.99%Ar)到 200 Pa,在抽真空到 0.7 Pa 以下。此时,炉内空气分压在 4×10^{-3} Pa以下。然后再充氩气至 200 Pa 准备开始定向凝固实验。

熔化合金时加热速度要缓慢,对本实验装置而言加热时间为 3.5 h, 3.5 h后加热功率升至 9 kW。此时,部分籽晶及料棒熔化。由于没有电磁搅拌作用,因此要对熔化后的液态金属保温 30 min,使其成分充分扩散均匀。保温 30 min 后,开始定向凝固抽拉实验,抽拉速度为 18 mm/h。

图 6.13 是利用陶瓷管进行定向凝固后试样的外观照片,可以看出试样表面光洁,没有与陶瓷管反应而发生粘连现象,试样在定向凝固过程中局部(试样的最上端部位)处于液态的时间达 6 h 以上。

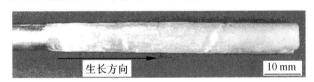

图 6.13　陶瓷管定向凝固试样照片

图 6.14 是用未涂刷涂料的陶瓷管进行定向凝固试样照片,试样局部处于液态的时间为 35～45 min。由图 6.14 可以看出,尽管用未涂刷涂料的陶瓷管进行定向凝固的局部时间比涂刷涂料的陶瓷管进行定向凝固的局部时间要短得多,但其表面远没有涂刷涂料的陶瓷管进行定向凝固试样的表面光洁。

由此可以看出,涂刷涂料后,陶瓷管的寿命显著增加,试样表面光洁,完全能满足实验的需要。将图 6.13 定向凝固后的试样从中心纵向剖开,制备金相试样。经打磨、抛光后,用腐蚀剂进行腐蚀。图 6.15 为陶瓷管定向凝固试样的宏观组织。

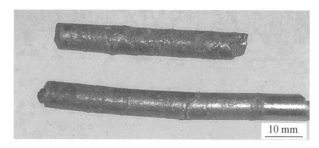

图 6.14　未涂刷涂料的陶瓷管定向凝固试样照片

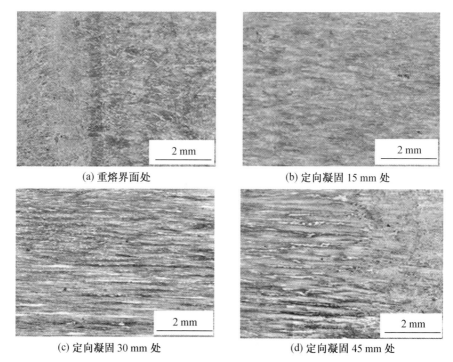

图 6.15　陶瓷管定向凝固试样的宏观组织

从图 6.15 可以看出,定向凝固组织为生长良好的柱状晶,开始部位晶粒较细小,随凝固进行晶粒变得比较粗大。这是由于随凝固的进行,液态金属中的溶质含量逐渐升高,成分过冷增大,晶体容易以比较发达的枝晶生长,因而其晶粒较大。

图 6.16 是对应于图 6.15 的微观组织金相照片。通过图 6.16(a)可以看出,重熔界面上籽晶片层延伸到了定向凝固组织内部。图 6.17 为重熔界面处的放大图,可以更清楚地看出籽晶的片层穿过重熔界面。

通过图 6.16 可以看出,籽晶片层延伸到定向凝固区以后,能够沿原来

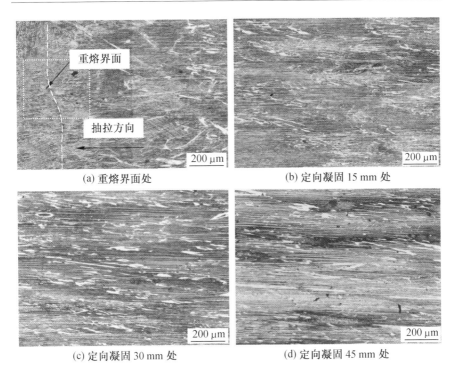

图 6.16　刚玉陶瓷管晶粒定向凝固试样的微观组织

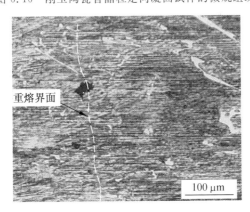

图 6.17　刚玉陶瓷管晶粒定向凝固试样重熔界面处放大图(对应图 6.16(a)中的方框区)

的取向继续生长。本实验中定向凝固试样的抽拉长度为 50 mm,籽晶原来片层取向保持到定向凝固终了,长度为 50 mm。这说明本实验用陶瓷管进行籽晶法定向凝固是完全成功的。

　　本书通过石墨套的屏蔽作用,消除了电磁力对液态金属的搅拌,从而使液态金属中原子的迁移主要以扩散的形式进行,这就保证了定向凝固中晶体的生长机理与 Yamaguchi 等人的模型相一致。籽晶在控制定向凝固片层组织取向方面发挥了良好的效果。

用陶瓷管籽晶法定向凝固法控制片层取向的成功,为进一步研究打下了良好的基础。下一步的主要研究工作就是要进行较大尺寸试样的片层组织取向控制。由于陶瓷管及石墨套尺寸的限制,使本设备难以对试样的尺寸进行突破性的增加。而无论是从实用的角度,还是从性能实验的要求,都需要制备较大尺寸的定向凝固试样。

为了解决试样尺寸的增加问题,下面将讨论冷坩埚定向凝固的理论与可行性问题。

6.3　TiAl 合金定向凝固初始成分过渡区控制

6.3.1　初始成分过渡区的理论分析

Yamaguchi 等人用籽晶法进行 γ - Ti - Al 合金片层组织晶体取向控制的方法。利用陶瓷管籽晶定向凝固法,成功地对 γ - Ti - Al 合金片层组织取向进行了控制,获得了长达 50 mm 的定向凝固组织。

但为了进一步研究以及向实际生产推广籽晶法定向凝固,需要研究较大尺寸试样的籽晶法定向凝固,以对 γ - Ti - Al 合金片层组织取向进行控制。冷坩埚定向凝固是一项定向凝固新技术,该技术有利于制备较大尺寸的试样,同时具有不污染合金、易于推广到实际生产应用的优点。因此,有必要对冷坩埚籽晶法定向凝固进行研究,以制备大尺寸试样。下面将分析研究冷坩埚籽晶法定向凝固中的一些理论问题,以及这种方法的可行性问题,为进一步的研究和实际生产应用打下坚实的基础。

在冷坩埚定向凝固中,电磁加热时会产生强烈的搅拌作用,这会使液态金属内的合金成分均匀化。由于合金成分的均匀化,削弱了凝固界面前沿的溶质富集,从而减小了成分过冷,使凝固倾向于平界面生长。如果定向凝固以平面状生长方式生长,凝固情况则会与 Yamaguchi 等学者的研究条件大不相同。由于在冷坩埚定向凝固中,凝固初期体系处于 β+L 区,因而初始析出的会是平面状生长的 β 相而不是 α 相。只有当凝固达到一定程度,液相成分达到包晶转变所对应的液相成分时,才会以包晶转变的方式析出 α 相。下面就通过 Ti - Al 二元合金相图来分析冷坩埚定向凝固中,平面状生长时的凝固过程,以期找出平面状生长定向凝固时 Ti - Al 合金的凝固规律,来指导定向凝固组织控制的实验研究。

图 6.18 是一个 Ti - Al 二元合金在 β＋L→α 包晶转变附近示意相图。图中 C_β, C_p, C_L 分别为包晶转变温度下与液相平衡的 β 相成分、包晶成分和液相成分。对于平面状生长的定向凝固来说,情况会有很大的不同。由于成分为 C_0 的合金以平面状生长时界面上会生成一层单一的 β 相,根据溶质再分配原理,这一层 β 相会一直生长到液相成分达到图 6.18 中的 C_L,然后开始包晶转变 β＋C_L→α,在凝固界面上析出 α 相。

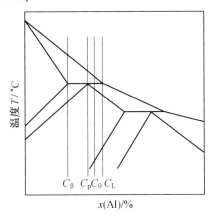

图 6.18　Ti - Al 二元合金局部示意相图

图 6.19 是试样在冷坩埚中定向凝固示意图,冷坩埚定向凝固的原理类似于区域熔炼。

现设有某合金的成分为 C_0(C_0＞C_p),则定向凝固开始时析出 β 相,其成分为 $k_\beta C_0$。随着凝固的进行,固相成分从 $k_\beta C_0$ 增加到 C_β,相应地,液相成分则会从 C_0 增加到 C_L,然后成分为 C_p 的 α 相会通过包晶转变在 β 相上生成并长大,析出的 α 相覆盖 β 相后会以单相合金结晶的方式向前生长。随着凝固的进行,由于送料棒会不断地向液态区补充成分为 C_0 的液态金属,析出的 α 固相成分逐渐增加,当达到 C_0 时,系统就达到了稳态,并会一直保持该状态到凝固结束。我们把从凝固开始析出 β 相到包晶相 α 析出这一段区域称为初始成分过渡区,本书中的成分过渡区主要是指这一区域。

由此可见,如果是平面状凝固,就会在定向凝固的初始阶段形成一层 β 相,这一初始成分过渡区的出现对 α 相的片层取向极为不利,该层 β 相就会隔开籽晶和后来形成的 α 相,而后来形成的 α 相会重新在 β 相上形核而不是直接从籽晶上生长。根据 β 相和 α 相和晶格对应关系,新形成的 α 相片层与定向凝固方向平行的可能性只有 1/3 左右。这就在很大程度上削弱了籽晶法定向凝固的效果,甚至使籽晶完全失效。

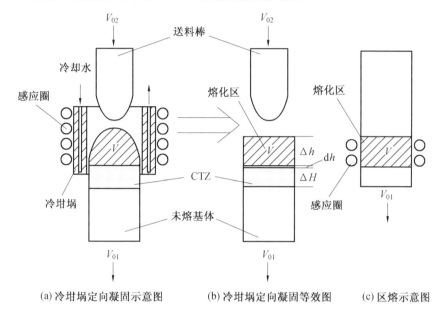

图 6.19　冷坩埚定向凝固与区熔工艺等效示意图

采用冷坩埚技术进行籽晶法定向凝固时,由于电磁力对液态金属的强力搅拌作用,液态金属成分会被搅拌均匀。而凝固界面前沿又不会出现负的温度梯度,这样液态金属中就不会出现成分过冷,即使出现成分过冷也只能是在凝固前沿的边界层内,因而成分过冷会很小。因此,很难形成发达的 β 相枝晶,而比较容易以平面状或者短胞状生长。根据前面的分析,这会使籽晶难以发挥作用,因此有必要对定向凝固初始成分过渡区的形成进行分析研究,以寻求合理的解决方法。

下面针对冷坩埚定向凝固时初始过渡区的长度建立数学模型,根据模型分析影响因素并寻找初始过渡区所带来的问题的解决方法。

为了建立模型,首先描述采用冷坩埚法进行籽晶法定向凝固的过程,以找出建立模型的基本条件。籽晶制成后,冷却 10 min 左右即可进行定向凝固实验。为了保证重熔后的固液界面位于籽晶的柱状穿晶区,应先将籽晶下拉约 15 mm。由于籽晶相当于高为 25 mm 的圆柱体,因而下拉15 mm后,再重熔部分的液态金属就只有相当于高为 10 mm 的圆柱体了。定向凝固时合适的液态金属体积应该是高为 15～25 mm 的圆柱体,这就需要在开始定向凝固前补充适当的液态金属以使其达到所设定的体积。可以通过送料棒实现对液态金属的补充,也就是把送料棒下送到一定的高度,使其熔化的金属量正好为所需要的液态金属量。实验所确定的定向凝固速度为 12 mm/h;根据试样截面与送料棒截面面积之比,可以算出送料棒的下送速度为 15 mm/h。在调整籽晶位置和送料棒位置的同时,应把各自在定向凝固中的下移速度调准,以便在定向凝固开始时就能以设定的速度进行。定向凝固开始后试样与送料棒分别以各自的速度下移。

为了便于数学模型的建立和求解,现做如下几点假设以简化模型:

①液相熔体的化学成分均匀。

②溶质原子在固相中的扩散忽略不计。

③液态金属的体积在定向凝固中保持不变。

由于冷坩埚定向凝固中存在电磁力对液态金属的强力搅拌作用,使液态金属处于紊流状态,合金的成分会很快被搅拌均匀。所以,第一条假定是合理的;第二条假定虽与实际情况有一定的偏差,固相中会存在一定程度的扩散。但与液相的扩散及强搅拌相比,固相的扩散是很小的,将其忽略不会引起过大的误差;对于第三条假设,由于有送料棒随时补偿凝固所消耗的金属,尽管是以液滴的形式补偿的,其波动也只是一滴液态金属的体积大小,故基本上可以认为液态金属的体积在凝固过程中保持不变。

根据以上三条假定,下面着手建立各因素影响定向凝固初始过渡区长度的数学模型,并根据模型来分析和控制初始过渡区的长度,达到减小或消除初始过渡区的目的。

在图 6.19 中,V 为熔化金属的体积;ΔH 为初始成分过渡区;Δh 为熔化金属的折算高度;dh 为凝固微元。可以根据定向凝固过程中溶质的再分配规律来建立微分方程。对于平均成分为的 C_0 材料,当凝固了高度为 dH 微元圆柱时,则所消耗溶质量为

$$C_s^* S dH$$

式中　C_s^* —— 液固界面上,固相溶质浓度;

　　　S —— 液态金属等效体积圆柱的截面积。

与此同时,由送料棒补偿到液态金属的体积为 $S dH$,相当于加入溶质量为

$$C_0 S dH$$

因此,液态金属内纯增加的溶质量为

$$(C_0 - C_s^*) S dH$$

若由此引起的液态金属浓度增加 dC_L,则相应地,液态金属内溶质的变化量为

415

$$S\Delta h\mathrm{d}C_{\mathrm{L}}$$

式中 C_L——液态金属内溶质的浓度。

凝固过程排出的溶质量也就是引起液态金属浓度升高的溶质量,因此,这两个变化量应该是相等的,即

$$(C_0 - C_{\mathrm{s}}^*)S\mathrm{d}H = S\Delta h\mathrm{d}C_{\mathrm{L}} \tag{6.5}$$

对上述方程化简后得

$$(C_0 - C_{\mathrm{s}}^*)\mathrm{d}H = \Delta h\mathrm{d}C_{\mathrm{L}} \tag{6.6}$$

根据溶质再分配原则,对于初始析出 β 相阶段,有

$$C_{\mathrm{L}} = C_{\mathrm{s}}^* / k_\beta \tag{6.7}$$

式中 k_β——析出 β 相的溶质再分配系数,于是有

$$(C_0 - C_{\mathrm{s}}^*)\mathrm{d}H = \Delta h\mathrm{d}C_{\mathrm{s}}^* / k_\beta \tag{6.8}$$

代入边值条件:当刚开始凝固 $H=0$ 时,$C_{\mathrm{s}}^* = k_\beta C_0$,当过渡区结束 $H = \Delta H$ 时,$C_{\mathrm{s}}^* = C_\beta$,即 β 相达到了包晶转变点。对式(6.8)进行积分,可得积分式

$$\int_0^{\Delta H} \frac{\mathrm{d}H}{\Delta h} = \int_{k_\beta C_0}^{C_\beta} \frac{\mathrm{d}C_{\mathrm{s}}^*}{k_\beta(C_0 - C_{\mathrm{s}}^*)} \tag{6.9}$$

对式(6.9)积分后得

$$\Delta H = \frac{\Delta h}{k_\beta}\ln\frac{C_0 - k_\beta C_0}{C_0 - C_\beta} \tag{6.10}$$

式中 k_β、C_β——常数。

这就是从凝固开始到出现包晶相时的长度,即初始成分过渡区的长度,也就是初生 β 相的厚度。根据式(6.10)可以看出,初始成分过渡区与熔化液态金属的高度成正比,而与初始成分 C_0 间的关系则是非线性的。将 ΔH 对 C_0 求导可得

$$\frac{\mathrm{d}\Delta H}{\mathrm{d}C_0} = -\frac{\Delta h C_\beta}{k_\beta C_0(C_0 - C_\beta)} < 0 \tag{6.11}$$

由此可见,初始过渡区的长度在该包晶点附近是初始成分 C_0 的单调减函数,即随 C_0 的增大初始过渡区减小。

因此,要减小初始成分过渡区,一方面应该使合金的初始成分在允许的范围内尽可能地高一些;另一方面要使熔化的液态金属的量尽可能地少一些。

设 $C_0 = C_\mathrm{p}$,则有

$$\Delta H = \frac{\Delta h}{k_\beta}\ln\frac{C_\mathrm{p} - k_\beta C_\mathrm{p}}{C_\mathrm{p} - C_\beta} \tag{6.12}$$

根据 Ti－Al 二元合金相图（图 6.20），可以从中测得相应点的成分：$C_\beta = 43.42, C_p = C_1 = 47.50, C_2 = 49.28$。由此可以算出：$k_\beta = C_\beta/C_2 = 43.42/49.28 = 0.881$。

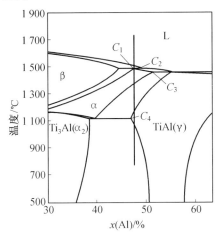

图 6.20　Ti－Al 二元合金相图

设 $\Delta h = 15$ mm，令 C_0 从 C_p 变化到 C_2，可得出定向凝固初始过渡区的长度变化图，如图 6.21 所示。通过计算得出：当初始成分为 C_p 时，初始成分过渡区的长度为 5.55 mm。若 $\Delta h = 25$ mm，则当初始成分为 C_p 时，初始成分过渡区的长度为 9.25 mm。

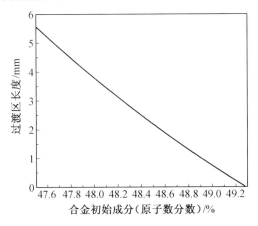

图 6.21　过渡区长度随初始成分变化关系图

如前所述，用于籽晶法比较合适的成分应该在共析点 C_p 附近。而当初始成分为 C_p 时，过渡区 β 相的长度会达 5 mm 以上。如此长的 β 相过渡区,会将籽晶区和 α 相区分隔开。这样定向凝固区的 α 相就必须在过渡区的 β 相上形核。而根据 α 相与 β 相的晶格对应关系,当 α 相在 β 相上形核时,只有 1/3 的片层会平行于定向凝固方向,另外 2/3 的片层方向与定向凝固方向成 45°角。

因此,对 TiAl 合金采用冷坩埚定向凝固技术时,要想获得比较理想的平行于定向凝固方向的片层组织,就必须消除初始 β 相过渡区。初始 β 相过渡区的形成主要是凝固过程溶质再分配造成的,当液态金属的成分达到与固态的 C_p 平衡成分 C_2 时,初始 β 相过渡区结束。因此,要减小过渡区就是要尽快地使液相金属成分达到 C_2 以上。根据图 6.21,尽快地使液相金属成分达到 C_2(也就是减小初始成分过渡区)的方法可以通过调整初始成分来进行。合金的初始 Al 含量越高,则初始成分过渡区就越短。

由前所述,单靠调整合金的初始成分是难以完全消除的初始成分过渡区。这是因为增加铝含量尽管能缩小初始成分过渡区,但也会使稳定生长后的 α 相中的 Al 含量增加,这就会使初生相 α 在冷却过程中消失而形成完全的 γ 相(进入 γ 相单相区)。所以,仅靠调整初始成分 C_0 来消除初始成分过渡区的方法是不可行的。

6.3.2　成分调整法

如前所述,初始成分过渡区的存在会大大削弱籽晶的效果,因此必须设法减小或消除初始成分过渡区,从而减小初始 β 相过渡区。减小初始 β 相过渡区最好的情况是在一开始定向凝固时就使凝固达到稳定状态。图 6.22 是利用成分调整法达到消除初始成分过渡区目的的原理图。成分调整法的目的是使液态金属在凝固一开始就达到 C_1。如果能使液态金属在凝固一开始就达到 C_1,则对应所析出的固相成分就应该是 C_0,这样就能彻底消除过渡区,这也是最理想的情况。关键的问题是既要在凝固初始就要让液态金属的成分达到 C_1,又不能把初始成分 C_0 选择为 C_1,这就要采取其他的方法来进行调整。

由图 6.22(a)可以看出,在正常的定向凝固试样中,由于籽晶区、重熔区和送料棒的成分全部为 C_0,则在籽晶和液相区(L)之间必然存在一固液区(β+L),在该区内的固相为 β 相。

为了达到既要在凝固初始就要让液态金属的成分为 C_1,又不把 C_0 调整过高的目的,我们自然就会想到在开始定向凝固之前只对液态金属的成分进行调整,使其达到 C_1。这样就能保证既不会有初生相 β 过渡区出现,又不至于使形成的相中的 Al 含量过高。这种只对液态金属的成分进行调

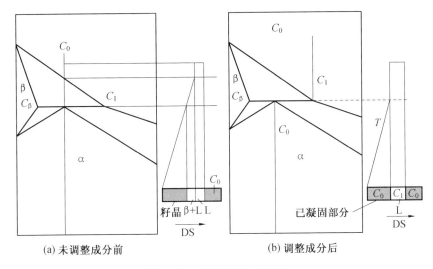

图 6.22　成分调整法原理图

整的方法可以简称为成分调整法(composition adjustment),简称 CA 法。

　　成分调整法的基本思路是在定向凝固开始前向重熔的液态金属中补加一些元素,使重熔的液态金属达到或略高于包晶转变时液相的合金成分 C_1,然后再按常规的方法进行定向凝固。这样液态金属在凝固一开始就达到了析出 α 相的浓度,从而可以直接析出成分为 C_0 的 α 相,达到消除初始成分过渡区的目的。此时由于籽晶中已存在 α 相,因而定向凝固析出的 α 相不需要形核,可依附于籽晶的 α 相上直接生长。由于只对重熔部分的液态进行了成分调整,没有改变其他部分的成分,在凝固过程中凝固出的固相成分为 C_0,而由送料棒补充的成分也为 C_0,这就使液态金属的始终保持 C_1 成分不变。因此,定向凝固一开始就处于稳定生长状态,从而消除了初始成分过渡区。

　　成分调整后的定向凝固原理如图 6.22(b)所示,由于籽晶成分为 C_0,因此当温度低于包晶转变温度时,籽晶处于完全的固态;由于液相成分调整到了 C_1,因此当温度高于包晶转变温度时,该区处于完全的液相区,在籽晶与液相区之间没有固液区存在;同时正是由于液相成分调整到了 C_1,使得定向凝固一开始对应的固相成分就为 C_0。如果籽晶组织为 α 相的话,定向凝固组织的 α 相就不用形核,直接从籽晶上生长。

　　实现 CA 法的一个难点在于如何确定重熔液态金属的成分。在籽晶制备中我们讨论过,能用于籽晶法的合金多为多元合金。而多元合金的包晶转变不是在恒温下进行的,而且其对应的各相成分也难以从相图上确定。因此要采用 CA 法来消除过渡区,首先要设法确定 C_0 成分的合金在定包晶转变时各相中的成分(C_p,C_1)。然后再根据籽晶和送料棒的成分确定重熔液态金属各溶质的初始浓度。最后根据重熔液态金属的体积、溶质的浓度和包晶转变时各相中的成分来确定需要补加的溶质量。下面就分别讨论定向凝固稳定生长时各相成分的确定和各种元素需要添加量的计算。

6.3.3　包晶转变时各相平衡成分的确定

确定多元合金包晶转变时各相的成分可以采用实验的方法,具体思路是:先用成分为 C_0 的合金进行正常的定向凝固,当定向凝固达到 10 mm 以上时,液相成分就达到了包晶转变所对应的液相成分。这时突然断电,对激冷部分进行化学分析就可以得到略高于与包晶成分对应的液相成分。但由于突然断电后定向凝固部分会继续生长,这会造成激冷区的成分分布不均匀,降低分析液相成分的精度。所以,这种方法也很难得到准确的数据,这就限制该法的应用。

另一种确定多元 TiAl 合金包晶点对应的液相成分的方法就是软件计算法,即采用比较成熟的合金相图计算软件进行计算。本实验采用的是 Thermal‑Calc 软件,该软件是 Thermal‑Calc 公司开发的用于计算多种合金相组成和相平衡的综合软件。只要有相应的数据库,利用它就能计算出三元甚至是四元合金的相平衡数据。对于 Ti‑Al‑X—Y(X,Y 分别为库中可以选择的合金元素)型的三元或四元系合金系,可以用该软件的 TTTAl 数据库来计算出所选成分平衡状态下的凝固温度、凝固中各相的变化情况等一些相应的数据。

在用 Thermal‑Calc 计算时,也可以通过输入合金成分和温度,来算出这一条件下各平衡相的成分。计算时可以输入实验中所使用的合金成分,并输入不同的温度,找出该合金开始凝固的温度以及 β 相刚刚消失的温度,并算出该温度下各平衡相的成分。

现在以本实验中的一种合金成分 C_0 为 Ti‑42.62Al‑2.98Si 为例说明用 Thermal‑Calc 计算包晶点对应的液相成分的方法。首先,根据二元合金相图(图 6.21)可以看出,该成分合金的包晶点大概在 1 500 ℃,因此,从 1 500 ℃开始计算不同温度下的各平衡相组成,从中找出 β 相刚刚消失的温度,该温度所对应的各相成分即为包晶转变温度下各平衡相的成分。表 6.3 给出 C_0 为 Ti‑42.62Al‑2.98Si 时,所计算出的部分不同温度下各平衡相的成分。

表 6.3　Ti－42.62Al－2.98Si 合金在包晶点附近不同温度下各相的成分

温度/℃	化学成分(Al,Si 的质量分数)/%		
	β 相	α 相	L 相
1 540			29.96Al－2.17Si
1 527	27.28Al－0.98Si		30.32Al－3.03Si
1 498	27.94Al－1.21Si	29.12Al－1.37Si	30.83Al－2.90Si
1 497		29.12Al－1.39Si	30.80Al－2.95Si

根据表 6.3 的数据可以判断出所选合金的包晶转变结束的温度(β 相消失的温度)为 1 497～1 498 ℃。如果有必要可以在该温度附近用小步长搜索计算,以确定出具有一定精度的包晶转变温度。由于我们所需要的主要是包晶转变点附近各相的化学成分,因此 1 498 ℃的成分数据的精度就足够了。

由表 6.3 中的 Thermal－Calc 软件计算数据可以看出,对于 C_0 为 Ti－42.62Al－2.98Si(Ti－29.96(质量分数)Al－2.17(质量分数)Si)的合金在包晶转变温度附近(1 498 ℃),对应的各相成分分别为:L—相 Ti－30.83(质量分数)Al－2.90(质量分数)Si;β—相 Ti－27.94(质量分数)Al－1.21(质量分数)Si;α—相 Ti－29.19(质量分数)Al－1.37(质量分数)Si。进行成分调整时可以根据这些数据来计算出各元素需要添加的量。

6.3.4　成分调整法中各组分加入量计算

由表 6.3 可知,合金包晶转变时 C_1 成分中 Al 和 Si 含量大于 C_0 成分中 Al 和 Si 含量,因此,成分调整主要是增加液态金属中 Al 和 Si 的含量使其达到 C_1 成分。这样,在定向凝固一开始就可以达到液态金属与 α 相的平衡,从而消除初始成分过渡区。

下面就以合金初始成分为 Ti－29.96(质量分数)Al－2.17(质量分数)Si,计算将其调整为成分为 Ti－30.83(质量分数)Al－2.90(质量分数)Si 合金的 Al 和 Si 的加入量。

设定向凝固时液态金属的体积为 V_0,质量为 W_0。将合金成分换算成质量分数则为 C_{0w},C_{2w}。当液态金属的等效高度为 15 mm 时,可以计算出

$$W_0/g = \gamma V = \gamma \pi d^2 \Delta h/4 = 3.7 \times 3.141\ 6 \times 3.0^2 \times 1.5/4 = 39.23$$

(6.13)

式中　γ——合金的密度,g/cm³;

V—— 液相金属的体积,cm^3;

d—— 液相金属等效圆柱体的直径,cm;

Δh—— 液相金属等效圆柱体的高度,cm。

所以,需要加入的 Al 和 Si 的量分别为:

需加铝量:

$(C_{2wAl} - C_{0wAl}) \times W_0 = (30.83\% - 29.96\%) \times 39.23\ g = 0.341\ g$

需加硅量:

$(C_{2wSi} - C_{0wSi}) \times W_0 = (2.90\% - 2.17\%) \times 39.23\ g = 0.286\ g$

实验中,为了便于准确称量加入剂的量,采用 Al - 12.18(质量分数)Si 中间合金钻削来调整铝的量,然后用 99.96%(质量分数)Si 的结晶硅来补足所需要的硅。于是可以算出:

需加 Al - Si 中间合金量:

$$0.341/0.878\ 2\ g = 0.388\ g$$

需加结晶硅量:

$$(0.286 - 0.388 \times 0.121\ 8)\ g = 0.238\ g$$

6.3.5　实验结果及分析

为了消除成分过渡区需要对液态金属进行成分调整,并测定试样中的成分分布,以评定其效果。

为了比较成分调整前后定向凝固试样内的成分分布差异,设计进行了三组试样的定向凝固实验。第一组试样未进行成分调整;第二组试样调整得低于所要求的合金成分;第三组则进行了完全的调整。对第三组试样,所加入的 Al,Si 略高于计算值以保证没有成分过渡区。分别对三组试样进行了定向凝固实验,抽拉速度为 12 mm/h。

把定向凝固后的试样纵向剖开,切割成几块适合电镜观察尺寸的小试样。将金相试样打磨抛光后用腐蚀剂对试样进行腐蚀。根据试样成分和温度的不同,腐蚀时间为 10~40 s。

将制备的试样在电镜上进行成分扫描,扫描区域约为 320 μm × 240 μm,扫描时间为 85~95 s。图 6.23 为试样某一微区扫描的有关成分的能谱分析曲线,根据一定时间内不同元素特征谱线的计数可以算出各元素的含量。计算过程是自动进行的,扫描结束后机器附带软件会自动给出计算结果。表 6.4 是软件给出的对应于图 6.23 的成分计算结果。

根据成分扫描结果发现,扫描出的 Al 含量低于采用化学分析方法测得的含量。这是因为成分扫描法只是半定量的化学成分分析方法,所测得的化学成分与实际成分会有一定的偏差。而在 CA 法中，主要是为了研究试样中化学成分的变化量，只要相对值准确就能反映出元素的变化关系。因此，该方法是可以用于本实验研究的。在本章的后面部分还会对成分扫描结果的准确性做简单分析。

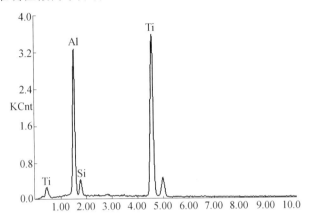

图 6.23　试样成分扫描能谱分析曲线

图 6.24 和图 6.25 分别给出了第一组和第三组试样的成分分布图。图 6.24 中的两条竖线将 Al 和 Si 的分布分为三个区间，其中左边的区间为籽晶区，中间为定向凝固区，右边为液淬区。由图 6.24 可以看出，籽晶区中 Al 的分布比较均匀。定向凝固初期 Al 的含量明显低于籽晶中的平均成分，大约 10 mm 达到平衡。该试样是在研究初期拉制的定向凝固试样，其液相部分偏长，约为 25 mm。成分测试数据显示，在该试样中，从成分最低点到基本平衡区域的长度约为 10.5 mm。

将该试样对应的参数值：$\Delta h = 25$ mm，$C_0 = 29.96\%$（质量分数）Al，$C_\beta = 27.94\%$（质量分数）Al，代入式（6.10）所预测的初始成分过渡区为 9.09 mm 左右，这与实验结果的 10.5 mm 左右基本吻合。

表 6.4　试样成分扫描结果

成分	质量分数%	原子数分数%
AlK	24.35	35.72
SiK	03.04	04.28
TiK	72.61	60.00

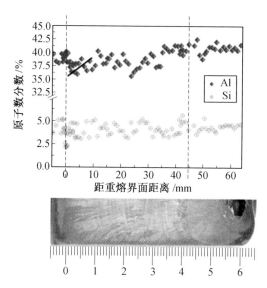

图 6.24　成分调整前第一组试样中 Al,Si 成分分布

由图 6.25 可以看出,经过成分调整后影响凝固过程的主要元素 Al 的分布明显均匀。图中的三条竖线将成分分布区分为四个区间。最左边的区间为基体材料区,紧挨基体区的是籽晶区,第三个区为定向凝固区,右边的区域为最后液淬区。除最后液淬区外,前三个区的成分基本为一水平直线。根据成分扫描结果可以计算出 Al 在前三个区的平均成分:基体区的 Al 平均原子数分数为 36.07%,籽晶区的 Al 平均含量为 36.13%,定向凝固区的 Al 平均原子数分数为 36.33%。籽晶区与基体区 Al 含量的绝对误差为 0.06,相对误差为 0.17%,可以忽略。Al 含量在定向凝固区与籽晶区的绝对误差为 0.20,相对误差为 0.55%,这一误差并不大,而这一误差主要来自于成分调整。因为在调整成分时,将液相成分调整得稍微高于 C_2 对应的液相成分,这样可以保证在定向凝固开始时直接形成 α 相,而不形成 β 相。

由于定向凝固区和籽晶区的 Al 含量均明显地呈线性分布,现在对这两部分进行线性回归分析,求出这两段的线性表达式。

对籽晶区进行回归,得到 Al 含量与位置之间的线性关系为

$$C_{籽晶} = 36.12 + 0.000\,73x \quad (-19.5\ \mathrm{mm} < x < 0) \tag{6.14}$$

利用 F—检验对回归的线性式(6.14)进行显著性检验,求 F 比得 $F[1,37] = 0.001\,76$,查 F 分布得 $F_{0.05}[1,37] = 4.17$,$F[1,37] < F_{0.05}[1,37]$,因此回归不显著。对于明显成比较紧凑的(不是很散乱的)线

性分布的点进行回归后,如果回归不显著则说明这些点成水平分布。于是,根据线性回归不显著这一特点,可以说明籽晶中 Al 含量与位置之间成水平分布关系。也就是说籽晶中 Al 含量在轴向上的变化量是不显著的,换句话说也就是可以忽略不计的。

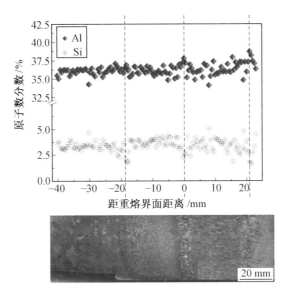

图 6.25　成分调整后试样中 Al,Si 成分分布

同样,对定向凝固区的 Al 含量进行线性回归,可以得到 Al 含量与位置之间的线性关系为

$$C_{定向凝固}=36.05+0.027x \quad (0<x<21 \text{ mm}) \tag{6.15}$$

对回归的线性式进行显著性检验,求 F 比得 $F[1,40]=1.589\ 88$,查 F 分布得 $F_{0.05}[1,40]=4.08$,因此回归不显著。即在定向凝固区,Al 含量在轴向上的变化量可以忽略不不计。也就是说,在定向凝固区域内,Al 含量在轴向上成水平分布。这样就可以用一个平均值来表示在这个区域内 Al 含量的分布情况。

由图 6.24 可以看出,未进行成分调整的试样籽晶区的 Al 含量也基本成水平分布,对这部分的数据进行线性回归得:

$$C_{籽晶}=39.29+0.127x \quad (-5 \text{ mm}<x<0.5 \text{ mm}) \tag{6.16}$$

对回归的线性式(6.16)进行显著性检验,求 F 比得 $F[1,12]=0.914\ 9$,查 F 分布得 $F_{0.05}[1,12]=4.75$,因此回归不显著。这说明 Al 含量在籽晶段基本成水平分布,其平均值为:$x(\text{Al})_{平均}=39.15\%$。对全部的

88 个成分点求平均值：$x(Al)_{平均}=39.145\%$，相对误差为 0.013%，这从侧面说明成分扫描的稳定性是非常高的。由此可见，用成分扫描法进行成分测定是可行的。

同样可以看出，中间的定向凝固部分也大致呈线性分布，对这部分的数据进行线性回归得

$$C_{定向凝固}=36.90+0.077\,3x \quad (2\ mm<x<47\ mm) \tag{6.17}$$

对回归的线性式进行显著性检验，求 F 比得 $F[1,52]=43.547$，查 F 分布得 $F_{0.001}[1,52]=12.61$，因此回归极显著。这说明在定向凝固部分，总体上成线性分布。自变量的系数为正数说明在定向凝固内 Al 含量与凝固距离成正相关，即 Al 含量随凝固的进行逐渐增加。

对初始成分过渡区内的 Al 含量进行线性回归得

$$C_{过渡区}=36.61+0.177\,3x \quad (2\ mm<x<12.5\ mm) \tag{6.18}$$

对回归的线性式(6.18)进行显著性检验，求 F 比得 $F[1,14]=5.579$，查 F 分布得 $F_{0.05}[1,14]=5.32$，$F_{0.01}[1,14]=8.86$，因此可以判断回归显著。由式(6.17)和(6.18)可以看出，过渡区内溶质变化率大于总平均变化率，大概是总平均的 2.3 倍左右。

根据初始成分过渡区中 Al 的最低含量(36.60%(原子数分数))与试样的平均含量(39.15%(原子数分数))可以大致计算出 Al 元素析出 β 相的实际平衡分配系数：

$$k_\beta=36.6/39.15=0.934$$

而根据表 6.4 中的相图计算数据可以求出理论计算平衡分配系数：

$$k_\beta=27.94/30.83=0.906$$

用实测数据获得的析出 β 相的平衡分配系数高于理论计算值 3%，其数值相当吻合了。

实际上，根据实测数据计算的平衡分配系数高于理论计算值是正常的。这是因为，用成分扫描法无法测出真正的定向凝固开始界面的成分，这是由于扫描的是一个区域，得到的成分是这个区域的平均成分。而初始界面附近的任意区域的平均成分都会高于最低成分。我们通过对图 6.24 中的初始凝固区域元素含量变化趋势延长到界面的方法近似地找到元素在界面上的最低含量。对图 6.24 中的初始凝固区成分向界面延伸后可以得出最低成分应该约为 35.5%(原子数分数)。用这一数值可以计算出 β 相的平衡分配系数为 0.907，与理论计算值仅差 0.11%，这是相当准确的。

这进一步说明，对于大量点的成分测试，用扫描法是可信的，所得数据与理论计算值相当吻合。

从图 6.24 和图 6.25 可以看出,成分扫描的数据在定向凝固区的离散度都大于籽晶区和原始材料区,这可能与定向凝固的凝固速度慢,晶粒粗大有关。晶粒粗大,其成分分布就趋于离散。

在成分分布测量中,Si 元素的分布无论调整与否,总体上看都是水平分布,但在各界面处变化明显。这可能与 Si 的含量较低,总体绝对差值不大,但在界面处有比较稳定的突变有关。

根据对前面的数据进行的分析可知,在没有进行成分调整的试样中,定向凝固初期有明显的成分过渡区存在。随着凝固的进行,溶质浓度逐渐增加。初始成分过渡区的存在,大大削弱了籽晶在定向凝固中的作用,甚至会使籽晶完全失去作用。因此,在用冷坩埚进行籽晶法定向凝固时,要使初生的 α 相能从籽晶上直接长大,就必须采取措施来阻止初始成分过渡区的形成。对凝固初始成分进行调整后,定向凝固初始成分过渡区完全消失,合金成分在整个凝固区域内分布均匀。

为了观察进行成分调整后基体中各片层是否能穿过初始成分过渡区进入定向凝固,未用籽晶进行了定向凝固实验,以观察不同取向的片层组织穿越初始成分过渡区的情况。图 6.26 是基体中晶粒片层取向穿越重熔界面进入初始凝固区显微组织照片。

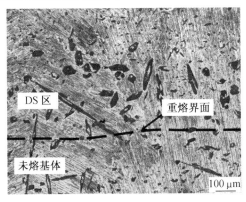

图 6.26 基体中晶粒片层取向穿越重熔界面进入初始凝固区显微组织照片

图 6.26 中有两个晶粒,左边晶粒的片层取向不平行于定向凝固方向,该晶粒保持其取向穿过了初始凝固区;右边的晶粒基本上平行于定向凝固方向,该晶粒也保持其取向穿过了初始凝固区。这说明通过成分调整法消除成分过渡区以后,熔化界面以下的晶粒可以保持其取向,随定向凝固向前生长。

6.4 采用籽晶原位定向凝固法实现片层取向控制

在 Yamaguchi 等人研究的传统籽晶法定向凝固工艺中,都是把籽晶的制作和定向凝固分开的。而籽晶的制作又分为凝固和切割两步。在这种传统的工艺中,有一些潜在的不足之处,主要表现在:

①将籽晶制备与定向凝固工艺分开使整个过程较为复杂而费时。

②籽晶经过切割过程有可能造成籽晶的污染。

③切好的籽晶在进行定向凝固时需要重新定位,有可能造成片层取向的偏移。

同时,在 Johnson 等人的片层组织形成模型中,β 相以枝晶方式领先析出,α 相在 β 相枝晶间生长。而这种晶体生长模式在随后的生长过程中,必然会在 β 相二次分枝消失的地方留下一些横向的晶界,这就破坏了 α 相在生长方向上的连续性,同时也会削弱片层组织在生长方向上的承载能力(图 6.27)。

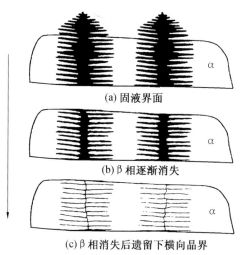

(a) 固液界面

(b) β 相逐渐消失

(c) β 相消失后遗留下横向晶界

图 6.27 β 相消失后遗留的横向晶界示意图

图 6.27(a)是 Johnson 发表的原理图,图中黑色枝晶为初生相 β 枝晶。根据这个原理图,随凝固的进行,β 相枝晶会通过固态相变转变成 α 相。β 相逐渐减少、消失,α 相逐渐长大,如图 6.27(b)、(c)所示。那么在最后 β 相分枝消失的轴线部位就会出现晶界。β 相一次分枝的轴线平行于生长方向,这个晶界会合并于 α 相晶粒之间的晶界中。而 β 相二次分枝的轴线

垂直于生长方向,这会在 α 相晶粒内残留下垂直于生长方向的缺陷。这种横向的缺陷会对片层组织的机械产生很大的负面影响。

由此可见,寻求一种新的片层组织形成模式,以充分发挥片层组织的性能特点是十分必要的。本书力图寻求一种能够使籽晶制备与定向凝固一体化的工艺。这样就可以在很大程度上简化总体的制作工艺,避免由于籽晶加工所引起的污染,消除籽晶重新定位引起的片层取向偏移。

籽晶制备与定向凝固一体化具体实现的思路是:在定向凝固设备上制备籽晶,制备出的籽晶就有可能直接进行定向凝固;在籽晶制备时就按定向凝固的需要,制备籽晶的形状和尺寸符合按定向凝固的籽晶,制备出的籽晶就不需要再进行机械加工。这种籽晶制备与定向凝固一体化的工艺也可以称为籽晶原位定向凝固法(in situ seed DS),在籽晶制备的位置上直接进行定向凝固。

6.4.1 籽晶原位定向凝固法的实现

1. 籽晶原位定向凝固需要解决的问题

要进行籽晶原位定向凝固,有一些关键的问题需要解决。

(1)要求籽晶制备设备与定向凝固设备应该是同一台设备,这样才有可能实现原位定向凝固。否则,制备出的籽晶在更换设备时虽然不会造成污染,但有可能改变籽晶的片层取向。

(2)籽晶部分重熔后,开始凝固的初始位置必须在籽晶的有效籽晶区间内。也就是说,对籽晶进行了部分重熔后,固液界面必须在籽晶的有效籽晶区间内。如果重熔位置过高,固液界面就会处于甚至高于缩孔区(图6.28(a)),这样就会影响定向凝固后的片层组织的取向。在图 6.28(a)中,制备籽晶材料为预备性研究的模拟材料,因此经重熔后柱状晶已基本消失,该试样只是为了确定初始凝固界面在籽晶中的位置,可以节省实验所用的合金。相反,如果重熔位置过低,固液界面就会处于底部倾斜柱状晶区,从而造成定向凝固后的片层组织取向与定向凝固方向不一致(图 6.28(b))。

由图 6.28(b)可以看出,由于定向凝固开始位置偏低,中心部位的一些生长方向上的柱状晶和一些倾斜的柱状晶直接生长到了定向凝固组织中,这些晶粒的片层组织取向不符合设计要求。

2. 有效籽晶区间位置的测定

为了研究籽晶原位定向凝固法,需要在确定了籽晶制备工艺后,制备适当数量的籽晶,测量其有效籽晶区间的位置。其具体方法是:将制备的籽晶沿生长中心轴纵剖,用砂纸磨光后抛光、腐蚀。根据籽晶的宏观组织测量有效籽晶区间的位置,如图 6.29 所示。

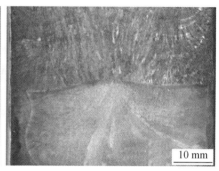

(a) 初始凝固位置过高　　　　　　(b) 初始凝固位置偏低

图 6.28　定向凝固起始位置偏出有效籽晶区间示例

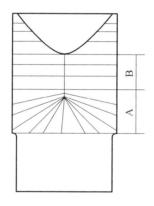

图 6.29　籽晶有效区间位置的测量示意图

由于制备籽晶原材料的直径为 ϕ27 mm,而籽晶的直径为 ϕ30 mm,因此很容易确定籽晶熔化的起始位置。然后根据纵剖面上的穿晶部位就可以测量出倾斜柱状晶区和有效籽晶区的长度,如图 6.29 中的 A 和 B。经三个籽晶试样的测定,倾斜柱状晶区的长度为 13.2 mm,有效籽晶区的长度为 3.9 mm。于是可以确定,在籽晶制备完成以后,只要将籽晶下拉 13.2~17.1 mm 就可以使重熔固液界面位于有效籽晶区内。为了安全起见,实验中确定下拉量为 15 mm(图 4.2(d))。

3. 籽晶原位定向凝固实验

为研究籽晶原位定向凝固经控制片层组织取向的可行性,对制备完籽晶的试样进行了重熔和定向凝固实验。图 4.2(d)为定向凝固的示意图。在籽晶制备断电后 10 min 左右,将籽晶下拉约 15 mm,以保证重熔界面在籽晶的柱状晶穿晶区。籽晶的上部被重熔。为了保证定向凝固能持续稳定进行,用一送料棒从上部补充液态金属以使凝固前沿的液态金属体积保持不变。

图 6.30 是实验初始状态照片。图 6.30(a)是实验初始状态,尚未安装冷坩埚,此时应调整好籽晶材料和送料棒相对于感应线圈的位置。测量感应圈到到冷却室的距离,以便安装冷坩埚后进行校正。

图 6.30(b)是安装冷坩埚后的初始状态,这时就检查并调整感应线圈到冷却室的距离,以保证按预先调好的位置进行实验。冷坩埚安装好以后,要对其悬臂端进行固定,以保证定向凝固抽拉时冷坩埚和稳定性。

(a) 未安装坩埚   (b) 安装坩埚后

图 6.30 实验初始状态照片

将籽晶制备完成后,冷却 10 min 进行定向凝固实验。在进行定向凝固时,先将籽晶向下抽拉 15 mm,对籽晶进行部分重熔。当籽晶部分重熔并将液态金属体积调整到设定值,保持 5 min 后就可以进行定向凝固。定向凝固时试样以 12 mm/h 的速度下拉,由于送料棒与试样的截面比为0.8,送料棒保持 15 mm/h 的速度下送。定向凝固时电源的熔化功率为55 kW。

在实验中要注意观察功率变化,及时进行微调,以保持加热功率的稳定性。如果加热功率偏移过多,则液态金属的量就会变化较多,因而会影响凝固界面的形状,进而影响晶粒的生长取向。

先后用 Ti - 42.62Al - 2.96Si 和 Ti - 46.33Al - 1.58Mo - 1.16Si 材料进行了籽晶制备和定向凝固实验。

这种方法可以定义为双温度梯度法定向凝固。双温度梯度是指籽晶制备时作用于试样上由外向内的径向温度梯度和定向凝固时由下而上的轴向温度梯度。该方法是由籽晶生长的温度梯度与定向凝固晶体生长的温度梯度方向不同而定义的。

双温度梯度法定向凝固巧妙地解决了籽晶生长所需温度梯度与定向凝固温度梯度不一致的矛盾,是解决籽晶原位定向凝固新方法的关键技术。

6.4.2　采用冷坩埚进行籽晶法定向凝固的可行性分析

目前在世界范围内尚没有用冷坩埚进行籽晶法定向凝固的报道。如前所述,冷坩埚籽晶法定向凝固与常规定向凝固相比,其凝固的生长机制不同,因而需要做很多的实验研究。首先需要确定这种方法的可行性,以确定是否有价值进行进一步的研究。

为了实现用冷坩埚进行籽晶法定向凝固,以对 γ - TiAl 化合物基合金片层组织的取向控制,必须满足以下三个条件:

①籽晶经过部分重熔后能保持原来的片层取向。

②凝固组织能直接从籽晶上长出,并保证初生相为 α 相。

③如果初生相为 α 相,并能从籽晶片层上直接生长,能保持该片层取向。

这就是用籽晶法进行定向凝固片层组织取向控制所应该具备的三个要素,缺少任何一个要素都无法成功地对片层组织的取向进行有效的控制。因此,我们在研究采用冷坩埚原位籽晶法定向凝固对片层组织取向进行控制时,也应该从这三个方面进行研究。

对于第①个问题,由于冷坩埚对籽晶进行部分重熔与区熔法并没有本质的区别,因而,无须进行特别研究。下面针对后两条进行研究分析,以确定用冷坩埚进行籽晶法定向凝固的可行性。

1. 重熔界面片层组织生长状态研究

首先,分析定向凝固组织能否直接从籽晶上长出。在前面已经研究过籽晶中片层组织向定向凝固区域内生长的情况,图 6.8 是实验中一个籽晶在重熔界面处的低倍组织电镜照片。由图 6.8 可以看出,定向凝固组织明显从籽晶上向上生长。图 6.9 是图 6.8 中区域 A 的依次放大微观组织,放大倍数分别为 50×、100× 和 200×。由图 6.9 可以清楚地看到籽晶中的片层组织穿过重熔界面生长到了定向凝固组织当中。通过试样在界面处由宏观组织到微观组织的观察可以发现,利用冷坩埚进行籽晶法定向凝固时,籽晶中的片层组织是完全可以穿过重熔界面生长到定向凝固组织当中的。

图 6.26 也表明,用冷坩埚进行定向凝固时,只要进行适当的成分调整,则基体中的各种片层就能保持其原来取向穿过重熔界面,生长到定向

凝固组织之中。

由此可知,采用冷坩埚进行籽晶法定向凝固时,在凝固初期的组织中完全复制了籽晶中的片层取向。

2. 定向凝固片层组织延续性研究

既然籽晶中的片层组织可以生长到定向凝固组织当中,这说明籽晶法能够起到初始片层组织的取向控制作用。那么这种控制作用能否持续下去呢? 这需要对定向凝固中,初始片层取向平行于定向凝固方向的籽晶进行生长方向的跟踪,观察这种片层组织的取向能保持的长度。利用 6.2.3 节中的方法进行冷坩埚原位籽晶法定向凝固实验,做出相应的试样。然后,对定向凝固后的试样进行纵剖、打磨、抛光和腐蚀后,进行宏观组织照相并在电镜下进行显微组织观察。

图 6.31 是冷坩埚籽晶原位定向凝固试样宏观组织照片。由图 6.31 可以看出,晶粒可以在定向凝固区域内一直生长,形成完整的柱状晶。

图 6.31 冷坩埚籽晶原位定向凝固试样宏观组织照片

图 6.32 是采用冷坩埚籽晶法定向凝固了 24 mm 的试样的微观组织照片。对定向凝固组织中的一个晶粒进行跟踪观察,对该晶粒从开始凝固部位到定向凝固结束部位进行了连续观察拍摄电镜照片,图 6.32～6.37 分别是该晶粒在初始凝固区以及离重熔界面分别为 4 mm,8 mm,12 mm,16 mm 和 23 mm 位置处拼接照片。由图 6.32～6.37 可以看出,当初始片层取向平行于定向凝固方向时,这种取向可保持达 20 mm 以上。这说明在该工艺条件下,如果籽晶中取向平行于定向凝固生长方向的片层组织能够在定向凝固过程中保留下来并不断延伸。

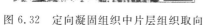

图 6.32　定向凝固组织中片层组织取向　　图 6.33　照片底部距重熔界面 4 mm

　　于是,根据籽晶制备过程的研究,我们得到了合格的籽晶。籽晶中的片层取向能够在重熔后保留下来,这就满足了可行性条件①;采用成分调整法对液相成分进行调整后,过包晶成分合金的定向凝固过程就转化成了 α 单相合金的定向凝固过程,并且从定向凝固一开始就进入稳定生长状态,这就保证了籽晶中的片层取向能顺利地过渡到定向凝固组织之中,也就是说可行性条件②也得到了满足;而本小节的研究又说明籽晶中取向平行于定向凝固生长方向的片层组织完全可以在定向凝固组织中延伸,因此,可行性条件③也得到了满足。

　　由此可见,采用冷坩埚籽晶原位定向凝固来控制 γ - TiAl 基合金的片层组织取向是完全可行的。

图 6.34 照片底部距重熔界面 8 mm

图 6.35 照片底部距重熔界面 12 mm

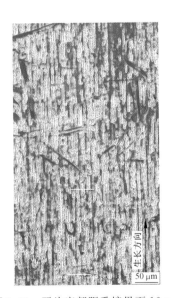

图 6.36 照片底部距重熔界面 16 mm

图 6.37 照片底部距重熔界面 23 mm(末端)

参考文献

[1] 黄峰.多晶硅电磁冷坩埚连续熔铸技术[D].哈尔滨:哈尔滨工业大学,2008.

[2] 陈瑞润,丁宏升,毕维生,等.电磁冷坩埚技术及其应用[J].稀有金属材料与工程,2005,34(4):510-514.

[3] 冯涤,骆合力,邹敦叙,等.冷坩埚感应熔炼技术[J].钢铁研究学报,1994,6(4):24-30.

[4] 王辉.圆锭电磁铸造电磁力数值计算及金属电磁成型性研究[D].大连:大连理工大学,2004.

[5] 薛冠霞.感应凝壳熔炼过程温度场及流场耦合数值模拟[D].大连:大连理工大学,2007.

[6] 卢百平.特种合金无容器双频电磁成形定向凝固过程的研究[D].西安:西北工业大学,2004.

[7] 俞建威.双/单频电磁成形过程的三维计算机模拟[D].西安:西北工业大学,2005.

[8] 陈瑞润.钛基合金电磁冷坩埚连续熔铸与定向凝固[D].哈尔滨:哈尔滨工业大学,2005.

[9] 李春辉.钛铝基合金矩形冷坩埚电磁约束成形与凝固工艺研究[D].哈尔滨:哈尔滨工业大学,2005.

[10] 王艳丽.钛基合金近矩形冷坩埚连续熔铸与定向凝固工艺基础研究[D].哈尔滨:哈尔滨工业大学,2006.

[11] 杨劼人.钛铝基合金扁形冷坩埚定向凝固数值计算与组织研究[D].哈尔滨:哈尔滨工业大学,2009.

[12] 郭庆涛,金俊泽,李廷举.高频磁场电磁净化模拟[J].中国有色金属学报,2005,15(7):1112-1117.

[13] 蒋秉值,杨健美.磁场测量的方法和动向[J].电测与仪表:1993,9:24-27.

[14] 李大明.磁场测量讲座[J].电测与仪表:1989,10:41-47.

[15] 陈瑞润,丁宏升,毕维生,等.电磁冷坩埚技术及其应用[J].稀有金属材料与工程,2005,34(4):510-514.

[16] 那贤昭,张兴中,仇圣桃,等.软接触电磁连铸技术分析[J].金属学报,2002,38(1):105-108.

[17] SCHINPPEREIT H,LEATHERMAN A F, EVERS D. Cold cruci-ble induction melting of reactive metals[J]. Journal of Metals, 1961,13(2):140-143.

[18] 崔庆新. 钛合金水冷铜型电磁定向凝固传输耦合模型及计算机模拟[D]. 哈尔滨:哈尔滨工业大学,2004.

[19] 阎照文.ANSYS10.0工程电磁分析技术与实例详解[M].北京:中国水利水电出版社,2006.

[20] 白云峰. 钛合金冷铜坩埚电磁定向凝固传输过程耦合模型与数值计算[D]. 哈尔滨:哈尔滨工业大学, 2006.

[21] 陈光,傅恒志.非平衡凝固新型金属材料[M].北京:科学出版社, 2004.

[22] 傅恒志,魏炳波,郭景杰.凝固科学技术与材料[C].北京:第211次香山科学会议论文集,2005:2-24.

[23] 毛协民,傅恒志.定向凝固理论研究的发展和新型定向凝固材料[C]. 第211次香山科学会议文集,2005:163-171.

[24] 郭景杰,刘畅,苏彦庆,等.定向凝固技术与理论的进展[C].北京:第211次香山科学会议文集,2005:256-257.

[25] 林均品,张来启,宋西平,等. γ - TiAl 金属间化合物的研究进展[J]. 中国材料进展,2010,29(2):1-8.

[26] 闫蕴琪,王文生,张振祺,等. Nb - TiAl 金属间化合物研究现状[J]. 材料导报,2000,14(7):15-17.

[27] 史耀君,杜宇雷,陈光. 高铌钛铝基合金研究进展[J]. 稀有金属, 2007,31(6):834-839.

[28] 丁宏升,聂革,陈瑞润,等. TiAl 基合金方坯冷坩埚电磁约束铸造工艺研究[J]. 特种铸造及有色合金,2009,29(5):393-395.

[29] 陈瑞润,郭景杰,丁宏升等. 冷坩埚熔铸技术的研究及开发现状[J]. 铸造,2007,56(5):443-450.

[30] 王艳丽. 钛基合金近矩形冷坩埚定向凝固工艺基础研究[D]. 哈尔滨:哈尔滨工业大学,2006.

[31] 汪明月. 钛铝基合金方形冷坩埚定向凝固工艺研究[D]. 哈尔滨:哈尔滨工业大学,2007.

[32] 王辉,金俊泽.电磁铸造电磁作用力的数学分析及试验研究[J]. 稀有金属材料与工程,2004,33(11):1149-1152.

[33] 周镇华. 定向凝固技术及其研究进展[J]. 材料导报,1996,6:1-6.

[34] 孔凡涛,陈玉勇. TiAl 基金属间化合物进展[J]. 材料科学与工艺, 2003,11:441-444.

[35] 傅恒志,郭景杰,苏彦庆,等. TiAl 金属间化合物的定向凝固和晶向控制[J]. 中国有色金属学报,2003,13(4):797-810.

[36] 张成军.定向凝固 γ - TiAl 基合金片层取向控制[D].哈尔滨:哈尔滨工业大学,2008

名词索引

附部分彩图

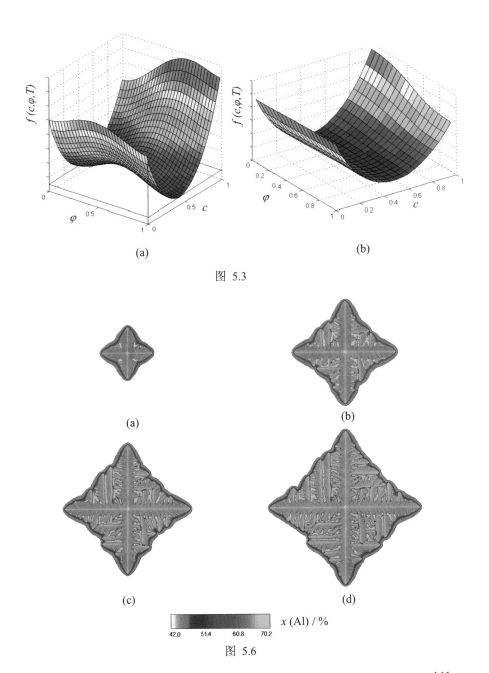

(a)

(b)

图 5.3

(a)

(b)

(c)

(d)

$x\,(\mathrm{Al})\,/\,\%$

42.0 51.4 60.8 70.2

图 5.6

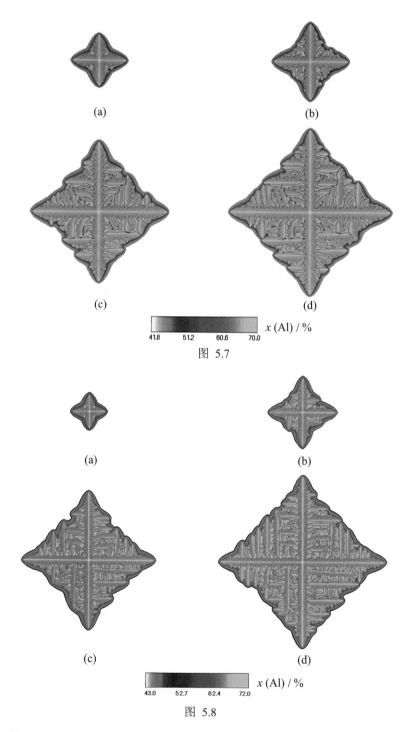

(a)

(b)

(c)

(d)

x (Al) / %
41.8   51.2   60.6   70.0

图 5.7

(a)

(b)

(c)

(d)

x (Al) / %
43.0   52.7   62.4   72.0

图 5.8

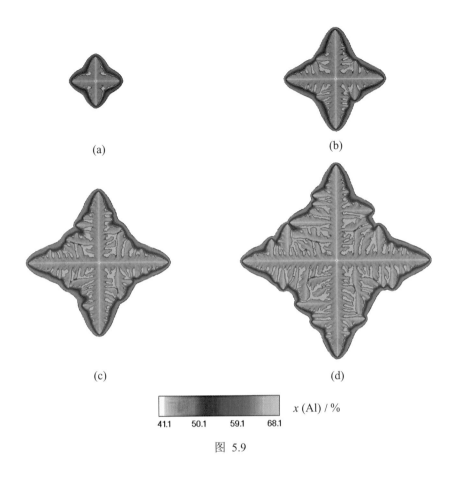

(a)　　　　　　　　　　　　　(b)

(c)　　　　　　　　　　　　　(d)

x (Al) / %

41.1　　50.1　　59.1　　68.1

图 5.9

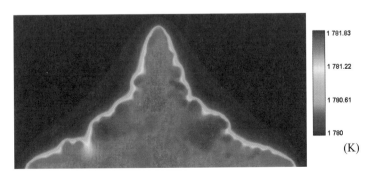

1 781.83

1 781.22

1 780.61

1 780

(K)

图 5.10

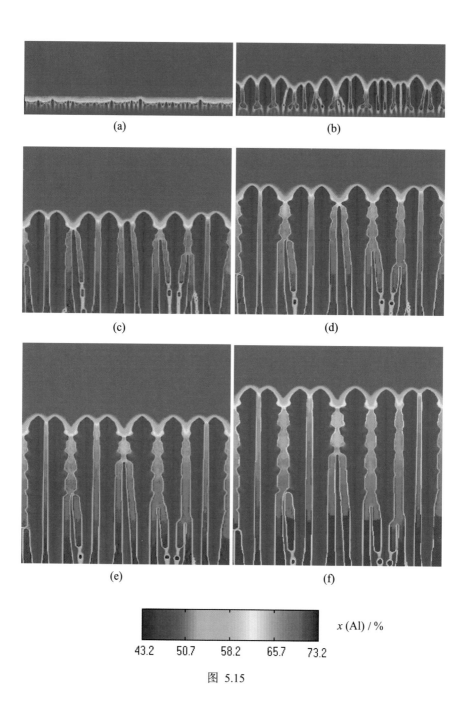

(a)　　　　　　　　　　　　　　　(b)

(c)　　　　　　　　　　　　　　　(d)

(e)　　　　　　　　　　　　　　　(f)

x (Al) / %

43.2　　50.7　　58.2　　65.7　　73.2

图 5.15

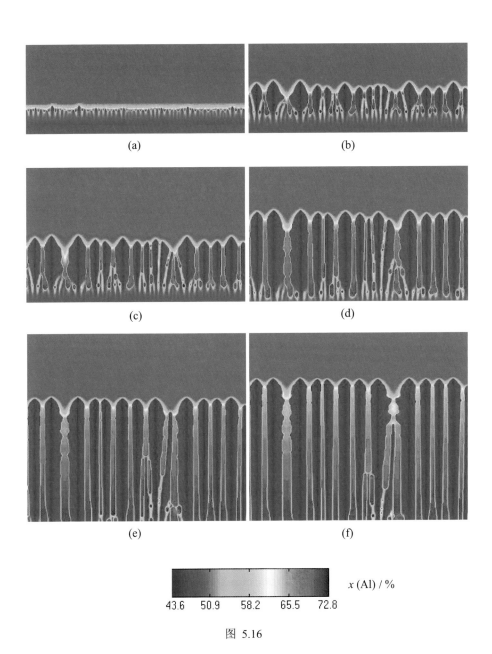

x (Al) / %

43.6　50.9　58.2　65.5　72.8

图 5.16

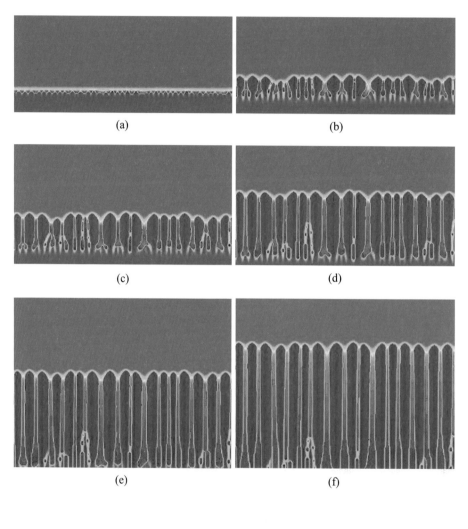

(a)   (b)

(c)   (d)

(e)   (f)

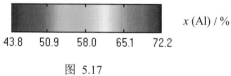

$x\,(\mathrm{Al})\,/\,\%$

43.8 50.9 58.0 65.1 72.2

图 5.17

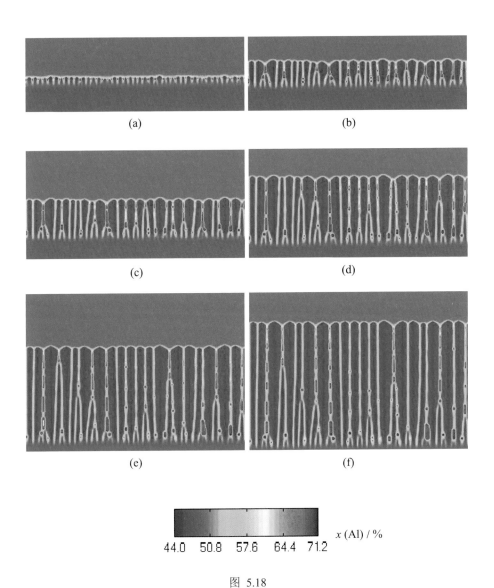

(a)

(b)

(c)

(d)

(e)

(f)

x (Al) / %

44.0　50.8　57.6　64.4　71.2

图 5.18

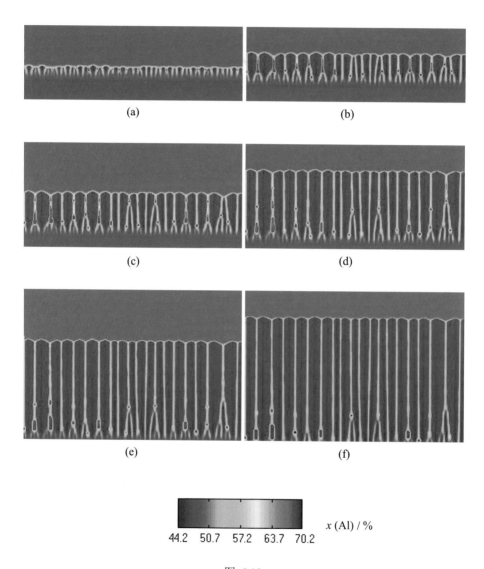

(a)

(b)

(c)

(d)

(e)

(f)

x (Al) / %

44.2   50.7   57.2   63.7   70.2

图 5.19

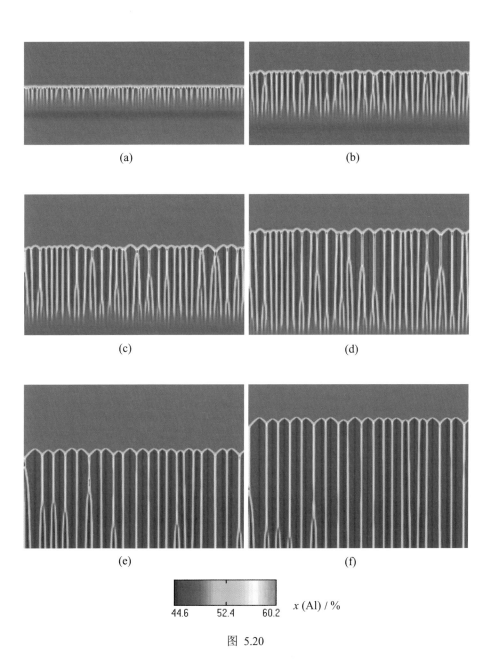

(a)

(b)

(c)

(d)

(e)

(f)

x (Al) / %

44.6　　52.4　　60.2

图 5.20

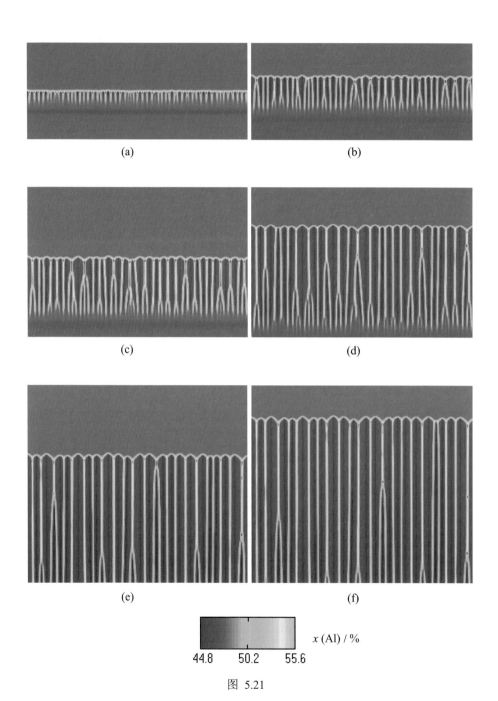

(a)

(b)

(c)

(d)

(e)

(f)

x (Al) / %

44.8   50.2   55.6

图 5.21

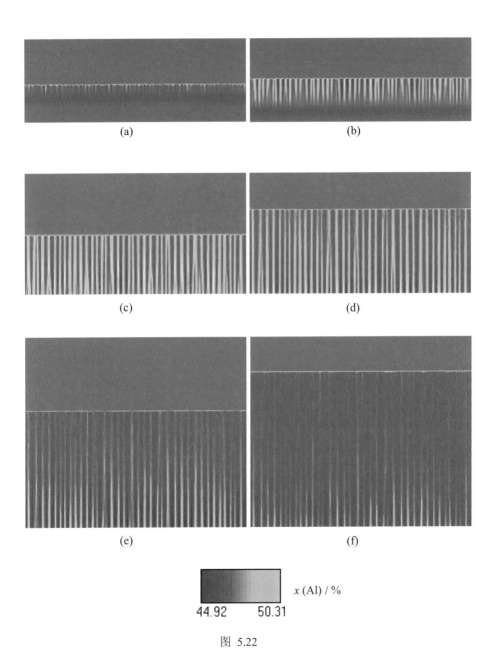

(a) (b)

(c) (d)

(e) (f)

x (Al) / %

44.92 50.31

图 5.22

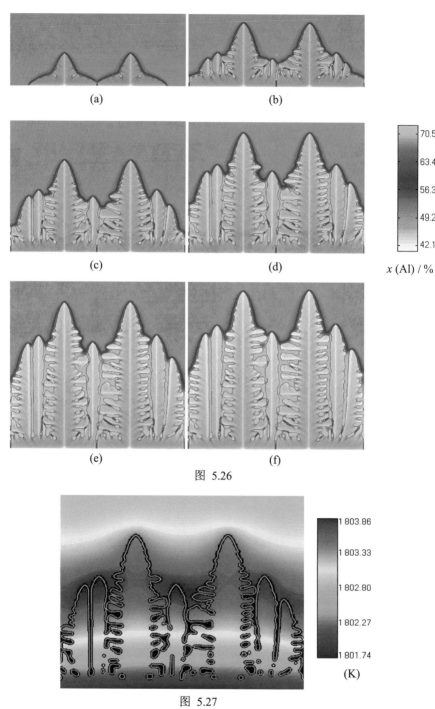

(a)   (b)

70.5
63.4
56.3
49.2
42.1

(c)   (d)

x (Al) / %

(e)   (f)

图 5.26

1 803.86
1 803.33
1 802.80
1 802.27
1 801.74

(K)

图 5.27

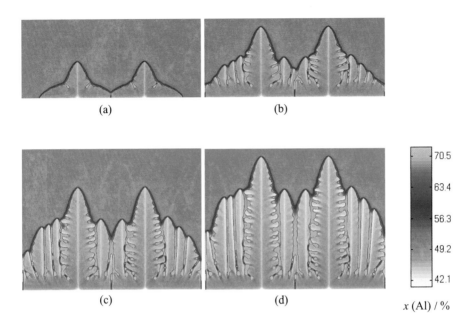

(a)　　　　　　　　　　(b)

70.5

63.4

56.3

49.2

42.1

x (Al) / %

(c)　　　　　　　　　　(d)

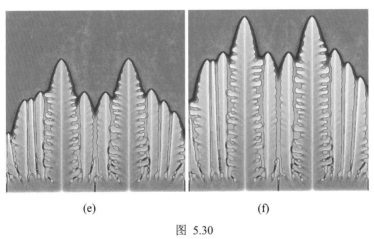

(e)　　　　　　　　　　(f)

图 5.30

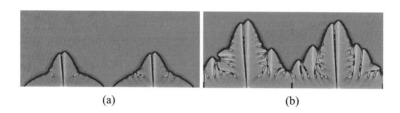

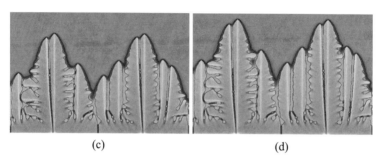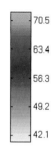

(c)　　　　　　　　　　　　　　(d)

x (Al) / %

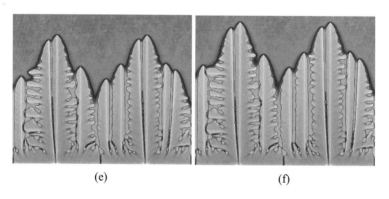

(e)　　　　　　　　　　　　　　(f)

图 5.31

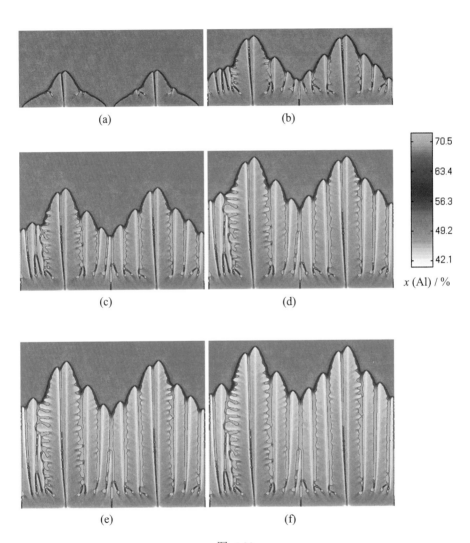

(a)　　　　　　　　　　(b)

(c)　　　　　　　　　　(d)

70.5
63.4
56.3
49.2
42.1

x (Al) / %

(e)　　　　　　　　　　(f)

图 5.32